Wolfgang Kullmann
Aristoteles als Naturwissenschaftler

Philosophie der Antike

Veröffentlichungen der
Karl und Gertrud Abel-Stiftung

Herausgegeben von
Wolfgang Kullmann
in Verbindung mit
Jochen Althoff und Georg Wöhrle

Band 38

De Gruyter

Wolfgang Kullmann

Aristoteles als Naturwissenschaftler

De Gruyter

MIX
Papier aus verantwortungsvollen Quellen
FSC® C016439
FSC
www.fsc.org

ISBN 978-1-61451-773-3
e-ISBN (PDF) 978-1-61451-824-2
e-ISBN (ePUB) 978-1-61451-942-3
ISSN 0943-5921

Library of Congress Cataloging-in-Publication Data
A CIP catalog record for this book has been applied for at the Library of Congress.

Bibliografische Information der Deutschen Nationalbibliothek
Die Deutsche Nationalbibliothek verzeichnet diese Publikation in der Deutschen Nationalbibliografie; detaillierte bibliografische Daten sind im Internet über http://dnb.dnb.de abrufbar.

Satz: Meta Systems Publishing & Printservices GmbH, Wustermark
Druck und Bindung: Hubert & Co. GmbH & Co. KG, Göttingen
♾ Gedruckt auf säurefreiem Papier
Printed in Germany

www.degruyter.com

Inhaltsverzeichnis

Zweiter Teil: Aristotelische Wissenschaft und aristotelische Philosophie

Anhang

Vorwort

Das vorliegende Werk stellt eine Art Fazit meiner Aristotelesforschungen dar. Es ist der aristotelischen Naturwissenschaft gewidmet, die meiner Überzeugung nach eine Pilotfunktion bei der Entwicklung des modernen wissenschaftlichen Denkens überhaupt gehabt hat. Ein erstes Stadium der Beschäftigung mit dem Thema wird durch das bei De Gruyter erschienene Buch „Wissenschaft und Methode. Interpretationen zur aristotelischen Theorie der Naturwissenschaft", Berlin 1974, repräsentiert. An zweiter Stelle ist der Band „Aristoteles und die moderne Wissenschaft", Stuttgart 1998, zu nennen, der auf das gesamte Werk des Aristoteles ausgreift. Dazu kommt drittens der umfangreiche Kommentar zu der Schrift *De partibus animalium* (Aristoteles. Über die Teile der Lebewesen. Übersetzt und erläutert, in: Aristoteles. Werke in deutscher Übersetzung, hrsg. v. H. Flashar, Bd. 17/I, Berlin 2007).

Es stellte sich bald heraus, daß eine adäquate Würdigung der aristotelischen naturwissenschaftlichen Schriften nur erreicht werden kann, wenn sie einerseits philologisch-historisch in den antiken Zeithorizont eingeordnet und andererseits mit den Ergebnissen der modernen klassischen Naturwissenschaft, insbesondere der für Aristoteles im Mittelpunkt stehenden Zoologie, konfrontiert werden. Bei dem Versuch, dem letztgenannten Erfordernis Genüge zu tun, zeigte sich, daß es mit der Heranziehung von Taschenbüchern zur Zoologie, die dem Studenten oder Gebildeten einen allgemeinen Zugang eröffnen, nicht getan ist. Denn Aristoteles' zoologische Kompetenz übertrifft in vielen Teilbereichen, wenn man von den Umwälzungen der Evolutionstheorie und neuerdings der Genetik und Genforschung absieht, bei weitem die eines Gebildeten unserer Zeit. Eine Vertrautheit mit dem modernen zoologischen Forschungsstand kann zwar einem Altertumsforscher nur unvollkommen gelingen, da er sich als Fachfremder einen Überblick über die relevanten biologischen Fakten erst mühsam erarbeiten muß, aber eine Annäherung mußte gewagt werden. Ich hoffe, daß die weitreichenden Folgerungen, zu denen ich gelange, zu einer neuen Diskussion der Bedeutung des Aristoteles beitragen werden.

Eine Reihe von Teilfragen sind von mir vorweg schon in Vorträgen aufgeworfen oder in einzelnen Aufsätzen behandelt worden, deren Inhalt in überarbeiteter Form in das vorliegende Buch integriert ist, worüber „Hinweise zur Entstehung einzelner Abschnitte des Buches" auf S. 295 Auskunft geben.

Um auch Lesern, die des Griechischen nicht mächtig sind, eine Lektüre zu ermöglichen, sind für übersetzte Begriffe im Haupttext die griechischen

Äquivalente nur in Klammern hinzugefügt und ist für übersetzte Stellen der griechische Text in die Anmerkungen gestellt worden.

Mit Herrn Jakob Fink, PhD, in Kopenhagen, hatte ich einen intensiven Gedankenaustausch über die Rolle der Dialektik in der klassischen griechischen Philosophie, in dessen Verlauf er anregte, meine Gedanken zu Aristoteles' Einstellung zur Dialektik in einem Vortrag zu formulieren, den ich leider nicht auf einer Konferenz in Kopenhagen selbst vortragen konnte. Für seine großen Bemühungen um die Anfertigung einer englischen Übersetzung und die Aufnahme in den Sammelband: The Development of Dialectic from Plato to Aristotle, Cambridge 2012, unter dem Titel „Aristotle's Gradual Turn from Dialectic" danke ich ihm sehr, desgleichen für sein Einverständnis, den Aufsatz in Abstimmung mit dem englischen Verlag auch in deutscher Fassung zu veröffentlichen. Auch Cambridge University Press fühle ich mich für die Zustimmung sehr verpflichtet.

Besonders danken möchte ich Herrn Stefan Schnieders, M.A. Er hat mich nicht nur bei der Beschaffung der wissenschaftlichen Literatur und beim Korrekturlesen intensiv unterstützt, die Bibliographie redigiert und die Indices angefertigt, sondern auch durch zahlreiche sachliche Hinweise zur Abrundung und Präzisierung meiner Darlegungen beigetragen. Insbesondere sind ihm auch die beiden beigegebenen Karten zu den Reisen des Aristoteles zu verdanken. Hinsichtlich meiner Ausführungen zu den Eintagsfliegen danke ich für Rat und Belehrung zwei Naturwissenschaftlern, Herrn Dr. Arnold Staniczek (Kustos am Naturkundemuseum in Stuttgart), und Herrn Dr. Christian Elpers (Biologe und Hydrologe). Herr Dr. Elpers hat mir freundlicherweise die Wiedergabe zweier seiner Fotographien zur „Theißblüte" gestattet.

Großen Dank schulde ich ferner Herrn Kollegen Bernhard Herzhoff, Trier, für Hinweise zu Aristoteles' Pflanzenschrift und ein informatives Gespräch zur Botanik Theophrasts. Auch der Austausch mit meinen Freunden Hellmut Flashar und Klaus Oehler ist meiner Arbeit sehr zugute gekommen.

Der freundschaftlichen Aufmerksamkeit meines Kollegen Antonios Rengakos (Thessaloniki) verdanke ich hilfreiche Hinweise auf aktuelle Neuerscheinungen. Frau Dr. Serena Pirrotta vom Verlag Walter De Gruyter danke ich sehr für die Umsicht, mit der sie den nicht ganz kurzen Weg für die vorliegende Publikation geebnet hat, Herrn Florian Ruppenstein für sein Engagement bei der Druckgestaltung.

Wie bei allen meinen Arbeiten danke ich meiner Frau Luise für ihr Verständnis und ihre Unterstützung.

Insbesondere danke ich der Karl und Gertrud Abel-Stiftung für den gewährten Druckkostenzuschuß.

Freiburg, im November 2013 Wolfgang Kullmann

Abkürzungen und Zitierweise der aristotelischen Schriften

Cat.	*Categoriae* (Kategorien)
De int.	*De interpretatione* (Hermeneutik)
Top.	*Topica* (Topik)
Anal. pr.	*Analytica priora* (Erste Analytik)
Anal. post.	*Analytica posteriora* (Zweite Analytik)
Soph. El.	*Sophistici elenchi* (Sophistische Widerlegungen)
Phys.	*Physica* (Physik)
De cael.	*De caelo* (Über den Himmel)
De gen. et corr.	*De generatione et corruptione* (Über Entstehen und Vergehen)
Meteor.	*Meteorologica* (Meteorologie)
De an.	*De anima* (Über die Seele)
Parv. nat.	*Parva naturalia* (Kleine physikalische Schriften)
De sens.	*De sensu et sensibilibus* (Über Wahrnehmung und Wahrnehmbares)
De mem.	*De memoria et reminiscentia* (Über Gedächtnis und Erinnerung)
De somn.	*De somno et vigilia* (Über Schlafen und Wachen)
De insomn.	*De insomniis* (Über Träume)
De divin.	*De divinatione per somnium* (Über Weissagung im Traum)
De long. vit.	*De longitudine et brevitate vitae* (Über Lang- und Kurzlebigkeit)
De iuv. *(De vit. et mort.)*	*De iuventute (De vita et morte)* (Über die Jugend. [Über Leben und Tod])
De resp.	*De respiratione* (Über die Atmung)
Hist. an.	*Historia animalium* (Tiergeschichte)
De part. an.	*De partibus animalium* (Über die Teile der Lebewesen)
De inc. an.	*De incessu animalium* (Über die Fortbewegung der Lebewesen)
De mot. an.	*De motu animalium* (Über die Bewegung der Lebewesen)
De gen. an.	*De generatione animalium* (Über die Entstehung der Lebewesen)

[Probl.]	*Problemata physica* (Physikalische Probleme)
Met.	*Metaphysica* (Metaphysik) [Bücher in traditioneller Weise mit griechischen Buchstaben zitiert]
E. E.	*Ethica Eudemia* (Eudemische Ethik)
E. N.	*Ethica Nicomachea* (Nikomachische Ethik)
M. M.	*Magna Moralia* (Große Ethik)
Pol.	*Politica* (Politik)
Rhet.	*Rhetorica* (Rhetorik)
Poet.	*Poetica* (Poetik)
[Mech.]	*Mechanica* (Mechanik)

Einer weit verbreiteten Praxis folgend zitieren wir im Haupttext beim Volltitel die *logischen* und *ethischen* Schriften sowie *Metaphysik*, *Physik*, *Poetik*, *Politik* und *Rhetorik* in der deutschen Form. Dagegen geben wir für die Schriften *Über den Himmel* und *Über die Seele* die lateinischen Titel *De caelo* und *De anima* an, da sie auch in populäreren Schriften gebräuchlich sind. Auch für die zoologischen Schriften benutzen wir beim Volltitel die lateinische Form, da es kein passendes kurzes deutsches Äquivalent für die in ihnen verwendeten Termini gibt, das sich durchgesetzt hätte. Denn die lateinischen Begriffe *animal*, *historia* und *pars* sind nicht ohne Zweideutigkeit zu übersetzen. *Historia animalium*, tradionellerweise mit „Tiergeschichte" übersetzt, bezeichnet genau genommen „die bezeugbaren Fakten von Tieren und Menschen", *De partibus animalium* soll „über Gewebe und innere und äußere Organe (wie z. B. die Arme) von Tieren und Menschen" handeln, *De generatione animalium* „über die Entstehung und Entwicklung von Tieren und Menschen", *De incessu animalium* „über die Fortbewegung von Tieren und Menschen" bzw. *De motu animalium* „über die Bewegung von Tieren und Menschen im allgemeinen". Analog dazu verwenden wir auch für die Schrift *Über Entstehen und Vergehen* den lateinischen Titel *De generatione et corruptione*, ebenso für die *Kleinen naturwissenschaftlichen Schriften (Parva naturalia):* also statt *Über die Jugend. Über Leben und Tod* und *Über die Atmung* schreiben wir im Volltitel *De iuventute, De vita et morte* und *De respiratione.*

Einleitung: Die Grundproblematik

Die Schrift behandelt das grundsätzliche Problem, ob man Aristoteles gerecht wird, wenn man ihn undifferenziert in die Reihe der „Großen Philosophen“ einordnet, wobei der Begriff des Philosophen im modernen Sinne verstanden wird, also abgehoben von dem des Fachwissenschaftlers und speziell des Naturwissenschaftlers. Schon im Titel meines ersten Buchs über diesen Autor, das 1974 bei De Gruyter unter dem Titel „Wissenschaft und Methode. Interpretationen zur aristotelischen Theorie der Naturwissenschaft“ erschienen ist, steht diese Frage im Hintergrund, auch wenn sie noch nicht grundsätzlich erörtert wird.[1] Das vorliegende Buch ist das Ergebnis einer jahrzehntelangen, wenn auch nicht ausschließlichen Beschäftigung mit dem Gesamtwerk des Autors. Es versucht darzulegen, daß dem Aristoteles seine Universalität zwar nicht abgesprochen werden kann, daß aber sein naturwissenschaftliches Wirken gegenüber seinem philosophischen Werk im eingeschränkten modernen Sinne sowohl in seinem Lebenslauf als auch in dem hinterlassenen literarischen Werk durchaus im Vordergrund steht und entscheidend zur Herausbildung des modernen Wissenschaftsbegriffs beigetragen hat, auch wenn dies aus unterschiedlichen historischen Gründen verdunkelt worden ist. Es geht also um eine grundsätzliche und weitreichende Neubewertung des Aristoteles.

Wir beginnen zunächst mit dem Begriff des Philosophen. Dieser steht im modernen Sprachgebrauch in aller Regel im Gegensatz zum Begriff des Wis-

1 Der Titel klingt in kritischer Absicht an den des 1960 in Tübingen erschienenen Buches von Hans-Georg Gadamer „Wahrheit und Methode“ an und sollte zum Ausdruck bringen, daß die naturwissenschaftliche Methode, die Aristoteles anwendet, universal ist und sich im Prinzip von der modernen naturwissenschaftlichen Methodik nicht unterscheidet und daß insofern auch die philologisch-historische Auslegung des Aristoteles kein besonderes hermeneutisches Problem darstellt. Dies ergibt sich aus der weitgehenden Verifizierbarkeit seiner Ergebnisse bzw. der Nachvollziehbarkeit auch von theoretischen Annahmen, in denen er wegen Fehlens moderner Erkenntnisse von der heutigen Wissenschaft abweicht (z. B. wenn evolutionsbiologische Eindrücke nur in metaphorischer Form geäußert werden). Dies steht im Gegensatz zu Gadamers Ausführungen, wie sie bereits in der Einleitung seines Buches dargelegt werden. Zur Kritik an Gadamers antirealistischer Hermeneutik vgl. jetzt Hans Krämer, Kritik der Hermeneutik, München 2007 und Klaus Oehler, Pragmatismus versus Hermeneutik, in: Dagmar Mirbach (Hrsg.), Hermeneutik und Geschichte der Philosophie (Spudasmata Bd. 127), Hildesheim–Zürich–New York 2009, 105–113.

senschaftlers. Dies drückt sich etwa in der an der Universität gebräuchlichen Fächereinteilung aus. Es gibt Lehrstühle für Philosophie und solche für Natur- oder Geisteswissenschaften oder für solche Disziplinen, die beanspruchen, zwischen diesen beiden Bereichen zu stehen wie viele sozialwissenschaftliche. In der populären Wahrnehmung versteht man unter einem Philosophen jemanden, der sich mit den allgemeinsten Fragen nach dem Sinn des Lebens und der Welt in spekulativer Weise beschäftigt, unter einem Wissenschaftler einen Forscher, der in Einzeldisziplinen neue Sachverhalte zu erkunden sucht, speziell unter einem Naturwissenschaftler jemanden, der empirische Forschung betreibt. An dieser Unterscheidung ändert auch der unterschiedliche Gebrauch der Nationalsprachen nichts. Neben dem ‚philosopher' steht der ‚scientist' oder der ‚scholar', neben ‚philosophy' stehen ‚science' oder die ‚liberal arts' oder ‚humanities' (angelsächsisch gelegentlich auch ‚soft science' genannt). Die sich zur Disziplin der Philosophie bekennenden Gelehrten haben vielfach über ihre Beziehung zu den Naturwissenschaften nachgedacht und häufig auf die historischen Gründe verwiesen, die zur Trennung dieser beiden Bereiche geführt haben. Im einzelnen sind die beigebrachten Gründe ganz unterschiedlich.[2] Ein beliebiges Beispiel ist der Abschnitt über „Philosophie und Wissenschaft" in Band III der „Philosophie" von Karl Jaspers. Dort wird das gegenständliche Denken der Wissenschaft von dem transzendenten Denken der Philosophie unterschieden.[3] Verbreitet ist die Aufgliederung der Philosophie in drei Einzeldisziplinen, die Metaphysik, die Ethik und die Logik. Andere Autoren bezeichnen die Philosophie als Grundwissenschaft gegenüber den Einzelwissenschaften oder sprechen ihr den Wissenschaftscharakter ganz ab.

Wie ist es nun in der Antike gewesen? Fast jeder Altertumswissenschaftler geht heute davon aus, daß Leute wie Parmenides, Platon, Aristoteles, aber auch Epikur und die einzelnen Stoiker wie Zenon oder Chrysipp Philosophen waren. Vielfach überlegt man, ob nicht die Naturwissenschaft erst mit Galilei anfängt. Aber wieweit sind diese Einschätzungen berechtigt?

Wenden wir uns den beiden vornehmlich als Philosophen verstandenen Gestalten Platon und Aristoteles zu. Beide wurden schon im Altertum als Philosophen bezeichnet. Der Begriff selbst ist älter und wird von verschiedenen Vorsokratikern benutzt, z. B. von Heraklit und Gorgias, und er wird Pythagoras zugeschrieben. Wesentlich zu seiner inhaltlichen Prägung hat Platon beigetragen, der ihn vielfach dem Begriff des Sophisten gegenübergestellt

2 Vgl. dazu die Artikel von T. Borsche s. v. Metaphysik und O. Marquard s. v. Philosophie sowie H. Hühn und H. Pulte s. v. Wissenschaft im *Historischen Wörterbuch der Philosophie* in Bd. 5, 7 und 12.

3 K. Jaspers, Philosophie, Bd. III Metaphysik, Berlin–Göttingen–Heidelberg 1956, 318 ff.

hat. Auch Aristoteles betrachtet sich selbst als Philosophen. Seit dem Altertum rechnet man deshalb beide, so sehr man auch die Unterschiede einzelner Lehrmeinungen herausarbeitete, als derselben Disziplin angehörig, eben der Philosophie. Wenn man genauer hinsieht, ist der Philosophiebegriff des Aristoteles aber ein ganz anderer als der Platons. Für Platon ist in seinem Hauptwerk, der *Politeia*, die Philosophie ‚Dialektik' (*Resp.* 532 B 4, 533 C 7), d. h. mündliches Gespräch. Philosophie ist also nicht das, was in Büchern steht. Zu einem Zielpunkt kommt man nach der *Politeia* so: Die Gesprächssituation ist zunächst von Meinungen bestimmt (δόξα, 534 A 2). Von diesen gelangt man unter Führung des Sokrates auf argumentativem Wege unter Prüfung immer allgemeinerer ‚Hypothesen' zum Voraussetzungslosen, dem Anfang von allem (511 B 6 f.), d. h. der Idee des Guten (508 E 2 f.).[4] Der Beginn des Verfahrens entspricht dem, was die Frühdialoge zeigen, und im *VII. Brief* (341 C und 344 B) beschreibt Platon den ganzen Erkenntnisgang als mühevoll: Die erörterten Gegenstände, Worte und Sätze, Gesehenes und sonstwie Wahrgenommenes müßten im Gespräch aneinander gerieben und wohlwollend in Frage und Antwort geprüft werden, bis plötzlich Begreifen und Einsicht aufleuchteten.[5] Die meist von Sokrates gelenkte Thematik ist von Platon vorgegeben. Sie wird gelegentlich auch historischen oder erfundenen Gestalten in den Mund gelegt und ist stark auf Grundfragen konzentriert. Sie hat in gewissem Grade einen esoterischen Charakter. Allgemeines ‚Weltwissen' kommt wenig herein (etwas stärker nur im *Timaios*).

Für Aristoteles ist Wissen etwas Vielschichtiges und nicht auf die Erkenntnis eines einzigen höchsten Prinzips gerichtet. Er unterscheidet in *Metaphysik* E 1 praktisches, produktives und theoretisches Denken (1025 b 25). Damit bezieht er sich auf technisches, d. h. handwerkliches, Wissen, auf die auf das Handeln gerichtete Ethik und Politik und auf die ‚drei theoretischen Philosophien', die Mathematik, die Physik und die Theologie (1026 a 18 f.). An diesen wird zunächst deutlich, daß der aristotelische Begriff der Philosophie mit dem platonischen und dem modernen nicht deckungsgleich ist, sondern auf den ersten Blick eher das zu bezeichnen scheint, was wir heute als Wissenschaft und Gegensatz zur Philosophie ansehen, und zwar handelt es sich nach Aristoteles jedenfalls nach seiner ersten Einschätzung um drei Einzelwissenschaften, die er alle drei auch von der Dialektik Platons abhebt. Freilich ist die Thematik der Theologie für Aristoteles komplexer und nicht so leicht einzuordnen. Letztere nennt er auch die Erste Philosophie. Ihr Ge-

4 Vgl. W. Kullmann, Wissenschaft und Methode. Interpretationen zur aristotelischen Theorie der Naturwissenschaften, Berlin–New York 1974, 154 ff.

5 Vgl. M. Liatsi, Die semiotische Erkenntnistheorie Platons im Siebten Brief. Eine Einführung in den sogenannten philosophischen Exkurs (Zetemata H. 135), München 2008, 72 f.

genstand wird von ihm unterschiedlich bestimmt. Einerseits ist es Gott als ‚Unbewegter Beweger', der eine Größe ist, deren Behandlung auch nach heutigem Verständnis Sache der Philosophie ist, auch wenn sie bei Aristoteles gleichzeitig als ein physikalisches Prinzip fungiert, andererseits ‚das Seiende, insofern es seiend ist', also das Seiende als solches (vgl. *Met.* Γ 1.1003 a 21), wozu z. B. auch die Behandlung des Satzes vom Widerspruch gehört, also offensichtlich etwas Allgemeines, auch in modernem Sinne Philosophisches.

Wie fügt sich nun das überlieferte Werk des Aristoteles in dieses Schema ein?

Die Erste Philosophie wird bei ihm durch die modern so genannte Schrift *Metaphysik* repräsentiert. Mit der Mathematik hat er sich wissenschaftlich nicht beschäftigt. Aber die Hälfte seines Schrifttums ist physikalischen Fragen gewidmet.

Zwischen allen ‚physikalischen Schriften' besteht ein Zusammenhang. Man spricht gelegentlich sogar von einem Kurs physikalischer Schriften, wobei man sich auf die Disposition am Anfang der aristotelischen *Meteorologie* berufen kann (I 1.338 a 20 ff.). Dort erwähnt Aristoteles als bereits behandelte Themen aus der *Physik* die ersten Prinzipien und die natürliche Bewegung (damit ist ein großer Teil der *Physik* abgedeckt), aus der Schrift *De caelo* bzw. *Über den Himmel*, Buch I–II die Gestirnsbewegungen, aus Buch III–IV und der Schrift *De generatione et corruptione* die Elementenlehre und Entstehen und Vergehen. Anschließend gibt er einen Überblick über die Thematik der *Meteorologie* (wobei unklar ist, ob das Buch IV dieser Schrift einbegriffen ist) und verweist auf die Behandlung von ‚Lebewesen' und Pflanzen voraus. Wichtig ist dabei, sich klar zu machen, daß die Bücher I–II der Schrift *De caelo* keine Astronomie, sondern eine Astrophysik beinhalten, daß die *Meteorologie*, Buch I–III, außer meteorologischen Fragen (wozu nicht nur das Wetter, sondern alles gehört, was nach Aristoteles als sublunares Himmelsphänomen zu gelten hat) auch geologische und seismische Phänomene behandelt und daß *Meteorologie*, Buch IV, ob es nun von Aristoteles mitgemeint ist oder nicht, eine Art chemischen Traktats darstellt.

Den Schwerpunkt der physikalischen Schriften bilden die biologischen Schriften (weitaus überwiegend rein zoologische Schriften), die in sich eine gewisse Einheit bilden. Sie umfassen fast ein Drittel seines Schrifttums. Es beginnt mit der Einführungsschrift in die Biologie bzw. die von Aristoteles vorwiegend betriebene Zoologie, der Schrift „Über die Teile der Lebewesen" bzw. *De partibus animalium*, Buch I. Der deutsche Titel der Schrift klingt etwas künstlich. Er ist gewählt, weil der griechische Begriff *zōon* Tier und Mensch umfaßt und umgangssprachlich im Deutschen der Begriff ‚Lebewesen' dem am nächsten kommt und in der Regel die Pflanzen ausschließt. Es gehört dazu die umfangreiche Sammlung von zoologischen Fakten in den ersten neun echten Büchern der sogenannten *Historia animalium* bzw. *Tier-*

geschichte (in 10 Büchern), die auch den Menschen mitbehandelt. Daran schließen sich die begründenden Bücher II–IV von *De partibus animalium* an, in denen die Struktur und die Funktion der Gewebe und Organe behandelt werden. Schließlich folgen die fünf Bücher der Schrift *Über die Entstehung der Lebewesen* bzw. *De generatione animalium,* in denen die Entstehungsprozesse von Tier und Mensch erklärt werden. Auch die Schrift *Über die Seele* bzw. *De anima* ist eine biologische Schrift, wie noch weiter zu erläutern ist (vgl. Abschnitt I 8). Dazu kommen die ‚Kleinen naturwissenschaftlichen Schriften', die sogenannten *Parva naturalia*, und die Spezialschriften *De incessu animalium* bzw. *Über die Fortbewegung der Lebewesen* und *De motu animalium* bzw. *Über die Bewegung der Lebewesen* (im allgemeinen Sinn verstanden).

Von den übrigen Schriften widmen sich die drei *Ethiken*, die sich inhaltlich vielfach überschneiden, und die *Politik* dem ‚praktischen Denken', d. h. einem auf das Handeln ausgerichteten Denken (Aristoteles spricht nicht ausdrücklich von ‚praktischer Philosophie'), während die *Poetik* und in gewisser Weise auch die *Rhetorik* ihrer Struktur nach besondere Arten der Handwerkskünste sind, also ihrer äußeren Form nach zu dem ‚produktiven Denken' (Verfassen von Dichtung oder Reden) gehören.[6] Übrig bleiben die logischen Schriften. Von diesen hat die *Topik* die Dialektik (eigentlich ‚Gesprächskunst') zum Gegenstand, die von Aristoteles ausdrücklich als nicht zu den Wissenschaften gehörig klassifiziert wird und anders als bei Platon nicht mehr der Erkenntnis der Wahrheit dienen soll, sondern zu einem Regelwerk für Debattierübungen umgebaut wird. Die *Erste Analytik* entwickelt (auch schon im Hinblick auf den wissenschaftlichen Beweis) die formale Theorie des Syllogismus und ist die Grundlage auch für die moderne philosophische Logik. Die *Zweite Analytik* ist dagegen eine reine Wissenschaftslehre, in der es zentral um den wissenschaftlichen Beweis geht, der im Gegensatz zur Methode der Dialektik, auch der der *Topik*, auf empirischer Grundlage angestrebt wird.[7] Sie zielt unserer Auffassung nach ausschließlich auf die *Physik* (d. h. die Naturwissenschaft), insbesondere auf die Zoologie,[8] muß also die-

6 Inhaltlich transzendieren beide Schriften die Thematik einer normalen Handwerkskunst. Die *Poetik* ist letztlich keine Schrift zum richtigen Verfassen von Gedichten, sondern behandelt Geschichte und Wesen der Dichtung überhaupt; nur in ihrer äußeren Form schimmert der Zusammenhang mit den Handwerkskünsten (den *technai* bzw. *artes*) durch, wenn gelegentlich gesagt wird, was ein Dichter tun *soll.* In der *Rhetorik* ist, wenn auch nur implizit, eine ganze Theorie der menschlichen Kommunikation überhaupt eingeschlossen. Vgl. dazu W. Kullmann, Kommunikation und Rhetorik bei Aristoteles, in: J. Knape, Th, Schirren, Aristotelische Rhetoriktradition, Stuttgart 2005, 28 f.

7 Vgl. Kullmann, Wissenschaft und Methode (wie Anm. 4) 170 f. unter Hinweis auf I 18 und II 19 und unten S. 236 ff.

8 Vgl. unten S. 163.

ser Schriftengruppe zugeordnet werden. Denn mathematische Beweise kann man nicht syllogistisch führen, und die Erste Philosophie geht nicht beweisend vor. So kommen wir schon auf 55 % seiner Schriften, die mehr oder weniger die Naturwissenschaft betreffen. Die restlichen logischen Schriften, die *Kategorien* und die *Hermeneutik*, stehen zusammen mit der *Ersten Analytik* für sich und lassen sich in die Fächergliederung des Aristoteles nicht einordnen.

Diese Ausrichtung hat im heutigen Universitätsunterricht zur Folge, daß beim philosophischen Studium des Aristoteles seine ‚philosophischen' Schriften im modernen Sinne des Wortes im Vordergrund stehen, also die *Metaphysik*, die *Erste Analytik*, die *Nikomachische Ethik*, die Kapitel 4 und 5 des Buches III der Schrift *De anima*, die insbesondere vom Denken, dem Nus, handeln, obwohl die Schrift als Ganzes eine biologische Schrift ist, ferner die logischen Schriften ohne die *Zweite Analytik*; also die *Topik*, die *Erste Analytik*, die *Kategorien*, die *Hermeneutik*. Dies sind auch die Schriften, auf denen historisch vorwiegend der Ruhm des Aristoteles als eines großen Philosophen beruht. Die meisten modernen philosophischen Monographien über Aristoteles zitieren vorwiegend diese Werke. Nun kann man sagen: Damit könnte Aristoteles eigentlich ganz zufrieden sein; haben diese Schriften doch eine gewaltige Nachwirkung gehabt. Zweifellos sind sie von außerordentlicher Bedeutung. Doch läßt sich daraus schwerlich ein Gesamturteil über Aristoteles ableiten. Um ihm gerecht zu werden, müssen wir nach dem Schwerpunkt, insbesondere nach dem Ziel seines Gesamtwerkes fragen. Vielleicht erscheint dann auch das bisher überwiegend selektierte „philosophische Werk im modernen Sinne" in etwas anderem Licht. Die naturwissenschaftliche Hälfte seiner Schriften, die außer biologischen auch physikalischen, meteorologischen und chemischen Problemen gewidmet sind, fehlt im philosophischen Studium fast ganz. In nichtphilosophischen Fächern spielen heutzutage noch die *Politik*, die *Poetik* und die *Rhetorik* eine Rolle, aber auch dort fehlt die Naturwissenschaft. Im allgemeinen Bewußtsein der heutigen Gebildeten ist die naturwissenschaftliche Seite seines Wirkens weitgehend unbekannt. Hinzu kommt noch, daß selbst unter den Aristotelesforschern, die das Studium der naturwissenschaftlichen Werke nicht ausschließen, Tendenzen zu beobachten sind, diese Schriften philosophischen Kriterien zu unterwerfen. Gelegentlich konzentriert man sich dabei darauf, die in die Naturwissenschaft einführenden Schriften (*Physik*, *De partibus animalium* I) als philosophische Schriften zu interpretieren und von ihnen eine Brücke zu den noch in strengerem Sinne philosophischen Schriften wie der *Metaphysik* zu schlagen. Im günstigsten Falle sieht man in Aristoteles neben dem Philosophen den theoretischen Biologen, der anhand seiner Forschungen Methodenfragen verfolgt, ohne daß man sich bemüht, seine wissenschaftlichen biologischen Ergebnisse zu interpretieren und kritisch zu würdigen und zugleich in ihren historischen

Rahmen zu stellen. Auch diese Betrachtungsweise bedeutet zwangsläufig eine erhebliche Marginalisierung des zentralen naturwissenschaftlichen Anliegens des Aristoteles. In diesem Zusammenhang ist insbesondere die in den USA gepflegte *Philosophy of Biology* zu nennen, mit der wir uns gleichwohl in mancherlei Hinsicht verbunden fühlen. Wir werden uns aber die Freiheit nehmen, die Akzente anders zu setzen. Die großen Verdienste dieser insbesondere durch Allan Gotthelf repräsentierten Interpretationsrichtung für die Erweiterung des Verständnisses der Biologie des Aristoteles im einzelnen bleiben davon unberührt.

Jedenfalls lassen zwei jüngst erschienene verdienstvolle Handbücher zu Aristoteles schon vom Umfang her die niedrige Einstufung seiner zoologischen Schriften im Rahmen der gegenwärtigen Aristotelesforschung erkennen. In dem Aristoteles-Handbuch von Christopher Shields[9] fallen, wenn ich nicht irre, von über 700 Seiten kaum 10 % auf die Biologie gegenüber dem Drittel des erhaltenen Gesamtwerks des Aristoteles, und zwar die Artikel von David Charles[10] und von James G. Lennox.[11] Letzterer stellt sich nur die bescheidene Aufgabe, durch Aufweis der Komplexität des aristotelischen Tierstudiums zur Erforschung zentraler Punkte für unser Verständnis der aristotelischen Metaphysik und Epistemologie beizutragen.[12] Ähnlich ist das Verhältnis im Aristoteles-Handbuch von Christof Rapp und Klaus Corcilius.[13] Nur knapp 50 Seiten bei einem Gesamtumfang von 542 betreffen nach unserer Zählung in etwa die Biologie. Günstiger ist erfreulicherweise die Bilanz in dem an einen größeren Leserkreis gerichteten Buch von Hellmut Flashar, Aristoteles Lehrer des Abendlandes, in dem z. B. die Schrift *De partibus animalium* ausführlich vorgestellt wird (320–333).[14]

Im folgenden sollen also Zweifel an der von der modernen Philosophie bestimmten überwiegenden Charakterisierung des Aristoteles als Philosophen (und allenfalls wissenschaftlichen Theoretikers) vorgetragen werden, auch wenn dies vielleicht als *sacrilegium intellectus* angesehen werden mag.

Nun zeigt schon die von Aristoteles selbst gegebene Gliederung der Wissenschaften, daß es, wenn man an einer Gesamteinschätzung der Leistung des Aristoteles interessiert ist, nicht ausreichen kann, sich von dem größten

9 Ch. Shields (ed.), The Oxford Handbook of Aristotle, Oxford 2012.

10 D. Charles, Teleological Causation, in: Shields (wie Anm. 9) 227 ff.

11 J.G. Lennox, The Complexity of Aristotle's Study of Animals, in: Shields (wie Anm. 9) 287 ff.

12 Lennox, The Complexity (wie Anm. 11) 287.

13 Ch. Rapp und K. Corcilius (Hrsg.), Aristoteles-Handbuch. Leben – Werk – Wirkung, Stuttgart–Weimar 2011.

14 H. Flashar, Aristoteles. Lehrer des Abendlandes, München 2013.

zusammenhängenden Drittel seiner Schriften nur ein Bild von seiner Argumentationsstruktur und nicht von seinen Ergebnissen zu machen, geschweige denn, wie es überwiegend geschieht, sein Urteil über Aristoteles primär nach nur einem Viertel seiner Schriften zu formen.

Zunächst ist folgendes zu beachten. Auch wenn wir nicht abschätzen können, wieviel Zeit Aristoteles auf die dem heutigen philosophischen Kanon entsprechenden Schriften aufwandte, so ist doch sicher, daß zumindest hinter seinen zoologischen Schriften ausführliche Feldarbeit in der Natur, besonders in der Biologie steht (vgl. Abschnitt I 5 Forschungsreisen). Dabei hat er sich, wie sich aus beiläufigen Bemerkungen ergibt, bei der Erforschung der maritimen Tierwelt z. B. in Pyrrha auf Lesbos ausführlich mit Fischern unterhalten, und anderswo mit Jägern, Schlachtern usw. Vor allem aber hat er freilich selbst intensiv beobachtet und geforscht. Die Ausführungen über die Fortpflanzungsweise der Haie und Rochen in dem großen Werk der *Historia animalium,* Buch VI, um vorläufig nur ein Beispiel zu geben, setzen ein langes Studium voraus, bei dem ausführliche Tiersektionen unabdingbar sind. Es gibt ovipare, ovovivipare und vivipare Spezies, also solche, die größere Eier legen, solche, deren Nachkömmlinge im Mutterleib aus dem Dottersack ernährt werden, die aber dann schon lebend zur Welt kommen, und solche, die eine Dottersackplazenta besitzen, deren Sprößlinge nach Verbrauch des Eidotters ähnlich wie die Säugetiere aus dem Mutterleib direkt ernährt werden. Zu den letzteren gehört auch der glatte Hai (*mustelus laevis*), der eine von Aristoteles beschriebene Dottersackplazenta besitzt, die erst 1842 wiederentdeckt worden ist.[15] Aristoteles beruft sich auch auf Untersuchungen an abgemagerten Haustieren, deren Adern er ertastete, um bei der Adernerforschung an den Säugetieren das Handicap der postmortalen Blutleere zu vermeiden. Er bezieht sich ausdrücklich auf 50–60 Tiersektionen; vielleicht waren es mehr (vgl. Abschnitt I 7.5). Derartige Untersuchungen sind nicht beiläufig zu betreiben. Monatelange, wenn nicht jahrelange Bemühungen an verschiedenen Orten sind erforderlich. Aristoteles' zoologische Schriften sind die einzigen naturwissenschaftlichen Untersuchungen des Altertums, die an die modernen europäischen Forschungen heranreichen und diese weitgehend inauguriert haben, wie weiter unten noch näher ausgeführt werden wird. Seine Angaben in den zoologischen Schriften wurden durch einen leider nicht überlieferten anatomischen Atlas unterstützt, die *Anatomai*, auf den sich Aristoteles mehrfach in seinen Schriften bezieht. Man muß annehmen, daß Aristoteles *in situ* Wachstafeln, z. B. am Strand von Pyrrha auf Lesbos, mit

15 Vgl. W. Kullmann, Aristoteles. Über die Teile der Lebewesen, übersetzt und erläutert, in: Aristoteles. Werke in deutscher Übersetzung, hrsg. v. H. Flashar, Bd. 17/I, Berlin 2007, 613 f.

Zeichnungen des Sektionsbefundes bestimmter Fische anfertigte und dann in einem Atlas veröffentlichte. Es ist sicher, daß es vor Aristoteles keine biologische Wissenschaft gab, auch wenn in Einzelfragen die in der Regel ein halbes Jahrhundert älteren hippokratischen Schriften zu Rate gezogen werden konnten, die sich auf die Humanmedizin beziehen, und die Vorsokratiker, vorwiegend in ihren Kosmogonien, mancherlei biologische Fragen angeschnitten haben. Dies bedeutet, daß die Schaffung einer ganzen Disziplin, wie die der Zoologie, zu einer besonderen Lebensform zwang und nicht als Nebenbeschäftigung aufgefaßt werden kann. Alles weist auf einen ganz außerordentlichen Arbeitsaufwand hin. Im Vergleich dazu mag die Beschäftigung mit Ethik, Politik, Metaphysik Zeit zum Nachdenken erfordern. Es war dafür jedoch keine zeitaufwendige Forschung an unterschiedlichen Orten notwendig. Über das ‚Glück' z. B. konnte ein so genialer Mensch wie Aristoteles sich gewiß zügig und ohne Verzögerungen äußern, was er unter Inkaufnahme von Überschneidungen auch dreimal getan hat. Etwas anders steht es mit Sammelwerken, wie der nur fragmentarisch erhaltenen Sammlung von Staatsverfassungen. Auch sie haben mit Philosophie nichts zu tun und erfordern Forschungsarbeit, wenn auch anderer Art, und stützen sich gewiß auf die wohl schriftlichen Informationen Dritter, was in der Zoologie in der Regel auszuschließen ist. Nur bei exotischen oder jedenfalls in ferneren Gegenden beobachteten Tieren ist es anders. Hier treten den Umständen entsprechend auch gelegentlich Fehler auf.

Vor allem aber spricht das Ethos an den wenigen Stellen, an denen es in seinem Werk hervortritt, dafür, daß Aristoteles sich in der Biologie vor allem als Forscher verstand.

Dazu hier vorweg nur ein paar Hinweise. In der Schrift *De partibus animalium* (I 5.645 a 7 ff.) vergleicht er den Reiz der Erforschung des ewigen Gestirnshimmels mit dem Reiz der von ihm initiierten Biologie. Auch bei dem, was an den Lebewesen unansehnlich sei, gewähre die Natur, die sie geschaffen habe, bei der Untersuchung in gleicher Weise denen, die imstande seien, die Ursachen zu erkennen, und die von Natur aus Philosophen sind, unermeßliche Freuden (vgl. Abschnitt I 4).[16]

Die empirische Astronomie hatte zur Zeit des Aristoteles, etwa durch die Untersuchung der Planetenbahnen durch Eudoxos, erstaunliche Fortschritte gemacht, und so dient sie ihm als methodisches Vorbild. Und das Wort „Philosophen" verwendet er an dieser Stelle ganz in seinem Sinne als „die nach empirischem Wissen strebenden Menschen", was sich daran zeigt, daß er die Astronomen als sein Vorbild nennt. So wie diese den Himmel erforscht ha-

16 Siehe das ausführliche Zitate unten S. 74 f. mit Anm. 214.

ben, will er ein neues Gebiet erforschen, nämlich die vergänglichen Lebewesen (d. h. Tiere und Menschen).

Der hier zum Ausdruck kommende Gedanke ist, wenn man, wie dies gern geschieht, Aristoteles mit Platon vergleicht, ganz unplatonisch. Beide streben zwar nach Wissen und Erkenntnis, aber Platon geht es immer um die Totalität, Aristoteles aber an dieser Stelle um einen Teilbereich der Natur, ähnlich der Astronomie. Aristoteles' naturwissenschaftliche Schriften beruhen auf Forschung und nicht auf Spekulation. Platon läßt ein Interesse an Forschung in seinem ganzen Werk nirgends erkennen.

Nur um einen kleinen Eindruck zu geben, wie Aristoteles sich als Forscher fühlt, verweise ich auf die Schrift *De generatione animalium* III 5.756 a 22 ff.: Hier geht es darum, daß und wie sich die Fische durch externe Befruchtung fortpflanzen. Aristoteles sagt, daß, da die Ejakulation der Milch, durch die der Rogen befruchtet wird, bei ihnen nur sehr schnell vonstatten geht, selbst die Fischer vielfach nicht Bescheid wissen und die alte Geschichte von Herodot, dem ‚Mythologen', wie er sagt, erzählen, die Weibchen würden die Milch mit dem Mund aufschnappen. Aristoteles kommentiert dies mit den Worten (756 a 33 f.):

> „Keiner von ihnen (den Fischern) achtet auf so etwas bloß um der Erkenntnis willen; trotzdem ist die externe Befruchtung beobachtet worden."[17]

Hier kommt gut zum Ausdruck, was den Forscher von dem Laien unterscheidet, aber auch vom Philosophen im platonischen Sinne, der an solchen naturwissenschaftlichen Details, die das Wissen des Laien übersteigen, nicht interessiert ist. Es ist das Streben nach Kenntnis der Natur um ihrer selbst willen.[18] Schon in einer seiner ersten Schriften, der *Topik*, ist der Bruch mit der platonischen Philosophiekonzeption deutlich. Aristoteles beschäftigt sich zwar mit der Dialektik, d. h. wie er selbst sagt, einer Methode, die es ermögliche, zu jedem vorgegebenen Problem ausgehend von akzeptierten Ansichten (*endoxa*) Schlüsse zu ziehen. Sie diene zu Übungszwecken, sei nützlich für Dispute mit anderen und drittens für die ‚philosophischen Wissenschaften'. In bezug auf diese übe sie eine Prüfungsfunktion aus und weise ausgehend von akzep-

17 οὐθεὶς γὰρ αὐτῶν οὐθὲν τηρεῖ τοιοῦτον τοῦ γνῶναι χάριν, ἀλλ' ὅμως ὤμμενος ὁ συνδυασμός ἐστιν.

18 Die Stelle widerlegt deutlich die gegenteilige Auffassung von Geoffrey Lloyd. Dieser formuliert: „The observations are conducted not for their own sake but for the help they give in the resolution of theoretical issues" (G.E.R. Lloyd, Observation and Reseach, in: J. Brunschwig and G.E.R. Lloyd [ed. with the collaboration of P. Pellegrin], The Greek Pursuit of Knowledge, Cambridge/Mass.–London 2003, 67 ff., hier: 80. Ursprüngliche französische Fassung des Buches: Le savoir Grec. Dictionnaire Critique, Paris 1996).

tierten Ansichten den Weg zu den Prinzipien aller Bereiche. Sie ist aber keine umfassende Seinswissenschaft mehr, sondern eine bloße Formalisierung von Argumentationstypen. Die Ausrichtung auf ein höchstes Ziel fehlt. An die Stelle des Real-, Erkenntnis- und Wertprinzips der Idee des Guten bei Platon treten bei Aristoteles in den philosophischen Wissenschaften eine Vielzahl von Beweisprinzipien in Form von Sätzen. Der Dialektik verbleibt nur noch der erste Teil der platonischen Dialektik, der Anstieg zu den Prinzipien: Sie verliert selbst den Status einer Wissenschaft. Anders als für Platon ist für Aristoteles nur noch die Einübung von Argumentationsformen dialektisch und mündlich. Der Philosoph trägt seine Thesen monologisch vor und formuliert sie schriftlich. Trotz dieser radikalen Abwendung von der platonischen Form der Dialektik ist seine eigene, immer noch von Meinungen ausgehende Dialektik rückwärtsgewandt und nach seiner ausdrücklichen Feststellung nicht wissenschaftlich. Von den Details der allmählichen Abwendung des Aristoteles von der Dialektik soll in Abschnitt II 2 die Rede sein. Zu beachten ist bei einem Vergleich platonischer und aristotelischer Stellen, daß die platonischen Dialoge nur ein *Spiegelbild* seiner *mündlichen* Philosophie sind, während Aristoteles' authentische Philosophie seine philosophischen *Schriften* repräsentieren.

Werfen wir noch einen allgemeinen Blick auf die Methode der zoologischen Schriften. Aristoteles gliedert seine diesbezügliche Darstellung in einen Faktenteil und einen begründenden, ätiologischen Teil. In dem erstgenannten geht es in der Sprache des Aristoteles um die Phänomene und das ‚daß' (ὅτι), also eben die Fakten.[19] Es werden Beobachtungen an Mensch und Tieren mitgeteilt, die auf Wahrnehmung von einzelnen Exemplaren von Tieren oder des Menschen beruhen, die dann aufgrund von weiteren Beobachtungen an gleichartigen Exemplaren verallgemeinert und einer bestimmten Gruppe, z. B. einer Spezies, als Merkmal zugesprochen werden. Das Resultat dieser Bemühungen stellt die *Historia animalium* dar. Der begründende Teil, das ‚warum' (διότι), betrifft die Schriften *De partibus animalium*, *De generatione animalium* und die sogenannten *Parva naturalia*, sowie die Schriften *De incessu animalium* und *De motu animalium*. Sie beschäftigen sich aristotelisch gesprochen mit den Ursachen (*aitíai*), d. h. so viel wie ‚konstitutiven Faktoren'. Vereinfachend wird mißverständlich von Ursachen gesprochen. Häufig werden die hauptsächlichen Faktoren in der Forschung mit den aus dem Mittelalter stammenden, also nicht aristotelischen, lateinischen Begriffen *causa formalis*,

19 Vgl. dazu ausführlich Kullmann, Wissenschaft und Methode (wie Anm. 4) 204 ff., ders., Aristoteles. Über die Teile der Lebewesen (wie Anm. 15) 161 ff. Bedauerlicherweise ist diese grundlegende Gliederung vielfach nicht rezipiert worden. Siehe unten S. 158 mit Anm. 485.

causa finalis, *causa efficiens*, *causa materialis* wiedergegeben, durch die sie offenbar für manche Philosophen etwas Esoterisches zu besitzen scheinen. Ausgedrückt wird damit aber nicht mehr, als was in jedem modernen zoologischen Lehrbuch auch zu finden ist. Von der Form (dem Aussehen), dem Material und den Entstehungsprozessen spricht auch die heutige Naturwissenschaft. Und mit der Finalursache ist es nicht anders. Aristoteles sagt etwa in der Schrift *De partibus animalium* III 6, blutführende Tiere (also Vertebraten in der modernen Terminologie) brauchten, weil sie besonders warm seien, eine Abkühlung, und zwar entweder eine Abkühlung durch Wasser wie die Fische oder durch Luft wie die blutführenden atmenden Landtiere, die deshalb eine Lunge besäßen.[20] Natürlich kannte Aristoteles nicht den Sauerstoff. Die sogenannte *causa finalis* ist also die Atmung bzw. Abkühlung. D. h. sie ist nichts weiter als die Funktion, die durch Kiemen oder Lunge herbeigeführt wird. Ebenso ist es die Funktion der Zähne, die Nahrung zu zerkleinern, der Augenlider, die Augen zu schützen usw. Dies ist keineswegs eine echte Finalität, wie immer wieder unterstellt wird. Es ist keineswegs ein Bewußtsein, das diese Zwecke bestimmt. Alle Lebewesen sind der Form nach ewig, es gibt also keine zwecksetzende Instanz, ebensowenig wie in der modernen Zoologie.

Das Mißverständnis des Aristoteles hat eine lange Geschichte, auf die etwas näher eingegangen werden muß. Sie hängt mit dem überkommenen stoisch-christlichen Kreationismus zusammen, von dem sich auch prominente Naturwissenschaftler nicht lösen konnten. Für William Harvey (1578–1657), den Entdecker des Blutkreislaufs, war es noch selbstverständlich, daß *deus sive natura naturans sive anima mundi* für die Entstehungsprozesse in der embryonalen Entwicklung der Lebewesen verantwortlich ist (*exerc.* 50).[21] Er erklärte es für eine bloße „Vorstellung unseres Denkens", wenn wir die Werke der Natur technomorph deuten (*exerc.* 50: *sed ita solum videri conceptui nostro, qui secundum artes nostras et facultates [ceu exemplaria a nobismet ipsis mutuata] de rebus naturae divinis iudicamus*). Selbst am Ende des 19. und beginnenden 20. Jahrhunderts hat der Biologe Hans Driesch noch einen intentionalen Vitalismus vertreten. Hans Driesch (1867–1941) ist dadurch berühmt, daß er den endgültigen experimentellen Nachweis der Richtigkeit der aristotelischen Epigenesistheorie erbrachte, nach der sich die Organe eines Lebewesens in der embryonalen Entwicklung erst sukzessiv entfalten.[22] Driesch machte Experimente an Seeigeleiern, indem er bestimmte Zellareale verpflanzte. Dabei stellte er fest, daß die „prospektive Potenz" bestimmter

20 668 b 33 f. Vgl. Kullmann, Aristoteles. Über die Teile der Lebewesen (wie Anm. 15) 551 f.
21 W. Harvey, Exercitationes de generatione animalium, ([1]Londini 1651) Lugduni Batavorum 1737, 194 f.
22 H. Driesch, Analytische Theorie der organischen Entwicklung, Leipzig 1894.

Zellen sehr viel größer ist als ihre „prospektive Bedeutung". Das heißt, aus den Zellbereichen, aus denen sich normalerweise ganz bestimmte Körperstrukturen entwickeln, entwickelt sich nach der Transplantation an eine andere Stelle etwas anderes. Das Gewebe ist zum Zeitpunkt des Experiments noch nicht im Hinblick auf seine spätere Funktion determiniert. Damit schien bestätigt, daß sich bestimmte spezielle Züge im Laufe der Embryonalentwicklung erst spät herausbilden. Driesch fühlte sich nun genötigt, für die Steuerung der Embryonalentwicklung einen immateriellen Faktor anzunehmen, den er unglücklicherweise mit dem aristotelischen Stichwort „Entelechie" benannte, so daß er von dem „E"-Faktor sprach.[23] Der Gedanke einer immateriell die embryonale Entwicklung steuernden Entelechie hat natürlich keinerlei Anhaltspunkt in den aristotelischen Texten. Driesch hat zudem übersehen, daß Aristoteles eine akzeptable mechanische Theorie zur sukzessiven Determinierung der Entwicklung hatte (*De generatione animalium* IV 3).

Zur genaueren Kennzeichnung der Art der Zweckgerichtetheit in der organischen Entwicklung haben die modernen Zoologen, zuerst in den USA Pittendrigh (1958)[24], später in Frankreich und Deutschland z. B. Monod[25] und etwas später Hassenstein,[26] den Begriff der ‚Teleonomie' (statt Teleologie) eingeführt. Ich selbst habe ihn, offenbar als erster, 1979 auf Aristoteles angewandt.[27] Fünf Jahre später (1984) folgen M. Bradie and F.D. Miller.[28] Der amerikanische Zoologe Ernst Mayr kennzeichnet ihn wie folgt:[29]

> „Ein teleonomischer Prozeß oder Zustand ist einer, der seine Zielgerichtetheit der Wirksamkeit eines Programms verdankt."

23 H. Driesch, Philosophie des Organischen, zweite teilweise umgearbeitete Auflage, Leipzig 1921.

24 C.S. Pittendrigh, Adaptation, Natural Selection, Behavior, in: A.R. Roe, G.G. Simpson (ed.), Behavior and Evolution, New Haven (Yale University Press) 1958, 390 ff.

25 J. Monod, La hasard et la nécessité. Essai sur la philosophie naturelle de la biologie moderne, Paris 1970, 32 f.

26 B. Hassenstein, Biologische Teleonomie, Neue Hefte für Philosophie 20, 1981, 60–71. Siehe unten Anm. 34.

27 W. Kullmann, Die Teleologie in der aristotelischen Biologie. Aristoteles als Zoologe, Embryologe und Genetiker (Sitzungsberichte der Heidelberger Akademie der Wissenschaften, phil.-hist. Klasse, Heidelberg 1979, 62 f. [mit Verweis auf Monod]); ders., Aristoteles und die moderne Wissenschaft (Philosophie der Antike Bd. 3), Stuttgart 1998, 202, 205.

28 M. Bradie and Fred D. Miller, Jr., Teleology and Natural Necessity in Aristotle, History of Philosophy Quarterly, vol. 1, 1984, 143 f.

29 „A teleonomic process or behavior is one which owes its goal-directedness to the operation of a program." (E. Mayr, Teleological and Teleonomic, a New Analysis, in: R.S. Cohen and M.W. Wartofsky [ed.], Methodological and Historical Essays in the Natural and Social Sciences, Boston Studies in the Philosophy of Science, vol. XIV, 1974, 98).

Der Begriff des Programms wird von ihm folgendermaßen definiert:[30]

> „Ein Programm ist eine codierte oder vorher eingerichtete Information, die einen Prozeß (oder Zustand) überwacht, indem sie ihn zu einem gegebenen Ende führt."

Genau dies ist bei Aristoteles der Fall. Er betont immer wieder, daß das Produkt des Entstehungsprozesses im Vater vorgegeben ist,[31] und der Schrift *De generatione animalium* IV 3 können wir entnehmen, in welcher Weise sich Aristoteles die Erbanlagen codiert vorstellte.[32] Er rechnete mit verschiedenen Impulsen, die mit dem Samen und vom weiblichen Blut auf die Leibesfrucht zeitversetzt übertragen werden. Für die Erklärung der zeitversetzten Wirksamkeit nahm er ein mechanisches Modell in Anspruch, das automatischer Marionetten, bei denen Walzen, die mit Schnüren umwickelt sind, durch Gewichte in Bewegung gesetzt werden und selbständig wieder andere Walzen oder Räder in Gang setzen, bis sich alle Puppen im Tanz drehen (vgl. *De generatione animalium* II 1.734 b 9 ff. und Ps.-Arist., *Mechanica* 848 a 19 ff.). Dies kommt also, was die Codierung betrifft, bereits der grundlegenden Modellvorstellung von Watson und Crick von 1953 recht nahe.[33] Man müßte also Aristoteles eigentlich eher den Vater der Teleonomie nennen als den der Teleologie, wie der Freiburger Biologe Hassenstein 1981 formuliert.[34] Das schlimme Mißverständnis hängt damit zusammen, daß man Aristoteles die überkommene volkstümliche stoisch-christliche Vorstellung bewußt oder unbewußt unterschob, daß die Ontogenese von Pflanzen und Tieren einer göttlichen Absicht entspringt.[35]

30 „A program is a coded or prearranged information that controls a process (or behavior) leading it toward a given end" (Mayr, wie Anm. 29, 102).

31 Vgl. dazu unten Teil I 7.9 (S. 178 ff.) und die Stellenaufzählung in Anm. 550.

32 Kullmann, Teleologie (wie Anm. 27) 57; ders., Aristoteles und die moderne Wissenschaft (wie Anm. 27), 287 ff.

33 J.D. Watson, F.H. Crick, Molecular Structure of Nucleic Acids. A Structure for Deoxyribose Nucleic Acid, Nature No 4356, Vol. 171, April 25, 1953, 737 f.

34 B. Hassenstein, Biologische Teleonomie, Neue Hefte für Philosophie 20, 1981, 60 ff., hier 70: „Falls sich am gegenwärtigen Sprachgebrauch nichts ändert und falls damit Drieschs Neovitalismus weiter legitim als teleologisches System zu bezeichnen wäre, würde es sich wohl empfehlen, den begrifflichen Unterschied zwischen Teleologie und Teleonomie auch in die Philosophie zu übernehmen. Dann würde man allerdings nicht mehr Aristoteles, sondern Platon als den Vater der Teleo*logie* zu bezeichnen haben; Aristoteles wäre dagegen – zumindest wenn man ihn so zitiert und interpretiert, wie dies, für einen Biologen überzeugend, Wolfgang Kullmann getan hat – der Vater der Teleo*nomie* (und weitgehend auch schon ihr Vollender). Aristoteles wäre damit, wenn er noch lebte, gewiß einverstanden." Zu Driesch vgl. auch S. 286.

35 Vgl. dazu ausführlich W. Kullmann, Naturgesetz in der Vorstellung der Antike, besonders der Stoa (Philosophie der Antike Bd. 30), Stuttgart 2010, passim.

Natürlich ist von der Aristoteles-Forschung neueren Datums immer die lediglich interne Teleologie in der Zoologie betont worden.[36] Aber diese Einsicht bleibt unanschaulich, solange man sich nicht klar macht, daß diese Teleologie auf nichts anderes zielt als auf das Funktionieren von Geweben und Organen gemäß einem vorgegebenen genetischen Programm wie in der modernen Biologie.[37] Die aristotelische methodologische Begrifflichkeit ist nicht als eine Spielwiese für Philosophen oder Philologen entwickelt worden, sondern ist absolut sachbezogen; man kann sie nur verstehen, wenn man sich darum bemüht, sich näherungsweise die biologische Kompetenz zu erarbeiten, die Aristoteles besaß. Wir kommen auf die ‚Teleologie' in den Abschnitten I 2, I 7.8 und I 7.9 ausführlicher zurück.

Auch das Bild, das sich die moderne Philosophie häufig von dem aristotelischen Werk *De anima* z. B. aufgrund ihres Studiums des Kapitels III 5 macht, beruht auf einem Mißverständnis des Charakters dieser Schrift. Wie Aristoteles in *De partibus animalium* I 1.641 a 21 ff. andeutet, will er den menschlichen Nus aus der Naturwissenschaft ausklammern. Er wird in der Schrift *De anima* nur am Rande behandelt. Es handelt sich bei diesem Werk um eine rein biologische Schrift des Aristoteles, wie deutlich wird, wenn man sich die historische wissenschaftliche Situation vergegenwärtigt, in der sich Aristoteles befindet. Als Biologe muß er sich mit der Entstehung des Lebens beschäftigen. Hierin hat er in bestimmten Vorsokratikern Vorgänger, und auch eine Reihe medizinischer Schriften aus dem *Corpus Hippocraticum*, deren Auffassungen ihm vor Augen stehen, haben sich zu dieser Frage dezidiert geäußert. Deren mechanistische Anschauungen erwiesen sich jedoch als naiv und widersprüchlich und bedurften der Korrektur, um die es in der Schrift *De anima* geht.[38] Vgl. dazu Abschnitt I 8.

Die Ethik und die politische Wissenschaft werden von Aristoteles zum praktischen Denken gerechnet, und auch die heutige Philosophie beschäftigt

36 Vgl. u. a. R. Eucken, Die Methode der aristotelischen Forschung, Berlin 1872, 86 f.; W. Wieland, Die aristotelische Physik, Göttingen 1962, 275; Kullmann, Aristoteles und die moderne Wissenschaft (wie Anm. 27) 153, 265 f.; Th.K. Johansen, The place of the demiurge in Plato's Teleology, in: C. Natali e Stefano Maso (ed.), Plato physicus. Cosmologia e antropologia nel Timeo, Amsterdam 2003, 65.

37 So wird z. B. von M. Leunissen, Explanation and Teleology in Aristotle's Science, Cambridge 2010, passim der Grundsatz des Aristoteles „ein Mensch zeugt einen Menschen", soweit ich sehe, niemals erwähnt, und es fehlt auch gemäß Index jede Erwähnung der Vererbungstheorie des Aristoteles in *De generatione animalium* IV 3.

38 Ein extremes Beispiel für eine einseitige philosophische Betrachtung der Schrift *De anima* ist das Buch von Georg Picht, Aristoteles' „De anima", in der Reihe: Georg Picht. Vorlesungen und Schriften, hrsg. v. C. Eisenbart, Stuttgart 1987, das den zentralen biologisch-anthropologischen Aspekt der Schrift völlig verkennt und „Seele" ausschließlich als metaphysischen Begriff faßt.

sich zumindest mit der Ethik. Doch hebt sich die aristotelische Ethik, was in der Regel nicht beachtet wird, signifikant von den meisten modernen Ethiken (und politischen Theorien) ab, insofern sie einen anthropologisch-biologischen Ausgangspunkt im naturwissenschaftlichen Sinne hat. Sie entspricht in manchen Teilen der modernen Verhaltensforschung. Man denke nur an die bekannte Formulierung, daß der Mensch von Natur aus ein soziales Lebewesen (wörtlich ‚politisches Lebewesen'[39]) ist. Es kann nicht gemeint sein, daß der Mensch ein in einer griechischen Polis lebendes Wesen ist, wie naiverweise gelegentlich immer wieder angenommen wird. Dagegen spricht schon der Zusatz, daß der Mensch „von Natur aus" ein politisches (d. h. soziales) Lebewesen ist. Natürlich ist er das erst als Erwachsener, nicht als Kind (*Politik* I 2.1252 b 32 ff.). Aristoteles unterscheidet im Tierreich (den Menschen eingeschlossen) als Naturwissenschaftler unterschiedliche Lebensformen der einzelnen Spezies; eine davon ist die soziale (‚politische' genannt), zu der der Mensch wegen seiner Vernunftbegabung in ganz besonderer Weise gehört (*Hist. an.* I 1.487 b 33 ff., VIII 1.589 a 1 ff.).[40] Da die Anfangskapitel der *Historia animalium* mit ziemlicher Sicherheit viel früher als die *Politik* verfaßt sind,[41] liegt der Ursprung des Gedankens offenbar in der Biologie. Sehr wichtig ist in diesem Zusammenhang auch – im Widerspruch zu fast allen modernen Bemühungen um die Ethik – die Feststellung des Aristoteles, daß der Mensch eine „natürliche Tugend"[42] besitzt (*E. N.* VI 13.1144 b 3 ff.), d. h. eine von Natur aus bestehende Veranlagung zu Verhaltensweisen wie Gerechtigkeit, Besonnenheit, Tapferkeit, aus der dann durch Gewöhnung und Erziehung die eigentliche Tugend entwickelt werden kann. Da der Mensch sich nach Aristoteles frei entscheiden kann, kann er sich für seine natürliche Veranlagung oder gegen sie entscheiden. Die ethischen Werte können also nur der Natur selbst entnommen werden, da Aristoteles keinen göttlichen Gesetzgeber voraussetzt. Die *Nikomachische Ethik* wird dadurch zu

39 ζῷον πολιτικόν.

40 Vgl. W. Kullmann, Der Mensch als politisches Lebewesen bei Aristoteles, Hermes 108, 1980, 419 ff. (= Man as a political animal in Aristotle, in: D. Keyt, F.D. Miller, Jr. (ed.), A Companion to Aristotle's Politics, Oxford 1991, 94 ff.); ders., Aristoteles' Staatslehre aus heutiger Sicht, Gymnasium 90, 1983, 456–477 (wiederabgedruckt in: W. Kullmann, Philosophie und Wissenschaft in der Antike. Kleine Schriften zu ihrer Geschichte und ihrer Bedeutung für die Gegenwart [Philosophie der Antike Bd. 20], Stuttgart 2010, 87 ff.); ders., Aristoteles und die moderne Wissenschaft (wie Anm. 27) 334 ff.; Ch. Pietsch, Menschliche ΦΥΣΙΣ und menschliches Handeln in den ethischen Schriften des Aristoteles, in: S. Föllinger (Hrsg.), Was ist ‚Leben'? Aristoteles' Anschauungen zur Entstehung und Funktionsweise von Leben. Akten der 10. Tagung der Karl und Gertrud Abel-Stiftung vom 23.–26. August 2006 in Bamberg, Stuttgart 2010, 315 ff., hier: 319 f. Wir kommen darauf unten S. 248 f. zurück.

41 Siehe unten S. 108.

42 φυσικὴ ἀρετή.

keiner naturwissenschaftlichen Abhandlung. Aber die Tatsache, daß sie von einer anthropologisch-naturwissenschaftlichen Basis ihren Ausgang nimmt, ist ein Indiz für die Wichtigkeit, die Aristoteles der Naturwissenschaft einräumt.

Es ist also schon *prima facie* sehr fraglich, ob man Aristoteles als einen Philosophen im modernen Sinne des Wortes ansehen kann. Die Naturwissenschaft ist nicht erst in moderner Zeit aus der Philosophie (im heutigen Sinne) ausgeklammert worden, sondern vor über 2300 Jahren. Daß dies bisher nicht voll gewürdigt wurde, hängt, soweit es die Antike betrifft, damit zusammen, daß die lebendige naturwissenschaftliche Forschung nach Aristoteles und Theophrast nicht kontinuierlich fortgeführt wurde. Und in der Neuzeit verlief die Rezeptionsgeschichte aus historischen Gründen einseitig (siehe Teil II 5).

In der modernen Aristotelesforschung wird gelegentlich versucht, den Begriff „Naturphilosophie" auf Aristoteles anzuwenden. Gustav Adolf Seeck hat sich 1975 in einem sehr verdienstvollen Aufsatz mit diesem aus dem 19. Jahrhundert stammenden Begriff kritisch auseinandergesetzt.[43] Er sagt vorsichtig, der Begriff käme vier verschiedenen Gruppen von Interpreten entgegen: „denjenigen, die bei Aristoteles eine Fehlform der Naturwissenschaft finden, denjenigen, die seine Beschäftigung mit der Natur für eine philosophische Weltdeutung halten, denjenigen, die darin vor allem die philosophische Grundlegung der naturwissenschaftlichen Erkenntnis sehen, und schließlich können sich auch diejenigen damit abfinden, die den historischen Zusammenhang zur neuzeitlichen Naturwissenschaft betonen, also Aristoteles als direkten Vorläufer einstufen." Nun haben wir dargelegt (und werden es noch ausführlicher begründen), daß die biologischen Schriften sowohl umfangmäßig als auch aufgrund des zu ihrer Abfassung zu veranschlagenden Forschungsaufwands im Werk des Aristoteles den zentralen Platz beanspruchen. Alle vier Ansichten treffen aber zumindest auf sie nicht zu. Die Biologie des Aristoteles ist keine Fehlform der Naturwissenschaft, sie beinhaltet keine philosophische Weltdeutung, sie ist keine philosophische Grundlegung der naturwissenschaftlichen Erkenntnis, und sie ist auch kein ‚Vorläufer' der modernen Biologie, sondern deren Konstituierung. Was sie grundsätzlich von allem, was an biologischen Äußerungen bei den Vorsokratikern und bei Platon zu finden ist, unterscheidet, ist, daß sie sich auf Forschungen stützt und nicht auf Spekulationen anhand zufälliger Beobachtungen. Systematische Forschung gibt es ausgenommen in der Astronomie und in späterer Zeit in der Geographie in der Antike nur bei Aristoteles und seinem Schüler Theo-

43 G.A. Seeck, Aristoteles zwischen Naturphilosophie und Naturwissenschaft, in: G.A. Seeck (Hrsg.), Die Naturphilosophie des Aristoteles (Wege der Forschung Bd. 225), Darmstadt 1975, IX–XXIII.

phrast. Ein gewisses Maß an Spekulation gibt es in allen von Aristoteles behandelten Naturwissenschaften, und es ist zuzugeben, daß dieses in den Schriften *Physik*, *De caelo* und *De generatione et corruptione* größer ist als in den biologischen Schriften, da zu deren Thematik zur Zeit des Aristoteles kaum Forschungsmöglichkeiten zur Verfügung standen, die aber in Aristoteles' Gesamtentwurf der Naturwissenschaft trotzdem abgedeckt werden mußten. Immerhin sind etwa auch Bewegung, Vakuum, Kontinuum, Zeit, die in seiner *Physik* abgehandelt werden, physikalische und keine primär philosophischen Begriffe. Und auch die Beweise z. B. für die Nähe der Planeten in der Schrift *De caelo* oder für den Unterschied zwischen mechanischer Mischung und chemischer Verbindung in der Schrift *De generatione et corruptione* und für die Unterscheidung von organischen und anorganischen Stoffen in *Meteorologie,* Buch IV, können nicht als Naturphilosophie im modernen Sinne bezeichnet werden, was nicht hindert, daß Aristoteles selbst den Begriff ‚Philosophie' auf sie ebenso wie auf seine biologischen Ausführungen anwandte, die, wie gesagt, mit der modernen Biologie durchaus vergleichbar sind. Der Begriff „Naturphilosophie" ist also nur berechtigt, wenn man ihn als wörtliche Wiedergabe des aristotelischen Terminus benutzt, ohne ihn mit modernen Konnotationen des Begriffs in Verbindung zu bringen. Die Gefahr von Mißverständnissen ist bei seiner Verwendung groß.

Man könnte die von mir gewählte Thematik auch unter dem Titel „Philosophie oder Naturwissenschaft?" zusammenfassen. Doch erscheint es besser, vorerst auf eine solche Zuspitzung zu verzichten und zunächst die Tatsachen selbst sprechen zu lassen.

Ein Satz des berühmten, aus Deutschland stammenden amerikanischen Biologen Ernst Mayr verdient jedenfalls eine ernsthafte Prüfung, der feststellt:[44]

> „Kein anderer antiker Philosoph ist so schlimm von der Nachwelt mißverstanden und mißhandelt worden wie Aristoteles. Seine Interessen waren primär die eines Biologen, und seine Philosophie muß zwangsläufig mißverstanden werden, wenn man diese Tatsache ignoriert."

Wir wollen nun in einem ersten größeren Teil den naturwissenschaftlichen Charakter der physikalischen Schriften unter besonderer Berücksichtigung der aristotelischen Biologie näher in den Blick nehmen und dann in einem zweiten kleineren Teil deren Beziehungen zu den philosophischen Schriften im engeren, modernen Sinne ins Auge fassen.

44 „No other ancient philosopher has been as badly misunderstood and mishandled by posterity as Aristotle. His interests were primarily those of a biologist and his philosophy is bound to be misunderstood, if this fact is ignored" (Ernst Mayr [wie Anm. 29] 110).

Erster Teil:
Der Charakter der naturwissenschaftlichen Forschung des Aristoteles

1. Aristoteles' Kritik an Platons Äußerungen zu naturwissenschaftlichen Fragen, besonders im *Timaios*

Ehe wir zu den Details des Themas übergehen, müssen wir zu der häufig vertretenen These Stellung nehmen, Aristoteles' Naturforschung sei nur die Fortsetzung einer platonischen Agenda, die insbesondere im platonischen Dialog *Timaios* zum Ausdruck komme. Dies geschieht am besten, wenn wir die Kritik des Aristoteles an Platons Bemerkungen zu biologischen Fragen ins Auge fassen.

Platon hat sich in verschiedenen Zusammenhängen mit biologischen Fragen beschäftigt, in den Dialogen *Sophistes* und *Politikos* sowie im *Timaios*. Im *Politikos* taucht in dem lebendigen Gespräch die Frage auf, wie man die Stellung des Politikers in der Welt definieren soll, und dabei ergibt sich die Notwendigkeit, generell die Stellung des Menschen im Tierreich und das Tierreich selbst systematisch zu beschreiben. Im *Timaio*s wird, vielleicht aus pädagogischen Gründen, wie man schon im Altertum vermutete, mythologisch eine Welterklärung in Form einer Weltentstehungsgeschichte gegeben. Es ist heutzutage umstritten, wie die in ihm enthaltenen biologischen Aussagen zu verstehen sind. Von vornherein ist klar, daß diese in eine Kosmologie eingebettet sind und keine grundsätzliche Absage an die Ideenlehre darstellen. In *Timaios* 28 B 4 ff. wird deutlich, daß die Welt zwar von mit Wahrnehmung verbundener Meinung als geworden betrachtet werden kann, aber von einer Erfassung mit dem Nus ist dabei nicht die Rede. Nach den Worten des pythagoreischen unteritalienischen Dialogsprechers Timaios aus Lokroi, der sich anschickt, eine Erzählung von der Entstehung der sichtbaren Welt zu geben, könne man nicht „mit sich selbst übereinstimmende und exakte Ausführungen" erwarten, sondern müsse sich mit einem plausiblen Mythos (εἰκὼς μῦθος) zufrieden geben (29 C 4 ff.). Die Begründung ähnelt Gedanken, die etwa im *Philebos* 59 A 2 ff. von Sokrates geäußert werden, der dort sagt, daß man von der Natur niemals etwas Deutliches nach der genauesten Wahrheit erfahren könne; es gebe kein wirklich wahres Wissen (ἐπιστήμη) von diesen Dingen (59 B 7 f.).[45] Dies sind also Platons eigene, auf unterschiedliche Dialogsprecher verteilte Gedanken, nicht die ausschließlich dem Timaios in den Mund gelegten. Unabhängig davon wird in der Forschung kontrovers diskutiert, ob man die auf die irdische Natur bezogenen Aussagen ernst nehmen

45 Vgl. Kullmann, Aristoteles und die moderne Wissenschaft (wie Anm. 27) 137 f.

oder als Mythos betrachten soll oder ob sie mehr oder weniger ironisch gemeint sind. Keinen Zweifel kann es daran geben, daß zumindest das Grundthema des Dialogs, die Erschaffung der Welt durch den Demiurgen, einen romanhaften Anstrich hat. Welche Auffassung für die einzelnen Themengruppen richtig ist, soll hier nicht erörtert werden. Gewiß ist aber, daß Aristoteles selbst die biologischen Ausführungen zumindest in vielen einzelnen Punkten ernst genommen, wenn auch teilweise stark kritisiert hat. Wenn man sie teilweise ernst nimmt, ist zu fragen, wieweit man bei Platon dabei gehen soll. Unseres Erachtens ist, wenn man ihn mit Aristoteles vergleicht, ein grundsätzlicher Unterschied nicht zu leugnen. Bei Platon finden sich neben schulmäßig vorgetragenen Fakten aus zweiter Hand interessante anregende biologische Ideen, die aber wie die der Vorsokratiker auf reiner Spekulation beruhen und insofern nicht im modernen Sinne als Wissenschaft (*science*) bezeichnet werden können. Anders ist es bei Aristoteles. Er ist Wissenschaftler, insofern sein gesamtes zoologisches Werk auf systematischer Beobachtung und Forschung beruht. Was er zu Platons Bemühungen im Bereich der Biologie in seinen zoologischen Schriften zu sagen hat, soll im folgenden im einzelnen diskutiert werden.

Beginnen wir zunächst mit der Reaktion des Aristoteles auf Platons Darlegungen zur Berücksichtigung der Natur in den Dialogen *Politikos* und *Sophistes,* die vom Allgemeinen zum Speziellen herabsteigen und in dem methodischen Modell, das Platon in der *Politeia* entwickelt, in dem im Ideenbereich bleibenden Abstieg von der Idee des Guten plaziert werden könnten. Sie gehören jedenfalls zu Platons Bestreben, eine allumfassende Welterklärung zu geben. Im exkursreichen Dialog *Politikos* geht es konkret um die Bestimmung des Staatsmanns und seine Beziehung zu den von ihm zu betreuenden Menschen, wobei sich Platon um eine biologische Außensicht bemüht. In einer Art biologischer Ableitung wird er als Betreuer einer Herde von ungehörnten Lebewesen definiert (267 B f.). Diese Ableitung beginnt mit dem Tierreich, das in Wassertiere und Landtiere gegliedert wird (264 D, ἐνυδρον-ξηροβατικόν), und die letzteren werden dichotomisch wieder in „geflügelt und zufußgehend“ (264 E, πτηνόν-πεζόν) eingeteilt. Diese Darlegungen Platons sind in der Mitte des 20. Jahrhunderts in Deutschland pauschal als „lustig“ oder als „grotesk“ und „hintergründig“[46] angesehen worden, obwohl nicht nur Aristoteles’ Auseinandersetzung mit der Methode der Dichotomie, sondern auch die Dihäresensammlungen, die in der Akademie veranstaltet wurden, und die Klassifikationsbemühungen von Platons Schüler Speusipp zu

46 Vgl. P. Friedländer, Platon Bd. III Die platonischen Schriften. Zweite und dritte Periode, 2. erw. Aufl., Berlin 1960, 263; H. Gundert, Dialog und Dialektik. Zur Struktur des platonischen Dialogs (Studien zur antiken Philosophie Bd. 1), Amsterdam 1971, 148.

dieser einseitig ästhetisierenden, esoterischen Sichtweise Platons nicht passen, die in Deutschland in der ersten Hälfte des 20. Jahrhunderts und teilweise darüber hinaus herrschend gewesen ist.[47] Aber dies bleibe hier dahingestellt. Aristoteles polemisiert jedenfalls bereits in seiner wahrscheinlich ersten zoologischen Schrift *De partibus animalium*, Buch I Kap. 2–3 gegen dieses allgemein in der Akademie gepflegte Einteilungsverfahren.[48] Seine Kritik erfolgt nicht allein aus formalen, logischen Gründen, sondern wird ganz offenkundig geäußert, weil diese Methode für ihn gegen die empirische Erfahrung spricht. Wir sind an anderer Stelle ausführlich darauf eingegangen[49] und geben hier nur ein Beispiel. Aristoteles weist in der genannten Schrift (I 3.642 b 33 ff.) darauf hin, daß die Einteilung in ‚geflügelt' und ‚zufußgehend' fehlgeht, weil die Ameise (μύρμηξ) und das Glühwürmchen (λαμπυρίς) und einige andere Tierarten jeweils Individuen mit und ohne Flügel aufweisen.[50] Dies entspricht der Realität, wie wir heute nachprüfen können.[51] Bei den Glühwürmchen hat sich Aristoteles auch um die Erforschung der Gründe bemüht. Er glaubt gemäß *Historia animalium* V 19.551 b 23 ff., sie entstünden ungeflügelt aus schwarzen, behaarten Raupen und würden erst in einer zweiten Metamorphose geflügelt. Dies trifft allerdings nicht zu. Der Unterschied beruht auf einem Sexualdimorphismus. Nur die Männchen sind geflügelt. Bei den Ameisen sind ebenfalls die Männchen geflügelt und die Königinnen verlieren ihre Flügel an der Bruchnaht nach der Begattung, während die Arbeiterinnen ungeflügelt sind. Aristoteles' Fehler ist für uns aber gerade deshalb interessant, weil er bezeugt, daß Aristoteles nicht nur über eine Zufallsbeobachtung berichtet, sondern weiter nachgeforscht hat, auch wenn dies zu einem Irrtum geführt hat. Es ist sehr unwahrscheinlich, daß Platon von geflügelten Glühwürmchen jemals etwas gehört hat. Mir ist keine Stelle im platonischen Werk bekannt, an der Platon jemals um Aufklärung durch Nachforschung bemüht war. Für Aristoteles beweist die Aussage aber, daß er sich durch eigene Forschung um die Lebensverhältnisse der Glühwürmchen gekümmert hat. Und da ähnliche Beobachtungen bei ihm fast hundertfach vorkommen und immer

47 Vgl. Kullmann, Wissenschaft und Methode (wie Anm. 4) 150 und 342 ff.

48 Vgl. den Kommentar zu *De part. an.* I in: Kullmann, Wissenschaft und Methode (wie Anm. 4) 6–94; ders., Aristoteles. Über die Teile der Lebewesen (wie Anm. 15) 323–340 sowie A. Zucker, Aristote et les classifications zoologiques, Louvain-La-Neuve–Paris–Dudley, M.A. 2005, 106 ff.

49 Zuletzt in Kullmann, Aristoteles. Über die Teile der Lebewesen (wie Anm. 15) 324 ff.

50 Vgl. Kullmann, Aristoteles. Über die Teile der Lebewesen (wie Anm. 15) 328.

51 Aristoteles' Einwand gilt auch für die vom *Politikos* abweichende Klassifikation im *Sophistes* (220 A 7 ff. und 220 B 1 f.), wo im Rahmen einer Klassifikation der Jagd die Tiere in Schwimmer und Zufußgehende eingeteilt werden und die erstgenannten wieder in Geflügelte und Imwasserschwimmende. Vgl. Zucker, Aristote et les classifications zoologiques (wie Anm. 48) 112–122.

in einem gleichbleibend sachlichen Ton vorgetragen werden, ergibt sich für den Menschen Aristoteles, daß er jahrelang als biologischer Forscher tätig gewesen sein muß. Seine Einsicht, daß die Naturerscheinungen erheblich komplizierter sind, als sie sich Platon in seiner fast archaisch zu nennenden naiven Sicht darstellen, bewahrt ihn vor jedem biologischen Schematismus. Es ist deshalb völlig irreführend, wenn man sich die Frage stellt, ob Aristoteles zu einer bestimmten Zeit seines Lebens ständig Platoniker oder ständig Empiriker war. Das erstere, Platoniker, ist eine Sache der persönlichen Meinung oder Weltanschauung, das zweite, Empiriker, setzt eine intensive Forschertätigkeit voraus. Denn es geht dabei nicht nur um einen Unterschied der geistigen Einstellung zu bestimmten Objekten, sondern um einen sich gewiß über viele Jahre aufgrund der Forschung hinziehenden Unterschied der Lebensarbeit. Um die hinter Platons Einteilungsversuchen bezüglich der Tierwelt stehenden biologischen Probleme ins Auge zu fassen, genügt nicht die Reflexion des Philosophen im Kreise seiner Schüler, sondern es ist intensive ‚Feldforschung' notwendig, wie sie Aristoteles geleistet haben muß. Es zeigt sich darin die Eigenständigkeit des Aristoteles. Er ist nicht nur ein Schüler Platons, der sich gelegentlich verständnisvoll und gelegentlich abfälliger über die Ideenlehre äußert, sondern ein selbständiger Forscher, dessen eigentliche Lebensleistung sich völlig unabhängig von den methodischen Vorgaben der Lehren Platons vollzieht, von denen er sich weitgehend emanzipiert hat. Was den biologischen Gehalt der platonischen Darlegungen betrifft, der stärker ist, als man früher zugegeben hat (die soziale Lebensweise des Menschen hat, biologisch betrachtet, z. B. durchaus etwas mit der Lebensweise der Herdentiere zu tun), so ist Aristoteles' Herangehensweise an die biologische Natur des Menschen von der Platons gleichwohl um Welten getrennt. Platons Reflexionen sind die eines Philosophen sozusagen im modernen Sinne, der sich um den größeren Zusammenhang bemüht, Aristoteles' Erläuterungen in seiner Biologie entspringen dem Interesse und den Forschungen eines Naturwissenschaftlers.

Daneben muß eine grundlegende methodische Neuausrichtung gegenüber Platon berücksichtigt werden, die speziell den *Timaios* betrifft. Platon und Aristoteles stimmen in allgemeinstem Sinne darin überein, daß die Naturbetrachtung nicht wie die mathematischen Disziplinen zu exakten Ergebnissen führen kann, und sie bitten den Gesprächspartner (im fiktiven Dialog bei Platon) bzw. den Zuhörer oder Leser (in den zoologischen Schriften des Aristoteles) um Akzeptanz der nicht so exakten Darlegung. Platons Stellungnahme findet sich in *Timaios* 29 D 1 ff. Ebenso fordert Aristoteles im ersten Buch seiner Schrift *De partibus animalium* von seinen Hörern und/oder Lesern (639 a 12 ff.) bei der Beurteilung des Vorgetragenen die Berücksichtigung bestimmter Maßstäbe. Das bezieht sich vor allem darauf, daß sich in der Wissenschaft der Grad der Exaktheit nach dem jeweils zugrundeliegenden Stoff richten müsse (so z. B. in *E. N.* I 7.1098 a 26 ff.: κατὰ τὴν ὑποκειμένην ὕλην).[52] Jedoch besteht im einzelnen ein fundamentaler Unterschied. Für Aristoteles ist geringere Exaktheit nicht gleich Mythos wie bei Platon, und er hält die sichtbare Welt für real, nicht für Phänomene, die an den realen Ideen nur einen Anteil haben wie Platon,[53] und er ist der Auffassung, daß durch die geringere Exaktheit die Wissenschaftlichkeit und der Wahrheitswert einer Darstellung nicht prinzipiell beeinträchtigt ist.

Ehe wir uns der Einzelkritik des Aristoteles zuwenden, sei vorausgeschickt, daß er natürlich, was die Anatomie und Physiologie des Menschen betrifft, von bestimmten Grundvorstellungen der älteren griechischen Medizin ausgeht, so etwa von der Vorstellung, daß das Herz der Ursprung der Adern und des Blutes ist.[54] Nun zu den Einzelheiten, zu denen wir auf zusätzliche Erklärungen in unserem Kommentar zu *De partibus animalium* verweisen:

47 E, 48 A, 56 C: Bei Platon gibt es wie bei Aristoteles (z. B. *De part. an.* I 1.642 a 1 f.) eine Erklärung aus zwei natürlichen Ursachen (an anderen Stellen findet sich eine andere Ursacheneinteilung). Bei Platon sind dies Geist (νοῦς) und Notwendigkeit, zwei metaphysische Kräfte, wobei die Notwendigkeit von einem präkosmischen *seismos* (einer ‚Erschütterung', einem wirren Durcheinander) abhängen soll (53 A), bei Aristoteles dagegen Finalursache und Notwendigkeit, welch letztere Aristoteles auf die vier Elemente zurückführt, die jeweils nach ihrem Gewicht ihre eigene Fall- oder Steigbewegung besitzen. Die Basis der Erklärung ist bei Aristoteles also sehr viel realistischer.[55]

69 E 6 ff.: Bei Platon hat das Zwerchfell die Funktion, den muthaften Seelenteil von dem begehrlichen Seelenteil im Unterleib abzutrennen. Aristoteles löst sich nicht gänzlich von dieser Betrachtungsweise, weist dem Zwerchfell aber eine konkretere physiologische Funktion zu. Er sagt wörtlich (III 10.672 b 13 ff.):

> „Alle blutführenden Tiere besitzen es ebenso wie ein Herz und eine Leber. Der Grund dafür ist, daß dies um der Trennung der Bauchgegend und der Herzgegend willen geschieht, damit der Ausgangspunkt für die Aktivität der wahrnehmenden Seele unbeeinträchtigt ist und nicht so schnell

52 Vgl. Kullmann, Wissenschaft und Methode (wie Anm. 4) 122 ff.

53 Vgl. Kullmann, Aristoteles. Über die Teile der Lebewesen (wie Anm. 15) 276 f. Siehe auch dens., Wissenschaft und Methode (wie Anm. 4) 122 ff.

54 Vgl. Philistion, fr. 6 (Wellmann, Sikelische Ärzte); Platon, *Tim.* 70 A 7 ff.; Aristoteles, *De part. an.* III 4.665 b 15 f.; Diokles, fr. 80 (van der Eijk).

55 Vgl. Kullmann, Aristoteles und die moderne Wissenschaft (wie Anm. 27) 147 ff.; ders., Aristoteles. Über die Teile der Lebewesen (wie Anm. 15) 315.

> von der von der Nahrung herrührenden Ausdünstung und von der Menge der zusätzlich herangeführten Wärme ergriffen wird."[56]

Das Herz soll durch das Zwerchfell vor den aufsteigenden Dünsten der Verdauung geschützt werden. Aristoteles' Erklärung ist also von der Vorstellung von gegensätzlichen intentional ausgerichteten Seelenkräften befreit.[57]

70 C 1 ff.: Nach Auffassung Platons hat die Lunge einzig die Aufgabe, bei Hoffnungen und Erwartungen das Herzklopfen durch das Einatmen kalter Luft zu dämpfen. Aristoteles sagt dazu (III 6.669 a 18 ff.):

> „Daß die Lunge [als ein Puffer] für das Herzklopfen da ist, ist nicht richtig; denn nur beim Menschen, so muß man wohl sagen, tritt das Herzklopfen auf."[58]

Platons absurde Meinung versucht Aristoteles mit einem nicht ganz zutreffenden Argument zu widerlegen, das noch stärker relativiert werden muß, als er es tut („so muß man wohl sagen").[59] Natürlich ist das Spektrum der Hoffnungen und Erwartungen beim Menschen umfangreicher als bei den Tieren, fehlt bei diesen aber vielfach nicht völlig.

70 C 5 f.: Platons Behauptung, die Lunge sei blutlos, wird von Aristoteles in der *Historia animalium* (I 17.496 b 4 ff.) wie folgt widerlegt:

> „Diejenigen, die glauben, daß die Lunge blutleer ist, haben sich dadurch täuschen lassen, daß sie nur an zerlegten Tieren die Blutleere beobachtet haben, aus denen das gesamte Blut sofort herausläuft, so daß von allen Eingeweiden nur das Herz Blut hat."[60]

Hier spricht der Zoologe, der auf seine Beobachtungen der Blutgefäße an abgemagerten Tieren und seine Tiersektionen verweisen kann, bei denen sich die postmortale Blutleere der Lunge und anderer Körperteile (mit Ausnahme des rechten Vorhofs des Herzens) genau erkennen läßt.[61] Aristoteles kann dieses Wissen nicht von seinem Vater, dem Arzt, haben, weil eine Sektion

56 Ἔχει δὲ πάντα τὰ ἔναιμα αὐτό, καθάπερ καρδίαν καὶ ἧπαρ. Τούτου δ' αἴτιον ὅτι τοῦ διορισμοῦ χάριν ἐστὶ τοῦ τε περὶ τὴν κοιλίαν τόπου καὶ τοῦ περὶ τὴν καρδίαν, ὅπως ἡ τῆς αἰσθητικῆς ψυχῆς ἀρχὴ ἀπαθὴς ᾖ καὶ μὴ ταχὺ καταλαμβάνηται διὰ τὴν ἀπὸ τῆς τροφῆς γινομένην ἀναθυμίασιν καὶ τὸ πλῆθος τῆς ἐπεισάκτου θερμότητος.

57 Vgl. Kullmann, Aristoteles. Über die Teile der Lebewesen (wie Anm. 15) 582 f.

58 Τὸ δὲ πρὸς τὴν ἄλσιν εἶναι τὸν πλεύμονα τῆς καρδίας οὐκ εἴρηται καλῶς· ἐν ἀνθρώπῳ τε γὰρ συμβαίνει μόνον ὡς εἰπεῖν τὸ τῆς πηδήσεως.

59 Vgl. Kullmann, Aristoteles und die moderne Wissenschaft (wie Anm. 27) 553.

60 ἀλλ' οἱ νομίζοντες εἶναι κενὸν διηπάτηνται, θεωροῦντες τοὺς ἐξῃρημένους ἐκ τῶν διαιρουμένων τῶν ζῴων, ὧν εὐθέως ἐξελήλυθε τὸ αἷμα ἀθρόον. τῶν δ' ἄλλων σπλάγχνων ἡ καρδία μόνον ἔχει αἷμα.

61 Vgl. Kullmann, Aristoteles. Über die Teile der Lebewesen (wie Anm. 15) 535.

des menschlichen Körpers nicht erlaubt war. Platons Ansicht beruht auf dem laienhaften Trugschluß, der sich auf Allerweltserfahrungen stützt.

70 C 7: Platon behauptet, daß die Lunge Atem und Getränke durch die Luftröhre aufnehme. Dazu sagt Aristoteles in *De partibus animalium* III 3.664 b 9 f.:

> „In vielerlei Hinsicht erscheint es lächerlich zu sagen, daß die Lebewesen auf diese Weise das Getrunkene aufnehmen."[62]

Aristoteles verweist darauf, daß es keinen Gang von der Lunge zum Magen gibt. Außerdem weist er auf das Phänomen des Erbrechens hin, wenn man sich verschluckt, sowie darauf, daß sich der Durchlauf des Getrunkenen durch den Magen statt sofort von der Lunge in die Blase dadurch beweisen läßt, daß der Bodensatz des Rotweins zu einer bestimmten Färbung der trokkenen Ausscheidung, des Stuhls, führt. Hier verliert Aristoteles einmal seine gewöhnliche Contenance, und er sagt (664 b 18 f.):

> „Aber es ist ja vielleicht dumm, dumme Argumente allzusehr zu prüfen."[63]

Das muß sich nicht unbedingt allein gegen Platon richten, sondern wird dessen offenbar altertümlichen Quellen mitumfassen. Richtig bleibt, daß diese Auffassung auf das Fehlen ganz fundamentaler anatomischer Kenntnisse bei Platon schließen läßt. Andererseits bezeugt es für Aristoteles die Sicherheit des Forschers, der auf ein intensives Studium der Anatomie zurückgreifen kann. Das naive Argument war volkstümlich und sehr alt, wird aber schon eine Generation vor Platon im *Corpus Hippocraticum* zurückgewiesen (*De Morbis* IV 56 = VII 604–608 L.).[64] Es begegnet allerdings, wenn auch auf geringste Mengen Flüssigkeit eingeschränkt, noch in der hellenistischen Schrift [Hippokrates] *De Corde* 2 = IX 80,9 ff. L.[65]

71 A–D: Hier behauptet Platon, daß der begehrliche Seelenteil mit der Leber assoziiert ist, und bald unter Zuhilfenahme der Bitterkeit der Leber, bald unter Zuhilfenahme von deren Süße von der Kraft der Gedanken in

62 Πολλαχῇ δὲ γελοῖον φαίνεται τὸ λέγειν ὡς ταύτῃ τὸ ποτὸν εἰσδέχεται τὰ ζῷα.

63 Ἀλλὰ γὰρ ἴσως εὐήθες τὸ τοὺς εὐήθεις τῶν λόγων λίαν ἐξετάζειν.

64 Vgl. I.M. Lonie, The Hippocratic Treatises „On Generation" „On the Nature of the Child" „Diseases IV", Berlin–New York 1981, 361.
Galens Versuch einer Rechtfertigung Platons mit der Behauptung, Platon habe nur an kleine Mengen von Flüssigkeit gedacht (*De placitis Hippocratis et Platonis* VIII 9,20 f. [V 718 Kühn]), auf die B. Schneeweiß, Platons Biologie und Krankheitslehre. Beurteilung anatomischer, physiologischer und pathophysiologischer Konzeptionen in Timaeus 69 ff., Diss. Wien 2011, 56 ohne Kommentar verweist, ist mit Platons Texten unvereinbar. Vgl. *Tim.* 91 A 4 ff.

65 Vgl. Kullmann, Aristoteles. Über die Teile der Lebewesen (wie Anm. 15) 519.

diese oder jene Richtung gelenkt wird. Platon steht hier in einer langen volkstümlichen und abergläubischen Tradition. Aristoteles nimmt offenbar auf diese Stelle Bezug, indem er hier Platon die Annahme eines Einflusses der Galle auf die eventuelle Bitterkeit der Leber zuschreibt, wenn dieser von der Erregung galliger Farben und vom Zusammenziehen der Leber berichtet (71 B 7 f.). Er beschreibt in *De partibus animalium* IV 2.676 b 16 ff. die ganz unterschiedliche Lage der Galle bei verschiedenen Tierarten und zieht daraus in 676 b 22 ff. folgenden Schluß:

> „Deshalb haben diejenigen, die behaupten, daß das Gallenorgan um einer bestimmten Empfindung willen dasei, unrecht. Sie sagen nämlich, die Galle sei deswegen da, damit sie den Teil der Seele im Bereich der Leber reizt und zum Zusammenziehen bringt, und wenn sie abfließt, ihn heiter stimmt."[66]

Aristoteles fügt seinem Schluß hinzu, daß viele Tiere überhaupt keine Galle hätten. Auch sonst ist es ihm um die Entmythologisierung der Galle zu tun. Im folgenden wendet er sich gegen Anaxagoras, der die Galle (ähnlich wie Platon in *Tim.* 85 B 6 f.) als Verursacher aller akuten Krankheiten ansah, während sie von ihm als ein Exkrement wie andere Exkremente auch angesehen wird.[67]

72 B–D: Platon betrachtet die Milz als ein Organ, das die für Weissagungen bestimmte Leber spiegelblank hält. Aristoteles, der die Leber als ein Organ, das zur ‚Kochung' der Nahrung beiträgt, charakterisiert (*De part. an.* III 7.670 a 20 ff.), geht taktvoll auf diese abergläubischen Vorstellungen im *Timaios* nicht ein.

73 B ff.: In *De partibus animalium* II 6.651 b 20 f. äußert sich Aristoteles polemisch, wenn auch, wie fast immer, ohne Namensnennung, zu Platons Auffassung, daß das Mark für die Samenbildung nötig ist. Er sagt:

> „Auch das Mark ist eine Form von Blut und nicht, wie einige glauben, die Keimkraft für die Samenflüssigkeit."[68]

Unter den „einigen" ist gewiß auch Platon zu verstehen, wenn wir nicht überhaupt den häufigen Plural des Zitats annehmen wollen, so daß ausschließlich Platon gemeint wäre. Platon spricht von der Konstruktion des Menschen durch den Demiurgen, der mit dem Mark beginnt, das er als eine

66 Διόπερ οἱ λέγοντες τὴν φύσιν τῆς χολῆς αἰσθήσεώς τινος εἶναι χάριν, οὐ καλῶς λέγουσι. Φασὶ γὰρ εἶναι διὰ τοῦτο, ὅπως τῆς ψυχῆς τὸ περὶ τὸ ἧπαρ μόριον δάκνουσα μὲν συνιστῇ, λυομένη δ' ἵλεων ποιῇ.

67 Vgl. Kullmann, Aristoteles. Über die Teile der Lebewesen (wie Anm. 15) 616.

68 Ἔστι δὲ καὶ ὁ μυελὸς αἵματός τις φύσις, καὶ οὐχ ὥσπερ οἴονταί τινες, τῆς γονῆς σπερματικὴ δύναμις.

Art Sammelsamen (73 C 1: πανσπερμία) konstruierte. Bekanntlich folgt Platon der Auffassung des Alkmaion von Kroton, daß das Gehirn das Zentrum der menschlichen Intelligenz ist und mit dem Rückenmark zusammenhängt, während Aristoteles der empedokleischen und älteren medizinischen Theorie folgte, daß das Warme bzw. das warme Blut und damit das Herz zentrale Bedeutung haben.[69] Auch wenn die Theorie, der Platon folgte, gegenüber der von Aristoteles bevorzugten Theorie recht behielt, so ist doch interessant, daß Aristoteles aus seiner anatomischen Kenntnis heraus darin recht hatte, daß jedenfalls die Samenbildung mit dem Gehirn und dem Rückenmark nichts zu tun hat, wie er aus seinen detaillierten anatomischen Studien wußte. Er geht von der richtigen Auffassung aus, daß der Körper durch das Blut ernährt wird (wenn seiner Meinung nach auch direkt, nicht indirekt). Hervorzuheben ist, daß Aristoteles den mythischen Stil des *Timaios* durchaus respektiert. Über die romanhafte Demiurgenkonstruktion sagt er hier nichts. Er bemüht sich, den mythologischen Text auf seinen sachlichen Kern zu reduzieren, und polemisiert nur gegen diesen.

75 A–C: Im Zusammenhang mit dem Vorigen steht Platons Behauptung, daß das Gehirn ein Wahrnehmungsorgan ist, was Aristoteles in *De partibus animalium* II 10.656 a 16 ff. zu Recht zurückweist, auch wenn seine Meinung, daß das Gehirn blutlos sei und keine Beziehung zu den Sinnesorganen habe, nicht zutrifft.

79 A–E: Platon entwickelt hier eine Atemtheorie, in der er den warmen Atem und die kalte von außen kommende Luft unterscheidet. Beim Ausatmen macht der warme Atem Platz für die von außen einströmende kalte Luft, die wieder entweicht, wenn sie ihrerseits warm geworden ist. Nun gibt es seiner Meinung nach zwei Öffnungen, die eine durch die porös gedachte Außenwand des Körpers, die andere durch den Mund und die Nasenlöcher. Wenn die Luft durch die eine Öffnung des Körpers entweicht, dringt gleichzeitig an der anderen Öffnung die Außenluft herein, d. h. wenn die erwärmte Luft durch den Mund ausgeatmet wird, dringt kalte Luft durch die poröse Haut wieder herein. Wenn diese erwärmt ist, geht sie durch die Poren wieder hinaus, und wir atmen mit dem Mund kalte Luft ein, und wenn sie warm ist, wird sie durch den Mund wieder ausgeatmet, und so haben wir einen stetigen Wechsel, und zwar einmal in der einen Richtung, ein andermal in der anderen.[70] Dies ist eine abstruse, rein spekulative Theorie; denn dafür,

69 Vgl. A.E. Taylor, A Commentary on Plato's Timaeus, Oxford 1925, 518 ff. – Hinzuweisen ist darauf, daß Platon ähnlich wie Aristoteles keinen strengen Unterschied zwischen Rükkenmark und Knochenmark annimmt, wenn er sagt, daß die gewöhnlichen Beinknochen usw. „nur wenig Seele“ in ihrem Mark hätten und deshalb ohne Verstand seien (δι' ὀλιγότητα ψυχῆς ἐν μυελῷ κενά ἐστιν φρονήσεως: 75 A 3 f.).

70 Vgl. F.M. Cornford, Plato's Cosmology. The *Timaeus* of Plato translated with a running commentary, London 1937, 315 f.

daß Luft durch die porös gedachte Außenwand des Körpers entweichen kann, gibt es keinen Anhaltspunkt. Aristoteles dagegen geht in der Schrift *De respiratione* richtig von der Senkung und Hebung des Thorax aus, die das Ein- und Ausatmen regeln (21.480 a 26 ff.). Er kritisiert Platons Theorie ausdrücklich unter Zitierung des *Timaios* in *De respiratione* 5.472 b 6 ff. Aristoteles' Kritik ist nicht pauschal, sondern er macht Platon zum Vorwurf, daß er seine Behauptungen nicht begründet habe.[71]

85 D, 82 C f.: Zur Blutgerinnung äußert sich Platon unklar und widersprüchlich. Zwar sagt er in 85 D richtig, daß sich totes Blut, wenn man die Fasern (ἶνες) separiert, d. h. extrahiert, nicht verfestigt[72], d. h. nicht gerinnt.

> „Wenn man die Fasern aus totem und erkaltetem Blut heraussortiert, wird das ganze übrige Blut wieder flüssig, wenn man es aber sich selbst überläßt, wird es schnell unter Mitwirkung der es umgebenden Kälte fest."[73]

Dagegen behauptet er in 82 C f., daß Blut sich im Körper durch Trennung der Fasern verfestigt (~ gerinnt), so daß Fleisch entsteht.

> „Von Natur aus entstehen Fleisch und Sehnen aus Blut, und zwar Sehnen aus Fasern (Fibrinogen) wegen der Verwandtschaft, Fleisch aus dem Verfestigten, das sich verfestigt durch Abtrennung der Fasern (scil. des Fibrinogen bzw. Fibrins)."[74]

Aristoteles erwähnt dagegen mehrfach den Vorgang der Defibrinierung des Blutes, den man beim Schlachten beobachten konnte, in korrekter Weise: *De partibus animalium* II 4.651 a 4 f., *Historia animalium* III 6.515 b 30 ff., 19.520 b 25 f. Platons widersprüchliche Äußerungen erklären sich offenbar, wie Taylor zu Recht vermutet,[75] durch unterschiedliche Quellenbenutzung. Gegen diese These hat sich vehement Bruno Schneeweiß in einer prinzipiell durchaus verdienstvollen Arbeit zur Beurteilung der biologischen Abschnitte

71 Auf die Präzision der ‚refutativen Doxographie' des Aristoteles in bezug auf Platons Atmungstheorie macht jetzt mit Recht Martin F. Meyer aufmerksam: Aristoteles' Theorie der Atmung in *De respiratione*, Antike Naturwissenschaft und ihre Rezeption XXIII 2013, 48 f.

72 Bekanntlich hatte die beginnende Naturforschung des 5. und 4. Jh. v. Chr. große Schwierigkeiten, Verfestigungen von Stoffen zu erklären. Das Gefrieren von Wasser und die hier vorliegende Koagulation waren für sie nur graduelle Unterschiede einunddesselben Naturvorgangs, also der Änderung des Aggregatzustandes. Natürlich ist nicht an eine vollständige Defibrinierung gedacht, die zu Serum führen würde.

73 ἃς (scil. ἶνας) ὅταν τις καὶ τεθνεῶτος αἵματος ἐν ψύξει τε ὄντος πρὸς ἀλλήλας συναγάγῃ, διαχεῖται πᾶν τὸ λοιπὸν αἷμα, ἐαθεῖσαι δὲ ταχὺ μετὰ τοῦ περιεστῶτος αὐτὸ ψύχους συμπηγνύασιν.

74 κατὰ φύσιν γὰρ σάρκες μὲν καὶ νεῦρα ἐξ αἵματος γίγνεται, νεῦρον μὲν ἐξ ἰνῶν διὰ τὴν συγγένειαν, σάρκες δὲ ἀπὸ τοῦ παγέντος ὃ πήγνυται χωριζόμενον ἰνῶν.

75 Taylor (wie Anm. 69) 605.

des *Timaios* aus medizinischer Sicht gewandt.[76] Aber offensichtlich übernimmt Platon aus der einen Quelle die (im modernen Sinne ungenaue) Vorstellung, daß aus Blut Fleisch entsteht, und aus der anderen Quelle die Vorstellung der externen mechanischen Defibrinierung von totem Blut. Dabei verwickelt er sich in einen Widerspruch, insofern die Verfestigung zu Fleisch jetzt durch eine körpereigene Defibrinierung des Blutes erfolgen soll, was auch vom antiken Standpunkt aus keinen Sinn ergibt. Vermutlich hat Platon den Vorgang selbst, anders als Aristoteles, niemals beobachtet. Schneeweiß stilisiert allerdings Platons Bericht als den ersten Bericht der Antike über ein *in vitro* durchgeführtes Experiment. Dies ist angesichts dessen, was wir über seine Lebensumstände wissen, unvorstellbar. Dagegen spricht auch deutlich, daß wir schon in [Hippokrates], *De carnibus* über die Möglichkeit der Defibrinierung von Blut unterrichtet werden. In *De carnibus* VIII 1–2 (VIII 594 Littré) entwickelt er eine Theorie zur Entstehung der Leber und führt zum Beweis das unterschiedliche Verhalten des Blutes beim Schlachten an:

> „Die Leber bildet sich folgendermaßen: Wenn viel Feuchtes mit dem Warmen übrig bleibt ohne das Klebrige und Fette, dann überwindet das Kalte das Warme. Folgendes ist mir ein Beweis dafür: Wenn man ein Opfertier schlachtet, ist das Blut, solange es warm ist, flüssig, wenn es sich aber abkühlt, wird es fest (sc. gerinnt). Wenn man es aber schüttelt, wird es nicht fest (sc. gerinnt es nicht). Denn die Fasern sind kalt und klebrig."[77]

Der letzte Satz ist der Schlüssel zum Ganzen. Wenn die Fasern „kalt" genannt werden, besagt dies, daß sie eine Tendenz zum Festwerden haben (so wie kaltes Wasser in Eis übergeht); wenn sie klebrig genannt werden, bezeugt das, daß sie Elastizität verbürgen können, also das Festwerden verhindern können. Bei einer Verwundung bildet sich, wie der Verfasser der Schrift in IX 5 (VIII 596 Littré) erläutert, alsbald eine die Wunde schließende Haut, und wenn man diese wegnimmt, entsteht nach kurzer Zeit eine neue usw. Auch Platon beschreibt, der ‚hippokratischen' Medizin folgend, in 85 C 2 ff.

76 Schneeweiß (wie Anm. 64) 116: „Aus moderner naturwissenschaftlicher Sicht muss man beiden Autoren entgegenhalten, dass Blut im intakten Gefäßsystem anders reagiert als in einer unnatürlichen Umgebung, wie es der beschriebene Versuch voraussetzt: Es handelt sich somit bei der hämatogenen Entstehung des Fleisches um keinen Gerinnungsvorgang im engeren Sinne. Ein Widerspruch kann somit nur in Unkenntnis biologischer Phänomene durch Taylor und Kullmann vordergründig angenommen werden."

77 Τὸ δὲ ἧπαρ ὧδε συνέστη· σὺν τῷ θερμῷ πολὺ τοῦ ὑγροῦ ἀπολειφθὲν ἄνευ τοῦ κολλώδεος καὶ τοῦ λιπαροῦ, ἐκράτησε τὸ ψυχρὸν τοῦ θερμοῦ, καὶ ἐπάγη. Τεκμήριον δέ μοι τόδε· ὁπόταν σφάξῃ τις ἱερεῖον, τέως μὲν ἂν θερμὸν ᾖ, ὑγρόν ἐστι τὸ αἷμα· ἐπειδὰν δὲ ψυχθῇ, ἐπάγη· ἢν δέ τις αὐτὸ τινάσσῃ, οὐ πήγνυται. Αἱ γὰρ ἶνές εἰσι ψυχραὶ καὶ κολλώδεις.

den Doppelcharakter der Fibrinogenfasern im Blut richtig. Bei der Bildung der Leber nach *De carnibus* bleibt aber von dem Fibrinogen nach Abzug des Klebrigen das Fibrin übrig. In Platons Beschreibung der Bildung des Fleisches in *Tim.* 82 C 7 ff. bleibt dagegen gar nichts übrig. In dem vorletzten Satz des medizinischen Textes muß mit dem „Schütteln“ die Defibrinierung gemeint sein. Denn das Resultat läßt sich nicht anders erreichen. Platon ist also nicht der erste Beobachter. Die Defibrinierung war vom Schlachten allgemein bekannt. Unverständlich ist, daß ein Mediziner wie Schneeweiß, zu dessen Tätigkeiten auch der Umgang mit Blut gehört, das Schütteln mit der Definibrierung nicht vereinbaren kann. Er schreibt: „Wir sehen hier also wie bei Platon die Kälte als wesentlichen Faktor für die Gerinnung erwähnt. Eine Trennung der Fasern vom übrigen Blut als Ursache einer Hemmung der Gerinnung sehe ich im Gegensatz zu Kullmann allerdings nicht beschrieben, da durch Schütteln des Blutes eine Abtrennung der Fasern keineswegs erfolgt, diese vielmehr gleichmäßig im Blut verteilt werden“ (S. 117). Aber die Defibrinierung ist doch etwas komplizierter, als Schneeweiß sich dies vorstellt. Die Bewegung (die ganz unterschiedlich erfolgen kann) ist nur ein Faktor. Ich zitiere nur eine (im Internet zugängliche) Beschreibung von U. Ebbecke:[78] „Beim Defibrinieren des Blutes durch Schlagen mit Glas- oder Holzstab oder Reisig geht die Gerinnung mit so großer Geschwindigkeit vor sich, daß alles Fibrin sich an der Oberfläche des Stabes niederschlägt und der Flüssigkeit entzogen wird. Eine Analyse dieses Vorgangs zeigt die gerinnungstörenden Einflüsse hierbei in drei Faktoren, Kontakt mit rauhen Oberflächen, Bewegung der Flüssigkeit und Luftdurchmischung.“ Welche rauhe Oberfläche der Autor von [Hippokrates], *De carnibus* vor Augen hat, wissen wir natürlich nicht. Modern ist übrigens gelegentlich bei der Defibrinierung von Schütteln unter Zugabe von Glaskugeln die Rede. Wie reagierten antike Tongefäße? Wir sehen an diesem Beispiel deutlich, daß Platon sich an medizinischen Texten orientiert, ohne sich die Mühe zu machen, sich voll in sie hineinzudenken; es kommt ihm auf den Mythos oder die Metaphysik der Weltentstehung an, wie immer dies zu interpretieren ist.

91 A–B: Hier wiederholt Platon seine These über die Getränkeaufnahme durch die Lunge und erweitert seine anatomischen Spekulationen, indem er von der Lunge einen Kanal über die Nieren zur Blase ansetzt und behauptet, daß in diesen ein Gang vom Rückenmark von den Untergöttern hineingebohrt sei, um das Sperma, das aus dem Mark besteht, herauszuführen. Allein diese absurde Theorie zeigt unseres Erachtens, daß man Aristoteles’ Biologie nicht ernsthaft an Platons *Timaios* anknüpfen kann. Zwar hat die enkephalo-

78 U. Ebbecke, Über den Verlauf der Blutgerinnung in ruhender, bewegter und komprimierter Flüssigkeit, Physiologisches Institut der Universität Bonn 1939, 1 f.

myelogene Samentheorie (wie Erna Lesky sie genannt hat) eine mit Alkmaion beginnende Vorgeschichte, an die Platon anknüpft,[79] aber der Kanal von der Lunge zu Niere und Blase mit einem Zugang vom Rückenmark ist offensichtlich doch eine rein platonische, romanhafte Erfindung.[80] Er ist sonst nicht bezeugt. Man hat aber unspezifisch an die Adern als Bahnen für den Samen gedacht (vgl. Hipp., *De genitura* I 2 f. [VII 470 Littré]) oder das Problem offengelassen.

Um Aristoteles' Wissenschaft an Platons philosophische Spekulationen anzunähern, kann man natürlich auf die wenigen Stellen verweisen, in denen auch in den biologischen Schriften seine Lehre von der göttlichen Denkfähigkeit des Menschen und vom Unbewegten Beweger, seine Minimalmetaphysik, wie sie Günther Patzig treffend genannt hat, durchbricht.[81] So kommt es bei Aristoteles zu ganz verschiedenen Erklärungen des aufrechten Gangs des Menschen. In *De partibus animalium* II 7.653 a 30 ff. und IV 10.686 b 27 ff. legt Aristoteles in Übereinstimmung mit seiner üblichen Auffassung dar, daß der aufrechte Gang des Menschen durch die bei ihm besonders starke, im Körper aufsteigende Wärme bewirkt wird. Entsprechend seiner Lehre von den Elementen bzw. Elementarqualitäten, unter anderem in *De caelo* IV 2.308 b 13 f., ist die Wärme mit dem Element des Feuers verknüpft, das nach oben steigt. Unabhängig davon wird an zwei anderen Stellen davon gesprochen, daß der aufrechte Gang des Menschen ein Zeichen seiner Teilhabe am Göttlichen sei und daß seine Natur und sein Wesen göttlich seien und die Leistung dessen, was an ihm besonders göttlich ist, das Denken und das Verständigsein sei, und daß seine Ausrichtung nach oben zugleich eine Ausrichtung auf die obere Region des Alls sei (*De part. an.* II 10.656 a 7 f., IV 10.686 a 27 ff.). Diese Stellen weichen in ihrem Ton zweifellos von der sonstigen nüchternen naturwissenschaftlichen Darlegung ab. Im allgemeinen vermeidet Aristoteles in seinen naturwissenschaftlichen Schriften solche metaphysischen Ausflüge. Man sollte sie unseres Erachtens deshalb bei der Einschätzung des Aristoteles und seines Verhältnisses zu Platon nicht überbewerten. Ich weiche hierin also von David Sedleys Buch über „Creationism" ab. Es entsteht unseres Erachtens ein falsches Bild von Aristoteles, wenn man einseitig nur die metaphysische und nicht die mit dem übrigen Werk übereinstimmende physikalische Erklärung hervorhebt.[82] Sie besitzt eine Ähnlichkeit

79 Vgl. E. Lesky, Die Zeugungs- und Vererbungslehren der Antike und ihr Nachwirken, Abhandl. d. geisteswiss. Kl. d. Akad. d. Wiss. Mainz 1950, Wiesbaden 1951, 1233–1254.

80 Schneeweiß (wie Anm. 64) 143 erwähnt zwar den Tatbestand, enthält sich jedoch in seiner enthusiastischen platonophilen Grundeinstellung jeder Bewertung.

81 G. Patzig, Ethik ohne Metaphysik, 2. Aufl., Göttingen 1983, 40 f.

82 D. Sedley, Creationism and its critics in antiquity, Berkeley–Los Angeles–London 2007, 171. Zu Aristoteles' Problem der Vereinbarkeit beider Erklärungen vgl. Kullmann, Aristoteles. Über die Teile der Lebewesen (wie Anm. 15) 694 f. und unten Abschnitt I 4, S. 74.

mit Platons Ausführungen in *Timaios* 47 A–C. Dort wird die Sehkraft als größtes Geschenk Gottes beschrieben, das uns den Anblick der Umläufe des Himmels und damit die Ordnung der Umläufe unseres eigenen ungeordneten Denkens ermögliche. Aber bei Platon klingt diese Ausrichtung viel geheimnisvoller als bei Aristoteles, und es fehlt eine mechanistisch-naturwissenschaftliche Erklärung. Es sei dem modernen Philosophen unbenommen, diese Bemerkungen zur Rekonstruktion der ‚philosophischen' Überzeugungen des Aristoteles heranzuziehen. Nur im Rahmen des umfassenden naturwissenschaflichen Gesamtwerks des Aristoteles sind sie anders als die verglichenen Gedanken bei Platon keineswegs zentral; in der Neuzeit kommen bis in das 19. Jahrhundert hinein theologische Bemerkungen der Naturwissenschaftler eher stärker vor, nur wird darüber häufig hinweggelesen.[83] Allerdings scheint dies nicht die Meinung aller Interpreten zu sein. David Sedley, der zu den wenigen gehört, die sich erfreulicherweise intensiver mit Aristoteles' Motivation für die Naturwissenschaft beschäftigt haben, glaubt, daß Aristoteles' minimalistische Beschäftigung mit Naturzwecken kein Zeichen von Modernität sei, sondern das Ergebnis einer theologischen Überlegung. Platon habe in der *Politeia* (*Resp.* VII 519 C 8 ff.) im Zusammenhang mit dem Höhlengleichnis dargetan, daß die ausgebildeten Philosophen gezwungen werden müßten, sich gegen ihre Neigung aktiv an der Regierung in der Polis zu beteiligen, also mit der zweitbesten Lebensform nach dem Leben in reiner Kontemplation zufrieden sein müßten. Dies habe Aristoteles dazu geführt, Gott von der Fronde der Welterschaffung zu befreien und seine Wirksamkeit auf die Kontemplation zu beschränken.[84] Das ist eine geistreiche Vermutung. Doch ist dabei nicht berücksichtigt, daß der Demiurg im Mythos des *Timaios* nicht Platons höchstes Prinzip ist wie der Unbewegte Beweger bei Aristoteles. Erst im Mittelplatonismus bei Alkinoos (*Didascalicus* 10) begegnet die Gleichsetzung Gottes mit der Idee des Guten. Ein Unterschied zu Platon liegt vor allem darin, daß es nicht nur ein *Gedanke* von Aristoteles ist, die Natur von Gottes Einwirkung freizuhalten. Vielmehr hat er tatsächlich seine ganze Lebensarbeit auf eine von metaphysischen Vorfestlegungen freie Naturforschung ausgerichtet. Wir kommen darauf zurück.

Zusammenfassend können wir feststellen, daß zwar Platon und Aristoteles bezüglich der Bedeutung des Gehirns unterschiedlichen Schulmeinungen folgen, wobei die von Platon bevorzugte die richtigere ist, daß jedoch in den Detailfragen deutlich wird, daß Platons Auffassungen, soweit sie im *Timaios* begegnen, nur aus dem Hörensagen oder aus medizinischer oder vorsokrati-

83 Auf ein besonders markantes Beispiel bei Newton werden wir unten S. 176 f. zu sprechen kommen.

84 Sedley, Creationism (wie Anm. 82) 169.

scher Literatur geschöpft sind, während sich Aristoteles auf ausgedehnte zoologische Forschung stützt. Für die medizinische Literatur als Quelle Platons spricht die Beschränkung der Detailbeschreibungen auf den Menschen. Auch dessen aus der medizinischen Literatur übernommene Vorstellung von der zentralen Funktion des Gehirns war zu seiner Zeit rein spekulative Vermutung und wurde erst nach der Entdeckung der Nervenbahnen, die vom Gehirn ausgehen, beweisbar. Was die Aufgliederung des Tierreichs betrifft, so ist Aristoteles meilenweit über Platon hinausgekommen, wenn man sein zoologisches Gesamtwerk bedenkt. Damit sei die philosophische Bedeutung und der literarische Rang des *Timaios* nicht bestritten.

Aristoteles' Stellungnahmen zu den platonischen Organbeschreibungen, wenn man diese ernst nehmen will, lesen sich wie die Stellungnahme eines Wissenschaftlers mit großer empirischer Erfahrung zu den Auffassungen eines Laien, der sich eines medizinischen Textes bedient, um sein Bild der Weltentstehung zu erläutern: Das Zwerchfell hat eine mechanische Trennfunktion und trennt nicht die Seelenteile. Die Lunge ist nicht dazu da, das Herzklopfen abzuschwächen, und sie kann nicht Flüssiges durch die Luftröhre aufnehmen und durch die Blase ausscheiden, weil ein Kanal dazu gar nicht vorhanden ist. Anatomisch ist die These also völlig absurd. Die Leber wird weder von der Galle mental gereizt noch von der Milz blankgeputzt. Zwischen Gehirn und dem Mark einerseits und der Samenflüssigkeit andererseits besteht kein anatomischer Zusammenhang. Auch Platons Atemtheorie ist anatomisch unmöglich und, wie Tierbeobachtungen zeigen, auch funktional unhaltbar. Über die Blutgerinnung hat Platon unklare und widersprüchliche Vorstellungen. Fairerweise geht Aristoteles auf die Vorstellung vom Demiurgen und seinen Untergöttern, auf die Funktion der Leber in bezug auf die Mantik und die anthropomorphen Beschreibungen der Intentionen der Seelenteile nicht ein. Nur die Behauptung über die Aufnahme der Flüssigkeiten durch die Luftröhre kann er nicht umhin, als töricht einzuschätzen.

Platons Darlegung zum *mundus sensibilis* berührt grundlegende philosophische Probleme. Der *Timaios* bringt ein künstlerisch großartiges Gegenbild zum *mundus intelligibilis*. Dabei bedient Platon sich unbefangen des Mythos und verzichtet auch nicht auf humorvolle Argumente wie das, daß harmlose Männer, die sich in naiver Empirie mit Himmelserscheinungen beschäftigen, im zweiten Leben zu Vögeln werden (wodurch sie ihren Wunschobjekten näherkommen). Auch hier versucht Sedley, etwas Wissenschaftliches in Platons Darlegung zu finden. Er sieht in Platons Auffassung, daß bei dieser Verwandlung die Vögel die Haare gegen Federn eintauschen (wenn auch devolutiv und nicht evolutiv betrachtet) „einen wichtigen Beitrag zur biologischen Theorie."[85] Aristoteles erkennt dort keinen Zusammenhang: Daß Haa-

85 Sedley, Creationism (wie Anm. 82) 129 f.

re und Vogelfedern miteinander verwandt sind oder gar in der Evolution etwas miteinander zu tun haben, ist eine laienhafte Vorstellung. Nach heutiger wissenschaftlicher Ansicht sind Haare eine Neubildung der Säugetiere.[86] Aristoteles war als Naturwissenschaftler vorsichtiger als Platon. Mit Recht stellt er wie das Lehrbuch von Westheide und Rieger fest, daß es Haare nur bei lebendgebärenden Tieren gibt (*Hist. an.* I 6.490 b 27) und fügt nur hinzu (ebd. 490 b 28 f.), daß man die Stacheln der Igel und der Stachelschweine als eine Form der Haare betrachten müsse. Dies ist ein gutes Beispiel für seinen biologischen Scharfblick.[87]

Der Dialogredner Timaios betont ausdrücklich, daß man im Mythos nicht widerspruchsfrei argumentieren kann. Gleichwohl gibt es die Idee einer Entwicklung mit umgekehrten Vorzeichen. Nur mit Wissenschaft in aristotelischem oder modernem Sinne hat der *Timaios* nichts zu tun.

Aristoteles' Ablehnung von Platons Äußerungen zu naturwissenschaftlichen Fragen ist nicht auf den biologischen Bereich beschränkt. So polemisiert er z. B. in *De caelo* III und IV auch gegen Platons Konstruktion der Elemente aus rechtwinkligen und gleichseitigen Dreiecken unter Betonung des Mißachtens der Empirie.[88] Gelegentlich sieht man in manchen Spekulationen Platons Antizipationen der modernen Wissenschaft. Aber die Ähnlichkeiten bleiben oft so vage, daß der Abstand zur empirischen Wissenschaft, wie wir sie bei Aristoteles und in der Neuzeit finden, sofort in die Augen fällt, was aber mit dem Einfluß des *Timaios* in der geschichtlichen Entwicklung des Platonismus nichts zu tun hat.[89]

86 Vgl. W. Westheide, R. Rieger, Spezielle Zoologie, Teil 2: Wirbel- und Schädeltiere, Heidelberg–Berlin 2004, 29.

87 Als modifizierte Haare betrachten sie auch Westheide-Rieger (wie Anm. 86) Teil 2, 516 und 544.

88 Siehe unten S. 61.

89 So spricht Schneeweiß (wie Anm. 64) 42 etwa davon, daß der Tetraeder (scil. der Grundbaustein des Feuers) „als Modell des einfachsten Wasserstoffmoleküls eine zentrale Bedeutung in der organischen Chemie und somit in der modernen Biologie einnimmt." Oder er sagt zu der Rückführung der platonischen Körper auf zwei Arten von Dreiecken (ebd. 26): „Dieses Konzept ist modern, versucht doch auch die Biologie unserer Zeit morphologische und funktionelle Eigenschaften aus ihren räumlichen Strukturen abzuleiten, ja wie schon Platon im Timaeus es vorzeigt, vorauszusagen." Nun haben aber Dreiecke keine räumliche Struktur, sondern sind Flächen, und dies allein zeigt schon, daß es Platon und den Pythagoreern um etwas anderes geht. Wegen Platons „mathematischen Atomismus" (Stückelberger) betrachtet Schneeweiß gar Platon als Begründer einer Elementarkörperphysik (ebd. 30). Aber er und andere verkennen, daß erst die Zurückweisung der von ihnen als Mathematisierung der Naturwissenschaft gepriesenen Spekulationen Platons (ebd. 21) die Konstituierung einer wissenschaftlichen empirischen Biologie durch Aristoteles ermöglicht hat.

2. Aristoteles' frühzeitiges Interesse an der Naturwissenschaft in der *Physik* und der Schrift *De caelo* I–II

Physik

Es besteht eine große Übereinstimmung darüber, daß die logischen Schriften am Anfang der schriftstellerischen Tätigkeit des Aristoteles stehen. Sie sind angeregt durch die Debattierpraxis der Akademie. Der für die Naturwissenschaft konstitutive Begriff der Hyle, der Materie, kommt in ihnen noch nicht vor. Gleichwohl kennt die *Topik* neben ethischen und logischen Prämissen und Problemen auch physikalische (I 14.105 b 19 ff.). Auch spricht viel dafür, daß in der *Topik* der aristotelische Begriff des Eidos zur Bezeichnung einer untersten Allgemeinheit schon im Hinblick auf die zoologischen Spezies geprägt ist. Aber eine spezielle Vorliebe für die Zoologie läßt sich darin nicht erkennen. Dies ändert sich bald. Die logischen Schriften haben einen Höhepunkt in der Wissenschaftslehre der *Zweiten Analytik*, und es ist an anderer Stelle von uns ausführlich dargelegt worden, daß deren Beweisregeln, obwohl Aristoteles selbst dies noch nicht so sieht, allein auf die Naturwissenschaft anwendbar sind, da sie auf die Mathematik nicht passen und da die *Erste Philosophie* nicht beweisend vorgeht.[90] Aller Wahrscheinlichkeit nach hat Aristoteles seine schriftstellerische naturwissenschaftliche Tätigkeit mit der *Physik* begonnen. Wahrscheinlich geht das XII. Buch der *Metaphysik* (Λ) oder ein Teil von ihm voraus, dessen Thematik jedenfalls jeweils einmal in den ersten beiden Büchern der *Physik* als zur *Ersten Philosophie* zugehörig zitiert wird (I 9.192 a 35 f., II 2.194 b 14 f.).[91] In der *Physik* tritt auch erstmals der Materiebegriff auf. Wichtig ist, daß die Aufstellung der Prinzipien

90 Kullmann, Wissenschaft und Methode (wie Anm. 4) passim.

91 Generell tritt Wolfgang Wieland, Die aristotelische Physik. Untersuchungen über die Grundlegung der Naturwissenschaft und die sprachlichen Bedingungen der Prinzipienforschung bei Aristoteles, Göttingen ([1]1962) [2]1970, 14 ff. (m. Anm. 2, nach der die erstgenannte Stelle sehr wahrscheinlich eine Interpolation sei) für den Primat der *Physik* vor der *Metaphysik* ein.
Zur umstrittenen Frage, ob *Physik* VIII dem XII. Buch der *Metaphysik* vorausgeht oder später ist, vgl. ausführlich B. Manuwald, Studien zum Unbewegten Beweger in der Naturphilosophie des Aristoteles, Abh. d. geistes- und sozialwiss. Kl. der Akad. d. Wiss. u. Lit. Mainz 1989, Stuttgart 1989, 82–103.

in *Physik* I in Übereinstimmung mit der *Zweiten Analytik* II 19 induktiv, also wissenschaftlich auf Erfahrung bauend, erfolgt, wie Robert Bolton nachgewiesen hat.[92] Bei der Entscheidung für diese Disziplin mögen verschiedene Motive zusammengekommen sein, eine durch den Arztberuf des Vaters bedingte Vorliebe für die Empirie und eine in der Akademie sich entwickelnde Opposition zu Platons Ansicht, daß wir über die Natur keine sicheren Aussagen machen können (*Philebos* 59 A 2 ff.; siehe dazu oben S. 21). Zumindest die Bücher I–VI scheinen in der Akademiezeit des Aristoteles vor seinem Verlassen Athens verfaßt zu sein.[93] Wir kommen auf die Biographie des Aristoteles noch später zurück, vgl. auch die Tabelle S. 78. In Auseinandersetzung mit den Vorsokratikern bemüht sich Aristoteles darum, die Grundlagen einer empirischen Naturwissenschaft zu erarbeiten. Dieses Vorhaben ist zunächst universal angelegt, wie die zentrale Beschäftigung mit Raum, Zeit und Bewegung zeigt. Eine Bevorzugung der Biologie ist noch nicht sicher zu erkennen. Eine zentrale Rolle spielt in Buch II die Lehre von den „vier Ursachen" (αἰτίαι, *Phys.* II 3).

Da die sogenannte „Finalursache" in diesem frühen Werk nicht ausschließlich im Blick auf die Zoologie betrachtet wird, ergeben sich besondere Interpretationsfragen. So wird etwa in II 8.198 b 16 ff. im Sinne bestimmter Vorsokratiker wie z. B. Empedokles oder Demokrit die Frage gestellt, was die Natur daran hindere, alles aus Notwendigkeit zu tun. Zeus lasse es ja nicht regnen, damit das Getreide wächst, sondern dies geschehe aus Notwendigkeit: Warme Ausdünstung steige auf, kühle ab und kehre als Wasser zur Erde zurück, und daß das Getreide wächst, ergebe sich nur als (zufälliger) Begleitumstand, wenn dies geschehe. Was hindere, daß sich auch die Körperteile so verhalten, so daß etwa die jeweilige Nützlichkeit der verschiedenen Zahnarten ein Zufallsergebnis sei.[94] Aber – so lautet die Antwort – der Regen falle in der Regel oft im Winter, beruhe also nicht auf Zufall, sondern sei um eines bestimmen Zieles willen. David Furley[95], David Sedley[96] und Liba

92 R. Bolton, Aristotle's Method in Natural Science, Physics I, in: L. Judson (ed.), Aristotle's Physics: A Collection of Essays, Oxford 1991, 1–29 = La méthode d'Aristote dans les sciences de la nature: Physique I, in: R. Bolton, Science, dialectique et éthique chez Aristote. Essais d'épistemologie Aristotélicienne, Louvain-La-Neuve 2010, 223–255.

93 Vgl. W.D. Ross, Aristotle's Physics, Oxford 1936, 10. Er setzt *Physik* I–VII in die späte Akademiezeit des Aristoteles, der im Alter von 37 Jahren Athen verließ. Zu spät sollte man sie nicht ansetzen, da z. B. auch die Schrift *De caelo* in der Akademiezeit wurzelt. I. Düring, Aristoteles. Darstellung und Interpretation seines Denkens, Heidelberg 1966, 189 ff. zählt *Phys.* I und II und *Met.* XII zu den frühesten Schriften des Aristoteles.

94 Wir wissen nicht, ob die Frage von einem Opponenten wörtlich so gestellt wurde oder ob sie von Aristoteles konstruiert ist.

95 D. Furley, The Rainfall Example in Physics II 8, in: A. Gotthelf (ed.), Aristotle on Nature and Living Things. Philosophical and Historical Studies. Presented to David Balme on his Seventieth Birthday, Pittsburgh-Bristol 1985, 177–182.

96 D. Sedley, Is Aristotle's teleology anthropocentric?, Phronesis 36, 1991, 179 ff.

Taub[97] meinen, daß Aristoteles' Erklärung darauf hinauslaufe, daß der Regen im Winter um des Wachsens der Pflanzen willen falle.[98] Aber wie soll dies möglich sein? Eine solche Erklärung würde Aristoteles' sonstiger Rationalität strikt zuwiderlaufen. Allerdings äußert sich Aristoteles nicht genauer. Für ihn scheidet eine intentionale teleologische Erklärung aus. Der Nutzen des Regens beruht auf keiner Absicht des Zeus. Aber auch teleonomisch wäre der Regen im Winter für ihn nicht erklärbar. Der Regen ist nicht auf das Wachsen des Getreides im Winter programmiert. Man kann aber natürlich auch von einer Zielgerichtetheit anorganischer Naturprozesse sprechen. Als ein reguläres Ziel einer bestimmten Wassermenge könnte man ‚Regen im Winter' annehmen. Auch dafür hat Ernst Mayr, dessen Definition des Begriffes ‚Teleonomie' wir oben S. 13 f. zitiert haben, einen für uns brauchbaren Terminus vorgeschlagen. Er formuliert:

> „Prozesse, die ein Endstadium erreichen, das durch Naturgesetze verursacht ist (z. B. Schwerkraft, zweites thermodynamische Gesetz), aber nicht durch ein Programm, könnte man als teleomatisch bezeichnen."[99]

Wir können ihn benutzen, wenn wir statt ‚durch Naturgesetze' z. B. ‚durch Naturregeln' (Bewegungstendenzen der Elemente, Gestirnsbahnen) einsetzen. Aristoteles erklärt in der *Physik*, daß alle Dinge (scil. in der ganzen Natur) entweder durch Zufall oder zielgerichtet erfolgen. Tertium non datur (vgl. *Phys.* II 8.199 a 3–5).[100] Aristoteles ist, wie die *Hermeneutik* (*De interpretatione*) zeigt, kein Determinist.[101] Vermutlich kann für ihn ein Ziegelstein durch Zufall vom Dach fallen. Andererseits gibt es reguläre Prozesse, die ein Endstadium erreichen; dies gilt z. B. für bestimmte Regenfälle, so für Regen im Winter. Es gibt in der sublunaren Welt ja kein *perpetuum mobile*. Alle Prozesse, ob im organischen oder im anorganischen Bereich, kommen zu einem Ende, und wenn dieses Ende regulär erreicht wird, kann es nicht durch Zufall sein. Das sind banale Tatsachen.

Auf ein Ziel, Telos, ausgerichtet sind also:

1. intentional-*teleologische* Prozesse (vgl. II 5.196 b 22, ἀπὸ διανοίας),
2. von einem Programm gesteuerte *teleonomische* Prozesse im organischen Bereich,

97 L. Taub, Ancient Meteorology, London 2003, 83.

98 Taub (wie Anm. 97) 83 meint, daß generell in der Bewahrung der natürlichen Arten das Ziel liege, auf das die Finalursache gerichtet sei. Aber eine entsprechende Formulierung findet sich bei Aristoteles nicht.

99 Mayr (wie Anm. 29) 113 f.

100 D. Quarantotto, Causa finale, Sostanza, Essenza in Aristotele. Saggio sullo studio dei processi teleologici naturali e sulla funzione del *telos* (Elenchos XLVI), Napoli 2005, 82 ff. Vgl. bes. 89 f. Anm. 16.

101 Siehe unten zu Weidemann S. 260.

3. reguläre, anorganische *teleomatische* Prozesse
(zu 2 und 3 vgl. ebenfalls II 5.196 b 22: ἀπὸ φύσεως, und II 8.199 a 5–8: „Doch gewiß ist alles derartige von Natur aus. ... es ist also das ‚wegen etwas' in den von Natur aus entstehenden und bestehenden Dingen.").[102]

Offenbar genügt Aristoteles schon der Hinweis auf den anorganischen regulär im Winter auftretenden Regen, um die organischen zielgerichteten Prozesse (Entstehung der Zähne) als nicht zufällig, sondern als zielgerichtet zu betrachten. Regen im Winter tritt in der Regel auf und ist selbst als ‚ein bestimmter Abschluß in einem Ziel' (τέλος)[103] zu betrachten, ebenso ist es mit den verschiedenen Zähnen. Es ist nicht von Luft oder vom Wasser als solchem die Rede wie in der Schrift *De generatione et corruptione* II 11.338 a 14 ff., das nicht numerisch, sondern nur der Art nach mit absoluter Notwendigkeit wiederkehrt, sondern von Regen im Winter. Dies ist ein Prozeß, der jedenfalls zu einem Ende kommt. Leider sind die Interpreten nicht immer der Gefahr entgangen, den einfachen Gedanken zu mystifizieren. Dies gilt unseres Erachtens auch für den Aufsatz von Margaret Scharle zu *Phys.* II 8.[104] Wie wir im Gefolge von Quarantotto sieht auch sie im Winterregen einen regulären Vorgang, der im rein physikalischen, anorganischen Bereich verbleibt. Sie beachtet jedoch nicht, daß Aristoteles nicht von der Bewegung des Wassers im Winter oder Sommer handelt, sondern nur von den meteorologischen Phänomenen im allgemeinen. So findet sich bei ihr etwa der Satz: „I submit that Aristotle's refined view is that water moves into its natural place naturally and teleologically only upon being generated by the sun (i. e. in the winter)." Dieser Satz ist mit *Phys.* II 8 nicht vereinbar, da nach II 8.199 a 3–5 alle Vorgänge, die nicht auf Zufall beruhen, zielgerichtet sind. Also auch das Wasser von Regenfällen im Sommer strebt zu dem natürlichen Ort des Wassers. Man sollte überhaupt besser auf den Terminus ‚teleologische Bewegung' verzichten.

Sehr anfechtbar formuliert auch Mariska Leunissen im Zusammenhang mit der Erörterung des Winterregens in *Physik* II 8, bei natürlichen Prozessen handle es sich um „Resultate intrinsischer Verursachung – d. h. Verursachung

102 ἀλλὰ μὴν φύσει γ' ἐστὶ τὰ τοιαῦτα πάντα ... ἔστιν ἄρα τὸ ἕνεκά του ἐν τοῖς φύσει γιγνομένοις καὶ οὖσιν.

103 Dies ist die passende Übersetzung von H. Wagner, Aristoteles. Physikvorlesung, in: Aristoteles. Werke in deutscher Übersetzung Bd. 11, Berlin 1967, z. B. S. 52, Zeile 30 bezogen auf 199 a 8. Es ist also schon sprachlich sehr fraglich, ob mit Telos des Regens im Winter die Getreideernte gemeint sein kann. Das Telos des Regens, d. h. sein Endpunkt ist schon vorher erreicht.

104 M. Scharle, Elemental Teleology in Aristotle's Physics 2.8, Oxford Studies in Ancient Philosophy 34, 2008, 147–183.

durch Naturen als interne Prinzipien, die um der Realisierung dieser Resultate willen tätig sind".[105] Das klingt philosophisch rätselhaft. Sie geht davon aus, daß Winterregen um des Wachstums der Nahrung willen fällt, wobei unerklärt bleibt, daß Winterregen zwar regelmäßig fällt, der Mensch aber nur unregelmäßig und ganz partiell, an wenigen Orten, aus dem Winterregen einen Nutzen zieht. Auch der Plural von ‚Natur' (*physis*) kommt in diesen Zusammenhängen bei Aristoteles nicht vor. Was sind das für geheimnisvolle Prinzipien und Wirkfaktoren im Winterregen? Glücklicherweise rückt sie aber an einer späteren Stelle hinsichtlich des Winterregens wieder davon ab; er falle vielmehr deshalb zielgerichtet, weil ihm dies Ziel von einem externen Benutzer auferlegt werde.[106] David Sedley nahm in seiner Abhandlung von 1991 (unserer Ansicht nach fälschlich) an, das Telos sei die Getreideernte. Er schloß auch die Möglichkeit eines internen Bewegungsprinzips des Winterregens aus und sprach von einer globalen Natur, sozusagen der des Ökosystems, die für die Getreideernte sorgt. Dies sind philosophische Spekulationen, die bei Aristoteles nicht zu belegen sind. M.R. Johnson hat 2005 mit Recht darauf hingewiesen, daß die globalen atmosphärischen Erscheinungen das Wachstum von Pflanzen aufgrund menschlicher Ackerbaukunst sowohl befördern als auch beeinträchtigen können.[107] 2010 macht Sedley einen Unterschied zwischen einer nichtteleologischen Perspektive und einer Perspektive, die das Wetter als Teil einer inhärent zweckhaften kosmischen Natur ansieht, die unter anderem den Ackerbau unterstützt.[108] Als Metapher gebraucht er den menschlichen Schweiß, der aus rein materiellen Ursachen entstehe, aber offensichtlich einem nutzbringenden Zweck diene (?), womit er wohl an die Wärmeregulation durch Erzeugung von Verdunstungskälte denkt. Aber diese Metapher bleibt bei ihm mysteriös. Sie ist unverständlich.

Natürlich weiß Aristoteles, daß die Pflanzen und indirekt die Menschen vom Regen im Winter profitieren ebenso wie die Menschen von den verschiedenen Zahnarten. Dieser Punkt wird jedoch in *Physik* II 8 nicht behandelt.

Nun kann die Frage nach dem Zweck für Aristoteles freilich auf zweifache Weise beantwortet werden, es kann der Zweck von etwas (οὗ bzw. οὗ ἕνεκά τινος) und der Zweck für etwas (ᾧ bzw. οὗ ἕνεκά τινι) gemeint sein. Diese Unterscheidung wird von Aristoteles an fünf Stellen seines Werks ge-

105 M. Leunissen in dem Artikel ‚Teleologie', in: Rapp und Corcilius (Hrsg.), Aristoteles-Handbuch (wie Anm. 13) 349.

106 Leunissen, Teleologie (wie Anm. 37) 352.

107 M.R. Johnson, Aristotle on Teleology, Oxford 2005, 155 f.

108 D. Sedley, Teleology, Aristotelian and Platonic, in: J.G. Lennox and R. Bolton (ed.), Being, Nature, and Life in Aristotle, Cambridge 2010, 26 f.

troffen.[109] Im vorliegenden Fall scheint sogar beides eine Rolle zu spielen. Einerseits hat der Regen überwiegend ein dem saisonalen meteorologischen Kreislauf entsprechendes Ziel, nämlich in der Regel im Winter zu fallen (teleomatisches Ziel), andererseits kann der Regen im Winter zwar nicht generell, aber partiell durch Säen und Ernten, die vom Regen im Winter in Griechenland abhängig sind, für den Menschen zweckdienlich sein. Auch das, was für sich zwecklos oder Selbstzweck ist, kann zur Erfüllung eines, eventuell weiteren, Zwecks in den Dienst genommen werden. Wie es in *Physik* II 2.194 a 33 ff. heißt:

> „Auch die Künste stellen das Material her, die einen schlechthin, die anderen, indem sie es zur Bearbeitung aufbereiten, und wir benutzen es, wie wenn alles unseretwegen vorhanden sei. Denn irgendwie sind auch wir selbst Ziel. Auf zweifache Weise wird es in den Büchern *Über die Philosophie* gebraucht."[110]

In der Schrift *Über die Philosophie* wurde also zwischen dem ‚Weswegen von' und dem ‚Weswegen für' unterschieden. Nur das letztere ist hier gemeint. Für die Künste bzw. für uns sind die Produkte der Natur zweckdienlich. Dies gilt offensichtlich für die Produkte der Agrikultur und indirekt auch für die Ernte nach Regen im Winter. Sedley kritisiert die häufig gewählte Übersetzung „als ob alles unseretwegen vorhanden sei."[111] Das ‚als ob' (ὡς mit Partizip) sei eine falsche Übersetzung. Dies kann man bezweifeln. Aber wie dem auch sei, die Konjunktion drückt auf jeden Fall eine Subjektivität aus (wir Menschen sind nur irgendwie Ziel), und es ändert an dem Sachverhalt nichts, wenn wir übersetzen: ‚in der Annahme, daß alles unseretwegen vorhanden ist'. Das ‚weswegen für' besagt aber, daß wir faktisch von den Produkten der Natur profitieren, ohne daß sie auf uns ausgerichtet sind oder für uns geschaffen sind.

Von einer anthropozentrischen Einstellung kann somit keine Rede sein. Das Gegenteil ist der Fall. Aristoteles' Unterscheidung zwischen interner und externer Zielbestimmung ist auch für unser modernes Weltverständnis völlig

109 *Met.* Λ 7.1072 b 1 ff., *E. E.* VII 15.1249 b 15, *De an.* II 4.415 b 2 f., b 20 f., *Phys.* II 2.194 a 33 ff.
Vgl. Kullmann, Teleologie (wie Anm. 27) 26 f.; ders., Different Concepts of the final cause, in: Gotthelf, Aristotle on Nature and Living Things (wie Anm. 95), 169–175; ders., Aristoteles und die moderne Wissenschaft (wie Anm. 27) 272 ff. Siehe jetzt auch die ausgezeichnete detaillierte Behandlung dieser Ursachenform bei Johnson, Aristotle on Teleology (wie Anm. 107) 64 ff.

110 ἐπεὶ καὶ ποιοῦσιν αἱ τέχναι τὴν ὕλην αἱ μὲν ἁπλῶς αἱ δὲ εὐεργόν, καὶ χρώμεθα ὡς ἡμῶν ἕνεκα πάντων ὑπαρχόντων (ἐσμὲν γάρ πως καὶ ἡμεῖς τέλος· διχῶς γὰρ τὸ οὗ ἕνεκα· εἴρηται δ' ἐν τοῖς περὶ φιλοσοφίας).

111 D. Sedley, Is Aristotle's teleology anthropocentric?, Phronesis 36, 1991, 189.

akzeptabel. Der Mensch ist zweifellos der größte Nutznießer der Natur. Aber mit dieser Feststellung bekunden wir keinen Anthropozentrismus. Aristoteles' Lehre von der Finalursache hat also auch in der *Physik* nichts Mysteriöses an sich, und sie ist nicht anthropozentrisch.[112]

Auch die dagegen angeführte Stelle aus *Politik* I 8.1256 b 10–22 kommt zu keinem anderen Ergebnis. Aristoteles führt aus, daß ‚die Natur' nicht nur bis zur Geburt, sondern auch danach, etwa durch die Muttermilch, für die Menschen sorgt, und daß die so entwickelten Menschen offensichtlich glauben müssen, daß (sozusagen in Fortsetzung davon) die Pflanzen der Tiere wegen und die Tiere um der Menschen willen existieren, die zahmen und die meisten der wilden Tiere (für Nahrung und Kleidung usw). Wenn jedoch die Natur nichts unvollkommen und vergeblich mache, sei es notwendig, daß die Natur all dies der Menschen wegen geschaffen habe. In bezug auf diese Stelle übersieht Sedley völlig, daß die Rede von einer schöpferischen Natur bei Aristoteles immer nur eine Metapher sein kann.[113] Dazu müssen wir etwas ausholen.

Vielfach spricht Aristoteles von einer schöpferischen Rolle der Natur, die uns erfreut (*De part. an.* I 5.645 a 9: δημιουργήσασα φύσις). Er kann von dieser aktiven Natur nicht nur wie an dieser Stelle als einer universalen Macht sprechen, sondern auch von der spezielleren Natur einer Gattung[114] oder gelegentlich auch von einem aktiven Gott reden, wenn es sich um die Harmonie der Welt im ganzen, insbesondere der belebten Welt handelt: *De generatione et corruptione* II 10.336 b 31 f., *De caelo* I 4.271 a 33. An der letztgenannten Stelle wird also die Natur ebenfalls als universaler Demiurg imaginiert. Wir tun Ähnliches in der Alltagsunterhaltung auch heute noch, wenn wir von den ‚Wundern der Natur' und ‚der Schöpfung' sprechen, auch wenn wir gleichzeitig von der Deszendenztheorie überzeugt sind. Dies ist von uns, soweit wir aufgeklärte Menschen sind, ebenso wie von Aristoteles nur metaphorisch gemeint. Wir wissen gemäß unserer wissenschaftlichen Bildung, daß die Harmonie z. B. hinsichtlich des Zusammenstimmens von Nahrungsaufnahme und Körperform nur durch die Auslese bei der Evolution entstanden ist, und für Aristoteles war klar, daß die Natur im ganzen ewig so existiert, wie sie existiert, und dabei war für ihn auch klar, daß dabei keine Motive bzw. Intentionen eine Rolle spielen. Es liegt eine metaphorische

112 Kullmann, Aristoteles und die moderne Wissenschaft (wie Anm. 27) 271 f.

113 Kullmann, Teleologie (wie Anm. 27) 24 f.; ders., Aristoteles und die moderne Wissenschaft (wie Anm. 27) 271 f.; ders., Aristoteles. Über die Teile der Lebewesen (wie Anm. 15) 175 ff., 181 ff., 510 ff. Siehe auch L. Judson, Aristotelian Teleology, Oxford Studies in Ancient Philosophy 29, 2005, 356 ff.

114 Vgl. dazu die Aufschlüsselung der Stellen im Register von Kullmann, *De partibus animalium* (wie Anm. 15) 799.

Ausdrucksweise vor, und diese dient wie bei uns auch bei Aristoteles zur Veranschaulichung ausgeglichener interspezifischer Naturzustände. Die Natur wird dabei z. B. als eine schöpferische handwerkliche Instanz personifiziert, die z. B. bestimmte Lebewesen so herstellt, daß sie harmonisch in die Umwelt passen. Die einzelnen realen Exemplare einer Spezies entstehen jedoch immer nach dem gleichen Bauplan, der ewig besteht und keiner schöpferischen Kraft seine Entstehung verdankt. „Ein Mensch zeugt einen Menschen", sagt Aristoteles.[115]

Die soeben als erste genannte Stelle (*De gen. et corr.* II 10.336 b 31 f.) hat zwar zu Irritationen geführt – man hat an den ersten Beweger gedacht[116] – aber eine demiurgische Tätigkeit etwa in der Art des Demiurgen im *Timaios* bei der Himmelsgestaltung („Auffüllung des Ganzen zur Verewigung des Werdens", συνεπλήρωσε τὸ ὅλον ὁ θεός, ἐνδελεχῆ ποιήσας τὴν γένεσιν), um Entstehen und Vergehen kontinuierlich zu machen, paßt zu diesem nicht. Offenbar handelt es sich um eine Parallele des schöpferisch vorgestellten Gottes zur als schöpferisch imaginierten Natur und ist wie diese nur metaphorisch gemeint. A. Bos hat die Stelle gar zur Unterstützung seiner These von der Echtheit der Schrift *De mundo* herangezogen[117] und hält den Gedanken einer kreativen Rolle des Gottes für aristotelisch.[118] Aber eine solche Rolle kann der Gottheit nur in metaphorischem Sinne zukommen, wenn man Aristoteles' Werk nicht für völlig widersprüchlich halten will.

Da der Satz: „Die Natur macht nichts umsonst (vergeblich)" auch sonst häufig verwendet wird, wenn auch ohne daneben die Gottheit zu erwähnen wie in *De caelo* I 4.271 a 33,[119] ist auch dort die Natur als schöpferische Kraft aufgefaßt und nur metaphorisch zu verstehen. Sie ist dabei also als eine externe Kraft mit demiurgischen Fähigkeiten imaginiert. Es ist damit nur gemeint, daß ein bestimmter Zustand zweckvoll ist.[120] Ebenfalls metaphorisch ist der Satz: „Die Natur strebt immer nach dem Besseren", z. B. in der Schrift *De generatione et corruptione* II 10.336 b 27 f.: Damit ist nur

115 Näheres zu diesem Diktum unten S. 179 f. m. A. 550.

116 Th. Buchheim, Aristoteles, Über Werden und Vergehen, übersetzt und erläutert, in: Aristoteles. Werke in deutscher Übersetzung, begr. v. E. Grumach, fortgeführt von H. Flashar, hrsg. v. Ch. Rapp, Bd. 12/IV 545, der auch über weitere Interpretationsversuche berichtet.

117 In *De mundo* 6.397 b 20 f. wird Gott als σωτήρ von allem und als γενέτωρ bezeichnet und in 399 a 30 f. als ἡγεμών und γενέτωρ von allem.

118 A.P. Bos, Aristotle on God as Principle of *GENESIS*, British Journal for the History of Philosophy, 18 (3), 2010, 368.

119 Vgl. Kullmann, Aristoteles. Über die Teile der Lebewesen (wie Anm. 15) 464 (zu 658 a 8 f.).

120 Zur weiteren Diskussion siehe unten S. 166 ff., 174 f., 181 ff., 196 ff.

ausgedrückt, daß die technische Struktur der Naturgebilde in bestimmten Fällen optimal ist, nicht daß sie optimal gemacht ist.[121]

Auch Überschüsse zweckgerichteter organischer Prozesse, die von der Natur angeblich unterschiedlichen Zwecken zugeführt werden, sind dabei voll in den Bauplan integriert. Durch die Metapher von der handwerklich schöpferischen Natur macht Aristoteles deutlich, daß der Aufbau der Lebewesen gewisse Diskontinuitäten aufweist, die wir heute natürlich durch die Evolutionstheorie sehr viel besser erklären können. Es ist bewundernswert, wie es Aristoteles gelingt, die von ihm observierten Fakten im Bilde mitzuteilen, obwohl das Vorhandensein von realen ‚Bruchstellen' nach seiner Auffassung der Ewigkeit der Arten nicht möglich ist. Man gewinnt dabei aber zumindest eine Art Bild der Ontogenese der Lebewesen, und darauf hat es Aristoteles offenbar hauptsächlich abgesehen.

Hinsichtlich der Politikstelle (I 8.1256 b 10–22) ist folgendes festzustellen: Das Bild von der kreativen Natur dient nur dazu, den Eindruck der weitgehenden Angepaßtheit des Menschen an seine Umwelt und der Nutzungsmöglichkeiten dieser Umwelt durch den Menschen zu formulieren. M.R. Johnson hat durch genaue Interpretation der Ausführungen des Aristoteles zur menschlichen Erwerbsstätigkeit nachgewiesen, daß von einer anthropozentrischen Teleologie bei Aristoteles keine Rede sein kann.[122]

Daß Sedley diese Zusammenhänge nicht erkannt hat, ist umso erstaunlicher, als gerade er in seinem Buch über den Kreationismus mit Recht festgestellt hat, daß Aristoteles diese Anschauung nicht vertreten hat. Nur die imaginierte Natur macht uns, wie in der *Politik* ausgeführt wird, glauben, daß Pflanzen bzw. Tiere unseretwegen geschaffen sind. In Wirklichkeit ist es die aristotelische wissenschaftliche Überzeugung, daß die Welt, einschließlich der Pflanzen und Tiere, ewig so ist, wie sie ist. Um hier nur ein Beispiel zur Erläuterung zu bringen: Aristoteles führt in der Schrift *De partibus animalium* IV 12.694 b 13–20 aus, daß den Tieren die Natur für ihre Funktion die passenden Organe verschaffe. Sumpfvögel (Watvögel) bekommen lange Beine statt eines Schwanzes wie andere Vögel. In Wirklichkeit bestehen aber alle Vogelarten immer, ein Ressourcentausch hat niemals stattgefunden. Nur die tatsächliche Angepaßtheit wird metaphorisch so hervorgehoben.[123]

121 In stärkerem Maße wissenschaftlich formuliert sind die Stellen, an denen kein aktives Streben der Natur imaginiert wird, sondern ein Körpermerkmal als nicht notwendig, sondern bloß zur Optimierung dienlich bezeichnet wird. Vgl. Kullmann, Wissenschaft und Methode (wie Anm. 4) 325 ff.

122 Johnson (wie Anm. 107) 229 ff.

123 Ähnlich ist es mit dem unterständigen Maul der Haifische, von dem Aristoteles sagt, daß „die Natur" dieses unter anderem auch deshalb für die Nahrungsaufnahme so umständlich angeordnet hat, um kleineren Fischen eine Chance zum Entkommen zu geben (*De part. an.* IV 13.696 b 27 ff.). Da es das Wirken einer schöpferischen Natur auf der Grundlage der

Diese Betrachtung lehrt uns, daß hier keine komplizierten philosophischen Probleme vorliegen, sondern eine einfache und allgemeinverständliche Ausdrucksweise, in die wir uns auch heute noch sprachlich hineinversetzen können. Wir kommen auf die Redeweise von der schöpferischen Natur noch im folgenden zurück.[124] Trotzdem kann man natürlich fragen, was Aristoteles mit der Metapher ausdrücken will.

Nun könnte man sagen, daß sich Aristoteles gerade in der *Physik* ständig mit den philosophischen Problemen der Vorsokratiker auseinandersetzt und man deshalb die Schrift nur philosophisch würdigen könne. Aber seine Argumente laufen auf rationale, gewissermaßen banale Resultate hinaus, die eine Grundlage für die naturwissenschaftliche Erörterung und Forschung bilden.

Am Schluß von II 8 spricht Aristoteles von einer gewissen Isomorphie natürlicher und handwerklicher Prozesse im Hinblick auf ihre Zielgerichtetheit. Da die Zielgerichtetheit der Techne auf der Nachahmung und teilweisen Vervollständigung der Natur beruht, kann man von der Zielgerichtetheit der Technē (Kunst) auf die der Natur schließen (II 8.199 a 15–20). Die Isomorphie hat ihre Grenzen, da der denkende Mensch die Technē ausübt. Trotzdem bleibt sie nach Aristoteles im wesentlichen bestehen, wie ausdrücklich hervorgehoben wird. In II 8.199 b 26 ff. heißt es:

> „Es ist abwegig, nicht zu glauben, daß etwas Zweckhaftes entsteht, wenn man nicht sieht, daß das Bewegende beratschlagt hat. Auch das Handwerk beratschlagt nicht."[125]

Durch den Satz soll die Intentionalität der Natur ausgeschlossen werden, da ein Bauplan eines Produkts in der Seele des gelernten Handwerkers auf ein Ziel ausgerichtet ist wie der Bauplan (das Eidos) bei der Realisierung eines Lebewesens.[126] Es ist keine ad-hoc-Überlegung, die zu einem handwerklichen Produkt führt. Man mag diese ‚quasi-teleonomische' Parallelisierung für gewagt halten. Dies ändert nichts an der klaren Absicht des Aristoteles, eine Intentionalität bei Naturprozessen auszuschließen.

Ewigkeit der Arten nie gegeben hat, handelt es sich auch hier nur um eine Metapher, um das Faktum zu beleuchten. Wissenschaftlich gesehen bleibt es natürlich für Aristoteles völlig offen, wie dieses Zusammenpassen von Umständlichkeit des Maulöffnens und Überleben der Fische zu deuten ist. Vgl. Kullmann, Aristoteles. Über die Teile der Lebewesen (wie Anm. 15) 749 ff.

124 Siehe unten S. 166 ff., 174 f., 181 ff., 196 ff.

125 ἄτοπον δὲ τὸ μὴ οἴεσθαι ἕνεκά του γίγνεσθαι, ἐὰν μὴ ἴδωσι τὸ κινοῦν βουλευσάμενον. καίτοι καὶ ἡ τέχνη οὐ βουλεύεται.

126 Vgl. W. Kullmann, Aristoteles und die moderne Wissenschaft (wie Anm. 27) 288 f.; D. Charles, Teleological Causation in the Physics, in: L. Judson (ed.), Aristotle's Physics, (wie Anm. 92) 114; Sedley, Creationism (wie Anm. 82) 177 f.

In *Physik* II 9 taucht ein weiterer wichtiger aristotelischer Begriff auf, der der hypothetischen Notwendigkeit. Mit ihm bringt Aristoteles wieder eine Selbstverständlichkeit zum Ausdruck. Wenn man ein Haus bauen will, muß man notwendigerweise nach dem Bauplan vorgehen, aber man ist auf bestimmte Materialien angewiesen; ohne sie geht es nicht. Die Verwirklichung des geplanten Hauses ist an Bedingungen geknüpft. Das Haus entsteht nicht zwangsläufig mit absoluter Notwendigkeit. Ebenso ist es in der Natur. In unserer irdischen Welt erreichen lebendige Wesen nicht immer das Ziel, auf das hin sie programmiert sind, da sie z. B. vorher aufgrund irgendwelcher Mängel vor oder nach der Geburt zugrunde gehen oder Schaden nehmen können.[127] Zur ihrer Entwicklung ist z. B. auch eine bestimmte Ernährung (hypothetisch) notwendig. Es ist festzuhalten, daß dieser Begriff nur auf individuelle Natur*prozesse* angewendet wird, nicht auf die allgemeinen Arten, die fest definiert sind. Wir werden darauf zurückkommen.[128] Es folgt noch ein Abschnitt, in dem gesagt wird, daß der Notwendigkeitsbegriff in der Mathematik und in den naturgemäß entstehenden Dingen in gewisser Weise ähnlich sei (*Phys.* II 9.200 a 15–30). Metaphorisch könnte man von einer quasi-hypothetischen Notwendigkeit sprechen. Die *conclusio* gilt notwendig, wenn die Prämissen gelten. Wir können dieses Problem hier beiseite lassen.[129]

De caelo I–II

Ein erster Versuch, ein spezielles Gebiet der Naturwissenschaft zu behandeln, erfolgt in der Schrift *De caelo*, die keineswegs eine Astronomie ist, sondern die Festlegung auf die Naturwissenschaft im Ganzen schon voraussetzt. Die *Physik* wird zum Beispiel in I 6.274 a 21 zitiert. Auch *Metaphysik* Buch XII (Λ) muß, zumindest im wesentlichen, wohl vorausgehen. In den einzelwissenschaftlichen Bemühungen des Aristoteles ist zwar die Beschäftigung mit der Biologie zentral. Für diese ist der Aufenthalt auf Lesbos von 345/44–343/342 ein gewisser Fixpunkt. Aber ein noch früheres wissenschaftliches Interesse an einem Teilgebiet der Physik bezeugt etwa die Schrift *De caelo*. Da die erste Begegnung des Aristoteles mit dem Astronomen Eudoxos in die Anfangszeit seines Studiums fallen muß, liegt es nahe, daß sie durch diese Begegnung in Aristoteles' Akademiezeit angeregt wurde. Sie besteht aus drei Teilen, einer Himmelsphysik (Buch I–II), einer Behandlung der vier Elemente (Buch III) und einer Abhandlung über ‚schwer' und ‚leicht' (Buch IV). Alle drei gelten

127 Vgl. Kullmann, Aristoteles. Über die Teile der Lebewesen (wie Anm. 15) 284 ff., 287 ff.
128 Siehe unten S. 157, 171 ff.
129 Vgl. jedoch Kullmann, Wissenschaft und Methode (wie Anm. 4) 25–29.

als zu den frühesten naturwissenschaftlichen Schriften des Aristoteles gehörig.[130] Es steht also in dieser Schrift schon fest, daß Aristoteles sich als Naturwissenschaftler und nicht als Astronom versteht. Ein Interesse für den Sternenhimmel in einer frühen Phase wird auch durch die Autopsie einer Marsverdunkelung durch den Mond am 4. April 357 nahegelegt, die also Aristoteles im Alter von 27 Jahren erlebt hat (*De cael.* II 12.292 a 3–6).

Die ersten beiden Bücher der Schrift *De caelo*, denen wir uns jetzt zuwenden, sind in gewisser Weise etwas sperrig, was mit ihrem Gegenstand zusammenhängt. Es geht um die Behandlung astronomischer Probleme, und Aristoteles ist auf diesem Gebiet kein Fachmann.[131] Freilich verfolgt er ein Ziel, das die Astronomen sonst nicht verfolgen. Schon seine ersten Worte (ἡ περὶ φύσεως ἐπιστήμη) zeigen, daß er als Naturwissenschaftler sprechen will und diese Wissenschaft in ihrer ganzen Breite vor Augen hat. Denn er erläutert sogleich die Begriffe Körper, Größen und ihre Eigenschaften und Bewegungen sowie ihre Prinzipien (*De caelo* I 1.268 a 1–6). Er grenzt sein Thema von der zur Mathematik gehörenden Astronomie ab (291 a 31 f., b 9 f., b 21, 297 a 2 ff.). Es kommt ihm darauf an, die Ergebnisse der Astronomie physikalisch zu deuten. Offensichtlich leitet ihn ein starkes empirisches Interesse, auch wenn dies hier ganz passiv ist. Er kann keine eigenen nennenswerten Beobachtungen beibringen. Sofort zeigt sich aber der moderne Charakter der Schrift darin, daß sie als physikalische Schrift nicht von der Entstehung unserer Welt handelt, wie dies mit Vorliebe die Vorsokratiker getan haben, sondern von ihrem vorfindlichen Zustand, wie es auf ihrem speziellen Gebiet auch die Astronomen seiner eigenen Zeit taten, soweit wir erkennen können. Anscheinend ist es Aristoteles' Plan, die Naturerscheinungen gewissermaßen von oben nach unten durchzugehen und dabei mit den Gestirnen anzufangen, obwohl dies eigentlich der schwierigste Gegenstand ist, insbesondere für jemand, der vor allem an der Biologie interessiert ist.

Wie selbstverständlich legt Aristoteles überall die von Empedokles stammende Vierelementenlehre zugrunde, die sich auf Erde, Wasser, Luft und Feuer bezieht und die er nach Behandlung des Himmels im dritten Buch derselben Schrift ausführlicher darstellt und modifiziert, worauf im vierten Buch der Abschnitt über das Schwere und Leichte folgt, der ebenfalls die Elemente betrifft. Diese Vierelementenlehre hatte sich in ihrer allgemeinsten Form durchgesetzt, wie wir unter anderem bei Platon erkennen können. Spezifisch

130 Vgl. H. Flashar, Aristoteles, in: Grundriß der Geschichte der Philosophie. Begründet von Friedrich Überweg, Völlig neu bearbeitete Ausgabe, Abt. Die Philosophie der Antike. Bd. 3, 2. Kapitel, 2. durchgesehene und erweiterte Auflage, Basel 2004, 248; ders., Aristoteles. Lehrer des Abendlandes (wie Anm. 14) 266.

131 Dies wird besonders emphatisch betont von G.E.R. Lloyd, Heavenly aberrations: Aristotle the amateur astronomer, in: Ders., Aristotelian explorations, Cambridge 1996, 160 ff.

aristotelisch ist dabei, daß er der Erde und dem Wasser eine zentripetale und der Luft und dem Feuer eine zentrifugale Tendenz zuschreibt, je nach dem Grad ihrer Schwere oder Leichtigkeit, so daß sich die irdische Welt, wie dann in der *Meteorologie* deutlich wird, im Prinzip aus vier übereinanderliegenden Strata aufbaut, wobei jedes dieser Elemente, wo immer es sich befindet, eine Tendenz aufweist, zu seinem eigentümlichen Ort zu gelangen.

Nun ergeben sich aus dieser theoretischen Grundlage Probleme für die zunächst ins Auge gefaßte Himmelsphysik. Wenn das Feuer die oberste Schicht ist, liegt es nahe, dieses Element als Grundelement für den Aufbau der Gestirne zu betrachten, wie es auch in voraristotelischen Theorien vorgebildet war. Von daher wird scheinbar ein Satz vom Beginn des dritten Buches der Schrift *De caelo* verständlich, der folgendermaßen lautet (III 1.298 a 29 ff.):

> „Ich nenne aber Substanzen die einfachen Körper wie Feuer und Erde und das mit ihnen Verbundene und aus ihnen Gebildete, wie den gesamten Himmel und seine Teile und ebenso die Tiere und die Pflanzen und ihre Teile.“ [132]

Dies klingt so, als ob der Himmel zu dem gehört, was aus den einfachen Körpern der vier Elemente gebildet ist.[133] Aber dies ist nicht Aristoteles’ Meinung, die er in dem Werk sonst vertritt. Er entwickelt vor allem einen grundlegend neuen Gedanken, der für die Folgezeit sehr bedeutsam geworden ist. Dies ist die Einführung eines fünften Elements, das er den Gestirnen und dem Raum, in dem sie sich bewegen, zuordnet und das durch die ewige Kreisbewegung charakterisiert ist. In unmittelbarem Anschluß an die zitierte Stelle erwähnt er erneut dieses fünfte Element, das er jetzt erstes Element nennt (*De cael.* III 1.298 b 6 ff.) und weist auf seine frühere Behandlung desselben (ab I 2; II 1 usw.) zurück. Diese grundlegende Neuerung des Aristoteles zeigt im Zusammenhang mit der zitierten Stelle ein Dilemma an, in dem er sich befindet. Das Feuer, das nach oben steigt, war traditionell das Element, aus dem die Sterne gebildet sind, wie z. B. Platon sich dies vorstellt (*Tim.* 40 A 2 f.). Zwei Gründe sind es offenbar, die Aristoteles veranlassen, davon abzuweichen. In der *Meteorologie* I 3.339 b 32 ff. verweist er auf die neuen Entdeckungen der Astronomen, die den ungeheuren Abstand der Gestirne von der Atmosphäre erwiesen, der es als unmöglich erscheinen läßt, die Sterne gewissermaßen in die Atmosphäre einzuordnen, und er kritisiert in dieser

132 λέγω δ’ οὐσίας μὲν τά τε ἁπλᾶ σώματα, οἷον πῦρ καὶ γῆν καὶ τὰ σύστοιχα τούτοις, καὶ ὅσα ἐκ τούτων, οἷον τόν τε σύνολον οὐρανὸν καὶ τὰ μόρια αὐτοῦ, καὶ πάλιν τά τε ζῷα καὶ τὰ φυτὰ καὶ τὰ μόρια τούτων.

133 Vgl. L. Elders, Aristotle’s Cosmology. A Commentary on the De caelo, Assen 1966, 270.

Hinsicht den Anaxagoras. Diesen Abstand betont er auch in *De caelo* I 2.269 b 16 f., II 3.286 a 4 ff. Der zweite Grund ist natürlich, daß die Bewegung der Gestirne nicht erklärt werden kann, wenn man das Feuer mit der Bewegung nach oben verknüpft. Man wird nicht fehlgehen, wenn man bei den Astronomen, die den Abstand der Gestirnswelt betonen, an den Astronomen Eudoxos von Knidos denkt, den Aristoteles, wie gesagt, beim Eintritt in die Akademie kennenlernte (vgl. die *Vita Aristotelis Marciana* 11: Eintritt zur Zeit des Eudoxos [ἐπὶ Εὐδόξου]).[134] Die oben zitierte Stelle ist nur dadurch mit der übrigen Schrift in Einklang zu bringen, wenn man bei den einfachen Körpern das fünfte Element stillschweigend mitdenkt und zu den Beispielen Feuer und Erde hinzufügt. Man könnte die Stelle auch einer Frühform der Schrift zuweisen und dazu das von Cicero überlieferte Fragment aus dem Dialog *Über die Philosophie* 24 R^3 = 836 Gigon stellen, das dem Aristoteles hinsichtlich der irdischen Elemente nur die Annahme einer zentrifugalen und einer zentripetalen Tendenz zuspricht und hinsichtlich des Himmels die These einer auf freiem Willen (*voluntas*) beruhenden Bewegung.[135] Aber vielleicht wollte er durch den Hinweis auf den Substanzcharakter nur die grundsätzliche Einheitlichkeit der Natur betonen und hat dabei absichtlich oder unwillkürlich den Verweis auf das fünfte Element unterlassen.

Sonst hat er aber diese Unterschiedlichkeit der zwei Weltbezirke in Kauf genommen, die in anderer Weise zu seinen Überlegungen, die wir in der *Meteorologie* lesen, besser paßt, und spricht von der Welt „hier" und der Welt „dort" (269 a 31, b 15, 16 f., vgl. 290 b 17). Die relative Diskontinuität ist besonders von Andrea Falcon thematisiert, wenn auch noch nicht bewertet worden.[136] Unseres Erachtens trägt sie rein empirisch der großen, durch die Mathematiker und Astronomen entdeckten weiten Entfernung der Himmelskörper von der Erde Rechnung und blockiert so fürs erste die im Hellenismus und der Spätantike zunehmenden Tendenzen zu einer abergläubischen Astrometeorologie.

Aristoteles versucht nunmehr durch Analogieschlüsse aus der sublunaren Welt erstmals eine Physik des Himmels zu schaffen.[137] Eine wichtige Entschei-

134 Vgl. Düring, Biographical Tradition (wie Anm. 227) 99 und zur Interpretation der Angabe H. Krämer, Eudoxos von Knidos, in: H. Flashar (Hrsg.), Grundriß der Geschichte der Philosophie. Begründet von Friedrich Überweg, Abt. Die Philosophie der Antike Bd. 3, 1. Kapitel Ältere Akademie, 2. durchges. u. erw. Auflage, Basel 2004, 56 f.

135 Dagegen H. Flashar, Dialoge, Philosophie, Rhetorik, in: H. Flashar, U. Dubielzig, B. Breitenberger (Hrsg.), Aristoteles. Fragmente zu Philosophie, Rhetorik, Poetik, Dichtung, übers. u. erl., in: Aristoteles. Werke in deutscher Übersetzung, hrsg. v. H. Flashar, Bd. 20 Teil I, Berlin 2006, 146.

136 A. Falcon, Aristotle and the Science of Nature. Unity without Uniformity, Cambridge 2005, 123 ff. und passim.

137 Vgl. Kullmann, Aristoteles und die moderne Wissenschaft (wie Anm. 27) 116 ff., 128 f.

dung dabei ist, daß er das geometrische Modell des Eudoxos von den homozentrischen Sphären „physikalisiert“ hat. Eudoxos hatte die scheinbaren Planetenbahnen (Saturn, Jupiter, Mars, Venus, Sonne und Mond) auf um die Erde als Mittelpunkt rotierende Kugelschalen mit unterschiedlicher Achsenausrichtung und Umdrehungsgeschwindigkeit zurückgeführt, und Aristoteles schreibt nun als Physiker diesen Sphären einen durch das fünfte Element gebildeten materiellen Charakter zu, so in der Schrift *De caelo* (II 12.293 a 4–11). Wie dann von ihm später in dem erweiterten Buch XII der *Metaphysik* dargelegt wird (*Met.* Λ 8.1073 b 38 ff.), zwingt diese Physikalisierung der geometrischen Sphären bei strikter mechanischer Durchführung zur Annahme von Rücklaufsphären (ἀνελίττουσαι), durch die die Neigungen und Geschwindigkeiten der Sphären jedes einzelnen Planeten angefangen vom Saturn immer wieder durch zusätzliche Sphären auf Null, d. h. auf die Fixsternsphäre, zurückgedreht werden müssen, ehe die Sphären des nächsten Planeten in korrekter Weise wirksam werden können. Wieweit er aber in der Schrift *De caelo* schon daran gedacht hat, ist eine offene Frage.[138]

Man hat gelegentlich versucht, die neue Fünfelementenlehre des Aristoteles mit der platonischen Theorie der fünf regulären Polyeder im *Timaios* in Verbindung zu bringen (*Tim.* 53 C–55 C). Aber der fünfte Körper (Dodekaeder) hat mit den vier Elementen nichts zu tun, sondern dient der Schaffung des Alls, als der Kugel angenäherter Form.[139]

Aristoteles verkennt nicht die Schwierigkeiten, vor denen er bei seinem Vorhaben steht. So fragt er in II 5, warum sich der Himmel in der einen Richtung dreht und nicht in der anderen. Er sagt (*De cael.* II 5.287 b 28 ff.):

> „Möglicherweise könnte der Versuch, über alles und jedes etwas auszusagen und nichts außer acht zu lassen als Zeichen extremer Naivität oder extremer Kühnheit erscheinen. Doch ist es nicht richtig, alles in gleicher Weise zu tadeln, sondern man muß auf den Grund für diese Aussagen achten und darauf, ob einer eine menschlich plausible Erklärung gibt oder eine durchschlagendere. Wenn aber jemand auf exaktere Notwendigkeiten stößt, soll man dem künftigen Finder Dank sagen. Im Augenblick muß gesagt werden, was uns der Fall zu sein scheint.“[140]

138 So auch Manuwald (wie Anm. 91) 106 f.
Eine gute allgemeine Darstellung des eudoxischen Modells und seiner Rezeption durch Aristoteles gibt jetzt A. Jori, Aristoteles. De caelo, übersetzt und erläutert, in: Aristoteles. Werke in deutscher Übersetzung, hrsg. v. H. Flashar, Bd. 12, Berlin 2009, 296 ff., 299 ff. Über viele Einzelprobleme unterrichtet Th. Kouremenos, Heavenly Stuff. The constitution of the celestial objects and the theory of the homocentric spheres in Aristotle's cosmology (Palingenesia Bd. 8), 33 ff. und 86 ff.

139 Vgl. Jori (wie Anm. 138) 206 f.

140 Ἴσως μὲν οὖν τὸ περὶ ἐνίων ἀποφαίνεσθαί τι πειρᾶσθαι καὶ τὸ περὶ πάντων καὶ τὸ παριέναι μηθὲν τάχ' ἂν δόξειεν εἶναι σημεῖον ἢ πολλῆς εὐηθείας ἢ πολλῆς προθυμίας. Οὐ μὴν δίκαιόν γε πᾶσιν

In II 10 geht es um die Ordung und die Distanzen und Geschwindigkeit der Planeten und die Schwierigkeiten ihrer Erforschung, wozu Aristoteles auf die Astronomie verweist, wo sie hinreichend diskutiert worden seien.

Ähnlich wie in II 5 ist es am Anfang des 12. Kapitels des zweiten Buchs (*De cael.* II 12.291 b 24 ff.):

> „Da es nun zwei Schwierigkeiten gibt, nach denen vermutlich jeder fragen würde, muß man versuchen zu sagen, was der Fall zu sein scheint; denn wir glauben, daß der Ehrgeiz mehr ein Zeichen von Zurückhaltung als ein Zeichen von Aufdringlichkeit ist, wenn einer aus Durst nach Philosophie auch kleine Einsichten schätzt in Dingen, mit denen wir die größten Schwierigkeiten haben.“ [141]

Die erste Schwierigkeit besteht darin, zu erklären, warum die in einer mittleren Entfernung befindlichen Planeten am meisten Kreisbewegungen vollziehen und die Kreisbewegungen von der einen Fixsternsphäre beginnend nicht kontinuierlich zahlreicher werden. Und die zweite Aporie liegt darin, warum die äußerste Himmelssphäre so zahlreiche Sterne mit sich führt, die anderen aber nur je einen. Die zurückhaltende Art der Argumentation deutet unseres Erachtens auf ein der Empirie verpflichtetes Verantwortungsbewußtsein.

Aristoteles’ Ausführungen zu den zwei Fragekomplexen sind jedoch ganz unterschiedlich interpretiert worden. Geoffrey Lloyd beurteilt sie sehr kritisch, weil sie seiner Meinung nach in ihrer Vorsichtigkeit nur verdecken sollen, daß Aristoteles von den wirklichen astronomischen Problemen keine Ahnung habe. Er drückt sich sehr emotional aus und spricht von *bluff*,[142] von *hand-waving* und *window-dressing*[143] und von reiner Augenwischerei (*pure eye wash*),[144] gebraucht also stark abwertende und selbst in der englischen Sprache teilweise schwer definierbare Kolloquialismen. Auch seine Ausführungen über das Modell des Kallippos gingen nach Lloyd (frei über-

ὁμοίως ἐπιτιμᾶν, ἀλλ’ ὁρᾶν δεῖ τὴν αἰτίαν τοῦ λέγειν τίς ἐστιν, ἔτι δὲ πῶς ἔχων τῷ πιστεύειν, πότερον ἀνθρωπίνως ἢ καρτερώτερον. Τὰς μὲν οὖν ἀκριβεστέρας ἀνάγκας, ὅταν τις ἐπιτύχῃ, τότε χάριν ἔχειν δεῖ τοῖς εὑρίσκουσι, νῦν δὲ τὸ φαινόμενον ῥητέον.

141 Δυοῖν δ’ ἀπορίαιν οὔσαιν, περὶ ὧν εἰκότως ἂν ὁστισοῦν ἀπορήσειε, πειρατέον λέγειν τὸ φαινόμενον, αἰδοῦς ἀξίαν εἶναι νομίζοντας τὴν προθυμίαν μᾶλλον ἢ θράσους, εἴ τις διὰ τὸ φιλοσοφίας διψῆν καὶ μικρὰς εὐπορίας ἀγαπᾷ περὶ ὧν τὰς μεγίστας ἔχομεν ἀπορίας.

142 Lloyd, Heavenly aberrations (wie Anm. 131) 161: „some of his methodological disclaimers do not carry conviction and even contain an element of bluff.“

143 Die englische Version von Wikipedia gibt für *hand-waving* folgende Beispiele: „Usually insubstantial words or actions intended to convince or impress“ oder „In an argument hand-waving is drawing or assuming conclusions without evidence“. *Window-dressing*, das wörtlich ‚Schaufensterdekoration‘ heißt, hat offenbar die Bedeutung von ‚Mache‘, ‚Schönfärberei‘. Der erstgenannte Ausdruck findet sich bei Lloyd S. 72, 183, der zweite nur S. 183.

144 Lloyd, Heavenly aberrations (wie Anm. 131) 174.

setzt) ‚ernstlich über seinen Horizont hinaus' („*he may be seriously out of his depth*"). Ganz anders formulieren Arbeiten wie z. B. die von Kouremenos, der die Stellen in II 5 und II 12 auch zitiert und dann zu dem ersten Buch *De partibus animalium* (I 5) übergeht, ohne Anstoß zu nehmen.[145] Es scheint jedoch erforderlich, zu Lloyds Ausführungen Stellung zu beziehen. Ich beschränke mich auf wenige Beispiele.

Nach Simplikios waren, wie Lloyd sagt, im späten vierten Jahrhundert Schwankungen in der Helligkeit der Planeten bekannt, allerdings hätten Eudoxos und Kallippos sich dazu nicht geäußert. Aristoteles hätte davon aber wissen können.[146] Aber da die Ausführungen des Aristoteles in der Schrift *De caelo* vermutlich in die Mitte des 4. Jh. zurückreichen und Eudoxos und Kallippos sich dazu nicht äußerten, wie hätte Aristoteles davon Kunde haben können?

Nebenbei kritisiert Lloyd Aristoteles' Schluß in der *Zweiten Analytik* I 13.78 a 30 ff., daß die Planeten nahe sind, weil sie nicht flimmern.[147] Seine Argumentation bleibt aber unverständlich. Natürlich kommt es Aristoteles auf die relative Nähe im Vergleich zur Ferne der Fixsterne an. Sein Argument wird jedoch nicht, wie Lloyd annimmt, dadurch beeinträchtigt, daß im Griechischen der Planet Merkur gelegentlich als der „Flimmernde" (Στίλβων) bezeichnet wird. Vor allem aber ist Aristoteles' Schluß sehr bedeutsam und völlig korrekt, wenn man nicht pedantisch auf einer genauen Fassung des Begriffs der Nähe besteht. Es ist ein bekanntes astronomisches Phänomen, daß Sonne, Mond und Planeten im Unterschied zu den Fixsternen nicht szintillieren, weil sie auch von der Erde aus als ausgedehnte Objekte wahrnehmbar sind und weil die Luftblasen und Schlieren von 5–8 cm Größe, die sich in einer Höhe von bis zu 11 km bilden und das Szintillieren der Fixterne bewirken, auch bei ihnen zwar gewisse Brechungen des Lichts verursachen, sich aber über die Ausdehnung des Objekts ausmitteln.[148] Und was die empirische Basis betrifft, so kann man bei nächtlichen entfernten Lichtquellen in jeder Stadt im Vergleich zu nahe am Standort gelegenen unter gewissen atmosphärischen Bedingungen (z. B. bei Wind) ein ähnliches Flimmern beobachten. Und die „relative Nähe" definiert die Planeten wesensmäßig (sie ist ein Realgrund), das beobachtbare Nichtflimmern ist dagegen nur ein Indiz.[149] Der relativen Nähe der Planenten zu den Fixsternen entspricht das Verhältnis einer Laterne oder eines Feuers in größerer Nähe mit breiter Lichtstrahlung

145 Kouremenos (wie Anm. 138) 11 f. Zu Lloyds Zensur des Aristoteles vgl. auch Kouremenos ebd. 126 Anm. 65.

146 Lloyd, Heavenly aberrations (wie Anm. 131) 168.

147 Lloyd, Heavenly aberrations (wie Anm. 131) 167.

148 Vgl. Brockhaus Enzyklopädie, 19. Aufl., Bd. 21, Mannheim 1993, 558.

149 Vgl. Kullmann, Aristoteles und die moderne Wissenschaft (wie Anm. 27) 93, 116, 238.

zu einer entfernten Laterne oder einem entfernten Feuer mit punktuellem, flackerndem Lichtstrahl. Aristoteles sagt dies nicht; aber es erscheint eigentlich als selbstverständlich.

Lloyd macht in bezug auf II 10 Aristoteles den Vorwurf, daß er, wenn er sagt, daß die mittleren Planetengeschwindigkeiten proportional zu ihren Abständen schwanken, auf die Mathematiker verweist, die dies hinreichend gezeigt hätten. Dies sei ‚partly just a matter of hand-waving', weil die Mathematiker die direkten Abstände, wenn es sich um die direkte Entfernung handelt, nicht genau kannten (die Geschwindigkeit der siderischen Umdrehung bei Merkur und Venus aber gleichermaßen ein Jahr beträgt und deshalb nicht gemeint sein kann). Aber muß nicht das Wort ‚hinreichend' auch vonseiten des Aristoteles relativ zu den damaligen Möglichkeiten der Astronomen gesehen werden?

Schließlich sagt Aristoteles, daß Sonne und Mond weniger Bewegungen (291 b 35 f.) hätten als einige Planeten (292 a 1). Tatsächlich aber haben sie nach dem Modell des Eudoxos weniger Bewegungen als alle Planeten.[150] Dies ist von Ross in seinem Kommentar gut erklärt worden: „It is enough for the statement of the paradox to say that the sun and the moon have fewer motions than some of the planets, and Aristotle does not say more than the statement of the paradox requires."[151]

Dann aber geht Lloyd zu seiner größten Invektive gegen Aristoteles über, wobei er sich auf die *Metaphysik* bezieht (*Met.* Λ 8). Dort kommt dieser nach dem Modell des Kallippos einschließlich der von ihm selbst vorgeschlagenen Rücklaufsphären zunächst auf 55 Sphären. Dann aber sagt er, daß, wenn man diese Sphären des Kallippos (vermehrt durch die Rücklaufsphären) um die von diesem zugefügten Sphären für Sonne und Mond kürzen würde, man auf 47 oder (da die Zahl wahrscheinlich ein Textverderbnis ist) richtiger auf 49 Sphären käme. Nun verweist Lloyd auf Simplikios' Kommentar (zu *De caelo*), der im Falle des Kallippos direkt auf Eudemos von Rhodos' Geschichte der Astronomie (Ἀστρολογικὴ ἱστορία) zurückgeht.[152] Danach habe Kallippos wegen der unterschiedlichen Länge der vier Jahreszeiten (bis zu 5 Tagen), die im Modell des Eudoxos nicht berücksichtigt gewesen sei, die Zahl der Sonnen- und Mondsphären jeweils um zwei vergrößert. Lloyd fragt nun, warum Aristoteles die Sphären des Kallippos habe kürzen und zu Eudoxos' Modell teilweise habe zurückkehren wollen, wie er es versuchsweise tue, und

150 Siehe die Kritik von Lloyd, Heavenly aberrations (wie Anm. 131) 172.

151 W.D. Ross, Aristotle's Metaphysics. A revised text with introduction and comm. Vol. II, Oxford 1953, 394.

152 L. Zhmud, The Origin of the History of Science in Classical Antiquity (Peripatoi Bd. 19), Berlin–New York 2006, 233.

sagt, wenn er dies wegen des Fehlens der zurücklaufenden Bewegungen bei Sonne und Mond getan hätte (da deren Bewegungen am Himmel im Gegensatz zu den Bewegungen der anderen Planeten immer gleichmäßig voranschreiten), „dann wäre dies der letzte Nagel im Sarg seiner Reputation als Astronom gewesen“[153] (scil. weil er damit die Notwendigkeit, in bezug auf die Sonne den unterschiedlichen Längen der vier Jahreszeiten gerecht zu werden, nicht begriffen hätte). Dabei räumt Lloyd ein, daß wir nicht wissen, ob Aristoteles den Grund für die Hinzufügung der Sphären bei Kallippos kannte.

Geoffrey Lloyd tadelt also Aristoteles, weil dieser nichts über die unterschiedliche Färbung der Planeten wußte, von der Eudoxos und Kallippos auch nichts wußten, weil sie erst in späterer Zeit bemerkt wurden, ferner darum, weil er den Mathematikern glaubte, daß sie hinreichend den unterschiedlichen Abstand der Planeten kannten, obwohl sie keine Methode zu deren Bemessung hatten, und schließlich, weil nicht nachzuweisen ist, daß er über die angeblichen Gründe des Kallippos für sein Modell nicht genau Bescheid wußte. Dabei ist zu berücksichtigen, was Lloyd nicht erwähnt, daß Kallippos höchstwahrscheinlich überhaupt kein Buch verfaßt hat, sondern sein Modell nur mündlich erläuterte[154] und daß es sehr fraglich ist, ob dieser überhaupt damit zurechtkam, die unterschiedliche Länge der Jahrszeiten durch eine Hippopede zu erklären und ob er für den Mond überhaupt entsprechende Daten zur Verfügung hatte, um die Anomalien zu deuten. Kouremenos vermutet einleuchend, daß Aristoteles selbst Kallippos folgte, als er die zusätzlichen Sphären wieder in Frage stellte.[155] Aristoteles kam es sicher bei der Kürzung des angeblichen Modells des Kallippos auf seine eigene Metaphysik an, nach der die nächsten ‚Planeten‘ (Sonne und Mond) das Ziel überhaupt nicht mehr erreichen, worauf wir gleich zu sprechen kommen.

Abgesehen von den nicht belegten Versäumnissen des Aristoteles ist aber generell ein wichtiger Einwand gegen die Argumentation von Lloyd zu erheben: Eine Reputation als Astronom wurde Aristoteles weder im Altertum noch in der Forschung jemals zugesprochen, und er nimmt eine solche auch selbst nicht in Anspruch. Aristoteles ist Naturwissenschaftler, und man kommt ohne eine physikalische Erklärung der Himmelserscheinungen im Weltverständnis nicht weiter.

Es fragt sich aber, wie angesichts der physikalischen Tendenzen die Form der anscheinenden Divinisierung der Gestirnswelt bei Aristoteles zu verstehen ist. Aristoteles sagt (*De cael.* II 12.292 a 18 ff.):

153 Lloyd, Heavenly aberrations (wie Anm. 131) 179.
154 Zhmud (wie Anm. 152) 233 mit Anm. 21 und weiteren Literaturhinweisen.
155 Kouremenos (wie Anm. 138) 94 f.

„Wir denken über diese Gegenstände (scil. des Himmels) nach, als wenn sie nur Körper sind und Einheiten, die zwar eine Ordnung besitzen, aber gänzlich unseelisch sind. Man muß aber annehmen, daß sie am Handeln und am Leben Anteil haben.“[156]

Dies ist eine sehr vorsichtige Formulierung. Aristoteles fährt fort (*De cael.* II 12.292 a 21 ff.):

„Dann wird uns das, was vorliegt, in keiner Weise unlogisch erscheinen. Es scheint nämlich, daß das, was am hervorragendsten ist, den höchsten Wert ohne Handeln besitzt [Gott, Unbewegter Beweger (?)], das, was dem am nächsten kommt, durch weniges bzw. nur ein einziges Handeln [der Fixsternhimmel], die weiteren (Wesenheiten) [die Gestirne] durch mehrere Handlungen.“[157]

Das Schlußglied dieser Aufzählung wird erst nach Unterbrechung durch einen Vergleich in einem Resümee namhaft gemacht (*De cael.* II 12.292 b 20 ff.):

„Die Erde bewegt sich überhaupt nicht. Und die Gestirne, die ihr nahe stehen, nur durch wenige Bewegungen. Denn sie erreichen das Ziel nicht, sondern nur einen Zwischenpunkt auf dem Weg zum göttlichsten Ursprung.“[158]

Diese aus dem Leben gegriffene gestufte Finalität wird durch den eingeschobenen Vergleich mit den unterschiedlich erfolgreichen Bemühungen der Menschen um ihre Gesundheit verdeutlicht, die ihr Ziel entweder schnell oder langsam und umständlich oder wegen zu schwacher Kraft trotz einiger Bemühung überhaupt nicht erreichen.

Nach dem Vergleich heißt es (*De cael.* II 12.292 b 1 f.):

„Deshalb muß man glauben, daß auch die Aktivität der Gestirne von der Art ist wie die der Lebewesen und Pflanzen.“[159]

Diese Aussagen hängen natürlich damit zusammen, daß Aristoteles seiner Minimalmetaphysik wegen eine Bestimmung der *quinta essentia* braucht, die einen Übergang zum höchsten Prinzip darstellt, sei es nun der Fixsternhimmel

156 Ἀλλ᾽ ἡμεῖς ὡς περὶ σωμάτων αὐτῶν μόνον, καὶ μονάδων τάξιν μὲν ἐχόντων, ἀψύχων δὲ πάμπαν, διανοούμεθα· δεῖ δ᾽ ὡς μετεχόντων ὑπολαμβάνειν πράξεως καὶ ζωῆς.

157 οὕτω γὰρ οὐθὲν δόξει παράλογον εἶναι τὸ συμβαῖνον. Ἔοικε γὰρ τῷ μὲν ἄριστα ἔχοντι ὑπάρχειν τὸ εὖ ἄνευ πράξεως, τῷ δ᾽ ἐγγύτατα διὰ ὀλίγης καὶ μιᾶς, τοῖς δὲ πορρωτέρω διὰ πλειόνων.

158 ἡ μὲν γῆ ὅλως οὐ κινεῖται, τὰ δ᾽ ἐγγὺς ὀλίγας κινήσεις· οὐ γὰρ ἀφικνεῖται πρὸς τὸ ἔσχατον, ἀλλὰ μέχρι ὅτου δύναται τυχεῖν τῆς θειοτάτης ἀρχῆς.

159 Διὸ δεῖ νομίζειν καὶ τὴν τῶν ἄστρων πρᾶξιν εἶναι τοιαύτην οἵα περ ἡ τῶν ζῴων καὶ φυτῶν.

oder der Unbewegte Beweger. Dies ist besonders deshalb notwendig, weil er die neue Substanz so sehr von der Erde isoliert hat.

Aristoteles' Worte bezeugen nicht ein festes Dogma, daß „die Sterne Seelen haben".[160] Das Wesen des Unbewegten Bewegers besteht nach der *Metaphysik* im Denken, und das Denken ist, wie Aristoteles sagt (eine Form von) Leben (Λ 7.1072 b 26 f.). Dem Unbewegten Beweger wird also Leben zugesprochen, ohne daß ihm expressis verbis eine Seele beigegeben ist. Und wenn in der Schrift *De caelo* den Gestirnen Leben nach Art von Tieren und Pflanzen zugesprochen wird, so ist offensichtlich eine ganz unbestimmte Form von Leben gemeint. Lediglich der Fixsternhimmel als solcher wird wegen seiner Selbstbewegung, die er hier in *De caelo* hat, als beseelt (ἔμψυχος) bezeichnet (II 2.284 b 32 f., 285 a 29; vgl. 3.286 a 9). Das Substantiv „Seele" (ψυχή) fehlt. Das Leben der Sterne selbst kann auch nicht mit Bewegung verbunden sein. Denn Aristoteles sagt (*De cael.* II 8.289 b 32 f.):

> „Es bleibt übrig, daß die Kreise sich bewegen, die Sterne aber ruhen und nur eingebunden in den Kreisen transportiert werden."[161]

Es wird nicht deutlich, wie man sich eine Dualität zwischen der mechanischen Kreisbewegung des fünften Elements und einer Beseeltheit der aus ihm gebildeten Körper vorstellen soll. Hier liegt ein Widerspruch vor. Thomas Johansen hat in einer gedankenreichen Studie die spärlichen Aussagen der Schrift *De caelo* mit Platons entsprechenden Aussagen im *Timaios* verglichen und kommt zu dem Schluß, daß trotz der Betonung der körperlichen Konstituentien des Universums bei Aristoteles an wesentlichen Punkten in Fortsetzung platonischer Vorstellungen eine Himmelsseele zur Erklärung der Himmelsbewegungen auftauche.[162] Daran ändere auch die Polemik gegen Platons Annahme nichts, daß die von außen wirkende Seele die aus Feuer bestehenden Gestirne zu der unnatürlichen Kreisbewegung zwinge, obwohl das Feuer eine geradlinige Bewegung habe (II 1.284 a 27–35); Aristoteles' Bestehen auf einer natürlichen Bewegung des Fixsternhimmels schließe eine Seele nicht aus.[163] Aber wenn, wie auch Johansen betont, für Aristoteles die vollkommenste Bewegung die des Fixsternhimmels sei, weil sie einfach und mühelos sei,[164] so ist dies das Gegenteil dieser Aussage. Denn es bleibt keine der in

160 In diese Richtung geht jedoch die Interpretation von Ross, Aristotle's Physics (wie Anm. 93) 98.

161 λείπεται τοὺς μὲν κύκλους κινεῖσθαι, τὰ δὲ ἄστρα ἠρεμεῖν καὶ ἐνδεδεμένα τοῖς κύκλοις φέρεσθαι.

162 Th.K. Johansen, From Plato's *Timaeus* to Aristotle's *De caelo*. The case of the missing world soul, in: A.C. Bowen and Ch. Wildberg (ed.), New Perspectives on Aristotle's *De caelo* (Philosophia Antiqua vol. 117), Leiden–Boston 2009, 9–28, bes. 26.

163 So auch Kouremenos (wie Anm. 138) 48 Anm. 112.

164 Johansen, From Plato (wie Anm. 162) 23.

der Schrift *De anima* genannten seelischen Aktivitäten mehr für die einzelnen Fixsterne übrig, wenn sie nicht einmal für die Bewegung verantwortlich sind. Die rein körperliche Betrachtung des Himmels schlägt hier wieder durch. Johansen hat recht, daß Aristoteles die *scala naturae* im Sinne hat und sich nicht völlig von den traditionellen Seelenvorstellungen löst. Aber er verwendet den Seelenbegriff nur wenig und spricht eher von Leben, um die Bewegung zu erklären und gibt im Zweifelsfall den körperlich bezogenen Erklärungen den Vorzug.

Wer einen Widerspruch nicht zugeben möchte, mag verschiedene Entwicklungsstufen der aristotelischen Himmelsphysik zu verschiedenen Zeiten annehmen, obwohl diese nicht beweisbar sind. Ich ziehe es vor, an ein Schwanken der Aspekte zu denken; denn Aristoteles drückt ja mehrfach seine Unsicherheit aus. Sicherlich möchte er von den Himmelskörpern eine allzu personale Vorstellung abwenden. Nicht viel anders ist es mit der Tendenz des Fixsternhimmels zum Ersten Beweger in der *Metaphysik*, die auf dessen Anziehungskraft (als „Geliebtes") zurückgeführt wird (Λ 7.1072 b 3: κινεῖ δὲ ὡς ἐρώμενον). Es ist zwar vom „Streben" zum Unbewegten Beweger (also von einer scheinbar seelischen Aktivität) die Rede (ὄρεξις). Aber Aristoteles vermeidet auch hier den Begriff der Seele.[165] Es geht ihm nicht um eine theologische Dogmatik. Man sollte diese beschränkten Ausflüge in den Bereich der Theologie jedenfalls nicht als Beeinträchtigung der Wissenschaftlichkeit interpretieren. Bei Newtons Rückführung seiner Gesetze auf den christlichen Schöpfergott, die durch diesen jederzeit wieder geändert werden können, tut man dies auch nicht.[166] Es ist zu beachten, daß im Unterschied zu Platons Bild vom Demiurgen Aristoteles' Unbewegter Beweger durchaus einen empirisch-physikalischen Aspekt hat. Aristoteles verkennt nicht die ungeheuren Energien, die im Bereich des Himmels wirken und durch die Anziehungskraft des Unbewegten Bewegers manifest werden. Gewiß gehen bei ihm „Astronomie, Astrophysik und Theologie ... eine nicht unproblematische Symbiose ein", wie Bernd Manuwald mit Recht formuliert hat.[167]

Wir können aber vermuten, daß Aristoteles schon früh, vielleicht bei seinem Eintritt in die Akademie, durch die Astronomie bzw. durch Eudoxos, dazu motiviert wurde, empirisch vorzugehen oder in seiner Absicht, dies zu

165 Nach Meinung von Kouremenos (wie Anm. 138) 42 besteht kein Zweifel, daß Aristoteles sich den Fixsternhimmel an dieser Stelle beseelt vorstellt. Wenn man auf die Systematik des Aristoteles abhebt, so mag es naheliegen, dies anzunehmen. Im astrophysikalischen Kontext des Buches Λ wäre dies aber auffällig und unpassend. Es zeigt sich zumindest, daß es Aristoteles in diesem Zusammenhang auf die Beseeltheit nicht ankommt, sondern in erster Linie auf den Bewegungsimpuls, der von dem Ersten Himmel dann weitergegeben wird.

166 Siehe unten S. 176 ff.

167 Manuwald (wie Anm. 91) 111.

tun, durch sie bestärkt wurde. Er bezeugt auch in der *Metaphysik* den Astronomen besonderen Respekt, wenn er nach der Nennung der Zahl von 47 bzw. 49 Sphären sagt (Λ 8.1074 a 14 ff.):

> „So groß etwa mag die Zahl der Sphären sein, so daß es wahrscheinlich ist anzunehmen, daß sowohl die Substanzen als auch die unbewegten [und sichtbaren om. Al^{c}, del. Goebel, Jaeger, Ross] Prinzipien so viele sind. In diesem Fall von Notwendigkeit zu reden, mag Stärkeren vorbehalten sein.“[168]

Mit den unbewegten Prinzipien sind die Unbewegten Beweger gemeint. Aristoteles will sich selbst aber in der Zahl der Sphären und der Unbewegten Beweger nicht völlig festlegen. Wenn er hier nach Nennung der Zahl der Sphären, die sich nach Berücksichtigung der von ihm selbst eingeführten Rücklaufsphären für das Modell des Kallippos ergibt, nämlich 55, alternativ die von Kallippos für Sonne und Mond eingeführten Zusatzsphären wieder abzieht und auf 49 Sphären kommt, ist dies nur die Zahl, die zu seinem Modell der gestuften Finalität in *De caelo* II 12 paßt, nach dem Sonne und Mond das „Ziel“ überhaupt nicht ganz erreichen. Er hat als Physiker jedenfalls einen Versuch gemacht, die astronomischen Berechnungen des „zwiebelförmigen“ Modells[169] der homozentrischen Sphären von Eudoxos bzw. Kallippos physikalisch durch seine Annahme von Rücklaufsphären auch physikalisch als möglich zu erweisen. Denn offensichtlich haben sich die Astronomen die Frage der Realisierung ihrer Modelle nicht selbst gestellt.[170]

Aber Aristoteles erkennt die durch seine Überlegungen sich ergebende Zunahme der Komplexität der an sich schon äußerst komplexen Modelle der Astronomen. Und insofern drückt der Hinweis auf „Stärkere“ einerseits große Bewunderung der Astronomen, wohl insbesondere des Eudoxos, aus, deren empirischer, rationaler Ansatz ihm imponiert, andererseits aber auch eine persönliche Resignation angesichts der vielschichtigen vorliegenden Proble-

168 τὸ μὲν οὖν πλῆθος τῶν σφαιρῶν ἔστω τοσοῦτον, ὥστε καὶ τὰς οὐσίας καὶ τὰς ἀρχὰς τὰς ἀκινήτους [καὶ τὰς αἰσθητὰς] τοσαύτας εὔλογον ὑπολαβεῖν (τὸ γὰρ ἀναγκαῖον ἀφείσθω τοῖς ἰσχυροτέροις λέγειν).

169 Dieser anschauliche Terminus stammt von Kouremenos (wie Anm. 138) 41 und öfter.

170 Kouremenos (wie Anm. 138) 98–110 unterscheidet in *De caelo* II 12 zwei alternative Erklärungen für die unterschiedliche Zahl von Bewegungen der Planeten, einerseits die Erklärung durch die Annahme von Seelen der Planeten (indem er die Prinzipien der Planeten, von denen Aristoteles 292 b 29 und 292 b 32 spricht, als Seelen deutet), andererseits die durch die Annahme der homozentrischen Sphären des Eudoxos. Ferner würde Aristoteles nur in *De cael.* II 7 und in der *Meteorologie* den Himmel als ganz vom rotierenden fünften Element ausgefüllt denken, während dies im übrigen Werk (*De cael.* I und II) nicht der Fall sei (ebd. 130 und passim). Dagegen hat aber K. Bremer in einer Rezension des Buches von Kouremenos mit Recht schwerwiegende Einwände erhoben: BMCR vom 25. 06. 2012.

matik. Die Dynamik der Gestirnsbewegungen wird von den Astronomen nicht zu erklären versucht. Vom Stand der modernen Wissenschaft her gesehen erweist sich Aristoteles' Vorsicht und Resignation als nur zu begründet.[171]

171 Auch Kouremenos (wie Anm. 138) 126 f. betont die Reserve, die Aristoteles gegenüber dem Sphärenmodell des Eudoxos zu erkennen gibt.

3. Grundlagenforschung in den Schriften *De caelo* III–IV, *De generatione et corruptione*, *Meteorologie* I–III und *Meteorologie* IV

De caelo III–IV

In diesen beiden Büchern geht es um die irdischen Elemente und die ihnen zugeordneten Elementarqualitäten, um Feuer = warm-trocken, Luft = feucht-trocken, Wasser = feucht-kalt, Erde = trocken-kalt. Auf diesem Gebiet fühlt sich der junge Aristoteles sicherer als in der Physik der Gestirne, und er polemisiert, wie man seit langem gesehen hat,[172] besonders heftig gegen Platon und betont die Notwendigkeit der empirischen Ausrichtung.

So sieht er eine Inkonsequenz darin, daß Platon die Erde von den Elementen, die ineinander verwandelbar sind, ausschließt. Das Element der Erde wird aus gleichschenkeligen rechtwinkligen Dreiecken konstruiert, während die anderen Elemente aus gleichseitigen Dreiecken gebildet werden (*Tim.* 54 A ff.). Dazu sagt Aristoteles in *De caelo* III 7.306 a 1 ff.:

> „Wenn die Elemente durch Auflösung der Oberflächen entstehen, ist es von vornherein absurd, daß nicht alle auseinander entstehen, was sie zu sagen gezwungen sind und tatsächlich sagen. Denn es ist weder vernünftig, daß nur eins an der Umwandlung nicht teilnehmen kann, noch ist dies durch die Wahrnehmung deutlich, sondern (es ist vernünftig und deutlich), daß sie sich alle in gleicher Weise ineinander umwandeln. Die Folge ist, daß sie [d. h. Platon] beim Sprechen über die Phänomene Dinge behaupten, die mit den Phänomenen nicht übereinstimmen. Schuld daran ist, daß sie die ersten Prinzipien nicht richtig erfassen, sondern alles auf bestimmte fixierte Ansichten zurückführen wollen. Denn natürlich müssen die Prinzipien der wahrnehmbaren Dinge wahrnehmbar sein, die der ewigen Dinge ewig und die der vergänglichen Dinge vergänglich, und überhaupt müssen sie demselben Genos angehören wie die von ihnen abhängenden Dinge. Diese Leute machen den Eindruck, aus Liebe zu diesen Argumenten dasselbe zu tun, wie diejenigen, die ihre Thesen rein

172 I. Düring, Aristoteles. Darstellung (wie Anm. 93) 348. Vgl. dazu jetzt R. Bolton, Two Standards of Inquiry in Aristotle's *De caelo*, in: Bowen-Wildberg, New Perspectives on Aristotle's *De caelo* (wie Anm. 162) 51 ff.

> argumentativ durchbringen wollen. Sie finden sich mit jeder Konsequenz ab, in der Annahme, sie hätten die wahren Prinzipien, als ob es nicht nötig wäre, einige (Prinzipien) anhand der Folgen zu überprüfen und des Endergebnisses. Das Endergebnis der herstellenden Wissenschaft ist das Produkt, der Physik das, was sich durch die Wahrnehmung beständig und entschieden offenbart. Ihre Folgerung ist aber, daß vor allem die Erde Element ist und allein unvergänglich, da das Unauflösliche unvergänglich und Element ist. Denn die Erde sei allein unauflösbar in einen anderen Körper."[173]

Mit ‚Erde' sind hier alle festen Körper gemeint, obwohl Metalle schmelzen und Holz sich in Rauch auflösen kann. Es ist wichtig, sich genau klarzumachen, worauf Aristoteles zielt. Es ist nicht die Ablösung einer Philosophie durch eine andere, sondern es geht um eine Beschränkung der Erkenntnis auf das sinnlich Wahrnehmbare unter Absehung von irgendwelchen Spekulationen. Dazu gehören gewiß auch alle erkenntnistheoretischen Überlegungen, wie sie Platon angestellt hat, um dies modern so auszudrücken. Auch wenn es banal klingt, empfiehlt es sich unseres Erachtens, als Aristoteles' Ziel der *Physik* die empirische wissenschaftliche Erforschung der Natur anzusetzen und den unscharfen Begriff der ‚Philosophie' im neuzeitlichen Sinne bei ihrer Beschreibung zu vermeiden.

Auch in Buch IV 2.308 b 21 ff. polemisiert Aristoteles gegen die Dreieckstheorie Platons. Luft, Wasser und Feuer seien nach dessen Meinung aus denselben Dreiecken konstruiert. Ihre unterschiedliche Schwere hänge angeblich von der jeweiligen Menge der Elemente ab. Aber das Gegenteil sei der Fall. Luft steige immer nach oben.

Auch dieses Beispiel verweist wieder auf die Erfahrung bei der Beobachtung. Aristoteles fügt hinzu, daß darüber ältere Gelehrte moderner geurteilt hätten (IV 2.308 b 30 ff.). Dies zeigt wie viele andere Äußerungen, daß in bestimmten Punkten Aristoteles an die von Platon verschmähten Vorsokratiker bewußt wieder anknüpft.

173 Εἰ δὲ τῇ τῶν ἐπιπέδων διαλύσει, πρῶτον μὲν ἄτοπον τὸ μὴ πάντα γεννᾶν ἐξ ἀλλήλων, ὅπερ ἀνάγκη λέγειν αὐτοῖς, καὶ λέγουσιν. Οὔτε γὰρ εὔλογον ἓν μόνον ἄμοιρον γενέσθαι τῆς μεταβάσεως, οὔτε φαίνεται κατὰ τὴν αἴσθησιν, ἀλλ᾽ ὁμοίως πάντα μεταβάλλειν εἰς ἄλληλα. Συμβαίνει δὲ περὶ τῶν φαινομένων λέγουσι μὴ ὁμολογούμενα λέγειν τοῖς φαινομένοις. Τούτου δ᾽ αἴτιον τὸ μὴ καλῶς λαβεῖν τὰς πρώτας ἀρχάς, ἀλλὰ πάντα βούλεσθαι πρός τινας δόξας ὡρισμένας ἀνάγειν. Δεῖ γὰρ ἴσως τῶν μὲν αἰσθητῶν αἰσθητάς, τῶν δὲ ἀϊδίων ἀϊδίους, τῶν δὲ φθαρτῶν φθαρτὰς εἶναι τὰς ἀρχάς, ὅλως δ᾽ ὁμογενεῖς τοῖς ὑποκειμένοις. Οἱ δὲ διὰ τὴν τούτων φιλίαν ταὐτὸ ποιεῖν ἐοίκασι τοῖς τὰς θέσεις ἐν τοῖς λόγοις διαφυλάττουσιν· ἅπαν γὰρ ὑπομένουσι τὸ συμβαῖνον ὡς ἀληθεῖς ἔχοντες ἀρχάς, ὥσπερ οὐκ ἐνίας δέον κρίνειν ἐκ τῶν ἀποβαινόντων, καὶ μάλιστα ἐκ τοῦ τέλους. Τέλος δὲ τῆς μὲν ποιητικῆς ἐπιστήμης τὸ ἔργον, τῆς δὲ φυσικῆς τὸ φαινόμενον ἀεὶ κυρίως κατὰ τὴν αἴσθησιν. Συμβαίνει δ᾽ αὐτοῖς μάλιστα τὴν γῆν εἶναι στοιχεῖον, καὶ μόνην ἄφθαρτον, εἴπερ τὸ ἀδιάλυτον ἄφθαρτόν τ᾽ ἐστὶ καὶ στοιχεῖον· ἡ γὰρ γῆ μόνη ἀδιάλυτος εἰς ἄλλο σῶμα.

Nun hat Bolton darauf hingewiesen, daß neben den Voten für die Empirie auch viele rein dialektische Argumente vorgebracht werden, die seiner Ansicht nach in einem Mißverhältnis zu der empirischen Argumentation stehen.[174] Die häufigere Verwendung nichtempirischer Argumente ist in der Tat offensichtlich. Doch sollte dies unseres Erachtens differenziert beurteilt werden. Der auch von ihm zitierten Stelle in III 7 stellt er eine Stelle in I 1.268 a 9 ff. gegenüber, die von den drei Dimensionen eines Körpers spricht. Sie lautet:

> „Neben diesen gibt es keine andere Größe, weil drei alles ist und dreimal jedesmal. Denn wie auch die Pythagoreer sagen, ist das All und das Ganze durch die Zahl drei bestimmt. Ende, Mitte und Anfang bilden die Zahl, die für das Ganze bestimmend ist, und deren Zahl ist die Trias. Deshalb benutzen wir diese Zahl, wie wenn wir von der Natur deren Gesetze bekommen haben, auch bei der Verehrung der Götter. Wir benutzen aber auch die Zahlen als Attribute in der folgenden Weise: Zu zwei Dingen sagen wir ‚beide' und ‚die zwei beiden', aber wir sagen nicht ‚alle'. Aber von drei an benutzen wir diese Bezeichnung [d. h. ‚alle']."[175]

Das Vorhandensein der Dreidimensionalität läßt sich nicht weiter begründen. Aristoteles verweist auf Redensarten und die Pythagoreer und sagt dann mit jenem integrativen ‚Wir', das wir als Professoren gern gebrauchen, wenn wir uns scheinbar volkstümlich geben, *wir* würden auch im religiösen Bereich diese Zahl verwenden, wie wenn uns die Natur ihre Gesetze auferlegt habe. Die schöpferische Natur ist hier wieder metaphorisch zu verstehen. Gemeint ist offensichtlich, daß die Dreidimensionalität uns angeboren ist, was sich z. B. im Gebrauch der Dreizahl im religiösen Bereich spiegelt. Sie ist deshalb empirisch nicht weiter begründbar. Dies ist eine sehr treffende Auffassung. Dabei ist zu bemerken, daß der Begriff eines von der Natur auferlegten Gesetzes, weil er zu superstitiös erscheint, von Aristoteles sonst strikt gemieden wird.[176] Man sollte diese Stelle also nicht als Gegensatz zu der Stelle in III 7 ansehen.[177]

174 Bolton, Two Standards (wie Anm. 172) 55 ff., 58 ff.

175 καὶ παρὰ ταῦτα οὐκ ἔστιν ἄλλο μέγεθος διὰ τὸ τὰ τρία πάντα εἶναι καὶ τὸ τρὶς πάντῃ. Καθάπερ γάρ φασι καὶ οἱ Πυθαγόρειοι, τὸ πᾶν καὶ τὰ πάντα τοῖς τρισὶν ὥρισται· τελευτὴ γὰρ καὶ μέσον καὶ ἀρχὴ τὸν ἀριθμὸν ἔχει τὸν τοῦ παντός, ταῦτα δὲ τὸν τῆς τριάδος. Διὸ παρὰ τῆς φύσεως εἰληφότες ὥσπερ νόμους ἐκείνης, καὶ πρὸς τὰς ἁγιστείας χρώμεθα τῶν θεῶν τῷ ἀριθμῷ τούτῳ. Ἀποδίδομεν δὲ καὶ τὰς προσηγορίας τὸν τρόπον τοῦτον· τὰ γὰρ δύο ἄμφω μὲν λέγομεν καὶ τοὺς δύο ἀμφοτέρους, πάντας δ᾽ οὐ λέγομεν, ἀλλὰ κατὰ τῶν τριῶν ταύτην τὴν κατηγορίαν κατάφαμεν πρῶτον.

176 Vgl. Kullmann, Naturgesetz (wie Anm. 35) 24 f.

177 Bolton, Two Standards (wie Anm. 172) 56 scheint an der mangelnden Empirie Anstoß zu nehmen. Aber wie hätte sich Aristoteles hier anders, d. h. empirischer, ausdrücken können?

Wieder anders ist es an anderen Stellen. Bolton vergleicht die Argumente in II 14.297 b 17 ff. und 297 b 23 ff. für die Kugelgestalt der Erde.[178] An der ersten Stelle geht Aristoteles von der empirischen Tatsache des senkrechten, aber nicht parallelen Falls „zum Mittelpunkt" aus und bringt als Gedankenexperiment eine Erdentstehung unter der Annahme des Falls zum Mittelpunkt. An der zweiten Stelle verweist er unter anderem auf die durch den Erdschatten hervorgerufenen Mondphasen als Beweis. Bolton stellt dabei den an der ersten Stelle benutzten Ausdruck „gemäß dem Logos" (297 b 17, Κατὰ τοῦτόν τε δὴ τὸν λόγον [bei Bolton unvollständig zitiert]) dem Ausdruck „gemäß der Wahrnehmung" (297 b 23 f., κατὰ τὴν αἴσθησιν) gegenüber. Doch liegt hier kein strikter Gegensatz im Sinne von Bolton vor. Der erste Fall ist lediglich durch ein längeres Argument (*logos*) gedehnt. Empirisch sind beide Argumente. Der senkrechte Fall ist natürlich für das griechische Mutterland ebenso wie für z. B. Ägypten und Zypern belegbar. Der Sternhimmel ist aber zur selben Jahreszeit an beiden Orten verschieden, was Aristoteles bewußt ist, wie sich aus 297 b 32 ff. ergibt.

In beiden genannten Gegenüberstellungen kann von einem Rückgriff auf die Dialektik nicht die Rede sein. Im ersten Fall (I 1.268 a 9 ff.) wird der Empirie eine apriorische menschliche Anschauungsform gegenübergestellt, im zweiten Falle einem auf der Empirie beruhenden Gedankengang die unmittelbare Anschauung der Mondphasen. An anderen Stellen kann trotz derselben Ausdrucksweise ein strikterer Gegensatz gemeint sein. Natürlich ist zu beachten, daß die Ablehnung generell volkstümlicher Ausdrucksweise in Aristoteles' wissenschaftlichen Schriften immer strikter wird und in den zoologischen Schriften nur noch eine geringe Rolle spielt.[179] Bolton versucht Fälle, an denen Aristoteles Redewendungen wie *eulogon* (εὔλογον) = logisch, vernünftig, einleuchtend usw. gebraucht, als ‚dialektisch' im Sinne der *Topik* zu erweisen. Sicher ist in Fällen, wo z. B. „logisch" (λογικῶς) und „analytisch" (ἀναλυτικῶς) gegenübergestellt werden, bei ‚logisch' der Bezug zur Dialektik bzw. zur *Topik* gegeben, aber in Fällen von *eulogon* vielfach zweifelhaft. Das Wort heißt einfach ‚argumentativ gut'. Im allgemeinen macht sich Aristoteles von den Fesseln der Dialektik (auch der der *Topik*) frei. Auch modern sprechen wir von einleuchtenden Argumenten oder nennen Argumente logisch bzw. unlogisch, wenn es sich um innere Widersprüche handelt oder wir keine strengen Beweise haben. Mit Recht betont Bolton, daß den ausdrücklich auf Wahrnehmung gegründeten Argumenten immer der Vor-

178 Bolton, Two Standards (wie Anm. 172) 60.

179 Vgl. W. Kullmann, Aristotle's Gradual Turn from Dialectic, in: Jakob Fink (ed.), The Development of Dialectic from Plato to Aristotle, Cambridge University Press, Cambridge 2012, 312 f. Siehe auch unten S. 249 ff.

rang gegeben wird. Es ist jedenfalls unser Eindruck, daß die Wissenschaftssprache von *De caelo* sich moderner Ausdrucksweise durchaus annähert und die Dialektik weitgehend vergessen ist.

De generatione et corruptione

Die Beschäftigung mit der Thematik zweier anderer Schriften, die die unbelebte Natur betreffen, der Schrift *De generatione et corruptione* (*Über Entstehen und Vergehen*) und der *Meteorologie* (Buch I–III), muß unseres Erachtens ebenfalls der Beschäftigung mit der Biologie vorausgehen (wenn auch nicht notwendig in ihrer endgültigen Formulierung) und in Aristoteles' Akademiezeit zurückreichen, bevor er 347 aus politischen Gründen und/oder wegen Platons Tod Athen verließ. Auch *Meteorologie*, Buch IV (ein ‚chemischer Traktat') muß vor den biologischen Schriften geschrieben sein, auch wenn es nicht direkt an *Meteorologie* I–III anknüpft. Freilich ist die Datierung der Schrift *De generatione et corruptione* nicht unbestritten.

In seinem neuen höchst wertvollen Kommentar zu dieser Schrift hat Thomas Buchheim eine Spätdatierung vorgeschlagen. In Aristoteles' Disposition seiner Schriften am Anfang der *Meteorologie* schließt zwar *De generatione et corruptione* an das Buch IV von *De caelo* an, und es folgen die Ausführungen über die *Meteorologie*, und Buchheim verkennt auch nicht den Zusammenhang mit beiden Schriften, vor allem mit der *Meteorologie*, aber er geht von einer absoluten Spätdatierung dieser Schrift aus. Er bezieht sich auf Aristoteles' Aussage, daß man den Regenbogen nur selten bei Vollmond nachts sehen könne, was ihm ‚in über 50 Jahren nur zweimal begegnete' (*Meteor.* III 2.372 a 28 f.[180]). Das letzte Mal kann nur auf seine Lehrtätigkeit gegen Ende seines Lebens verweisen.[181] Dem steht jedoch eine andere nicht berücksichtigte Zeitanspielung gegenüber. Aristoteles spricht in *Meteorologie* III 1.371 a 30 f. von dem berühmten, durch Herostrat verursachten ‚Brand des Tempels von Ephesos' im Jahre 356 als einem jüngst aufgetretenen Ereignis.[182] Er muß also zu ganz verschiedenen Lebenszeiten an der Schrift gearbeitet haben.[183] Offenbar wurde die Schrift schon in der Akademiezeit oder in der anschließenden Reisezeit begonnen, während die Endredaktion der

180 διόπερ ἐν ἔτεσιν ὑπὲρ τὰ πεντήκοντα δὶς ἐνετύχομεν μόνον.

181 Buchheim, Aristoteles. Über Werden und Vergehen (wie Anm. 116) 112: Die Schrift sei „mit Sicherheit als eine der letzten anzusehen, die Aristoteles geschrieben hat."

182 οἷον καὶ νῦν ἐθεωροῦμεν περὶ τὸν ἐν Ἐφέσῳ ναὸν καόμενον.

183 Vgl. zu diesen Fragen auch P.G. Maxwell-Stuart, Theophrastus the Travellor, La Parola del Passato 51, 1996, 244.

Schrift erst nach seiner Rückkehr nach Athen erfolgte. Mit mehreren Revisionen der Schrift rechnet auch Hans Strohm.[184] Rein systematisch gehört die Schrift vor die zoologischen Schriften. Am Schluß von Buch III der *Meteorologie* stellt Aristoteles fest, daß er sich mit den ‚Metallen' ‚nur im allgemeinen beschäftigt habe und daß man sich im Detail noch weiter damit beschäftigen müsse' (378 b 5 f.).[185] In Buch IV tut er dies nicht. Dies spricht nicht gegen die Echtheit dieses Buchs, wie man gelegentlich gemeint hat, sondern dafür, daß er diese Aufgabe selbst zurückgestellt hat.

Vermutlich tat er dies im Hinblick auf die Forschungen seines Schülers Theophrasts, der sich ihm nach seinem Weggang aus Athen wahrscheinlich in Assos oder auf Lesbos angeschlossen und auch später begleitet hatte, worauf wir noch ausführlich eingehen werden. Dieser hat sich in der verlorenen Schrift *Über die Metalle* und in der Schrift *Über die Steine* mit dieser Materie intensiver befaßt. Wir müssen damit rechnen, daß es zwischen Aristoteles und Theophrast irgendwann zu einer Arbeitsteilung und zugleich zu einer lebenslangen Zusammenarbeit gekommen ist. Es spricht also einiges dafür, daß die *Meteorologie* noch in der Akademiezeit begonnen wurde, die Arbeit dann aber während der Reisezeit des Aristoteles irgendwann aufgeteilt wurde und Aristoteles die Schrift erst viel später in Athen beendete.

Die Arbeitsteilung betrifft auch die Erforschung der Pflanzen, über die Aristoteles nur eine kürzere Schrift im Umfang von zwei Büchern geschrieben hat, die nicht erhalten ist. Sie läßt sich jedoch nach den Forschungen von Bernhard Herzhoff[186] aus der syrischen Fassung einer Schrift *Über die Philosophie des Aristoteles*, die Drossaart Lulofs herausgegeben hat[187] und die einem Nikolaos zugeschrieben wird, rekonstruieren. Nur hat neuerdings Silvia Fazzo nachgewiesen, daß die Quelle nicht Nikolaos von Damaskus ist, wie Drossaart Lulofs annahm, sondern ein Nikolaos von Laodikeia, der 400 Jahre später zur Zeit des Themistios lebte.[188] Auch wenn Aristoteles' Auffassungen in der Botanik mit denen des Theophrasts nicht immer identisch sind,

184 H. Strohm, Aristoteles. Meteorologie. Über die Welt, übersetzt [scil. und erläutert], in: Aristoteles. Werke in deutscher Übersetzung, hrsg. v. E. Grumach und H. Flashar, Bd. 12, Berlin 1970, 128 ff.

185 κοινῇ μὲν οὖν εἴρηται περὶ αὐτῶν ἁπάντων, ἰδίᾳ δὲ σκεπτέον προχειριζομένοις περὶ ἕκαστον γένος.

186 B. Herzhoff, Ist die Schrift ‚De plantis' von Aristoteles?, Antike Naturwissenschaft und ihre Rezeption Bd. XVI, 2006, 68–106.

187 H.J. Drossaart Lulofs, Nicolaus Damascenus. On the Philosophy of Aristotle. Fragments of the first five books translated from the Syriac with an introduction and commentary (Philosophia antiqua vol. 13), Leiden 1965 (repr. with add. and corr. 1969).

188 S. Fazzo, Nicolas, L'auteur du *Sommaire de la Philosophie d'Aristote*. Doutes sur son identité, sa datation, son origine, Revue des études grecques 21, 2008, 99–125 (freundlicher Hinweis von Herrn Kollegen Bernd Herzhoff, der sich der These von Fazzo anschließt).

muß man angesichts des geringen Umfangs dieser Schrift und des andauernden guten Verhältnisses des Aristoteles zu seinem Schüler damit rechnen, daß diese Zurückhaltung auf dem Entschluß zu einer bewußten Arbeitsteilung beruht. Dafür spricht auch die enge Anlehnung der botanischen Schriften Theophrasts an die zoologischen des Aristoteles, was den Aufbau, die Grundbegriffe und die Methode betrifft.[189] Durch die Zusammenarbeit beider Forscher ist so eine komplette Biologie, in gewisser Weise sogar eine Naturwissenschaft im ganzen, zustande gekommen. Auch um Informationen über exotische Tiere und Pflanzen hat man sich wohl zusammen bemüht. Der Athener Botaniker Thanos hat z. B. eindrucksvoll die geographische Breite der Ortsangaben in Theophrasts botanischen Schriften dokumentiert,[190] auch wenn es schwierig bleibt, überzeugend die Angaben, die auf Autopsie beruhen, von solchen, die nur Berichten von Mittelsmännern verdankt werden, zu unterscheiden.[191] Auf Aristoteles' Bemühungen in dieser Hinsicht kommen wir noch zurück.

Auf jeden Fall ergibt sich aus diesem Tatbestand, daß die Schrift *De generatione et corruptione* auch in der Akademiezeit entstanden sein kann. Dafür spricht auch die offensichtliche Anbindung der Schrift an den letzten Satz des Buches IV der Schrift *De caelo*, der mit ‚zwar' (μὲν) schließt und mit ‚aber' (δὲ) fortgesetzt wird.[192] Unbeschadet bleibt dabei die Tatsache, daß die Schrift keine einfache Weiterführung der Abhandlung *De caelo* ist.[193] Nach unserer Auffassung bereitet die Schrift direkt auf die *Meteorologie* und die biologischen Schriften vor, wie aus der Themaangabe am Anfang deutlich wird (*De gen. et corr.* I 1.314 a 1–6):

> „Über Entstehen und Vergehen der von Natur aus entstehenden und vergehenden Dinge sind nun in gleicher Weise bei allen ihre Ursachen und Definitionen festzulegen, sowie ferner bei Wachsen und Veränderung, was jedes von beiden ist, und ob man annehmen muß, daß Veränderung und Entstehen derselben Natur sind, oder ob sie zu trennen sind, so wie sie auch durch ihre Namen unterschieden sind."[194]

189 G. Wöhrle, Theophrasts Methode in seinen botanischen Schriften (Studien zur Antiken Philosophie Bd. 13), Amsterdam 1985, passim.

190 C.A. Thanos, The Geography of Theophrastus' Life and of his Botanical Writings (*ΠΕΡΙ ΦΥΤΩΝ*), in: A.Jpg. Karamanos, C.A. Thanos (ed.), Biodiversity and Natural Heritage in the Aegean, Proceedings of the Conference 'Theophrastus 2000' (Eressos – Sigri, Lesbos, July 6–8, 2000), Frangoudis, Athens 2005, 113–131, hier 120.

191 Siehe auch unten S. 129 ff.

192 Buchheim (wie Anm. 116) 107.

193 Buchheim (wie Anm. 116) 108–111.

194 Περὶ δὲ γενέσεως καὶ φθορᾶς τῶν φύσει γινομένων καὶ φθειρομένων, ὁμοίως κατὰ πάντων, τάς τε αἰτίας διαιρετέον καὶ τοὺς λόγους αὐτῶν, ἔτι δὲ περὶ αὐξήσεως καὶ ἀλλοιώσεως, τί ἑκάτερον,

Während sich ‚Veränderung' auf alle anorganischen und organischen Prozesse beziehen kann, die in *Meteorologie* I–IV wichtig werden, bezieht sich, zumindest in dieser Schrift, ‚Wachstum' auf die Behandlung der organischen Prozesse und Verbindungen, die für die biologischen Schriften bedeutsam sind. Buchheim hat seine Einleitung zwar mit einem Abschnitt ‚Zur philosophischen Bedeutung des Traktats *Über Werden und Vergehen*' begonnen, aber dabei leitet ihn meiner Beurteilung nach mehr das philosophie*historische* Interesse, Aristoteles' wissenschaftlichen Ansatz zwischen den Vorsokratikern und Bergson und Whitehead einzuordnen. Die pragmatisch-konkrete wissenschaftliche Ausrichtung der Schrift *De generatione et corruptione* wird dadurch nicht berührt.

Wir greifen zwei wesentliche Begriffsbestimmungen des Buchs I heraus. In ihm geht es vor allem um das Wachsen von Pflanzen und Tieren. Wie wachsen die ‚Gewebe' und ‚Organe', aus denen sich z. B. ein Lebewesen aufbaut? In I 5.321 b 16–22 heißt es:

> „Die Ursache (scil. für das Wachsen) ist zu begreifen, wenn man zunächst eins festgelegt hat, daß die ungleichteiligen (Teile) dadurch wachsen, daß die gleichteiligen (Teile) wachsen (denn aus ihnen besteht jedes [scil. Lebewesen]) und dann, daß Fleisch und Knochen und jeder solche Teil eine doppelte Bedeutung haben wie auch die übrigen Dinge, die eine Form in einem Material besitzen. Denn mit Fleisch und Knochen wird sowohl die Materie als auch die Form bezeichnet."[195]

Hier taucht erstmals in der griechischen Literatur der Begriff ‚ungleichteilige Teile', also ‚Anhomoiomere', freier übersetzt ‚inhomogene Teile' auf, womit die inneren und die äußeren Organe wie z. B. die Hand gemeint sind, während der Begriff ‚gleichteilige Teile', ‚Homoiomere', freier übersetzt ‚homogene Teile', schon in *De caelo* III 3.302 a 31 f. für Aristoteles terminologisch war, wofür er Fleisch, Knochen und derartiges als Beispiele anführt, die Anaxagoras noch als Elemente betrachtet habe. So wird die Leistung des Aristoteles deutlich, den Aufbau des Organismus nicht direkt aus den vier Elementen abzuleiten, sondern, modern ausgedrückt, die ‚Gewebe' dazwischen zu schieben.[196] Diese ‚Homoiomere' sind völlig homogen und besitzen Eigenschaften, die von denen der Elemente, aus denen sie bestehen, verschieden sind (I

καὶ πότερον τὴν αὐτὴν ὑποληπτέον εἶναι φύσιν ἀλλοιώσεως καὶ γενέσεως, ἢ χωρίς, ὥσπερ διώρισται καὶ τοῖς ὀνόμασιν.

195 ληπτέον δὲ τὸ αἴτιον διορισαμένοις πρῶτον ἓν μὲν ὅτι τὰ ἀνομοιομερῆ αὐξάνεται τῷ τὰ ὁμοιομερῆ αὐξάνεσθαι (σύγκειται γὰρ ἐκ τούτων ἕκαστον), ἔπειθ' ὅτι σάρξ καὶ ὀστοῦν καὶ ἕκαστον τῶν τοιούτων μορίων ἐστὶ διττόν, ὥσπερ καὶ τῶν ἄλλων τῶν ἐν ὕλῃ εἶδος ἐχόντων· καὶ γὰρ ἡ ὕλη λέγεται καὶ τὸ εἶδος σὰρξ καὶ ὀστοῦν.

196 Kullmann, Aristoteles. Über die Teile der Lebewesen (wie Anm. 15) 365 f.

10.327 b 22 ff.; II 7.334 b 4 ff.).[197] Zusätzlich muß aber beim Vorgang des Wachsens die Form bewahrt werden, d. h. die durch den Bauplan (*logos*) bestimmte proportionale Struktur der Gewebe und vor allem der Organe.[198] Ferner ist es erforderlich, daß bei dem durch die Nahrung bewirkten Wachstum eine bestimmte ‚Veränderung' stattfindet (321 b 2 ff.; modern ausgedrückt: der Stoffwechsel).[199] Damit im Zusammenhang steht die Einführung zweier weiterer, oft synonym gebrauchter wichtiger Termini, der Begriffe der Krasis bzw. Mixis. Diese Worte bezeichnen eigentlich die Mischung. Gemeint ist aber tatsächlich die chemische Verbindung, wobei Krasis gelegentlich speziell von (chemisch verbundenen) Flüssigkeiten, also Fusionen, gebraucht wird.[200] Dazu soll I 10.328 a 5–15 verglichen werden:

> „Da es aber nicht möglich ist, ins Kleinste zu teilen, und eine (mechanische) Zusammensetzung und eine (chemische) Verbindung nicht dasselbe sind, sondern unterschiedlich, ist klar, daß man nicht das Verbundene, bei dem die Teile im Kleinen noch als solche bewahrt sind, verbunden nennen darf; denn dies wäre eine (mechanische) Zusammensetzung und keine Fusion oder (chemische) Verbindung, und der Teil würde nicht dieselbe Definition wie das Ganze haben. Und wir behaupten, daß das (chemisch) Verbundene homogen sein muß, und wie beim Wasser auch der (einzelne) Teil immer Wasser ist, so auch bei einer Fusion. Wenn aber die Verbindung nur eine Zusammensetzung von kleinen Teilen wäre, würde sich nichts von dem ergeben, sondern diese wären nur der Wahrnehmung nach fest verbunden und dasselbe wäre für den einen chemisch, wenn er nicht scharf blickt, verbunden, für Lynkeus wäre es aber unverbunden."[201]

Lynkeus ist im Mythos der Obermastwächter des Schiffes Argo, der so scharf sieht, daß er durch die Erde hindurchblicken kann. Er kann etwas äußerlich homogen Erscheinendes als mechanische Mischung, bei der die Teile separiert sind, entlarven.

197 Vgl. Kullmann, Aristoteles und die moderne Wissenschaft (wie Anm. 27) 181.

198 Vgl. Kullmann, Aristoteles. Über die Teile der Lebewesen (wie Anm. 15) 505 über „die Natur gemäß der Definition" (ἡ κατὰ τὸν λόγον φύσις), d. h. den Bauplan.

199 Vgl. H.H. Joachim, Aristotle on Coming-to-be & Passing away (De generatione et corruptione), Oxford 1922, 126 f.; Buchheim (wie Anm. 116) 351.

200 Vgl. Buchheim (wie Anm. 116) 439 f.

201 ἐπεὶ δ᾽ οὐκ ἔστιν εἰς τὰ ἐλάχιστα διαιρεθῆναι, οὐδὲ σύνθεσις ταὐτὸ καὶ μίξις ἀλλ᾽ ἕτερον, δῆλον ὡς οὔτε κατὰ μικρὰ σωζόμενα δεῖ τὰ μιγνύμενα φάναι μεμῖχθαι (σύνθεσις γὰρ ἔσται καὶ οὐ κρᾶσις οὐδὲ μίξις, οὐδ᾽ ἕξει τὸν αὐτὸν λόγον τῷ ὅλῳ τὸ μόριον· φαμὲν δὲ δεῖν, εἴπερ μέμικται, τὸ μιχθὲν ὁμοιομερὲς εἶναι, καὶ ὥσπερ τοῦ ὕδατος τὸ μέρος ὕδωρ, οὕτω καὶ τοῦ κραθέντος· ἂν δ᾽ ᾖ κατὰ μικρὰ σύνθεσις ἡ μίξις, οὐθὲν συμβήσεται τούτων, ἀλλὰ μόνον μεμιγμένα πρὸς τὴν αἴσθησιν, καὶ τὸ αὐτὸ τῷ μὲν μεμιγμένον, ἐὰν μὴ βλέπῃ ὀξύ, τῷ Λυγκεῖ δ᾽ οὐθὲν μεμιγμένον).

Die Charakterisierung der vier Elemente durch vier Elementarqualitäten übernimmt Aristoteles in *De generatione et corruptione* II 1–6 aus *De caelo* III, IV. Beim Zustandekommen der (chemischen) Verbindungen unterscheidet er aktive Qualitäten, nämlich warm und kalt, und passive (feucht und trokken), die die Materie (ὕλη) darstellen: *De generatione et corruptione* II 2.329 b 24–32.

Meteorologie I–III

Aristoteles' Tätigkeit auf diesem Gebiet ist kein Neuanfang wie in der Zoologie, da die zu erklärenden Erscheinungen zur menschlichen Alltagserfahrung gehören und von den Vorsokratikern schon vielfach in den Blick genommen wurden, aber die methodische Einstellung dazu ist gleichwohl weitgehend neuartig. Aristoteles wendet ein Grundprinzip seiner Zoologie auch auf die meteorologischen und hydrologischen Erscheinungen an. Er verwirft alle kosmogonischen Erklärungen der Vorsokratiker, die über das Werden und Vergehen der Welt spekulieren und wendet sich dem steten Neuentstehen der Naturphänomene zu, mag dies dem Publikum auch weniger spektakulär erscheinen.[202] Er entwickelt überzeugend den Kreislauf von Verdunstung durch die Sonnenwärme und die Austrocknung durch den Wind, die Abkühlung und die Kondensation, die zum Regenfall führt, und parallel dazu die Versickerung im Boden und den Abfluß in den Flüssen, wobei die Gebirge wie ein Schwamm wirkten. Dabei weist er ironisch mit einer äsopischen Fabel die Vorstellung Demokrits zurück (fr. 68 A 100 D.-K.), daß das Meer immer weniger werde und bald austrockne (*Meteor.* II 3.356 b 9 ff.). Seine Theorie sei „grundsätzlich die der heutigen Geophysik", formuliert Strohm.[203]

Auch auf diesem Gebiet (der Meteorologie im modernen Sinne und der Hydrologie) ist, ganz abgesehen von den Metallen, eine enge Zusammenarbeit mit Theophrast anzunehmen. Theophrast schließt sich in den nur teilweise aus Fragmenten in ihrem Gehalt rekonstruierbaren Schriften *Über Gewässer* (περὶ ὑδάτων) und *Meteorologie* teils Aristoteles an, teils modifiziert bzw. verfeinert er dessen Theorie, insbesondere durch die Berücksichtigung der horizontalen Einflüsse, z. B. durch Zusammendrängen der Wolken am Gebirge, wie er in der Schrift *Über die Winde* (*De ventis* 5) darlegt, und das er ‚Kondensation' (d. h. πίλησις) nennt.[204] Ebenso wie in der Geologie hat er

202 Vgl. hierzu Strohm (wie Anm. 184) 126 f., 159.

203 Strohm (wie Anm. 184) 157.

204 Siehe P. Steinmetz, Die Physik des Theophrastos von Eresos (Palingenesia Bd. 1), Bad Homburg v.d.H.–Berlin–Zürich 1964, 217 ff., der dazu auf Proklos, *in Tim.* 37 D und Olympiodor, *in Meteor.* 80.30–81.1 und weitere Literatur verweist.

also auch in der Meteorologie (im modernen Sinne) zur Abrundung und Komplettierung der Naturwissenschaft wesentlich beigetragen. Auch für Theophrast gilt, was schon zu Aristoteles gesagt wurde: Der grundsätzliche Unterschied zu den Überlegungen der Vorsokratiker über Naturprobleme ist der, daß im Peripatos die Empirie des Vorgegebenen die Grundlage bildete, wobei in zunehmendem Maße eigene Forschung betrieben wurde. Es kam auf die Beobachtung und die Erforschung zyklischer, ständig wieder neu erfolgender Prozesse an, wie sie sich nicht nur in organischen Reproduktionen in der Tier- und Pflanzenwelt manifestieren, sondern auch in den Vorgängen, die das alltägliche Wetter oder Klima betreffen. Von vorwissenschaftlichen kosmogonischen und kosmologischen Spekulationen über Werden und Vergehen der Welt dagegen, die das populäre Interesse bedienen, hat man sich ferngehalten. Erst mit der Betrachtung der dynamischen Naturprozesse ist wissenschaftliche Forschung möglich. Die Zeitvorstellung ist nicht mehr mythologisch, von einem Anfang ausgehend, sondern empirisch; es wird mit einer nach beiden Seiten hin offenen Zeitskala gerechnet. Dabei wird die Zeit in unterschiedlicher Weise bei unterschiedlichen Vorgängen zyklisch strukturiert.[205] Vom wissenschaftlichen Standpunkt aus kann man es nur mit Bedauern konstatieren, daß im Hellenismus und der Spätantike große Teile dieses Forschungsbereichs im Aberglauben versinken. Man denke nur an die bei Seneca in den *Naturales Quaestiones* zwischen guten Bruchstücken aus den Quellen anzutreffenden abergläubischen kosmologischen Phantasien von Weltbrand und von absichtsvoller Lenkung der Naturgeschehnisse durch eine göttliche Macht, die durch stoische Einflüsse inspiriert sind.[206]

Die Arbeitsteilung mit Theophrast schließt nicht aus, daß Aristoteles offenbar auch an seiner *Meteorologie* weiter gearbeitet hat, wie aus seiner Altersangabe hervorgeht, ohne daß er diese Forschungsrichtung intensiviert hat. Auch die zum Teil von Aristoteles abweichenden Erklärungen Theophrasts sind zu beachten.

Die Schriften *Physik*, *De caelo*, *De generatione et corruptione* und die *Meteorologie* werden, wie dargelegt, noch vor dem Verlassen Athens begonnen worden sein. Sie zeigen alle eine empirische Ausrichtung. Dies gilt insbesondere auch für die Schrift *De caelo*, die, wie oben gezeigt, darauf zielt, die Ergebnisse der Astronomie, insbesondere das Sphärenmodell des Eudoxos,

205 Vgl. W. Kullmann, Konstanten und Varianten antiker Zeitauffassung. Eine Skizze, in: ders., Philosophie und Wissenschaft in der Antike (wie Anm. 40) 223 ff., 235 f. Das dort zu Aristoteles' Zeitvorstellung Gesagte gilt auch für Theophrast.

206 Einige gute Bemerkungen zu dem Verfall der wissenschaftlichen ‚Meteorologie' im Späthellenismus bzw. in der Kaiserzeit finden sich bei Strohm (wie Anm. 184) 124, der an der Überhöhung des Poseidonios durch Karl Reinhardt mit Recht Kritik übt, dessen Leistung aber immer noch weit überschätzt.

physikalisch zu deuten, möglichst ohne frühe Überlegungen zur Metaphysik opfern zu müssen.[207] In bestimmter Hinsicht ergaben sich aber Komplikationen. Offenbar war Aristoteles ursprünglich der vorsokratischen Vorstellung gefolgt, daß die Gestirne feurig sind und der Zwischenraum zwischen ihnen und dem irdischen Bereich mit Luft gefüllt ist, wie z. B. aus der oben (S. 49) zitierten Stelle am Anfang des dritten Buches *De caelo* zu sehen ist (III 1.298 a 29 ff.). Seine Einführung des fünften Elements für die Gestirne, das durch die Kreisbewegung ausgezeichnet ist (*De cael.* I 2; II 7; III 1.298 b 6 ff.) hilft ihm aber, wie seinen Ausführungen in der *Meteorologie* zu entnehmen ist (*Meteor.* I 3.339 b 32 ff.), den neuen Entdeckungen der Mathematiker Rechnung zu tragen (womit offenbar wiederum vor allem auf Eudoxos angespielt ist), die die ungeheure Entfernung zwischen der Gestirnswelt und der irdischen Welt erkennen ließen und die naiven Vorstellungen von der relativ geringen Größe der Gestirne bei den Vorsokratikern, vor allem bei Anaxagoras, die sie sozusagen als Objekte der Atmosphäre betrachteten, als Kinderglauben zu entlarven (παιδικὴ δόξα).[208] So war die mit der Lehre vom fünften Element verbundene Aufgabe der Vorstellung, daß die Sonne und die anderen Gestirne durch das Feuerelement bestimmt sind, zwar ein Rückschritt, aber gewissermaßen ein notwendiger Rückschritt, um mit der Konstitutierung einer dualistischen Welttheorie eine adäquate physikalische Erklärung und Detailerforschung der irdischen Welt überhaupt erst zu ermöglichen. Erst Galilei konnte dies korrigieren. Freilich zwang diese Theorie zu wenig befriedigenden Erklärungen für Phänomene sozusagen an der Bruchstelle der beiden ‚Welten'. Sternschnuppen, Kometen, Meteore (und – inkonsequent – die Milchstraße) wurden, weil sie sich anders als die Gestirne unregelmäßig bewegen, jetzt der irdischen Sphäre zugewiesen. Das nach oben steigende Feuer, das früher die Gestirne versorgte, wurde jetzt zu einer trockenen Ausdünstung, durch die zum Beispiel das Gewitter erklärt wurde (*Meteor.* II 9). Noch in der *Zweiten Analytik* (*Anal. post.* II 8.93 b 8) hatte Aristoteles den Donner im Sinne von Anaxagoras und Empedokles auf ein Auslöschen des Feuers zurückgeführt. Zu dem Raum der Gestirne äußert sich Aristoteles jetzt wie folgt (*Meteor.* I 3.340 b 6 ff.):

> „Was sich oben, bis herunter zum Mond, befindet, ist, so behaupten wir, ein von Feuer und Luft verschiedener Körper, doch hat er teils reinere teils weniger unvermischte Stellen, er weist Unterschiede auf, und zwar

207 Siehe oben S. 49 ff.

208 Vgl. F. Solmsen, Aristotle's System of the Physical World. A Comparison with his Predecessors, Ithaca, New York 1960, 293 ff.; Strohm (wie Anm. 184) 122 f.

besonders dort, wo er gegen die Luft und die die Erde umgebende Raumordnung hin endet.“[209] (Übersetzung von Strohm)

Dies führt natürlich zu schwierigen und wenig plausiblen Zusatzannahmen über die Entstehung der Sonnenwärme.[210]

Meteorologie IV

Dieses Buch schließt nicht unmittelbar an *Meteor.* III an, bildet aber eine Brücke zwischen der Schrift *De generatione et corruptione* und *De partibus animalium* II 1–2. Die Schrift übernimmt aus *De generatione et corruptione* II 3.330 b 1 ff. die Unterscheidung von mehr aktiven und mehr passiven Qualitäten (IV 1.378 b 10–26) und arbeitet diese Unterscheidung weiter aus.[211] So geht es um das Verfestigen (πηγνύναι) durch den Einfluß der Wärme, etwa durch Trocknung, oder durch den Einfluß der Kälte durch Gefrieren, ebenso wie um das Schmelzen (IV 5–7.10). An die Stelle der passiven Qualitäten ‚feucht‘ und ‚trocken‘ treten in IV 5.382 b 3 f. vereinfachend Wasser (als Körper des Feuchten) und Erde (als Körper des Trockenen) bzw. Wasser und Erde als Materie (388 a 21 f., ὕλη). Vor allem *De partibus animalium* II 2.649 a 29 ff. greift darauf direkt zurück.[212] Im Verlaufe der Untersuchung wird in *Meteorologie* IV intensiv mit Küchenerfahrungen argumentiert. Bemerkenswert ist auch die klare Unterscheidung zwischen anorganischen und organischen (chemischen) Verbindungen in IV 8.384 b 30 ff. und IV 10.388 a 13 ff., die weit differenzierter ist als Platons, an dem Arzt Philistion orientierte Erwähnung einer „zweiten Vereinigung“ (*Tim.* 82 B 8, δευτέρα σύστασις).[213] Die Schrift ist also extrem auf Empirie hin ausgelegt. Dabei erscheint gleichwohl der Abstand zum heutigen Wissensstand besonders groß, was für den Hauptteil der zoologischen Untersuchungen dann nicht mehr gilt.

209 τὸ μὲν γὰρ ἄνω καὶ μέχρι σελήνης ἕτερον εἶναι σῶμά φαμεν πυρός τε καὶ ἀέρος, οὐ μὴν ἀλλ' ἐν αὐτῷ γε τὸ μὲν καθαρώτερον εἶναι τὸ δ' ἧττον εἰλικρινές, καὶ διαφορὰς ἔχειν, καὶ μάλιστα ᾗ καταλήγει πρὸς τὸν ἀέρα καὶ πρὸς τὸν περὶ τὴν γῆν κόσμον.

210 Vgl. zu dieser Problematik Jori, Aristoteles. De caelo (wie Anm. 138) 230 ff.

211 Vgl. Joachim (wie Anm. 199) 205 ff.

212 Vgl. J. Althoff, Warm, kalt, flüssig und fest bei Aristoteles. Die Elementarqualitäten in den zoologischen Schriften (Hermes Einzelschriften 57), Stuttgart 1992, 40 f.; Kullmann, Aristoteles. Über die Teile der Lebewesen (wie Anm. 15) 391; L. Pepe, Motivi centrali del IV libro dei *Meteorologica* e differenze rispetto ad altre opere aristoteliche, in: C. Viano, (ed.), Aristoteles chemicus. Il IV libro dei „Meteorologica“ nella tradizione antica e medievale, Sankt Augustin 2002, 23.

213 Vgl. Kullmann, Aristoteles und die moderne Wissenschaft (wie Anm. 27) 182–186.

4. Der Übergang zur biologischen Forschung in der Schrift *De partibus animalium* I

Es ist naturgemäß schwierig, etwas darüber zu ermitteln, auf welche Weise die fertigen Ergebnisse zoologischer Forschung, wie sie uns in den Schriften des Aristoteles vorliegen, zustandegekommen sind. Eine wichtige Quelle ist das Forschungsprogramm, das Aristoteles in der Eingangsschrift seines naturwissenschaftlichen Kurses (wenn wir von einem solchen sprechen wollen) formuliert, also in der Schrift *De partibus animalium*, Buch I: Wir können dieses Buch nicht datieren. Aber es strahlt einen Forschungsoptimismus aus, der einen besonders authentischen Eindruck macht. Dort heißt es (*De part. an.* I 5.644 b 22 ff.):

„Die Substanzen, welche von Natur aus bestehen, sind teils ungeworden und unvergänglich alle Zeit hindurch, teils haben sie am Werden und Vergehen Anteil. Und es hat sich ergeben, daß uns über jene (erstgenannten), die wertvoll sind und göttlich, weniger Einsichten zur Verfügung stehen – denn sowohl hinsichtlich der Ausgangspunkte, von denen man sie untersuchen könnte, als auch hinsichtlich dessen, was wir (über sie) zu wissen wünschen, gibt es nur wenig, das aufgrund von Wahrnehmung deutlich ist, hinsichtlich der vergänglichen Pflanzen und Lebewesen sind wir jedoch, was unsere Kenntnisse betrifft, in einer günstigeren Lage, weil wir mit ihnen zusammen aufwachsen. Denn von jeder [botanischen oder zoologischen] Gattung kann man viele Eigenschaften erkennen, wenn man willens ist, sich genug anzustrengen. Beide (Forschungsbereiche) haben ihren Reiz. Wenn man die erstgenannten Substanzen auch nur in kleinem Maße erfaßt, so ist dies wegen der Wertschätzung ihrer Erkenntnis lustvoller als alles bei uns, wie es auch lustvoller ist, von dem, was man liebt, ein beliebiges kleines Stück zu sehen als vieles andere Große mit Genauigkeit. Jedoch gewinnt man von den letztgenannten Substanzen, weil man sie intensiver und in größerer Zahl kennenlernen kann, ein umfassenderes Wissen; ferner gewähren sie uns, weil sie uns näher stehen und unserer Natur verwandt sind, bis zu einem gewissen Grade einen Ausgleich für die Wissenschaft von den göttlichen Substanzen. ... Denn auch bei dem, was daran unansehnlich ist, gewährt die Natur, die es geschaffen hat, bei der Untersuchung in gleicher Weise denen, die imstande sind, die Ursachen zu erkennen, und die von Natur aus Philosophen sind, unermeßliche Freuden ... Wenn jedoch einer glaubt, daß die Betrachtung der übrigen Lebewesen unwürdig ist, so muß er das in derselben Weise auch von sich selbst glauben: Denn nicht ohne großen Widerwillen kann man sehen, aus was für Bestandteilen das Menschengeschlecht besteht, nämlich aus Blut, Fleisch, Knochen, Adern und derartigen Teilen. Man muß aber davon ausgehen, daß jemand, der sich über einen (Bestand-)Teil oder Ausrüstungsgegenstand von irgendetwas unterhält, nicht dessen Material im Sinn hat und nicht um seinetwillen spricht, sondern wegen dessen ganzer Gestalt, zum Beispiel wegen des Hauses, aber nicht wegen der Ziegel, des Lehms und des Holzes; ebenso muß man davon ausgehen, daß der Naturforscher von der Zusammensetzung und dem Gesamtwesen spricht, aber nicht von denjenigen Dingen, die niemals von ihrer Substanz abgetrennt vorkommen."[214]

Aristoteles beginnt also damit, auf die Gestirne zu verweisen, die für göttlich galten und die Neugier der Menschen erregten und von ihm in der Schrift *De caelo* als Körper beschrieben wurden, die am Leben Anteil haben, obwohl unsere Wahrnehmung nur wenig Erkenntnisse über sie vermitteln kann, und stellt ihnen die geplante Erforschung von Pflanzen und Tieren gegenüber. Der Eindruck, den Aristoteles' Schrift *De caelo* erweckt, bestätigt sich. Aristoteles ist skeptisch, ob man in der Erforschung des Himmels als Forscher weiterkommen kann. Man sieht zugleich, daß er sich an ein breiteres Publikum wendet, um für seine neue Forschung zu werben. Es ist bemerkenswert, daß er sein Forschungsvorhaben mit einer gewissen Begeisterung vorträgt. Nichts läßt hier erkennen, daß er ein Schüler Platons ist, der die Erforschung dessen,

214 Τῶν οὐσιῶν ὅσαι φύσει συνεστᾶσι, τὰς μὲν ἀγενήτους καὶ ἀφθάρτους εἶναι τὸν ἅπαντα αἰῶνα, τὰς δὲ μετέχειν γενέσεως καὶ φθορᾶς. Συμβέβηκε δὲ περὶ μὲν ἐκείνας τιμίας οὔσας καὶ θείας ἐλάττους ἡμῖν ὑπάρχειν θεωρίας (καὶ γὰρ ἐξ ὧν ἄν τις σκέψαιτο περὶ αὐτῶν, καὶ περὶ ὧν εἰδέναι ποθοῦμεν, παντελῶς ἐστιν ὀλίγα τὰ φανερὰ κατὰ τὴν αἴσθησιν), περὶ δὲ τῶν φθαρτῶν φυτῶν τε καὶ ζῴων εὐποροῦμεν μᾶλλον πρὸς τὴν γνῶσιν διὰ τὸ σύντροφον· πολλὰ γὰρ περὶ ἕκαστον γένος λάβοι τις ἂν τῶν ὑπαρχόντων βουλόμενος διαπονεῖν ἱκανῶς. Ἔχει δ᾽ ἑκάτερα χάριν. Τῶν μὲν γὰρ εἰ καὶ κατὰ μικρὸν ἐφαπτόμεθα, ὅμως διὰ τὴν τιμιότητα τοῦ γνωρίζειν ἥδιον ἢ τὰ παρ᾽ ἡμῖν ἅπαντα, ὥσπερ καὶ τῶν ἐρωμένων τὸ τυχὸν καὶ μικρὸν μόριον κατιδεῖν ἥδιόν ἐστιν ἢ πολλὰ ἕτερα καὶ μεγάλα δι᾽ ἀκριβείας ἰδεῖν· τὰ δὲ διὰ τὸ μᾶλλον καὶ πλείω γνωρίζειν αὐτῶν λαμβάνει τὴν τῆς ἐπιστήμης ὑπεροχήν, ἔτι δὲ διὰ τὸ πλησιαίτερα ἡμῶν εἶναι καὶ τῆς φύσεως οἰκειότερα ἀντικαταλλάττεταί τι πρὸς τὴν περὶ τὰ θεῖα φιλοσοφίαν. ... Καὶ γὰρ ἐν τοῖς μὴ κεχαρισμένοις αὐτῶν πρὸς τὴν αἴσθησιν κατὰ τὴν θεωρίαν ὅμως ἡ δημιουργήσασα φύσις ἀμηχάνους ἡδονὰς παρέχει τοῖς δυναμένοις τὰς αἰτίας γνωρίζειν καὶ φύσει φιλοσόφοις ...
Εἰ δέ τις τὴν περὶ τῶν ἄλλων ζῴων θεωρίαν ἄτιμον εἶναι νενόμικε, τὸν αὐτὸν τρόπον οἴεσθαι χρὴ καὶ περὶ αὑτοῦ· οὐκ ἔστι γὰρ ἄνευ πολλῆς δυσχερείας ἰδεῖν ἐξ ὧν συνέστηκε τὸ τῶν ἀνθρώπων γένος, οἷον αἷμα, σάρκες, ὀστᾶ, φλέβες καὶ τὰ τοιαῦτα μόρια. Ὁμοίως τε δεῖ νομίζειν τὸν περὶ οὑτινοσοῦν τῶν μορίων ἢ τῶν σκευῶν διαλεγόμενον μὴ περὶ τῆς ὕλης ποιεῖσθαι τὴν μνήμην, μηδὲ ταύτης χάριν, ἀλλὰ τῆς ὅλης μορφῆς, οἷον καὶ περὶ οἰκίας, ἀλλὰ μὴ πλίνθων καὶ πηλοῦ καὶ ξύλων· καὶ τὸν περὶ φύσεως περὶ τῆς συνθέσεως καὶ τῆς ὅλης οὐσίας, ἀλλὰ μὴ περὶ τούτων ἃ μὴ συμβαίνει χωριζόμενά ποτε τῆς οὐσίας αὐτῶν.

was man sehen kann, ja nirgends in den Blick nimmt. Die empirische Forschung wird unter Verweis auf die Astronomie als etwas nicht weiter zu Begründendes betrachtet. Der Hinweis auf diese Disziplin läßt erkennen, daß Aristoteles sich mit deren Methoden und Ergebnissen beschäftigt hat. Sein neues Forschungsgebiet setzt also voraus, was er in seiner unter physikalischen Gesichtspunkten unternommenen Schrift *De caelo* dargelegt hat.[215] Es ist Aristoteles dann darum zu tun, sein neues Forschungsgebiet vorweg gegen etwaige zeitgenössische Vorurteile zu verteidigen. Insbesondere sucht er die Bedeutung des Sezierens von Tieren zu erklären. Es wird damit gerechtfertigt, daß es Aufschluß über die Funktionen der Teile im Rahmen des Tierganzen gibt und dem Forscher großartige Einsichten vermittelt, die denen bezüglich der als göttlich geltenden Gestirne durchaus vergleichbar sind. Die göttlichen Gestirne sind also zwar vergleichbar, aber nicht mehr. Aristoteles will keinen Bezug zu irgendeiner Metaphysik herstellen, sondern geht von der Unabhängigkeit der Zoologie aus.

Einerseits ist die nun beginnende zoologische Forschung Teil des im Proömium der *Meteorologie* dargelegten Gesamtprogramms der Naturwissenschaft, das nicht aufgegeben werden soll, andererseits bedeutet sie eine Schwerpunktbildung, die Aristoteles aufgrund einer gewissen Resignation in den Fragen der Kosmologie und in geringerem Maße der Meteorologie sinnvoll erscheint. Wegen des Fehlens von unter seinen Umständen erfolgversprechenden größeren Forschungsaufgaben in der Himmelsphysik und der Wissenschaft der leblosen irdischen Natur, nicht zuletzt des Fehlens von Meßinstrumenten jedweder Art, wie wir ergänzen können, hat er mit feinem Gespür für die ihm in seiner Zeit zur Verfügung stehenden Möglichkeiten die Biologie als Pilotwissenschaft entwickelt. Er will sich Dingen zuwenden, die mehr Ergebnisse versprechen, auch wenn er den hohen Rang des astronomischen Forschungsgebiets anerkennt. Sein Erfolg hat ihm recht gegeben.

Zugleich macht er klar, daß es sich um eine *Forschung*saufgabe handelt. Die Objekte stehen nicht immer sofort klar vor Augen, sondern müssen in der Natur aufgesucht und z. T. erst seziert werden. Die offensichtliche Ansprache eines weiteren Publikums läßt vermuten, daß die Schriften, in denen das Resultat dieses Programms dargelegt wird, auch außerhalb der Schule publiziert werden sollen.

Auf einen Punkt sei noch besonders hingewiesen. Wenn Aristoteles in I 5.645 a 7 ff. von der ‚schöpferischen Natur' sagt,[216] daß sie auch die unansehnlichen Bestandteile der Lebewesen geschaffen habe und bei deren Untersuchung den Forschern unermeßliche Freuden bereiten kann und in 645 a

215 Siehe oben Kapitel I 2, S. 47 ff.

216 ἡ δημιουργήσασα φύσις.

16 f. hinzufügt, daß in allem Natürlichen etwas Wunderbares enthalten sei, so weiß Aristoteles natürlich wie wir, daß es rein wissenschaftlich gesehen, keine Wunder geben kann und daß die Bauformen der Lebewesen ewig bestehen und nicht von Gott geschaffen wurden. Nochmals sei betont, daß Aristoteles kein Kreationist ist, der an einen Schöpfer glaubt. Wieder muß davor gewarnt werden, in dieser metaphorischen Sprache einen schwierigen philosophischen Tiefsinn zu erblicken oder gar einen Widerspruch zu einer stärker wissenschaftlichen Ausdrucksweise.

5. Aristoteles' Forschungsreisen

Tabellarischer Überblick über die Chronologie

350 oder 349	Zerstörung von Stageira durch Philipp II. von Mazedonien
349	1. Philippische Rede des Demosthenes
348	Zerstörung von Olynth
347 bis 345/344	Nach Platons Tod (Mai 347) geht Aristoteles nach Atarneus und Assos.
345/344–343/42	Aristoteles auf Lesbos
343/342–340/339	Aristoteles geht als Erzieher Alexanders des Großen nach Mieza in Mazedonien, wohl von Kallisthenes, Aristoteles' mutmaßlichem Großneffen, begleitet (vgl. FGrHist 124 T 6 Jacoby).
342 oder 341	Gefangennahme des Hermias durch die Perser und Ermordung in Susa.
340/339	Alexander übernimmt die Regentschaft während des (ergebnislosen) Feldzugs Philipps II. gegen Perinthos und Byzantion.
340/339	Wahrscheinlich Übersiedlung des Aristoteles in seine Heimatstadt Stageira zusammen mit Theophrast. Heirat der Schwester des Hermias, Pythias.
338	Schlacht von Chaironeia. Gründung des Korinthischen Bundes.
338	Nach der Schlacht begibt sich Aristoteles mit seinem Großneffen Kallisthenes nach Delphi, um dort die Siegerliste der pythischen Spiele zusammenzustellen.
336	Ermordung Philipps II.
335	Eroberung Thebens durch Alexander.
335/334	Rückkehr des Aristoteles nach Athen und Aufnahme Lehrtätigkeit im Lykeion.
334	Übergang des Heers Alexanders über die Dardanellen von Sestos nach Abydos.
332–331	Eroberung Ägyptens durch Alexander
327	Ermordung des Kallisthenes auf Befehl Alexanders

Wann und in welcher Weise hat Aristoteles sein Unternehmen, das er in *De partibus animalium* I vorstellt, durchgeführt? Die Frage ist erstmals durch das Aristoteles-Buch von Werner Jaeger, das 1923 erschien, virulent geworden.[217] Jaeger bemühte sich darum, das starre Bild des Aristoteles als eines philosophischen Systematikers aufzubrechen und sein Werk in bezug zu seiner Biographie zu setzen. Dabei konstruierte er eine Entwicklung des Aristoteles in drei Stufen: 1. seine Akademiezeit (367/366–347/346), 2. seine ‚Wanderjahre' (347/346–335/334) nach Platons Tod, deren Stationen zunächst Atarneus und Assos in der Troas, dann die Insel Lesbos und schließlich Makedonien und seine Heimatstadt Stageira waren, und 3. seine ‚Meisterjahre' (335/334–322). In dieser Zeit habe sich Aristoteles vom Platoniker zunächst zum ‚Reformplatoniker' und von diesem zum Empiriker entwickelt, der er nach Gründung seiner Schule in Athen wurde. Dieses Schema trägt schon äußerlich das Zeichen seines Ursprungs im 18. Jahrhundert, insofern es an Goethes Entwicklungsroman Wilhelm Meisters Lehrjahre erinnert. Dies bedeutet, daß nach Jaeger das naturwissenschaftliche Werk des Aristoteles im wesentlichen erst in der dritten Lebensperiode, an deren Anfang Aristoteles etwa 50 Jahre alt war, entstanden ist. Jaegers Entwurf wurde zunächst weitgehend übernommem, bis H.D.P. Lee 1948 seinen Aufsatz „Place names and the date of Aristotle's biological works" veröffentlichte.[218] In ihm griff dieser auf Beobachtungen von D'Arcy W. Thompson zurück, der in der ‚Prefatory Note' seiner Übersetzung der *Historia animalium* von 1910 auf Stellen hinwies, die sich auf die biologischen Verhältnisse auf der Insel Lesbos, insbesondere auf die Meeresbiologie in der Lagune von Pyrrha beziehen, sowie auf weitere Nennungen von Lokalitäten in Mazedonien und Kleinasien und daraus folgerte, daß Aristoteles seine naturwissenschaftlichen Studien hauptsächlich in seiner mittleren Periode durchgeführt hat.[219] Diese Überlegungen waren in der Forschung jedoch nicht beachtet worden. Lee schloß sich 1948 Thompson an, wenn er auch vorsichtiger nur davon sprach, daß ein wichtiger und bedeutender Teil der biologischen Studien in dieser Lebensperiode durchgeführt worden sein muß. Er lieferte dazu eine Statistik über die relative Häufigkeit der Ortsnamen, die auf Nordwest-Kleinasien, Mazedonien-Thrakien und das übrige Kleinasien entfallen. Man hätte diese Untersuchungen mit Hilfe eines nützlichen Buchs von Paul Bolchert für Kleinasien und das Pontosgebiet noch präzisieren können, der 1908 den geographischen Hori-

217 W. Jaeger, Aristoteles. Grundlegung einer Geschichte seiner Entwicklung, Berlin ([1]1923) [2]1955.

218 H.D.P. Lee, Place names and the date of Aristotle's biological works, Classical Quarterly 42, 1948, 61 ff.

219 D'Arcy W. Thompson, Historia animalium, in: J.A. Smith, W.D. Ross, The Works of Aristotle. Translated into English, vol. IV, Oxford 1910, VII.

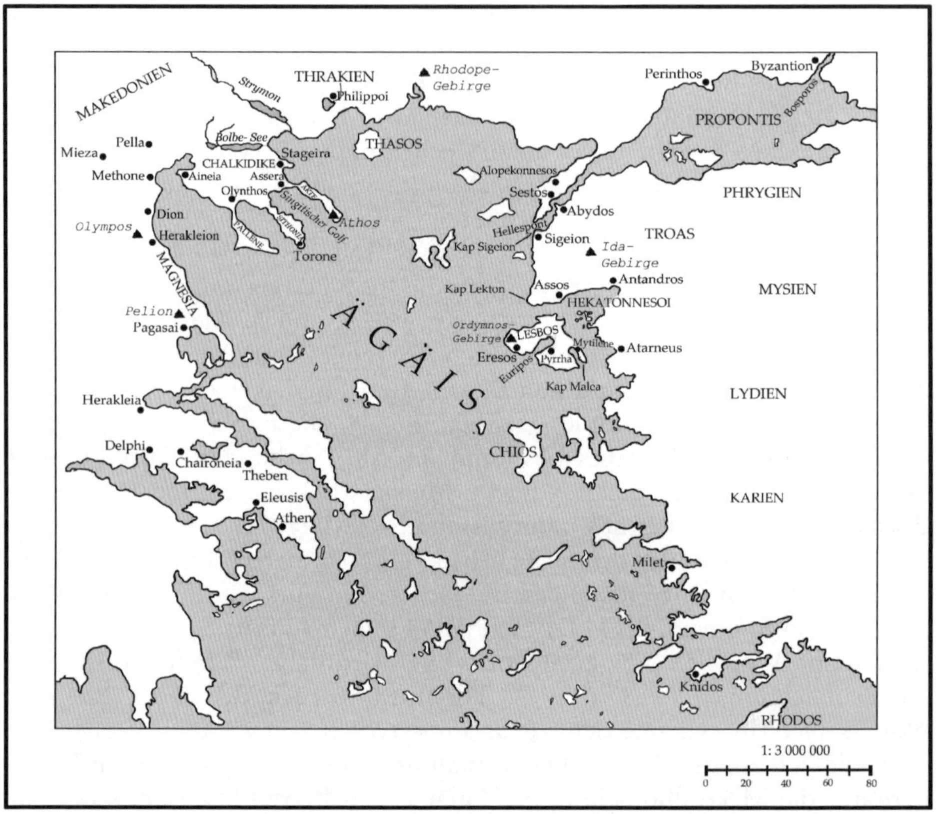

Karte 1: Die Reisestationen des Aristoteles im Ägäischen Meer. © S. Schnieders

zont des Aristoteles außerhalb des Mutterlandes aus seinen Werken detailliert ermittelt hat.[220] 1978 hat dann Friedrich Solmsen in einem detaillierten Aufsatz die Position seines Lehrers Werner Jaeger nochmals zu verteidigen gesucht.[221] Dieser Versuch wurde schließlich in einem neuen Aufsatz von Lee aus dem Jahre 1985 zurückgewiesen.[222]

Ein Argument Solmsens geht davon aus, daß die Hauptstelle, auf der die Auffassung von Thompson und Lee beruht, die Schilderung des Fischlebens

220 F. Bolchert, Aristoteles Erdkunde von Asien und Libyen, Berlin 1908.

221 F. Solmsen, The Fishes of Lesbos and the Alleged Significance for the Development of Aristotle, Hermes 106, 1978, 467–484 (wiederabgedruckt in: F. Solmsen, Kleine Schriften III, Hildesheim 1982, 304–321).

222 H.D.P. Lee, The Fishes of Lesbos again, in: Gotthelf, Aristotle on Nature and Living Things (wie Anm. 95) 3–8.

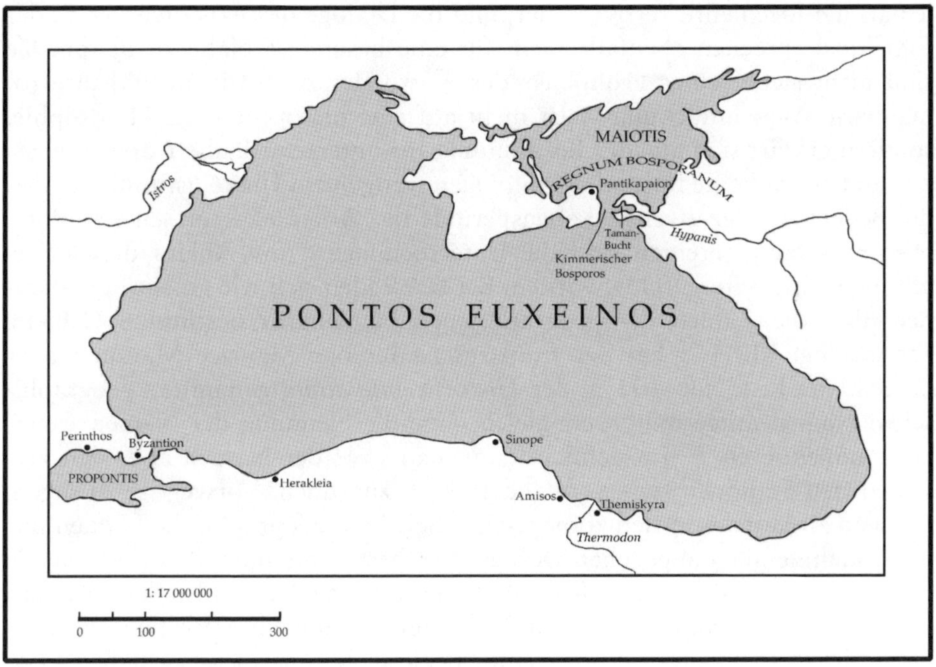

Karte 2: Die Reisestationen des Aristoteles im Schwarzen Meer. © S. Schnieders

in der Lagune von Pyrrha, auf die wir noch zurückkommen, aus dem IX. Buch der *Historia animalium* stammt, das von manchen Philologen als unecht angesehen wurde. Aber da auch in anderen Schriften auf diesen Ort angespielt ist, ist dieses Argument nicht stichhaltig. Vor allem aber ist Solmsens Vorstellung, Aristoteles habe selbst keine Beobachtungen durchgeführt, sondern sich in Athen allein auf Berichte Dritter verlassen, geradezu absurd, wie auch Lee feststellt. Man denke nur an seine oben besprochene Kritik an Platons Auffassung der Lunge[223] oder seine Forschungen zur Anatomie und Fortpflanzungsweise der Knorpelfische und unterschiedlicher Gattungen der Invertebraten, die weder von Jaeger noch von Solmsen mit einem Wort erwähnt werden. Alle diese Ergebnisse setzen intensive Erfahrungen in der Tiersektion voraus. Natürlich hat Aristoteles nicht alles Material seiner Schriften selbst gefunden, sondern sich, wie er es ja selbst zu erkennen gibt, vielfach auf die Aussagen Sachkundiger wie etwa Fischer oder Jäger verlassen. Aber auch Jaegers Grundvorstellung, Aristoteles sei in der Akademie Platoniker gewesen, hat sich nicht bestätigen lassen. Es gibt keine Anzeichen, daß er

223 Siehe oben S. 26.

jemals die Ideenlehre vertreten hat; und die Dialoge des Aristoteles (z. B. der *Eudemos*) sprechen ebenfalls nicht für eine besondere Nähe zu Platon. Sie sind nicht sicher einer Frühphase des Aristoteles zuzuordnen, und ihre romanhafte Ausschmückung weist nicht auf eine platonisierende Philosophie, sondern erklärt sich aus der Bestimmung für unterschiedliche Adressaten.[224]

So besteht heute unter den Philologen weitgehend Übereinstimmung über die Bedeutung der zweiten Lebensperiode des Aristoteles für seine zoologische Forschung. Freilich sind die Untersuchungen zum Ablauf dieser Forschung nicht weitergeführt worden. Bei Lee finden sich wie gesagt nur Angaben über die Zahlen der geographischen Namen für bestimmte Gebiete. Schon lange vor Lee hat der französische Biologe Maurice Manquat aber bereits eine Liste von 101 in der *Historia animalium* genannten geographischen Namen aufgestellt, wenngleich ohne die Nennung der Namen weiter zu kommentieren.[225] Tatsächlich kann man viele der Namen aber den verschiedenen Stationen seiner „Wanderjahre" zuordnen. Vorweg ist zu sagen, daß von Aristoteles in den zoologischen Schriften geographische Namen nur in Ausnahmefällen angegeben werden. Um bestimmte überall vorkommende Fische zu beschreiben, bedurfte es nicht der Angabe der Fundstellen. Insofern ist die *Historia animalium* kein Forschungstagebuch. Aristoteles braucht nicht alle Örtlichkeiten, die er nennt, persönlich aufgesucht zu haben, sondern hat möglicherweise einiges auch aufgrund von Berichten in seine Schriften aufgenommen. Tatsächlich können wir aber in einer Reihe von Fällen noch das wissenschaftliche Interesse erkennen, das ihn veranlaßte, bestimmte Orte persönlich in Augenschein zu nehmen, und die Detailliertheit der Berichte macht es häufig unausweichlich, sie auf Autopsie zurückzuführen. Es sind besonders die aquatischen und meeresbiologischen Verhältnisse, die ihn interessieren, also z. B. der Aalfang am Strymon, dem Grenzfluß zwischen Makedonien und Thrakien, die guten Beobachtungsmöglichkeiten für Fische in der relativ geschützten Lagune von Pyrrha auf Lesbos und der Ausgangspunkt zum Bosporos in Byzanz wegen der Thunfischzüge. Auch an vielen Stränden interessieren die Muscheln und Schnecken, vermutlich wegen der für Aristoteles schwer erklärbaren Weise ihres Fortbestehens. Dieses Interesse wird durch seine Schriften bestätigt, in denen z. B. die Meeresbiologie eine Art Schwerpunkt bildet. Wir kommen also zu dem Bild ausgedehnter Forschungsreisen.

Wie diese im einzelnen vonstatten gingen, wissen wir nicht. Es ist aber zu berücksichtigen, daß sie in einer Zeit großer politischer Spannungen erfolgt sind; denn sie fallen in die Zeit der mazedonischen Expansion unter

224 Vgl. Flashar, Aristoteles (wie Anm. 130) 170 f.
225 M. Manquat, Aristote naturaliste, Paris 1932, 26–29.

Philipp II. und später Alexander dem Großen. Die erste Hauptstation der „Wanderjahre" des Aristoteles war das Herrschaftsgebiet des Hermias, die Städte Atarneus und Assos, wohin Hermias den Aristoteles eingeladen hatte.[226] Hermias und Aristoteles kannten sich offenbar aus Athen. Daß allerdings Hermias Platons und Aristoteles' Schüler in Athen gewesen ist, wie Strabon 13,1,57 = p. 610 C behauptet, widerspricht möglicherweise dem *6. Brief* Platons, der sich an die bei Hermias befindlichen Platonschüler Erastos und Koriskos und an Hermias selbst richtet, in dem der Autor sagt, er sei mit Hermias ‚noch nicht zusammengewesen' (322 E 6 f.: ὅσα μήπω συγγεγονότι). Wenn dies stimmt, dann ist entweder dieser Brief unecht, oder Hermias ist bei seinem mutmaßlichen Aufenthalt in der Akademie nicht bis zu Platon vorgedrungen, sondern hat nur die Bekanntschaft mit Erastos, Koriskos und Aristoteles gemacht; es kommt auch vor, daß alte Lehrer sich nicht mehr an alle ehemaligen Schüler erinnern können. Düring paraphrasiert die Stelle jedoch anders: „Plato merely states that he had not associated with him as a friend."[227] Doch erscheint diese Interpretation sehr unwahrscheinlich. Sicher gab es für Aristoteles vielerlei Gründe, Athen zu verlassen. Es kann kein Zweifel sein, daß er von Anfang an in Athen als makedonenfreundlich eingestuft wurde. Dies hängt gewiß mit seiner Herkunft zusammen. Sein Vater war Leibarzt des Königs Amyntas III. von Makedonien gewesen, und durch die Einnahme von Amphipolis (357) in der Nähe der makedonischen Grenze, von Aristoteles' Heimatstadt Stageira (349 oder schon 350[228]) und von Olynth (348), auf der Chalkidike nördlich des Golfs von Torōne (einer Stadt im Südwesten von Sithonia, der mittleren Halbinsel der Chalkidike) gelegen, wuchs in Athen die antimakedonische Stimmung, angeheizt etwa durch die *1. Philippische Rede* des Demosthenes (349). Diese Situation wird einer der Gründe für das Verlassen Athens im Jahre 347 gewesen sein. Ein anderer mag sein, daß ihn nach Platons Tod keine Loyalitäten zur Akademie mehr abhielten, eigene Wege zu gehen, und da bot sich eine Übersiedlung nach Atarneus und Assos an; denn Hermias kooperierte ohne Zweifel mit den Makedonen, um seine relative Unabhängigkeit von der persischen Macht aufrechtzuerhalten, und er fühlte sich zugleich der Philosophie verpflichtet, wie aus der Zusammenschau von Pseudo-Demosthenes X 32, von Kallisthenes' Enkomion auf Hermias (Didymus, *In Demosthenem Comm.* V 64 = T 15 e Düring = FGrHist 124 F 2 Jacoby) und von Philodems Bezeugungen (*Acade-*

226 Vgl. zu Hermias K. Trampedach, Platon, die Akademie und die zeitgenössische Politik (Hermes Einzelschriften H. 66), Suttgart 1994, 66 ff.

227 I. Düring, Aristotle in the Ancient Biographical Tradition (Acta Universitatis Gothoburgensis – Göteborgs Universitets Åersskrift, vol. LXIII 1957), Göteborg 1957, 279.

228 So H. Bengtson, Griechische Geschichte (Handbuch der Altertumswissenschaft, 3. Abt., 4. Teil), ^{3}1965, 306 m. Anm. 3.

mica = Index Academicorum, col. V 1 ff.) hervorgeht.[229] Hinzu kommt vielleicht, daß Aristoteles' Schwager und einstiger Vormund Proxenos, der Mann seiner Schwester, aus Atarneus stammte und möglicherweise dahin Beziehungen unterhielt. Was Aristoteles bewog, 345/344 bis 343/342 nach Lesbos bzw. Mytilene umzusiedeln, ist unbekannt. Es können aber durchaus wissenschaftliche Gründe gewesen sein, wenn man an seine Forschungen in Pyrrha denkt. 343/342 wird er von Philipp II. zur Erziehung des 13jährigen Alexander nach Mieza in Makedonien gerufen. Man vermutet, daß dies auf Veranlassung des Hermias geschah.[230] Die Erziehung dauerte bis längstens 340/339, als Alexander 16jährig die Regentschaft übernahm, da Philipp gegen Byzanz zu Felde zog. Anschließend wird sich Aristoteles wahrscheinlich in seine Heimatstadt Stageira zurückgezogen haben, die wie die ganze Chalkidike ja nunmehr zum makedonischen Einflußgebiet gehörte. Dies können wir aus Theophrast erschließen, der zwar aus Eresos auf Lesbos stammte, aber vielleicht schon in Assos mit Aristoteles in Kontakt war. Theophrast erwähnt in der *Pflanzengeschichte* (*Hist. plant.* III 11,1), daß eine Ahornart (σφένδαμνος) *klinótrochos* (κλινότροχος, herumlaufend?) genannt wird, und sagt: „z. B. von den Leuten in Stageira" (ὡς οἱ περὶ Στάγειρα). In IV 16,3 berichtet er von einer weißen Pappel im Schulgarten (Μουσεῖον) von Stageira, die wieder ausschlug, nachdem sie gefällt war. Er muß also nach dieser Stelle dort einige Zeit gewesen sein. Nach seinem Testament (D.L. V 52) besaß Theophrast dort einen Grundbesitz (*choríon*), den er dem Kallinos vererbte. Nach Düring handelte es sich wohl um das Haus des Aristoteles, das er geerbt hatte.[231] Es wird überliefert (D.L. V 4 und Plutarch, *Vita Alexandri* 7,3), daß Aristoteles es erreichte, daß das von Philipp II. zerstörte Stageira wiederaufgebaut wurde, und er soll auch Gesetze für die Einwohner aufgestellt haben. Düring führt die Nachricht auf Hermippos zurück und scheint ihr skeptisch gegenüberzustehen.[232] Peter G. Maxwell-Stuart dagegen nimmt in seinem Aufsatz über die Reisen Theophrasts an der Nachricht keinen Anstoß.[233] Da Theophrast später auch in Athen engster Schüler des Aristoteles war, ist auf jeden Fall anzunehmen, daß er Aristoteles von Lesbos auch nach Makedonien begleitete, auf das auch besonders viele Ortsangaben in Theophrasts botanischen Schriften entfallen. Nach der Vermutung von Maxwell-Stuart wird er nicht ständig mit nach Mieza gegangen sein, wo er bei der Erziehung Alexan-

229 Vgl. K. Gaiser, Philodems Academica. Die Berichte über Platon und die Alte Akademie in zwei herkulanensischen Papyri (Supplementum Platonicum I), Stuttgart-Bad Cannstadt 1988, 161 ff.; Trampedach (wie Anm. 226) 68 ff., 74.

230 Düring, Aristoteles. Darstellung (wie Anm. 93) 12.

231 Düring, Aristoteles. Darstellung (wie Anm. 93) 12 Anm. 62.

232 Düring, Biographical Tradition (wie Anm. 227) 293 f. und dazu 235, 286.

233 Maxwell-Stuart (wie Anm. 183) 252.

ders keine Aufgabe gehabt hätte. Maxwell-Stuart vermutet ansprechend, wenn auch nicht erweislich, daß er anderswo im makedonischen Bereich seinen wissenschaftlichen Studien nachgegangen ist. Er denkt etwa an den Ort *Philippoi*, der von Theophrast neunmal erwähnt wird. Er hieß ursprünglich *Krenides* (Quellen) oder *Daton*, und die Umbenennung nach der Einverleibung in den makedonischen Staat ist seit 356 durch Münzen bezeugt. In der Gegend interessierten ihn nicht nur Pflanzen, sondern auch die Bergwerke, was, wie Maxwell-Stuart ausführt, seinen Niederschlag in der nicht erhaltenen Schrift *Über die Metalle* sowie in der Schrift *Über die Steine* (*De lapidibus*) gefunden haben muß.[234] Dies schließt aber nicht aus, daß sich Theophrast zeitweilig auch in Pella bzw. Mieza aufgehalten hat; denn auch Aristoteles' Großneffe Kallisthenes ging dorthin und blieb auch nach dem Weggang des Aristoteles am makedonischen Hof, um durch sein Werk über Alexanders Taten (Ἀλεξάνδρου πράξεις) der ‚Homer' Alexanders zu werden, und Theophrast war offenbar mit ihm befreundet, wie sein Nachruf auf ihn anläßlich seiner Ermordung durch Alexander zu bezeugen scheint (D.L. V 44, vgl. T 436, 15 a–c und T 493 und 504 Fortenbaugh). Die beiden können sich aber am ehesten in Mieza begegnet sein.

Nachdem Alexander nach der Ermordung Philipps 336 König geworden war, eroberte er zunächst Theben (335), um sich den Rücken für den schon von seinem Vater geplanten Feldzug gegen die Perser freizuhalten, was die Rückkehr des Aristoteles nach Athen und die Aufnahme seiner Schultätigkeit im Lykeion ermöglichte.

Schon von Assos in der Troas aus kann Aristoteles Ausflüge zu zoologischen Zwecken unternommen haben. So berichtet er in der *Historia animalium* von weißen und schwarzen Schafen in der Gegend um die Stadt Antandros, das ca. 40 km von Assos entfernt ist, und führt den Unterschied der Fellfärbung darauf zurück, daß die Tiere das Wasser unterschiedlicher Flüsse trinken (*Hist. an.* III 12.519 a 16 ff.). Diese Erklärung ist natürlich unvorsichtig. Es hat gewiß unterschiedliche Schafsrassen gegeben, und Aristoteles hätte sich sagen können, daß die These leicht nachprüfbar und insofern widerlegbar ist, auch wenn er selbst keine Gelegenheit zum Nachprüfen hatte. Ob die vermutliche Reise von Assos aus stattfand, ist freilich nicht sicher, wenn es auch wegen der kurzen Entfernung sehr wahrscheinlich ist. Es spricht viel dafür, daß Aristoteles manche Forschungsreisen, wenn auch mit unterschiedlicher Zielsetzung, gemeinsam mit Theophrast ausführte. Und tatsächlich erwähnt Theophrast dreimal Antandros. In der *Pflanzengeschichte* (*Hist. plant.* IV 16,2) wird gesagt, daß Weiden und Platanen, wenn sie gefällt oder vom Sturm umgeworfen sind, sich wieder aufrichten und erholen können und ihre

234 Maxwell-Stuart (wie Anm. 183) 243 f.

Borke sich regenerieren kann, so eine Platane in Antandros und eine Weide in Philippoi.[235] Ebendort in V 6,1 wird gesagt, daß die Süßkastanie, bevor sie umfällt, durch Geräusch eine Vorwarnung gibt, was in Antandros Leuten im Bad ermöglichte, herauszuspringen. Der Baum von Antandros wird dann noch einmal in der Schrift *De causis plantarum* (*Über die Ursachen der Pflanzen*) V 4,7 erwähnt. Dies kann alles von den Leuten in Antandros den Besuchern erzählt worden sein, was den Aufenthalt dort nicht in Frage stellt. Man wird aber angesichts der engen Beziehung zwischen Theophrast und Aristoteles einen gemeinsamen Aufenthalt beider in der Stadt für wahrscheinlich halten. Es ergibt sich jedoch die Frage, ob Theophrast, der aus Eresos auf Lesbos stammt, schon vor Aristoteles' Übersiedlung nach Lesbos zu ihm nach Assos gekommen war, das nicht weit entfernt ist. Dies hat schon Werner Jaeger für möglich gehalten und später Konrad Gaiser beweisen zu können geglaubt. Er argumentierte, daß Theophrast in *De igne* § 46 nur von Assos aus den in Assos verwendeten Sargstein als den „ringsum (vorhandenen) Stein" (ὁ δὲ κύκλῳ λίθος), „aus dem sie die Särge machen, und wo sonst ein solcher Stein vorkommt," bezeichnet haben kann und deshalb *De igne* bereits in Assos entstanden sein muß, wohin diese Steine weisen.[236] Andreas Kamp hat dies abgeschwächt und hält nur die Paragraphen 46–47 für früh.[237] Meiner Meinung nach ist die Schrift insgesamt später entstanden, und Theophrast meint zwar ‚im Umkreis von Assos', hat dies aber nicht deutlich ausgedrückt, oder die Worte ‚von Assos' (τοῦ Ἄσσου) sind ausgefallen. Denn egal, wo Theophrast geschrieben hat, fehlt ja für den Leser die Angabe, wo man die Särge aus diesem Stein angefertigt hat. Es handelt sich ja nicht um die stenographische Niederschrift eines Vortrags! Aber Theophrast wird wohl schon vor Aristoteles' Übersiedlung nach Lesbos in Assos gewesen sein. Von dort kann er auch Ausflüge in das nahe Ida-Gebirge gemacht haben, das er in der *Historia plantarum*, Buch III, siebzehnmal erwähnt.[238]

Vielleicht ging die gemeinsame Reise von Assos aus an der Westküste von Kleinasien von Antandros noch weiter nach Süden. Sowohl Aristoteles als auch Theophrast erwähnen Milet und Knidos. Was das milesische Gebiet betrifft, berichtet Aristoteles in der *Historia animalium* VIII 28.605 b 26 f.,

235 O. Regenbogen, Theophrastos, RE Suppl. VII, 1940, Sp. 1354–1562 (Sonderausgabe 1950), hier Sp. 1468 sieht in der Stelle ein Muster für eine autoptische Beobachtung.

236 K. Gaiser, Theophrast in Assos. Zur Entwicklung der Naturwissenschaft zwischen Akademie und Peripatos, Abhandlungen der Heidelberger Akademie der Wissenschaften, phil.-hist. Kl., Jahrgang 1985, 3. Abh., Heidelberg 1985, 28 ff.

237 A. Kamp, Philosophiehistorie als Rezeptionsgeschichte. Die Reaktion auf Aristoteles' De Anima-Noetik. Der frühe Hellenismus (Bochumer Studien zur Philosophie 33), Amsterdam-Philadelphia 2001, 71 m. Anm. 8.

238 Vgl. S. Amigues, Théophraste, Recherches sur les plantes, I–V, Paris 1988, T. I, p. X.

daß dort die Zikaden (wie auch anderswo) in begrenzten Revieren wohnen. In einem Gebiet gibt es welche, im benachbarten dagegen nicht. Theophrastos berichtet von dem Raupenbefall von Olivenbäumen in Milet in der *Historia plantarum* IV 14,9, allgemein vom Raupenbefall von Bäumen dort in der Schrift *De causis plantarum* V 10,3, von einem nicht brennbaren milesischen Stein, der trotzdem *anthrax* heißt (*De lapidibus* 19), und von einer milesischen Trinkvorschrift für Frauen, nur Wasser zu trinken (fr. 117 Wimmer = 579 B Fortenbaugh). Möglicherweise ist man auch nach Knidos gekommen, das auf der karischen Chersonnes liegt, an der Südwestspitze Kleinasiens, und Heimatort des Eudoxos war. Denn Aristoteles berichtet in der *Historia animalium* (VI 15.569 a 10 ff.), daß die Leute in der Gegend von Knidos erzählen, daß ein See in ihrer Nähe einmal ausgetrocknet war und sich sofort nach den ersten Regengüssen wieder mit kleinen Fischen bevölkerte, die also aus trockenem Schlamm und Sand entstanden sein müßten, was für Aristoteles wegen der anscheinenden Spontanentstehung wichtig war.

Auch Theophrast erwähnt Knidos. Er berichtet, daß der Johannisbrotbaum (κερωνία) auch in Knidos vorkommt (*Hist. plant.* IV 2,4). Vom Duft einer ägyptischen Myrtenart in Knidos spricht er in *De causis plantarum* VI 18,4. In *De ventis* 51 ist von der sprichwörtlichen Bezeichnung zweier Winde in Knidos und Rhodos die Rede (ἀργέστης, λίψ), was für direkte Kenntnis mundartlicher Namen spricht.

Auch Zypern mit seinem Bergbau ist bei Aristoteles im Blick (*Hist. an.* V 19.552 b 10 ff.), selbst wenn die angeblichen Fliegen im Feuer schwer deutbar sind. Was auch immer dort erzählt wurde, die Stelle macht wahrscheinlich, daß Aristoteles auf Zypern war.

Auch Theophrast erwähnt in *De odoribus* 27 eine vielduftende Pflanze, eine ‚Bergrebe' (οἰνάνθη ὀρεινή), auf Zypern, aus der ein Parfüm hergestellt wurde.[239] Auch wenn diese Stellen keinen Beweis für eine gemeinsame Reise ergeben, bezeugen sie doch Interesse für dieselbe Lokalität.

Die meisten und ausführlichsten Nachrichten über Aristoteles' Forschungen, die mit einer Ortsangabe versehen sind, beziehen sich auf seinen Aufenthalt auf Lesbos. Ganz offenkundig hat Aristoteles dort engen Kontakt zu den Fischern an der Lagune von Pyrrha gehalten nahe dem heutigen Ort Kalloni, der 3–4 km von der Bucht entfernt ist. In einer einjährigen Untersuchung hat Jason A. Tipton anhand der Beobachtung des dortigen Vorkommens zweier Fische, des Kobios (κωβιός), den er als Meeresgrundel identifiziert, und der Phykis (φυκίς), gewöhnlich als Brasse gedeutet,[240] seiner Meinung nach der

239 Vgl. B. Herzhoff, Index der Pflanzen und ihrer Erzeugnisse, in: U. Eigler, G. Wöhrle, Theophrast, De odoribus, Edition, Übersetzung, Kommentar mit einem botanischen Anhang von B. Herzhoff, Stuttgart 1993, 90.

240 D'Archy W. Thompson, A Glossary of Greek fishes, London 1947, 276 ff.

Schleimfisch *(Parablennius sanginolentus)*, den rein empirischen Charakter der aristotelischen Ergebnisse bestätigt gefunden.[241] Ob Aristoteles selbst mit der Angel Fische gefangen hat, wie Tipton meint, ist unsicher. Freilich sind die uns zur Verfügung stehenden Informationen widersprüchlich.[242] Beide Arten gehörten, jedenfalls in ihrer bekanntesten Form, zu den Speisefischen, wie wir aus der diätetischen medizinischen Literatur wissen: Hippokrates, *De victu* II 48 [VI 548 L.] und später Diokles fr. 229 van der Eijk = fr. 135e Wellmann [aus Athenaeus VII 305 b]). Ihr Fleisch war weich und leicht im Gegensatz zu dem der Wanderfische (πλάνητες in *De victu*). Der Kobios, der am häufigsten erwähnt wird und von dem Aristoteles sagt, daß er im Golf von Pyrrha überwintere, ist sicher an vielen Orten von den Fischern gefangen worden, so daß die Fänge inspiziert werden konnten. Im Gegensatz dazu steht etwa die Nachricht, daß dieser Fisch mit anderen (zum Laichen?) die Flüsse hinaufschwamm (*Hist. an.* VIII 19.601 b 21 f.). Wie dieser Widerspruch zu erklären ist, ist unklar. Vielleicht stimmt diese Angabe nicht.

Aristoteles berichtet ferner in seiner *Historia animalium*, daß die Fischer dort die Seesterne als große Pest bezeichneten (V 15.548 a 8 ff.) und daß dort einmal die Kammuscheln ganz verschwanden wegen des intensiven Aberntens durch ein Kratzwerkzeug und wegen Dürre (*Hist. an.* VIII 20.603 a 21 ff.). Er weiß, daß die Seeigel anders als in anderen Gegenden im Golf von Pyrrha im Winter am besten sind (*Hist. an.* V 12.544 a 21 ff.; *De part. an.* IV 5.680 a 36 ff.) und daß es Experimente gab, die Austern vom Golf von Pyrrha nach geeigneten Plätzen bei Chios zu verpflanzen (*De gen. an.* III 11.763 b 1 ff.). Schließlich gibt er in der *Historia animalium* IX 37.621 b 12 ff. einen überblickartigen Bericht über die Meeresfauna im Golf von Pyrrha:

> „Aus dem Euripos in Pyrrha schwimmen die Fische mit Ausnahme der Meergrundel im Winter wegen der Kälte fort, da der Euripos kälter ist, schwimmen aber gleich mit dem Beginn des Frühlings wieder in denselben hinein. Im Euripos kommen weder der Skaros vor noch die Thritta noch ein anderer der reichlicher mit Stacheln besetzten (grätenreicheren)

241 J.A. Tipton, Aristotle's Study of the Animal World. The case of kobios and phucis, in: Perspectives in Biology and Medicine, vol. 49,3, 2006, 367–383. Der Aufsatz bemüht sich zwar, die Brücke zur aristotelischen Philosophie (im modernen Sinne) herzustellen, zeigt aber im Grunde, daß die aristotelischen Schriften autonome Biologie (bzw. Zoologie) sind.

242 Vgl. u. a. H. Aubert, F. Wimmer (Hrsg.), Aristoteles, Thierkunde, Bd. I. II, Leipzig 1868, I 134, Tipton (siehe oben Anm. 241), S. Zierlein, Historia animalium, Buch I und II, übersetzt, eingeleitet und kommentiert, in: Aristoteles. Werke in deutscher Übersetzung, begr. von E. Grumach, fortgeführt von H. Flashar, hrsg. v. Ch. Rapp, Berlin 2013, 535, S. Schnieders in seinem in Vorbereitung befindlichen Kommentar zu *Historia animalium*, Buch VIII und IX, zu 591 b 10 ff., 601 b 19 ff.

Fische, ferner keine kleinen Haie (γαλεοί), keine Dornhaie, Langusten, Polypodes (Oktopoden), Bolitainai und so weiter. Von den im Euripos vorkommenden (Fischen) ist die weiße Meergrundel kein Fisch der hohen See. Die eiertragenden Fische sind von bester Qualität im Frühling, bis sie laichen, die lebendiggebärenden im Herbst (und außer diesen die Meeräschen, Seebarben und dergleichen). Alle, sowohl die auf hoher See als auch die im Euripos (der Meerenge) Lebenden bringen ihre Jungen im Euripos zur Welt (τίκτει). Denn sie paaren sich im Herbst und gebären im Frühling. Denn die Selachier finden sich im Herbst zur Paarungszeit, Männchen mit Weibchen vermischt, zusammen, im Frühling aber schwimmen sie getrennt hinein, bis sie geboren haben; zur Paarungszeit aber fängt man viele paarweise."[243]

(Übersetzung im Anschluß an Aubert-Wimmer[244], mit textkritischen Änderungen)

Die Differenz von Paarung und Laichen kann sich nur auf die Selachier beziehen.[245] Vom *Gobius* wird also von Aristoteles berichtet, daß er in der Lagune sogar überwintert. Der Bericht deutet darauf hin, daß Aristoteles die Anlandungen von Fischen im Golf von Pyrrha selbst untersucht und sich zusätzliche Informationen von den Fischern verschafft hat.

In dem zoologisch sehr gelehrten Kapitel über die Schwämme V 16 zieht er im Ägäischen Meer eine Grenze hinsichtlich deren Wuchses bei dem Kap Malea (offenbar gleich Malia bei Strabon 13,2,2 = p. 616 C) im Südosten von Lesbos. Die Schwämme nördlich von Kap Malea (οἱ τ' ἐπέκεινα Μαλέας), d. h. im Hellespont, sind härter und dichter, die südlich davon (οἱ ἐντός) aus klimatischen Gründen weicher und lockerer und auch größer, am meisten in Lykien (*Hist. an.* 548 b 19 f.). Diese Bemerkungen zeugen von intensiven Beobachtungen an unterschiedlichen Orten. Die Schwämme sind natürlich für einen Zoologen ein bevorzugtes Untersuchungsobjekt, weil hier die Frage auftaucht, ob sie Tiere sind (was Aristoteles bejaht) oder Pflanzen. Schließlich erwähnt er die Insel Pordoselene, die zwischen Lesbos und Mysien liegt und zu den Hekatonnesoi

243 ἐκ δὲ τοῦ εὐρίπου τοῦ ἐν Πύρρᾳ οἱ ἰχθύες χειμῶνος μὲν ἐκπλέουσιν ἔξω, πλὴν κωβιοῦ, διὰ τὸ ψῦχος (ψυχρότερος γάρ ἐστιν ὁ εὔριπος), ἅμα δὲ τῷ ἔαρι πάλιν εἰσπλέουσιν. οὐ γίνεται δ' ἐν τῷ εὐρίπῳ οὔτε σκάρος οὔτε θρίττα οὔτε ἄλλο τῶν ἀκανθηροτέρων οὐθέν, οὐδὲ γαλεοὶ οὐδὲ ἀκανθίαι οὐδὲ κάραβοι οὐδὲ πολύποδες οὐδὲ βολίταιναι οὐδ' ἄλλ' ἄττα· τῶν δ' ἐν τῷ εὐρίπῳ φυομένων οὐκ ἔστι πελάγιος ὁ λευκὸς κωβιός. ἀκμάζουσι δὲ τῶν ἰχθύων οἱ μὲν ᾠοφόροι τοῦ ἔαρος μέχρι οὗ ἂν ἐκτέκωσιν, οἱ δὲ ζῳοτόκοι τοῦ μετοπώρου καὶ πρὸς τούτοις κεστρεῖς καὶ τρίγλαι καὶ τἆλλα τὰ τοιαῦτα. πάντα δὲ καὶ τὰ πελάγια καὶ τὰ εὐριπώδη τίκτει ἐν τῷ εὐρίπῳ· ὀχεύονται μὲν γὰρ τοῦ μετοπώρου, τίκτουσι δὲ τοῦ ἔαρος. ἔστι δὲ [καὶ om. α] τὰ σελάχη κατὰ μὲν τὸ μετόπωρον ἀναμὶξ τὰ ἄρρενα τοῖς θήλεσι κατὰ τὴν ὀχείαν, τοῦ δ' ἔαρος εἰσπλέουσι διακεκριμένα μέχρι οὗ ἂν ἐκτέκωσιν· κατὰ δὲ τὴν ὀχείαν ἁλίσκεται πολλὰ συνεζευγμένα.

244 H. Aubert, F. Wimmer (Hrsg.), Aristoteles, Thierkunde, Bd. I. II, Leipzig 1868, II 273.

245 Zur Fortpflanzung der Knorpelfische vgl. Westheide-Rieger (wie Anm. 86) Teil 2, 215 ff.

gehört (VIII 28.605 b 29 f.). Eine Straße trenne dort ein Revier, in dem Wiesel vorkommen, von einem, in dem dies nicht der Fall ist.

Nebenbei bemerkt verteilen sich die hier angegebenen Stellen für Lesbos auf die drei Schriften *De partibus animalium*, *De generatione animalium*, *Historia animalium*, und bei letzterer auf die Bücher V, VIII und IX. Schon hieraus ergibt sich, daß es nicht angeht, Buch IX pauschal als unecht zu erklären, wie dies Solmsen tut.[246] Der Bericht von Pyrrha ist allein deshalb ins IX. Buch gekommen, weil es in ihm um die *Lebensweise* (βίος) der Tiere geht.

Auch Theophrast erwähnt Pyrrha mehrfach.[247] In der *Historia plantarum* II 2,6 wird davon berichtet, daß viele Versuche, Eichen aus Samen zu züchten, nicht dieselbe Qualität erreichten wie Züchtung aus Ablegern. In III 9,5 wird folgendes berichtet: Wie sich bei einem Brand des Pinienwaldes auf dem Pyrrha-Berg zeigte, treiben die abgebrannten Bäume der Pinie (πίτυς, Aleppo-Kiefer) im Unterschied zu denen der Fichte (πεύκη) wieder aus. Zwei Stellen beschäftigen sich mit der Qualität des Wassers: Das Wasser in Pyrrha sei den Pflanzen überhaupt nicht förderlich, obschon es süß sei (*De causis plantarum* II 6,4). In der *Historia plantarum* IX 18,10 wird gesagt, daß in Pyrrha das Wasser die Frauen unfruchtbar macht.[248] Aber auch andere Orte auf Lesbos werden von Theophrast erwähnt, z. B. das Ordymnosgebirge, das bei Eresos, der Heimatstadt des Theophrast, liegt (*Hist. plant.* III 18,13).[249]

Auch in Makedonien bzw. anschließend in seiner Heimatstadt Stageira muß Aristoteles ab 340 seine zoologischen Forschungen weitergeführt und Exkursionen in die Umgebung unternommen haben. Dies betrifft sicher zunächst die nunmehr makedonisch dominierte Chalkidike.

Eine Ortsangabe (*Assēritis*), die ausdrücklich als zur „Chalkidike bei Thrakien" gehörig bezeichnet wird,[250] bezieht sich auf die Gegend um die Stadt Assera (oder Assa), deren genaue Lage umstritten ist. Sie wird einerseits am Nordende des Singitischen Golfs, der zwischen den beiden Halbinseln

246 Vgl. zum aristotelischen Charakter des IX. Buches jetzt die besonnenen Überlegungen von S. Schnieders, Fabulöses und Mirabilien bei Aristoteles, besonders in *Historia animalium* IX, Antike Naturwissenschaft und ihre Rezeption XXII, 2013, 11 ff.

247 Vgl. Thanos (wie Anm. 190) 113–131.

248 Zu der untypischen Mineralisierung des (magnesiumhaltigen) Wassers in Pyrrha vgl. S. Amigues, Théophraste, Les causes des phénomènes végetaux, Livres I et II, Paris 2012, 185 ff.

249 Zu dem dortigen giftigen Rhododendron vgl. S. Amigues, Études de botanique antique, Mémoire de l'academie des inscriptions et belles lettres, Tome XXV, Paris 2002, 185 ff. (freundlicher Hinweis von Bernhard Herzhoff).

250 M. Zahrnt, Makedonien als politischer Begriff in vorrömischer Zeit, Hermes 130, 2002, 60 f. spricht von einer traditionellen Zuordnung, nach der „makedonisch" eine politische Bezeichnung ist, „thrakisch" aber eine geographische. Vgl. auch P. Flensted-Jensen, The Chalkidic Peninsula and its Regions, in: Ders., Further Studies in the ancient Greek polis (Historia H. 138), Stuttgart 2000, 125: „Thus, the Chalkidic peninsula did not have a common name in antiquity; it was actually included in the broad τὰ ἐπὶ Θρᾴκης."

Sithonia und Akte liegt, in der Nähe des heutigen Perdikia angesiedelt,[251] andererseits in der weiter östlichen Ebene von Gomation, wo ein Fluß namens Develikia liegt, der angeblich allein dem von Aristoteles *Psychros* genannten Fluß entsprechen könnte.[252] Aristoteles behauptet, daß auch dort durch bestimmten Wassergenuß am Fluß *Psychros* schwarze Lämmer geboren werden. Die Nachricht gehört, weil es hier um die Gewebe der Tierkörper geht, also um die Haut, ins dritte Buch der Schrift (*Hist. an.* III 12.519 a 14 ff.).

Bei der Beschreibung von Krebsarten in der *Historia animalium* V 17 taucht außer dem Hellespont, der Insel Thasos und dem Kap Sigeion auch der Berg Athos auf, der offenbar wie auch sonst gelegentlich als Name für die ganze Halbinsel Akte gebraucht wird (549 b 15–17). Während im Hellespont und im Bereich der Insel Thasos Hummer (ἀστακοί) gediehen, fänden sich im Bereich des Kaps Sigeion und der Athoshalbinsel Langusten (κάραβοι). Man sieht, wie die geographischen Angaben, wenn es um die Meeresbiologie geht, besonders präzise werden. Speziell zum Berg Athos bemerkt Aristoteles noch etwas anderes: Gebirgige und rauhe Gegenden verleihen den Tieren ein wilderes und wehrhafteres Aussehen, so auch den Wildschweinen auf dem Berg Athos; denn nicht einmal den weiblichen Tieren halten die männlichen in der Ebene stand (*Hist. an.* VIII 29.607 a 9 ff.).

Dreimal wird in der *Historia animalium* die Stadt Torōnē erwähnt, im Südwesten der Halbinsel Sithonia in der Chalkidike gelegen, etwa 100 km von seiner Heimatstadt Stageira entfernt, die sich ja etwa am nördlichen Ende der östlichen Halbinsel Akte mit dem Berg Athos befindet, und zwar handelt es sich um unterschiedliche Fakten. In III 21.523 a 3 ff. geht es um die Milch. Die Schafe würden (normalerweise) 8 Monate gemolken. Im Bereich von Torōnē würden die Schafe nur wenige Tage vor der Geburt der Lämmer keine Milch mehr geben, sonst immer. Im vierten Buch über die Invertebraten, in IV 5.530 b 10 ff., wird offenbar über eine besondere Art der Seeigel berichtet, nicht über die pentameren Regularia, die Aristoteles sonst beschreibt, sondern über irregulär gebaute, bei denen die Radiärsymmetrie durch eine Bilateralsymmetrie überlagert wird und Mund und After sich nicht gegenüberliegen, sondern der After zum Mund hin gekrümmt ist.[253] Die dritte Stelle befindet sich in V 16, dem schon erwähnten Kapitel über Schwämme (über die er im Rahmen der angeblichen Spontanentstehung der Schaltiere spricht). Dort

251 So E. Oberhummer, Assa, RE II, 1896, Sp. 1140.

252 M. Zahrnt, Olynth und die Chalkidier. Untersuchungen zur Staatenbildung auf der Chalkidischen Halbinsel im 5. und 4. Jahrhundert v. Chr. (Vestigia. Beiträge zur Alten Geschichte Bd. 14), München 1971, 162 ff.

253 Vgl. Thompson, Historia animalium (wie Anm. 219) zu 530 b 10 Anm. 10; Kullmann, Aristoteles. Über die Teile der Lebewesen (wie Anm. 15) 435 f.

merkt Aristoteles an, daß die Bewohner von Torōnē bezweifeln, daß die Schwämme, deren Tiercharakter für Aristoteles feststeht, Empfindung haben (*Hist. an.* V 16.548 b 10 ff.), und die vermeintlichen Bewegungen der Schwämme als Bewegungen der in ihnen wohnenden kleinen Tiere deuten. An der ersten und dritten Stelle geht es um Informationen aus zweiter Hand, an der zweiten Stelle um eine wichtige zoologische Beobachtung des Aristoteles selbst, die er offenbar auf Lesbos nicht gemacht hat.

Auch Theophrast hat diese Gegend im Auge.[254] Er spricht davon, daß die Leute um den Athos herum das dort anstehende Mineral „Gips" nennen (*De lapidibus* 64). Er berichtet ferner, daß man in einem Sumpf in der Gegend von Torōnē auch die Ägyptische Bohne (κύαμος, *Nelumbum speciosum* nach Hort, *Nelumbo nucifera* nach *Amigues*) findet (*Hist. plant.* IV 8,8). Dies steht im Buch IV im ausführlichen Bericht über die klimatischen Bedingungen der Bohne in Ägypten und mag eine Reminiszenz an frühere Erfahrungen sein. Theophrast behandelt die Wolkenbildung auf dem Berg Athos (*De sign. temp.* 34, 43, 51), die Olivenernte in Olynthos (*De caus. plant.* I 20,4) sowie ebendort übliche Saatmethoden (*Hist. plant.* VIII 11,7) und den Weizen und die Feigen in Aineia (*Hist. plant.* VIII 4,4; IV 14,3). Vielleicht beziehen sich auch diese Stellen auf eine gemeinsame Reise mit Aristoteles. Allerdings erhebt sich hier die Frage, aus welcher Zeit diese Angaben stammen. Es ist in der althistorischen Forschung unklar, ob und wieweit die Stadt Olynth nach ihrer Zerstörung durch Philipp 348 wieder neu besiedelt wurde. Da aber Theophrast die Stadt vor ihrem Zerstörungsdatum nicht gekannt haben kann, muß man wohl doch trotz Zerstörung eine Reise dorthin 10 Jahre später nicht ausschließen, zumal eine gewisse landschaftliche Nutzung des Nordhügels der Stadt auch nach 348 nachgewiesen zu sein scheint.[255] Natürlich können auch Berichte von Kallisthenes, der aus Olynth stammte, eine Rolle gespielt haben. Abgesehen davon ist bei dem Vergleich der Aristotelesstellen und der Theophraststellen immer zu berücksichtigen, daß die *Historia plantarum* höchstwahrscheinlich später geschrieben bzw. fertiggestellt wurde als die zoologischen Schriften des Aristoteles.

Wir kommen zu dem etwas weiteren Umkreis, der auch wohl noch bequem von Stageira aus zu erreichen gewesen wäre.

Von der Gegend Sykine am Bolbesee im Bereich des ursprünglichen Grenzgebiets zwischen Makedonien und Thrakien (bevor 357 von Philipp II. Amphipolis eingenommen wurde und Makedonien sich Thrakien einverleibte) berichtet Aristoteles zunächst im 2. Buch der *Historia animalium,* in dem er die Anatomie der Tiere behandelt (II 17.507 a 16 ff.), daß es dort ebenso wie anderswo eine Hasenart gebe, die zwei Lebern aufweise. D. h. er hat die

254 Vgl. auch Maxwell-Stuart (wie Anm. 184) 251 ff.
255 Vgl. Zahrnt, Olynth und die Chalkidier (wie Anm. 252) 112 ff., bes. 116.

Zweilappigkeit der Leber der Hasen in Makedonien registriert. Auch im 8. Buch dieser Schrift, das die Lebensweise der Tiere behandelt, erwähnt er diese Gegend. Er spricht dort über den Aalfang im Strymon-Fluß, der ja die eigentliche Grenze zwischen Makedonien und Thrakien bildete, vor allem über die Maßnahmen der Aalzüchter, bzw. Aalmäster, mit denen er sich offenbar lange unterhalten hat. So sagt er dort (*Hist. an.* VIII 2.592 a 2 ff.):

> „Auch darauf achten die Aalzüchter, daß es (scil. das Wasser) möglichst rein ist, indem sie es über Steinplatten ab und zufließen lassen oder auch die Aalbehälter mit Kalk übertünchen; denn wenn das Wasser nicht rein ist, ersticken sie nämlich bald, da sie kleine Kiemen haben. Daher rührt man das Wasser auf, wenn man sie fangen will. Und am Strymon werden sie zur Zeit der Pleiaden gefangen [also wohl im Mai]; denn zu dieser Zeit wird das Wasser trübe und der Schlamm durch entgegengesetzte Winde aufgerührt. Wenn dies nicht der Fall ist, ist es besser, den Fang aufzugeben. Die toten Aale schwimmen nicht oben auf und kommen nicht an die Oberfläche, wie es bei den meisten Fischen der Fall ist; denn sie haben einen kleinen Magen. Fett findet man nur bei wenigen, die meisten haben keins. Außerhalb des Wassers leben sie fünf bis sechs Tage und bei Nordwinden längere Zeit als bei Südwinden. Werden sie im Sommer in die Aalbehälter gebracht, so sterben sie ab, im Winter aber nicht. Auch vertragen sie nicht jähe Wechsel. So sterben sie zum Beispiel oft zum größten Teil, wenn sie beim Transport ins kalte Wasser gebracht werden. Auch ersticken sie, wenn sie eine zu geringe Menge Wasser haben. Und dasselbe tritt auch bei den übrigen Fischen ein, daß sie nämlich ersticken, wenn sie immer in derselben zu geringen Menge Wasser sich befinden, gerade so wie es auch den atmenden Tieren ergeht, wenn sie sich in einem kleinen abgeschlossenen Luftraum befinden. Manche Aale leben sieben bis acht Jahre."[256]
>
> (Übersetzung von Aubert-Wimmer[257], mit Änderungen)

256 καὶ τοῦτο τηροῦσιν οἱ ἐγχελεοτρόφοι ὅπως ὅτι μάλιστα καθαρὸν ᾖ, ἀπορρέον ἀεὶ καὶ ἐπιρρέον ἐπὶ πλαταμώνων, ἢ κονιῶντες τοὺς ἐγχελεῶνας. ἀποπνίγονται γὰρ ταχὺ ἐὰν μὴ καθαρὸν ᾖ τὸ ὕδωρ· ἔχουσι γὰρ τὰ βράγχια μικρά. διόπερ ὅταν θηρεύωσι, ταράττουσι τὸ ὕδωρ· καὶ ἐν τῷ Στρυμόνι δὲ περὶ Πλειάδα ἁλίσκονται· τότε γὰρ ἀναθολοῦται τὸ ὕδωρ καὶ ὁ πηλὸς ὑπὸ πνευμάτων γινομένων ἐναντίων· εἰ δὲ μή, συμφέρει ἡσυχίαν ἔχειν. ἀποθανοῦσαι δ' αἱ ἐγχέλεις οὐκ ἐπιπολάζουσιν οὐδὲ φέρονται ἄνω ὥσπερ οἱ πλεῖστοι τῶν ἰχθύων· ἔχουσι γὰρ τὴν κοιλίαν μικράν. δημὸν δ' ὀλίγαι μὲν ἔχουσιν, αἱ δὲ πλεῖσται οὐκ ἔχουσιν. ζῶσι δ' ἐκ τοῦ ὑγροῦ ἀφαιρούμεναι ἡμέρας καὶ πέντε καὶ ἕξ, καὶ βορείων μὲν ὄντων πλείους νοτίων δ' ἐλάττους. καὶ μεταβαλλόμεναι τοῦ θέρους εἰς τοὺς ἐγχελεῶνας ἐκ τῶν λιμνῶν ἀποθνήσκουσι, χειμῶνος δ' οὔ. καὶ τὰς μεταβολὰς δ' οὐχ ὑπομένουσι τὰς ἰσχυράς, οἷον καὶ τοῖς φέρουσιν ἐὰν βάπτωσιν εἰς ψυχρόν· ἀπόλλυνται γὰρ ἀθρόαι πολλάκις. ἀποπνίγονται δὲ ἐὰν καὶ ἐν ὀλίγῳ ὕδατι τρέφωνται. τὸ δ' αὐτὸ τοῦτο καὶ ἐπὶ τῶν ἄλλων συμβαίνει ἰχθύων· ἀποπνίγονται γὰρ ἐν τῷ αὐτῷ ὕδατι καὶ ὀλίγοι ἀεὶ ὄντες, ὥσπερ καὶ τὰ ἀναπνέοντα ἐάνπερ πωμασθῇ ὀλίγος ἀήρ. ζῶσι δ' ἔνιαι ἐγχέλεις καὶ ἑπτὰ καὶ ὀκτὼ ἔτη.

257 Aubert-Wimmer (wie Anm. 241) II 129.

Ebenfalls erwähnt er den Strymonfluß im 8. Buch, wenn er zur Lebensweise der Vögel kommt. Er sagt, daß die Pelikane vom Strymon zur Donau(mündung) fliegen, wo sie ihre Jungen großziehen (VIII 12.597 a 10ff.). Dazu wird er Schiffskapitäne befragt haben. Ob Aristoteles diese Gegend am Strymon von Makedonien aus oder von dem etwa 50 km entfernten näheren Stageira, seiner Heimatstadt, aus bereiste, können wir nicht entscheiden. Wir sehen aber hier, daß er in derselben Gegend sich sowohl um anatomische Fragen kümmert (hier geht es um die Leberlappung der Hasen, die im 2. Buch behandelt wird) als auch um die Lebensweise der Tiere (hier der Aale und der Pelikane), von der das 8. Buch handelt.

Auch Theophrast erwähnt den Strymon (*Hist. plant.* IV 9,1). Jeder Fluß habe seine besondere Wasserpflanze. Nicht einmal die Wasserkastanie (τρίβολος) komme überall vor, sondern nur in sumpfigen, nicht zu tiefen Flüssen wie dem Strymon. Dies spricht dafür, daß er auch auf dieser Reise Aristoteles begleitet haben kann. Dabei kann er auch die Weißtanne (ἐλάτη θήλεια, *Hist. plant.* III 9,6) und die Birke (σημύδα, *Hist. plant.* III 14,4) des Rhodope-Gebirges im makedonischen Hinterland beobachtet haben.[258]

Offensichtlich ist Aristoteles den Strymon flußaufwärts nach Paionien gelangt, wo er den Wisent (βόνασος) ausführlich beschreibt (*Hist. an.* IX 45.630 a 18ff.). Auch wenn ein Beweis für eine gemeinsame Reise nicht gegeben werden kann, bleibt festzuhalten, daß Aristoteles und Theophrast offenbar sowohl am Unterlauf des von ihnen erwähnten Strymon geforscht haben, als auch sich in das nördliche Bergland begeben haben, wo sie die Weißtanne, die Birke bzw. den Wisent kennenlernten.

Aristoteles spricht auch vom Vorkommen der meisten Fischarten in dem Strandsee (bzw. der Lagune) Bistonis (*Hist. an.* VIII 13.598 a 23), die weiter östlich in der Nähe des Nestosflusses und der Stadt Abdera liegt, was auf ein systematisches Bereisen der ganzen thrakischen Küste hinweist.

Aus einer Sumpfgegend im Kedripolisgebiet[259] in Thrakien (östlich vom Strymon nach Ps.-Aristoteles, *Mirabilia* 118.841 b 15) berichtet Aristoteles, daß dort die Menschen mit Hilfe von Habichten auf kleinere Vögel Jagd machen (*Hist. an.* IX 36.620 a 33ff.). In dieser Gegend war auch Theophrast. Er berichtet von für den Menschen geruchloser Gerste, die jedoch vom Zugvieh wegen ihres schlechten Geruchs verschmäht wird (*De odoribus* 4; vgl. Ps.-Aristoteles, *Mirabilia* 116.841 b 3ff.).[260]

258 Lokalisierung im Rhodope-Gebirge nach Amigues, Théophraste, Recherches (wie Anm. 238) T. I, p. XI.

259 Nach einem früheren Herrscher von Thrakien namens Kedriporis oder Kedripolis genannt. Vgl. L. Dittenberger, Ketripolis von Thrakien, Hermes 15, 1879, 293.

260 Vgl. H. Flashar, Mirabilia, in: Aristoteles. Werke in deutscher Übersetzung, hrsg. v. H. Flashar, Bd. 18 Teil II, Berlin 1972, 129f.

In V 15.547 a 4 ff. spricht Aristoteles ausführlich über Purpurschnecken an den verschiedensten Fundstellen; ausdrücklich werden auch Orte in der Troas genannt, so die Kaps Sigeion und Lekton, wo es besonders große gebe, während sie am Euripos auf Lesbos und in Karien klein seien. In diesen geographischen Zusammenhang gehört auch die Stadt Alopekonnesos an der Westküste der thrakischen Chersonnes, in deren Gegend *amiai* vorkommen (*Hist. an.* VIII 13.598 a 22; es handelt sich um den sog. Sardischen Thunfisch, den Bonito). Theophrast fand dort und in Lampsakos eine bestimmte Pilzart (ἴτον, fr. 167 Wimmer = 400 A,4 Fortenbaugh).

Offensichtlich ist Aristoteles auf seinen Reisen von Stageira aus auch nach Byzantion gekommen (dem späteren Konstantinopel und heutigen Istambul), das am Eingang zum Bosporus liegt und an vier Stellen der *Historia animalium* (im VI., VIII. [dort 2 ×] und IX. Buch) genannt wird. Es ist allerdings nicht klar, wann dies gewesen sein könnte. Denn hier sind die politischen Verhältnisse zu berücksichtigen. Philipp II. brach 340/339 zu seinem Feldzug gegen Perinth und Byzantion auf und belagerte sie, wenn auch vergeblich. Aristoteles kann, zumal seine Beziehung zu den Makedonen sicherlich bekannt war, erst später dahingekommen sein, als die Feindseligkeit gegen die Makedonen abgeklungen war. Die Problematik ist von Stefan Schnieders untersucht worden.[261] Danach ist mit Kai Trampedach[262] anzunehmen, daß am Widerstand der Stadt maßgeblich der Platonschüler Leon beteiligt gewesen ist, daß aber die Nachrichten über dessen Tod unglaubwürdig sind. Es bleibt nur das Faktum, daß 335 gemäß Arrian (*Anabasis* I 3,3) von Byzanz den an der Donau kämpfenden Makedonen Schiffe zu Hilfe kamen, seien es byzantinische Schiffe nach einem Waffenstillstand oder Schiffe einer bereits makedonischen Flottenstation in Byzanz. Jedenfalls ergibt sich, daß die Spannungen zwischen Byzanz und Makedonien schon vorher, möglicherweise einige Jahre vorher, beigelegt waren, so daß man ab 339, spätestens aber nach Philipps II. Ermordung 336, mit einer Reise des Aristoteles nach Byzanz rechnen kann.

In VI 17.571 a 13 ff. heißt es:

> „Sie (scil. die Thunfische) laichen Anfang Juli, und zwar befinden sich die Eier in einer Art Säckchen. Die Thunfische haben ein schnelles Wachstum; denn wenn diese Fische im Schwarzen Meer laichen, so entstehen aus dem Ei die sogenannten Skordylai, die von den Byzantinern wegen ihres schnellen Wachstums auch ‚Wachslinge' (αὐξίδες) genannt werden, und kommen im Spätherbst mit den Thunfischen aus dem Schwarzen Meer heraus, ziehen aber im nächsten Frühling, wo schon

261 In seiner im Entstehen begriffenen Dissertation: S. Schnieders, Aristoteles. Historia animalium, Buch VIII und IX, übersetzt, eingeleitet und kommentiert, zu 598 a 9 ff.

262 Trampedach (wie Anm. 226) 98 ff.

Pelamyden aus ihnen geworden sind, wieder in das Schwarze Meer hinein."[263] (Übersetzung von Aubert-Wimmer, mit Änderungen)

Aristoteles weiß also, daß die Byzantiner für drei Generationen von Thunfischen verschiedene Namen haben: ‚Wachslinge', Pelamyden,[264] Thunfische, und er ist über ihre Lebensweise gut informiert. Auch im achten Buch kommt er unter einem etwas anderen Gesichtspunkt auf die Thunfische und andere Zugfische bei Byzanz zurück. In VIII 13.598 b 3 ff. heißt es:

„Sie ziehen also in den Pontos um der Nahrung und um der Brut willen: denn es gibt daselbst passende Stellen zum Laichen und das trinkbare und süßere Wasser ist geeignet zur Ernährung der Jungen. Wenn sie aber gelaicht haben und die Brut herangewachsen ist, so ziehen sie aus gleich nach dem Aufgang der Pleiaden. Wenn nun im Beginn des Winters Südwinde herrschen, so ziehen sie langsamer fort, rascher aber, wenn Nordwinde herrschen, weil der Wind sie mit vorwärts treibt. In letzterem Falle ist die Brut, die bei Byzanz gefangen wird, klein, da ihr Aufenthalt im Pontos kürzere Zeit gedauert hat."[265]
(Übersetzung von Aubert-Wimmer, mit Änderungen)

Wir können nicht wissen, wieviel von diesem Vorgang Aristoteles selbst beobachtet hat. Sicher erscheint aber, daß er sich persönlich in Byzanz sachkundig gemacht hat. Byzanz ist jedenfalls die Station, an der Aristoteles sich in umfassender Weise der Erforschung der Migration und der Schwarmbildung von Fischen gewidmet hat. Wenn auch seine allgemeine Feststellung, daß die verschiedenen Thunfischarten und im großen und ganzen die *meisten* Wander- und Herdenfische (scil. wohl der Ägäis) im Frühjahr ins Schwarze Meer einwandern, nicht stimmt und eine unzulässige Generalisierung ist, die im Altertum in vergröberter Form noch ausgebaut wurde, so ist sie, was jedenfalls *eine* große Schwarmbewegung betrifft, nach dem Nachweis von Finenko

263 τίκτουσι δὲ περὶ τὸν Ἑκατομβαιῶνα ἀρχόμενον· τίκτουσι δὲ οἷον ἐν θυλάκῳ τὰ ᾠά. ἡ δ' αὔξησίς ἐστι τῶν θυννίδων ταχεῖα· ὅταν γὰρ τέκωσιν οἱ ἰχθύες ἐν τῷ Πόντῳ, γίγνονται ἐκ τοῦ ᾠοῦ ἃς καλοῦσιν οἱ μὲν σκορδύλας, Βυζάντιοι δ' αὐξίδας διὰ τὸ ἐν ὀλίγαις ἡμέραις αὐξάνεσθαι, καὶ ἐξέρχονται μὲν τοῦ φθινοπώρου ἅμα ταῖς θυννίσιν, εἰσπλέουσι δὲ τοῦ ἔαρος ἤδη οὖσαι πηλαμύδες.

264 Der Begriff ist mehrdeutig. Hier werden die jungen Thunfische (θύννοι) so genannt. Anderswo sind die Bonitos gemeint. Der Aufsatz von O. Tekin, *The Pelamydes of Byzantium and The Golden Horn*, Anadolu Araştırmaları XIV, 1996, 470–478 klärt die terminologischen Schwierigkeiten nicht umfassend genug auf.

265 διά τε δὴ τὴν τροφὴν εἰσπλέουσι καὶ διὰ τὸν τόκον· τόποι γάρ εἰσιν ἐπιτήδειοι εἰς τὸ τίκτειν, καὶ τὸ πότιμον καὶ τὸ γλυκύτερον ὕδωρ ἐκτρέφει τὰ κυήματα. ὅταν δὲ τέκωσι καὶ τὰ γεννώμενα αὐξηθῇ, ἐκπλέουσιν εὐθὺς μετὰ Πλειάδα. ἂν μὲν οὖν νότιος ὁ χειμὼν ᾖ, βραδύτερον ἐκπλέουσιν, ἂν δὲ βόρειος, θᾶττον διὰ τὸ τὸ πνεῦμα συνεπουρίζειν. καὶ ὁ γόνος δὲ τότε μικρὸς ἁλίσκεται περὶ Βυζάντιον ἅτε οὐ γενομένης ἐν τῷ Πόντῳ πολλῆς διατριβῆς.

doch zutreffend.[266] Ausgehend von den Thunfischen werden auch die Sardinen und noch zwei Makrelenarten genannt. Auch die Ausführungen zu Schwarmbildungen, Herdenverhalten und Vergesellschaftungen von verschiedenen Arten[267] in *Hist. an.* IX 2 beruhen vermutlich teilweise auf den Forschungen in Byzanz.

Bei den Sardinen erwähnt er die Theorie, daß sie bis zur Donaumündung schwimmen und durch einen anderen Donauarm in die Adria gelangen (*Hist. an.* VIII 13.598 b 12 ff.):

> „Als einzige Fische werden die Sardinen nur beim Einziehen gefangen, beim Ausziehen aber nicht bemerkt, und wird je eine einmal bei Byzanz gefangen, so unterwerfen die Fischer ihre Netze einer Reinigung, weil es etwas ganz Ungewöhnliches ist, daß sie aus dem Pontos kommen ..."[268]
> (Übersetzung von Aubert-Wimmer, mit Änderungen)

Die Stelle belegt keine persönliche Kenntnis der Donaumündung, ist aber auch generell im Hinblick auf Aristoteles' Kompetenz für das Schwarze Meer bemerkenswert. Auch dessen Westküste gehört ja seit dem Ende des 7. Jahrhunderts v. Chr. zu den milesischen Kolonialinteressen, und man konnte sich gewiß über diese Gegend gut informieren. Über das Verhalten von Makrelen im Bereich von Byzanz äußert er sich in *Hist. an.* VIII 13.598 b 27 ff. wie folgt:

> „Die ‚Mittelmeermakrelen' werden meist beim Hineinziehen gefangen, weniger beim Ausziehen. Am besten sind sie in der Propontis vor dem Laichen. Die übrigen Zugfische werden hauptsächlich beim Ausziehen aus dem Pontos gefangen und sind dann am besten. Beim Hineinziehen aber werden die fettesten unmittelbar an der Küste gefangen, weiter nach der See zu werden sie immer magerer. Wenn ein Südwind den ‚Mittelmeermakrelen' und den (gewöhnlichen) Makrelen beim Herausschwimmen entgegenkommt, so werden sie häufig noch tiefer unten als bei Byzanz gefangen."[269] (Übersetzung von Aubert-Wimmer, mit Änderungen)

266 Vgl. dazu die umfassende Untersuchung von S. Schnieders in seinem in Vorbereitung befindlichen Kommentar zu *Historia animalium* VIII–IX, zu 598 a 26 ff., dem der Hinweis auf die Arbeit von Zosim Finenko, Biodiversity and Bioproductivity, in: A.G. Kostianoy, A.N. Kosarev (Hrsg.), The Black Sea Environment (The Handbook of Environmental Chemistry, Volume 5 Water Pollution, Part Q), Berlin 2008, 351–374 zu verdanken ist.

267 Vgl. auch die moderne Behandlung dieser Thematik bei Westheide-Rieger (wie Anm. 86) Teil 2, 262 f.

268 οἱ δὲ τριχίαι μόνοι τῶν ἰχθύων εἰσπλέοντες μὲν ἁλίσκονται, ἐκπλέοντες δ᾽ οὐχ ὁρῶνται, ἀλλὰ καὶ ὅταν ληφθῇ τις περὶ Βυζάντιον οἱ ἁλιεῖς τὰ δίκτυα περικαθαίρουσι διὰ τὸ μὴ εἰωθέναι ἐκπλεῖν.

269 οἱ μὲν οὖν κολίαι εἰσπλέοντες ἁλίσκονται, ἐξιόντες δ᾽ ἧττον· ἄριστοι δ᾽ εἰσὶν ἐν τῇ Προποντίδι πρὸ τοῦ τίκτειν. οἱ δ᾽ ἄλλοι ῥυάδες ἐξιόντες ἐκ τοῦ Πόντου ἁλίσκονταί τε ἀνωτέρω. ἀεὶ καὶ μᾶλλον ἄριστοι τότε εἰσίν· ὅταν δ᾽ εἰσπλέωσιν, ἐγγύτατα τοῦ Αἰγαίου πιότατοι ἁλίσκονται, ὅσῳ δ᾽ ἀνωτέρω, ἀεὶ λεπτότεροι. πολλάκις δὲ καὶ ὅταν πνεῦμα ἀντικόψῃ νότιον ἐκπλέουσι τοῖς κολίοις καὶ τοῖς σκόμβροις, κάτω ἁλίσκονται μᾶλλον ἢ περὶ Βυζάντιον.

Ob Aristoteles alle diese Informationen in Byzanz selbst bekommen konnte oder von dort aus weitere kleine Exkursionen veranstaltete, wissen wir nicht. Unter ‚Mittelmeermakrelen' ist die Fischart *Scomber colias* zu verstehen. Die gewöhnliche Makrele trägt den Namen *Scomber scombrus*.[270]

In *Hist. an.* IX 6.612 b 4 ff. ist vom Igel in Byzanz die Rede. Daß hier wieder der Name Byzanz auftaucht, spricht erneut für die Echtheit des IX. Buchs:

> „Man hat oft Gelegenheit gehabt zu beobachten, daß die Igel eine gewisse Vorempfindung des Witterungswechsels haben; wenn nämlich der Nordwind und Südwind wechseln, so verlegen sie im Freien den Ausgang ihres Baus nach der entgegengesetzten Seite und die in den Häusern lebenden begeben sich nach der entgegengesetzten Wand; daher habe, wie man erzählt, in Byzanz ein Mann den Ruf erlangt, das Wetter vorhersagen zu können, dadurch, daß er dieses Benehmen des Igels beobachtet hatte."[271] (Übersetzung von Aubert-Wimmer, mit Änderungen)

Was die in Häusern lebenden Igel betrifft, so vermutet Hellmann, daß sie als Haustiere zur Schlangen- oder Insektenabwehr gehalten wurden.[272] Mit dem Igel beschäftigt sich Aristoteles auch sonst.[273] Auf dessen Wetterfühligkeit geht ebenfalls Theophrast ein. Er sagt in der Schrift *Über die Zeichen* 30, 211–214 Sider-Brunschön (Hinweis von S. Schnieders):

> „Der Landigel ist ein Zeichen für Winde. Er macht sich, wo immer er wohnt, zwei Öffnungen, eine nach Norden, eine nach Süden. Welche von beiden er verstopftt, gibt die Windrichtung an, wenn er beide schließt, ist dies ein Zeichen für viel Wind."[274]

Sehr wahrscheinlich hat er diese Information von Aristoteles.[275] Dazu ist der Anfang der Schrift *Über die Zeichen* zu vergleichen:[276]

270 Vgl. V. Storch, U. Welsch, Systematische Zoologie, Heidelberg–Berlin ^{6}2004, 618.

271 περὶ δὲ τῆς τῶν ἐχίνων αἰσθήσεως συμβέβηκε πολλαχοῦ τεθεωρῆσθαι ὅτι μεταβαλλόντων βορέων· καὶ νότων οἱ μὲν ἐν τῇ γῇ τὰς ὀπὰς αὐτῶν μετακινοῦσιν, οἱ δ' ἐν ταῖς οἰκίαις τρεφόμενοι μεταβάλλουσι πρὸς τοὺς τοίχους, ὥστ' ἐν Βυζαντίῳ γέ τινά φασι προλέγοντα λαβεῖν δόξαν ἐκ τοῦ κατανενοηκέναι ποιοῦντα ταῦτα τὸν ἐχῖνον.

272 O. Hellmann, Peripatetic Biology and the *Epitome* of Aristophanes of Byzantium, in: W.W. Fortenbaugh & S.A. White (ed.), Aristo of Ceos, New Brunswick 2006, 344 Anm. 64.

273 Hellmann, Peripatetic Biology (wie Anm. 272) 344 f.

274 ἐχῖνος ὁ χερσαῖος σημεῖον πνευμάτων. ποιεῖται δὲ δύο ὀπὰς ὅπου ἂν οἰκῇ, τὴν μὲν πρὸς βορρᾶν, τὴν δὲ νοτόθεν· ὁποτέραν δ' ἂν ἀποφράττῃ ἐντεῦθεν πνεῦμα σημαίνει· ἐὰν δ' ἀμφοτέρας ἀνέμου μέγεθος.

275 Vgl. D. Sider and C.W. Brunschön (ed.), Theophrastos of Eresos, On Weather Signs, Leiden–Boston 2007, 164.

276 Vgl. D. Sider, On *On Signs,* in: W. Fortenbaugh und G. Wöhrle, On the Opuscula of Theophrastus (Philosophie der Antike Bd. 14), Stuttgart 2002, 104 (Hinweis Schnieders);

„Wir haben die Zeichen von Regen, Winden, Stürmen und gutem Wetter soweit aufgeschrieben, wie sie erreichbar waren, die wir teils selbst beobachtet haben, teils von anderen nicht unbedeutenen Menschen übernommen haben."[277]

Die Darstellung des Verhaltens der Igel bei Aristoteles entspricht genau der modernen Darstellung in Grzimeks Tierleben.[278]

Auch Theophrast hat sich offenbar im Bereich von Byzanz umgetan. Er berichtet laut Kallimachos, fr. 407 Pfeiffer = 481 Asper von Erztauchern vor Demonesos (in der Propontis bei Byzantion).[279] Vgl. Ps.-Arist., *Mir.* 58.834 b 18 f. Antigonos, *Mir.* 131 (Hinweis Schnieders).

Aristoteles ist sicherlich auch ins Schwarze Meer gereist, wie erstmals Maxwell-Stuart vermutet hat,[280] vermutlich im Anschluß an den Aufenthalt in Byzanz. Dies liegt außerhalb der bisher gängigen Annahmen der Aristotelesforschung. Es wird dabei von den Philologen übersehen, daß auch das Schwarze Meer nicht nur an der Nordküste Kleinasiens, sondern bis zum Asowschen Meer hin griechische koloniale Gründungen seit dem 6. Jahrhundert (insb. von Milet aus) aufweist, deren Existenz zur Zeit des Aristoteles gewiß auch im allgemeinen Bewußtsein verankert war. Denn Athen stand mit diesen Gebieten in einem regen Handelsaustausch, wie auch aus gelegentlichen Äußerungen der Redner hervorgeht, ja es war von den Getreideimporten von dort sogar weitgehend abhängig. So lohnt es sich, die diesbezüglichen Ortsnennungen des Aristoteles zu verfolgen. Mehrfach spricht er von den Herakleotischen Krabben (Ἡρακλεωτικοὶ καρκίνοι) und beschreibt ihre Merkmale (*Hist. an.* IV 2.525 b 5, 3.527 b 12, *De part. an.* IV 8.684 a 7 f., als *Cancer pagurus* identifiziert[281]). Damit wird sicher noch keine zoologisch eingeführte Spezies angesprochen sein – denn eine Zoologie gab es ja noch nicht – es werden die Krabben gemeint sein, die Aristoteles in der Gegend von Herakleia fand, der großen Stadt an der Südküste des Schwarzen Meeres. Aus ihr stammten bekannte Persönlichkeiten wie die Platoniker Theaitetos und Herakleides Pontikos. In *Meteor.* II 8.366 b 31 ff. spricht Aristoteles

Sider-Brunschön, Theophrastus of Eresus on Weather Signs (wie Anm. 275) 30 ff. mit Diskussion der Problematik des Anfangs der Schrift.

277 Σημεῖα ὑδάτων καὶ πνευμάτων καὶ χειμώνων καὶ εὐδιῶν ὧδε ἐγράψαμεν καθ' ὅσον ἦν ἐφικτόν, ἃ μὲν αὐτοὶ προσκοπήσαντες, ἃ δὲ παρ' ἑτέρων οὐκ ἀδοκίμων λαβόντες.

278 Grzimeks Tierleben, Bd. 10, Säugetiere 1, Zürich 1967, 218: „Manchmal bauen sie sich auch selbst eine Erdhöhle. Der Stollen hat oft zwei Ausgänge; je nach Windrichtung wird einer davon verstopft. Oft siedeln sich Igel nahe bei menschlichen Wohnungen an, auch mitten in der Großstadt."

279 Nach Flashar, Mirabilia (wie Anm. 260) 94 stand dies vermutlich in *De metallis*.

280 Vgl. Maxwell-Stuart (wie Anm. 183) 244 ff.

281 Vgl. Kullmann, Aristoteles. Über die Teile der Lebewesen (wie Anm. 15) 674.

auch von einem kürzlichen (367 a 1: νεωστί) Erdbeben in Herakleia. Weiter östlich schließt sich Amisos an (*Hist. an.* V 22.554 b 15), das gleich mit der Stadt Themiskyra (554 b 9) zusammen genannt wird, die noch etwas weiter östlich am Fluß Thermodon (V 22.554 b 10) gelegen ist. Ich zitiere eine Stelle (554 b 8 ff.):

> „Im Pontos gibt es Bienen, die sehr hell sind und im Monat zweimal Honig produzieren. Und bei Themiskyra am Thermodon-Fluß stellen sie in der Erde und in den Bienenstöcken Waben her, die nur ganz wenig Wachs, aber dicken Honig enthalten. Und die Wabe ist glatt und gleichmäßig. Sie machen dies nicht immer, sondern nur im Winter. Denn im Pontosgebiet gibt es viel Efeu, und er blüht in dieser Jahreszeit. Und davon holen sie den Honig. Es wird auch aus der Höhe heller und ganz dicker Honig herab nach Amisos transportiert, den die Bienen ohne Waben auf den Bäumen produzieren.“[282]

Dies ist ein sehr genauer Bericht, der den Eindruck persönlicher und sorgfältiger Beobachtung und Erkundung macht. Die Stelle ist eingefügt in einen Abschnitt, der allgemein von den Bienen und den verwandten Anthrenenwespen und anderen Wespen handelt. Nirgendwo sonst ist in der Antike von amisischem Honig die Rede.

Der Thermodon-Fluß wird von Aristoteles noch einmal erwähnt (VI 13.567 b 16). Er führt 567 b 15 ff. aus, daß am Thermodon im Pontos besonders viele Fische laichen, weil der Ort windstill und warm ist und Süßwasser hat. Auch dies ist wieder eine typisch aristotelische Beobachtung, die seiner besonderen Aufmerksamkeit, die er der marinen Fauna widmet, zuzuschreiben ist.

Hier kommt nun ein methodisch wichtiger Gesichtspunkt hinzu, der uns über die Annahme einer mit Autopsien verbundenen Reise eine recht große Sicherheit gibt: Theophrast bezieht sich ebenfalls auf diese Gegend. Und er ist uns als Begleiter des Aristoteles von Lesbos und schon von Assos bekannt, und die Bekanntschaft setzt sich in Stageira und Athen fort. Von Herakleia berichtet er, daß dort Aconitum (Eisenhut; ἀκόνιτον) am besten gedeiht (*Hist. plant.* IX 16,4). Anderswo (fr. 171,9 Wimmer = *De piscibus* 9 Sharples p. 364) ist davon die Rede, daß die Aale im Lykos-Fluß bei Herakleia „nicht aus Lebewesen“, also spontan entstehen, was mit Aristoteles’ Meinung über-

282 ἐν δὲ τῷ Πόντῳ εἰσὶ μέλιτταί τινες λευκαὶ σφόδρα, αἳ μέλι ποιοῦσι δὶς τοῦ μηνός. αἱ δ’ ἐν Θεμισκύρᾳ περὶ τὸν Θερμώδοντα ποταμὸν ἐν τῇ γῇ καὶ ἐν τοῖς σμήνεσι ποιοῦνται κηρία οὐκ ἔχοντα κηρὸν πολὺν ἀλλὰ πάνυ μικρόν, μέλι δὲ παχύ· τὸ δὲ κηρίον λεῖον καὶ ὁμαλόν ἐστιν. οὐκ ἀεὶ δὲ τοιοῦτον ποιοῦσιν, ἀλλὰ τοῦ χειμῶνος· ὁ γὰρ κιττὸς πολὺς ἐν τῷ τόπῳ ἐστίν, ἀνθεῖ δὲ ταύτην τὴν ὥραν, ἀφ’ οὗ φέρουσι τὸ μέλι. κατάγεται δὲ καὶ εἰς Ἀμισὸν ἄνωθεν μέλι λευκὸν καὶ παχὺ σφόδρα, ὃ ποιοῦσιν αἱ μέλιτται ἄνευ κηρίων πρὸς τοῖς δένδρεσιν.

einstimmt. In fr. 171,7 Wimmer (= *De piscibus* 7 Sharples p. 364) berichtet Theophrast über fossile Fischfunde in Flüssen bei Herakleia.[283] Was Asien betrifft, liefern, wie er notiert, die Städte Sinope und Amisos Schiffsholz (*Hist. plant.* IV 5,5). Themiskyra wird nicht erwähnt, aber Sinope, das sozusagen auf derselben Strecke liegt. Auch für diese Schwarzmeerorte nimmt Maxwell-Stuart eine gemeinsame Reise von Aristoteles und Theophrast an, was überzeugend ist. Zumindest Aristoteles' Beschreibung des Honigvorkommens in Themiskyra und Amisos und die Erwähnung der Krabben von Herakleia deuten auf Autopsie in der Gegend. Theophrasts Nennungen sind etwas allgemeiner.

Maxwell-Stuart verknüpft seine Annahme zusätzlich mit der Hypothese, daß beide zusammen noch ein weiteres, entfernteres Ziel angesteuert haben, nämlich den Ort Pantikapaion auf der Krim am Asowschen Meer (heute Kertsch). Eine Fahrt dorthin führte wahrscheinlich über die offene See.[284] Diese Stadt ist eine milesische Kolonie aus der 1. Hälfte des 6. Jh., und von deren Flora und Klima gibt Theophrast einen lebendigen und anschaulichen Bericht (*Hist. plant.* IV 5,3 und IV 14,13). Wir geben die Übersetzung nach Sprengel (mit Änderungen):[285]

> IV 5,3:
> „Von den durch Anbau veredelten (Gewächsen) sollen der Lorbeer und die Myrte am wenigsten auf kalten Plätzen ausdauern, die letztere noch weniger als der Lorbeer. Als Beweis führt man an, daß auf dem Olymp zwar viel Lorbeer, aber keine Myrte gefunden wird. Am Pontos aber um Pantikapaion kommt keines von beiden vor, obwohl man sich alle Mühe gegeben und um der heiligen Gebräuche willen alles versucht hat. Dagegen wachsen dort viele und große Feigenbäume und Granaten, die man (im Winter) bedeckt,[286] Birnbäume und Apfelbäume von allen Arten und von vorzüglicher Güte; und auch die Frühlingsäpfel, aber nur dann, wenn es sich um späte Sorten handelt.[287] Unter dem wilden Nutzholz

283 Falls die Nachricht zu Plinius XXI 13,74 über toxischen Honig durch Rhododendronblüten in Herakleia irgendwie auf Theophrast zurückgeführt werden könnte, etwa auf sein Buch über den Honig (D.L. V 44), würde dies gut zu dem Interesse des Aristoteles am Honig in Themiskyra passen. Vgl. S. Amigues, Études de botanique antique (wie Anm. 249) 187.

284 Vgl. zu den Seefahrtsbedingungen allgemein J. Morton, The Role of the Physical Environment in Ancient Greek Seafaring, Mnemosyne Suppl. 213, Leiden–Boston–Köln 2001, 150 ff. und passim.

285 K. Sprengel, Theophrasts Naturgeschichte der Gewächse, übersetzt und erläutert, Altona 1822, I 147 f.; I 183.

286 Nach Sprengel (wie Anm. 285) II 153 wachsen Feigenbäume dort wild, so daß man sie nicht zu bedecken brauchte.

287 Nach Amigues (wie Anm. 238) T. II 254 f. handelt es sich bei den Frühlingsäpfeln um die ‚falsche Aprikose'.

sind dort die Eiche, Esche und dergleichen; aber weder Fichte, noch Tanne noch Pinie, und überhaupt keine Nadelhölzer. Das dortige Holz ist feucht und viel schlechter als das sinopische; daher benutzt man es nicht sehr, außer zu Werken und Geräten, die unter freiem Himmel stehen."[288]

IV 14,13:
„In der Gegend von Pantikapaion am Pontus erfolgt das Erfrieren (scil. der Bäume) auf zweifache Art, teils durch den Frost an sich, wenn das Jahr sehr kalt ist, teils durch den Raureif, wenn er lange auf den Bäumen sitzen bleibt. Am häufigsten trägt sich beides vierzig Tage nach der (Winter-)Sonnenwende zu. Der Raureif erfolgt bei heiterer Luft; der Frost aber, von dem das Erfrieren der Bäume entsteht, wenn bei heiterem Himmel ein Graupelschauer entsteht. Es handelt sich um Teilchen wie von Sägemehl, nur daß sie breiter sind und durch ihre Flugbahn in die Augen fallen. Sie bleiben nicht liegen, wohin sie fallen; aber in Thrakien werden sie zu Eis."[289]

Man wird Maxwell-Stuart zugeben, daß der Bericht den Eindruck macht, auf Autopsie zu beruhen.[290] Es ist eine großartige Beschreibung der Vegetation und der durch das Klima veränderten Flora. Ob Aristoteles dorthin mitgefahren ist, bleibt bei der bloßen Lektüre Theophrasts zunächst trotz der zuversichtlichen Vermutung von Maxwell-Stuart zweifelhaft, da er den Ort nicht erwähnt. Er kennt aber dem Namen nach das Asowsche Meer (Μαιῶτις λίμνη, *Hist. an.* IX 36.620 b 6.) und erzählt ebd. 5 ff. entsprechend der Thematik des neunten Buchs (ἦθος), daß dort die Wölfe an die Fischer gewöhnt sind, jedoch deren Netze zerstörten, wenn sie keinen Anteil am Fang bekämen. Daß der sachliche Gehalt der Geschichte ernst zu nehmen ist, hat Schnieders gezeigt. Fischnahrung von Wölfen läßt sich auch anderswo nach-

288 Τῶν δὲ ἡμερουμένων ἥκιστά φασιν ἐν τοῖς ψυχροῖς ὑπομένειν δάφνην καὶ μυρρίνην, καὶ τούτων δὲ ἧττον ἔτι τὸν μύρρινον. Σημεῖον δὲ λέγουσιν ὅτι ἐν τῷ Ὀλύμπῳ δάφνη μὲν πολλή, μύρρινος δὲ ὅλως οὐκ ἔστιν. Ἐν δὲ τῷ Πόντῳ περὶ Παντικάπαιον οὐδέτερον, καίπερ σπουδαζόντων καὶ πάντα μηχανωμένων πρὸς τὰς ἱερωσύνας. Συκαῖ δὲ πολλαὶ καὶ εὐμεγέθεις, καὶ ῥοιαὶ δὲ περισκεπαζόμεναι. Ἄπιοι δὲ δὴ καὶ μηλέαι πλεῖσται καὶ παντοδαπώταται καὶ χρησταί, αἱ δ' ἐαριναὶ πλὴν εἰ ἄρα ὄψιαι. Τῆς δὲ ἀγρίας ὕλης ἐστὶ δρῦς πτελέα μελία καὶ ὅσα τοιαῦτα, πεύκη δὲ καὶ ἐλάτη καὶ πίτυς οὐκ ἔστιν οὐδ' ὅλως οὐδὲν ἔνδᾳδον. Ὑγρὰ δὲ αὕτη καὶ χείρων πολὺ τῆς σινωπικῆς, ὥστ' οὐδὲ πολὺ χρῶνται αὐτῇ πλὴν πρὸς τὰ ὑπαίθρια.

289 Ἐν δὲ τῷ Πόντῳ περὶ Παντικάπαιον αἱ μὲν ἐκπήξεις γίνονται διχῶς, ὁτὲ μὲν ὑπὸ ψύχους, ἐὰν χειμέριον ᾖ τὸ ἔτος, ὁτὲ δὲ ὑπὸ πάγων, ἐάν γε πολὺν χρόνον διαμένωσιν. Ἀμφότεραι δὲ μάλιστα γίνονται μετὰ τροπὰς μετὰ τεσσαράκοντα. Γίνονται δὲ οἱ μὲν πάγοι ταῖς αἰθρίαις, τὰ δὲ ψύχη μάλιστα ὑφ' ὧν ἡ ἔκπηξις ὅταν αἰθρίας οὔσης αἱ λεπίδες καταφέρωνται. Ταῦτα δ' ἐστὶν ὥσπερ τὰ ξύσματα πλὴν πλατύτερα, καὶ φερόμενα φανερά, πεσόντα δὲ οὐ διαμένει· περὶ δὲ τὴν Θρᾴκην ἐκπήγνυνται.

290 Maxwell-Stuart (wie Anm. 183) 247.

weisen.[291] Ein persönliches Gespräch des Aristoteles mit Fischern ist zu vermuten. Im Zusammenhang mit der im Folgenden genannten Stelle wird es damit praktisch zur Gewißheit, daß er auch in Pantikapaion gewesen ist.

Diese Stelle wurde von Maxwell-Stuart nicht berücksichtigt, weil sie gelegentlich als falsch oder unecht betrachtet wurde.[292] An dieser ist von den Eintagsfliegen die Rede: *Historia animalium* V 19.552 b 17 ff. (ebenso I 5.490 a 34 ff.[293] und *De partibus animalium* IV 5.682 a 26 ff.). Sie ist allerdings mit einigen Interpretationsproblemen verbunden, die besprochen werden müssen. Sie bezieht sich auf den von Osten kommenden Hypanis-Fluß, den Kuban, der damals in den „Kimmerischen Bosporos" mündete, der das Schwarze Meer mit dem Asowsche Meer verbindet und modern als „Straße von Kertsch" bezeichnet wird.

> „Im Flusse Hypanis am Kimmerischen Bosporos werden um die Sommersonnenwende vom Fluß eine Art von Beutel herabgetrieben, die größer als Weinbeeren sind, aus denen, wenn sie zerreißen, ein vierfüßiges geflügeltes Tier herauskommt. Und es lebt und fliegt bis zur Dämmerung und schrumpft, wenn die Sonne sich neigt, und stirbt, nachdem es einen einzigen Tag gelebt hat, weshalb es auch ‚Eintagstier' genannt wird."[294]

Eintagsfliegen gibt es auch in Griechenland, aber das Auftreten ist bei dieser Tiergruppe immer auf wenige Stunden, eventuell an zwei oder drei aufeinanderfolgenden Tagen, begrenzt, und es erfolgt bei den verschiedenen Arten in ganz unterschiedlicher Weise. Aristoteles wird wohl von Einheimischen auf das Auftreten dieser Tiere aufmerksam gemacht worden sein. Es könnte sich aber auch um eine Zufallsbeobachtung handeln. Diese Beobachtung ist die einzige, die im Altertum von diesem Tier gemacht worden ist; alle weiteren Erwähnungen gehen auf Aristoteles' Text zurück.[295] Das Auftreten zur Zeit der Sommersonnenwende stimmt und paßt auch gut zur mutmaßlichen Jahreszeit der Reise. Der Frühsommer ist für Schiffsreisen nach dem Norden günstiger als der Spätsommer, wegen der später auftretenden starken Nordwinde.[296] Es mag im Jahre 339 v. Chr. gewesen sein.

291 S. Schnieders in seinem in Vorbereitung befindlichen Kommentar zu *Historia animalium* Buch VIII und IX zu 620 b 5 ff.

292 Vgl. Aubert-Wimmer (wie Anm. 242) I 516 f.

293 Wir kommen unten S. 107 auf diese Stelle zurück.

294 περὶ δὲ τὸν Ὕπανιν ποταμὸν τὸν περὶ Βόσπορον τὸν Κιμμερικὸν ὑπὸ τροπὰς θερινὰς καταφέρονται ἐπὶ τοῦ ποταμοῦ οἷον θύλακοι μείζους ῥωγῶν, ἐξ ὧν ῥηγνυμένων ἐξέρχεται ζῷον πτερωτὸν τετράπουν· ζῇ δὲ καὶ πέτεται μέχρι δείλης, καταφερομένου δὲ τοῦ ἡλίου ἀπομαραίνεται, καὶ ἅμα δυομένου ἀποθνήσκει βιοῦν ἡμέραν μίαν, διὸ καὶ καλεῖται ἐφήμερον.

295 Vgl. den Überblick bei I.C. Beavis, Insects and other Invertebrates in classical antiquity, Exeter 1988, 89.

296 Vgl. Morton (wie Anm. 284) 88 ff.

Die Angabe, diese Eintagstiere seien vierbeinig und geflügelt, wird an der Parallelstelle in I 5.490 a 34 ff. ausdrücklich als Besonderheit bezeichnet (ἴδιον). Sie ist nur nach modernen Begriffen unrichtig, nicht nach aristotelischen, worauf wir gleich zurückkommen. Dies hat aber dazu geführt, daß man die ganze Stelle nicht weiter beachtet hat.[297] Dabei ist sie jedoch mit glänzenden Beobachtungen verbunden. Völlig richtig ist, daß diese Tiere bevorzugt an Flußläufen leben und daß bestimmte Arten (z. B. die Palingenia-Arten) bei ihrem Auftreten die Wasseroberfläche in Massen bedecken (siehe Abb. 1). Der kimmerische Hypanis (heute Kuban) hat ein außerordentlich ausgedehntes Mündungsgebiet, ein ideales Revier für diese Tiergruppe, und er erfüllt nach Auskunft von Biologen auch die Bedingungen, die für das Auftreten der Palingenia-Arten erforderlich sind, z. B. ein toniger Untergrund, der es den Larven erlaubt, sich zum Schutze in Röhren einzugraben.

Über die Eintagsfliegen unterrichtet exakt ein Buch von Arnold Staniczek, dem ich im folgenden ein Stück folge.[298] Die Eintagsfliegen sind heutzutage durch die menschliche Zivilisation, d. h. durch Flußregulierungen und Schadstoffzuflüsse, bedroht. Die aus den Eiern sich entwickelnden Larven machen ein mehrjähriges Larvenstadium mit vielen Häutungen durch, bis sie synchron auftauchen und sich an der Wasseroberfläche zur Subimago häuten und flugfähig werden. Die weitere Entwicklung ist unterschiedlich. Bei den meisten Arten folgt bei Männchen und Weibchen am Ufer eine nochmalige Häutung zur Imago. Nachdem sich zunächst Schwärme von Männchen entwickelt haben und einen Hochzeitstanz im Flug vollführen, um die Weibchen anzulocken, tauchen nach 20–40 Minuten die Weibchen auf, häuten sich zur Subimago und zur Imago und fliegen in die männlichen Schwärme hinein und werfen nach der Paarung, die im Flug erfolgt, ihre Eipakete ab, nachdem sie ein Stück flußaufwärts geflogen sind, wodurch der Abdrift vorgebeugt wird, oder sichern sie an Steinen im Wasser (bei einigen Arten), während die Männchen nach der Begattung bereits erschöpft und sterbend den Fluß hinabtreiben, ehe die Weibchen folgen. Etwas modifiziert ist der Lebenszyklus einiger anderer Arten, zu denen die größte europäische Eintagsfliege gehört (etwa 4 cm lang), die „Theißblüte“ (*Palingenia longicauda*). Ein letztes Refugium dieser früher verbreiteten Art in der näheren europäischen Umgebung ist der Oberlauf der Theiß in Ungarn, eines in den Karpaten entsprin-

297 Siehe auch unten S. 106 f. mit Anm. 307.

298 A. Staniczek, Eintagsfliegen, Manna der Flüsse, Stuttgarter Beiträge zur Naturkunde (Serie C – Wissen für alle), 53, 2003, 1–79.

Bild 1: „Theißblüte“. Foto: Dr. Christian Elpers

genden Donauzuflusses.[299] Dort entwickelt sich die ‚Theißblüte', wie die dort einheimische Eintagsfliege populär genannt wird. Anders als bei sonstigen Arten von Eintagsfliegen erfolgt die Paarung der Tiere nicht nach vorausgegangenem Hochzeitstanz im Flug,[300] sondern direkt auf der Wasseroberfläche, nachdem sich die Männchen am Ufer zur Imago gehäutet haben. Die Weibchen werden also schon auf dem Wasser als Subimago begattet, und eine weitere Häutung zur Imago unterbleibt bei ihnen. Das Wasser ist dann von unzähligen Tieren bedeckt, die sich wie Trauben zusammenballen, zumal wenn sich viele Männchen um ein Weibchen versammeln, das vielleicht schon begattet ist. Nach etwa zwei bis drei Stunden ist das Ereignis vorüber. Nach dem beigefügten Bild 1 von Christian Elpers von der Theiß kann man sich ein ungefähres Bild davon machen, welchen Eindruck Aristoteles zu beschreiben sucht.

Auch bei Aristoteles muß es sich zumindest allgemein um die *Gattung Palingenia*, nicht unbedingt um die ‚Theißblüte' handeln, wie auch die Biologen annehmen.[301] Er muß den Schlupf aus den zur Oberfläche gestiegenen Larven, die er als Beutel bezeichnet, beobachtet haben, ebenso die kurze Lebenszeit der geschlüpften Tiere, und er ist wahrscheinlich auch durch Einheimische in seinen Beobachtungen bestätigt worden. Denn er schreibt, wie gesagt, daß dieses Phänomen zur Zeit der Sommersonnenwende auftritt, rechnet also mit einem regelmäßigen Vorkommen. Dafür spricht auch der Ausdruck „das sogenannte Eintagstier."[302] Der Name muß wohl ortsüblich gewesen sein. Gegenüber vielen ungenauen Interpretationen[303] muß darauf

299 Vgl. Staniczek, Eintagsfliegen (wie Anm. 298) 28 ff. Der Versuch einer Wiederansiedlung der Tiere in Deutschland an der Lippe ist leider gescheitert (tel. Auskunft von Prof. Dr.Dr.h.c. Thomas Tittizer, Bonn, vom 27. 11. 2012).

300 Zur Paarung im Flug vgl. W. Westheide, R. Rieger, Spezielle Zoologie, Teil 1: Einzeller und wirbellose Tiere, Heidelberg ^{2}2007, 668. Allerdings bezieht sich der Abwurf dieser ‚Eipakete' nicht auf die Baetisarten, bei denen die Weibchen die Eiballen an Steinen unter Wasser verstecken. Dazu vgl. Storch-Welsch (wie Anm. 270) 379. Beide Lehrbücher erwähnen jedoch nicht die Palingenia-Arten.
Siehe auch A. Adlmanseder, Insektenfunde an einigen Oberösterreichischen Fliessgewässern unter besonderer Berücksichtigung der Trichopteren und Ephemeropteren sowie einige Bemerkungen über ihre Biozöse, Jahrbuch des Oberösterreichischen Musealvereins, 118A, Linz-Dornach 1973, 237 f.

301 Dafür, daß im Kubangebiet genau *Palingenia longicauda* und nicht eine verwandte Art vorkam, konnte ich keine Bestätigung finden.

302 490 a 34: τὸ καλούμενον ζῷον ἐφήμερον.

303 Tatsächlich hat mein ehemaliger theologischer Marburger Kollege Ernst Benz in einem unter dem Titel „Die Fliege des Aristoteles. Tradition und Revolution" postum veröffentlichten Radiovortrag (Chimia 49, 1995, 479–485) behauptet, Aristoteles habe generell die Fliegen als vierbeinig eingestuft, und erst durch die Schrift des niederländischen Gelehrten Ernst Swammerdam (1637–1680) sei die Herrschaft der vierbeinigen Fliege in der Naturwissenschaft endgültig vorüber gewesen. Davon kann aber keine Rede sein.

hingewiesen werden, daß Aristoteles zwar von dem eintägigen Lebewesen (ἐφήμερον ζῷον) spricht, es aber nicht als Fliege oder Insekt bezeichnet. Denn die Vierbeinigkeit wäre mit der Zugehörigkeit zur Gattung der Insekten unvereinbar gewesen, weil Aristoteles diese mit dem von ihm geprägten, auch heute gültigen Terminus Hexapoden nennt (*De part. an.* IV 6.683 b 2 f.). Wie es zu der Angabe in bezug auf die Vierbeinigkeit gekommen ist, wird in dem Aufsatz von W.E. Steger einleuchtend geklärt, den R. Thiel in seinem Buch ‚Aristoteles' Kategorienschrift in ihrer antiken Kommentierung'[304] ausfindig gemacht hat.[305] Aristoteles hat erkannt, daß das dritte Extremitätenpaar keine Beinfunktion ausüben kann, und er spekuliert über seine sonstige Funktion vorsorglich nicht weiter. Aristoteles urteilt ja auch sonst primär nach der Funktion und dem primären Erscheinungsbild, nicht nach der vergleichenden Anatomie und evolutionstheoretischen Vorstellungen. Insofern ist seine Beschreibung als vier*füßig* nach *seinen* Begriffen korrekt. Eine Bestätigung gibt das Bild 2, auf dem zwei zur Imago gehäutete Männchen abgebildet sind, die insofern den Eindruck vierfüßiger Tiere machen können, als die beiden vorderen Extremitäten gekreuzt sind und den Boden nicht berühren und somit funktionslos erscheinen.

Aristoteles hat also auch nicht voreilig an Fühler gedacht, wie man gelegentlich vermutet hat. Tatsächlich dient das Gliederpaar dem Umfassen des Weibchens bei der Kopulation.[306] Die sachlich nüchternen Äußerungen über das Schlüpfen der Tiere und über die kurze Lebensdauer der nur einen Tag fliegenden Tiere und ihre Kombination miteinander sind also eine großartige Forschungsleistung des Aristoteles.

Meine eigene Interpretation der Parallelstelle IV 5.682 a 26 f. in Aristoteles. Über die Teile der Lebewesen (wie Anm. 15) 661 muß insofern korrigiert werden, als Aristoteles die Tiere nicht ausdrücklich als Insekten bezeichnet, auch wenn er sie in einem Insektenabschnitt nennt, und es handelt sich sicherlich um keinen Fremdbericht.

304 R. Thiel, Aristoteles' Kategorienschrift in ihrer antiken Kommentierung, Tübingen 2004, 149 f.

305 W.E. Steger, Stellungnahme zum Artikel von Herrn Prof. Benz ‚Die Fliege des Aristoteles', Chimia 50, 1996, 290 f., hier 290: „Vier Beine werden empirisch bei den *Ephemerae* gezählt. Das ist so, weil beim Imago das vordere Beinpaar umgebildet ist zu einem Apparat für das Ertasten und Umfassen des Partners. Es ist in seiner Überlänge unbrauchbar zum Hocken oder gar Laufen. ... Im CA [Corpus Aristotelicum] sind die Beine nach der Funktion definiert, nicht nach der vergleichenden Anatomie. Nach dieser müssten auch wir unsere Arme Vorderbeine nennen."

306 Vgl. auch Thiel (wie Anm. 304) 150 Anm. 47: „Besonders interessant an der ersten der drei Stellen [scil. 490 a 32–b 3] ist, daß der funktionale Aspekt dadurch besonders betont ist, daß gesagt wird, die Eintagsfliege *bewege sich* (490 a 33 κινεῖται) mit vier Beinen." Vgl. dagegen C.J. Sundevall, Die Thierarten des Aristoteles von den Klassen der Säugethiere, Vögel, Reptilien und Insekten, Stockholm 1863, 199, der annahm, daß Aristoteles das mittlere Beinpaar übersehen hat.

Bild 2: Theißblüte (*Palingenia longicauda*): zwei Männchen: Foto Dr. Christian Elpers

Auch einer der Einwände des Kommentars von Aubert (in Aubert-Wimmer) ist biologisch falsch. Er interpretiert die Beutel als Puppen. Er erklärt, die Beschreibung der Puppe sei gar nicht so, wie man sie von der Larve der Ephemeren erwarten müßte.[307] Tatsächlich sind aber Eintagsfliegen ‚hemimetabole' Insekten ohne Puppenstadium.[308] Offenbar wußte Aubert im 19. Jh. über den Lebenszyklus dieser Gattung noch nicht Bescheid.

Aristoteles ist sich der Wichtigkeit seiner Entdeckung durchaus bewußt, wie daraus hervorgeht, daß er dieses Tier auch in dem grundlegenden Eingangsteil des Werks, in I 5 der *Historia animalium* berücksichtigt. Nachdem er bei den Bluttieren in 490 a 27 ff. vier Gliedmaßen bzw. Flossen und vier Bewegungspunkte bzw. zwei Beugungen und dazu Flossen festgestellt hat, fährt er 490 a 32 ff. fort, daß die Blutlosen, die *mehr* Füße haben, sei es daß sie geflügelt sind oder auf dem Boden lebende Tiere sind, sich mit ‚mehr' (πλείους) Bewegungspunkten bewegen, wie z. B. das sogenannte Eintagstier, das vier Füße und vier Flügel besitzt:

> „Die Tiere, die blutlos sind und sich [normalerweise] mit mehr Füßen bewegen, sei es, daß sie geflügelt sind, oder auf dem Boden gehend sind, bewegen sich mit mehr Punkten, wie zum Beispiel das sogenannte Eintagstier mit vier Füßen und (vier) Flügeln. Bei diesem nämlich besteht seine Eigentümlichkeit nicht nur in seiner Lebensform, woher es auch den Namen hat, sondern auch darin, daß es sowohl geflügelt als auch vierfüßig ist."[309]

Offenbar rechnet Aristoteles bei dem Tier wie bei den Insekten mit einer größeren Anzahl von Bewegungpunkten. Das erste ‚mehr' in bezug auf die Füße stimmt nur für den Normalfall der Blutlosen, aber offenbar soll die Bewegungsweise mit mehr als vier Bewegungspunkten sowohl für das vierfüßige und vierflügelige Eintagstier als auch für die sechsfüßigen Insekten gelten, ohne daß Aristoteles dies begründen kann. Während bei Insekten, wie gesagt, sonst immer von vielfüßigen Tieren (*De part. an.* IV 6.682 a 36 f., *Hist. an.* I 6.490 b 14 f.: πολύποδα) die Rede ist, ist der komparativische Ausdruck ‚mehr' jedenfalls einschränkend und unbestimmt, und das Eintagstier ist mitgemeint, auch wenn eine Unklarheit nicht zu leugnen ist. Dazu paßt gut, daß in 490 b 19 f. nur die vierfüßigen *ungeflügelten* Tiere als Blut besitzend bezeichnet werden. Pierre Louis in seiner Ausgabe[310] und Allan

307 Aubert-Wimmer (wie Anm. 242) I 164.

308 Vgl. Staniczek (wie Anm. 298) 11.

309 ὅσα δ' ἄναιμα ὄντα πλείους πόδας ἔχει, εἴτε πτηνὰ εἴτε πεζά, σημείοις κινεῖται πλείοσιν, οἷον τὸ καλούμενον ζῷον ἐφήμερον τέτρασι καὶ ποσὶ καὶ πτεροῖς· τούτῳ γὰρ οὐ μόνον κατὰ τὸν βίον συμβαίνει τὸ ἴδιον, ὅθεν καὶ τὴν ἐπωνυμίαν ἔχει, ἀλλ' ὅτι καὶ πτηνόν ἐστι τετράπουν ὄν.

310 P. Louis, Aristote. Histoire des animaux, Livres I–IV, Paris 1964, 13 Anm. 2.

Gotthelf[311] haben sich das Verständnis der aristotelischen Angaben zum Eintagstier dadurch verbaut, daß sie dieses gegen den Text als Insekt bezeichnen. In *De part. an.* 682 a 36 f. und *Hist. an.* 490 b 14 f. ist nur von der Vielfüßigkeit der Insekten die Rede; das Eintagstier ist davon nicht betroffen.[312]

Es ist ganz unwahrscheinlich und läßt sich dem Text nicht entnehmen, daß die Eintagsfliege ein späterer Zusatz zu einer fertigen *Historia animalium* ist, wie Gotthelf im Anschluß an Balme annimmt. Wahrscheinlich ist aber, daß ein erster Entwurf der einleitenden Kapitel I 1–6 dieser Schrift vor der Schwarzmeerreise angefertigt wurde, was dann nach Entdeckung des Eintagstiers zu der Unklarheit geführt hat. Die Einleitung der *Historia animalium* (I 1–6) weist ja eindeutig auf die Thematik der Bücher VIII und IX voraus (vgl. insbesondere I 1.487 a 11–488 b 28); der Gesamtplan der Schrift ist im Blick. Die Einzelheiten passen aber nicht exakt mit dem später Dargelegten zusammen. Auf die „politischen Lebewesen“ (πολιτικά, 488 a 3, 7) kommt Aristoteles z. B. nicht mehr im Zusammenhang zurück. Freilich ist das Thema nicht vergessen, wie Schnieders bei der Interpretation des Bienenkapitels *Historia animalium* IX 40 betont,[313] auch wenn dort das Stichwort πολιτικόν fehlt.

Nachzutragen ist noch die dritte Erwähnung des Eintagstiers in *De partibus animalium* IV 5.682 a 26 ff., wo gesagt wird, daß die Eintagstiere wie die Zikaden ausreichend Nahrung durch die aus dem Körper stammende Feuchtigkeit bekommen, allerdings nur einen Tag leben, während letztere immerhin eine größere Zahl von Tagen auf der Welt sind. Tatsächlich nehmen die zur Imago oder Subimago gehäuteten Eintagstiere keine Nahrung mehr zu sich.

Was hat dies mit Theophrast zu tun? Es ist nun frappant, daß beide Örtlichkeiten, die Stadt Pantikapaion und die Mündung des Hypanis in den kimmerischen Bosporos, politisch engstens zusammengehören und zur Zeit des Theophrast und des Aristoteles Bestandteil des sogenannten Bosporanischen Reichs waren (*Regnum Bosporanum*). Das untere Gebiet des Hypanis, auf das Aristoteles Bezug nimmt, gehörte mindestens seit Leukon I. (389/388–349/348) zum Bosporanischen Reich mit seiner Hauptstadt Pantikapaion. Hier gilt zugleich die genannte methodische Regel, daß die Nennung derselben Gegend durch beide Forscher auf Anwesenheit beider schließen

311 A. Gotthelf, History of Animals I.6 490b7–491a6: Aristotle's *megista genē*, in: Ders., Teleology, First Principles, and Scientific Method in Aristotle's Biology, Oxford 2012, 300 Anm. 16.

312 Lediglich die möglicherweise sehr frühe Schrift *De incessu animalium* 16.713 a 26 (bereits *De caelo* II 2.284 b 13 f. weist auf die Schrift zurück) bezeichnet alle blutlosen Tiere mit Füßen als vielfüßig.

313 In seinem in Vorbereitung befindlichen Kommentat zu *Hist. an.* VIII und IX.

läßt, so sehr sich ihre Berichte gemäß ihren Spezialgebieten unterscheiden. In der anzunehmenden Reisezeit der beiden Forscher gehörten also beide Seiten des Bosporos zum Bosporanischen Reich, und zwar unter dem dem Geschlecht der Spartokiden angehörenden Herrscher Pairisades I.[314] Die griechisch-skythischen Spartokiden führten den griechischen Einwohnern gegenüber den euphemistischen Titel eines Archon, wofür der athenische Spartokidenfreund Demosthenes den Beleg liefert (*or.* 20, *Adv. Leptinem* 29 in bezug auf Leukon), während sie den Barbaren gegenüber als Könige auftraten.[315] Zu Beginn der zweiten Hälfte des 4. Jh. v. Chr. waren zweifelsfrei die Beziehungen zwischen dem Bosporanischen Reich und Athen besonders eng. Athen war auf die Getreidezufuhren von der Krim besonders angewiesen. In einem Ehrendekret von 347/346 wird über die Auszeichnungen der Söhne Leukons I. wegen ihrer freundlichen Wirtschaftspolitik ausführlich berichtet.[316] Angesichts der Einbezogenheit dieser Weltgegend in die griechische Welt stellt also die Reise von Aristoteles und Theophrast an den kimmerischen Bosporos nichts völlig Außergewöhnliches dar. In der inzwischen auch in der deutschsprachigen Literatur rezipierten russischen und ukrainischen Forschung über das Bosporanische Reich[317] findet sich allerdings auf Theophrasts und Aristoteles' dortigen Aufenthalt, soweit ich sehe, kein Hinweis.

Bewundernswert bleibt der biologische Blick des Aristoteles für die genaue Beobachtung der kurzen Lebenzeit der Eintagsfliege. Eine persönliche Kenntnis des Aristoteles von der Gegend und eine wichtige von ihm gemachte zoologische Beobachtung dort sind schwerlich zu leugnen. Dies gewinnt durch den Bericht Theophrasts von Pantikapaion und Aristoteles' Erwähnung des Fischfangs im Asowschen Meer weitere Gewißheit. Theophrast kommt in seiner *Metaphysik* (29) auch einmal auf die Eintagsfliege bzw. das Eintagstier (ἡμερόβιον; auch er benutzt also den Ausdruck ‚Fliege' bzw. ‚Insekt' nicht) zu sprechen (10 b 15), dessen Leben er anscheinend als widernatürlich ansieht. Er bezeichnet in seiner Kritik der aristotelischen Lehre von

314 Vgl. V.F. Gajdukevič, Das bosporanische Reich, Berlin ^{2}1971, 72. Die Regierungszeit von Pairisades I. reichte von 344/343–311/310.

315 Vgl. I. von Bredow, Regnum Bosporanum, in: Der Neue Pauly, Bd. 10, 2001, 836.

316 Vgl. auch M. Langner, Das Bosporanische Reich und Athen, in: U. Kästner, M. Langner, B. Rabe (Hrsg.), Griechen, Skythen, Amazonen (Katalog der Ausstellung, Pergamonmuseum Berlin, 14. Juni–21. Oktober 2007), Berlin, Institut für klassische Archäologie, Freie Universität Berlin 2007, 35–36; M. Flashar, Die Skythen bei den Griechen – Herodot und die Anfänge der mythischen Konstruktion, Mitteilungen des SFB 13 Die Geburt der griechischen Weisheit oder: Anacharsis, Skythe und Grieche, Orientwissenschaftliche Hefte 29, 2012, 162 ff. (der die Kulturbeziehungen zum Bosporanischen Reich von archäologischer Seite beleuchtet).

317 Vgl. dazu jetzt auch J. Fornaiser, B. Böttger (Hrsg.), Das Bosporanische Reich. Der Nordosten des Schwarzen Meeres in der Antike, Mainz 2002.

der *causa finalis* die Kopulation des Reihers (ἐρῳδιός, ebd.) und das Leben der Eintagsfliege als entweder gewaltsam oder widernatürlich. Freilich ist dieses letzte Beispiel besonders schlecht gewählt; denn die Eintagsfliegen erreichen ja auch in ihrem kurzen Leben das Ziel. In unserem Zusammenhang zeigt sich, daß es sich bei der Nennung der Eintagsfliege ebenso wie bei der Nennung des Reihers (ἐρῳδιός, *Hist. an.* IX 1.609 b 23 ff.: Kreischen und blutige Augen bei der Begattung beim Graureiher) um ein direktes Aristoteleszitat handelt. Offenbar steht, was das Eintagstier betrifft, die gemeinsame Reise mit Aristoteles dahinter.

Eine wichtige Erweiterung unseres Bildes von der Schwarzmeererfahrung des Aristoteles ergibt sich aus Stefan Schnieders' Untersuchungen zum Delphin, die in seinem im Entstehen begriffenen Kommentar zu den Büchern *Hist. an.* VIII und IX veröffentlicht werden sollen. Mit seiner freundlichen Erlaubnis entnehme ich seinen Ausführungen folgendes. In *Hist. an.* VIII 13.598 a 30 ff. sagt Aristoteles, daß die ins Schwarze Meer gelangenden Thunfische dort nur wenige größere Feinde hätten, den Delphin, der dort kleiner sei, und den Schweinswal (φώκαινα). Die Stelle werde ergänzt durch VI 12.566 b 8 f., wo erklärt wird, daß der Schweinswal im Schwarzen Meer aufwachse und einem kleinen Delphin ähnlich sei. Dies wird durch die von Schnieders beigebrachten modernen Nachweise bestätigt, wonach der Schweinswal im Schwarzen Meer, nicht aber im Mittelmeer heimisch ist.[318] Da die Griechen den Delphin hoch achteten, kann der von Aristoteles ebenfalls berichtete Delphinfang wohl nur von Nichtgriechen betrieben worden sein. Und so wird sich die in *Hist. an.* IV 8.533 b 9 ff. wegen des Gehörsinns der Delphine erwähnte Delphinjagd wohl auch auf eine Barbarensitte im Schwarzmeergebiet beziehen.

Es ist die bemerkenswerte Souveränität des Aristoteles bei der Nennung des Schweinswals, ihn als Spezifikum des Schwarzen Meeres hervorzuheben.

318 Vgl. Helena Herr, Vorkommen von Schweinswalen (*Phocoena phocoena*) in Nord- und Ostsee – im Konflikt mit Schifffahrt und Fischerei? Dissertation zur Erlangung des Doktorgrades des Departments Biologie der Fakultät für Mathematik, Informatik und Naturwissenschaften der Universität Hamburg, Hamburg, April 2009, 9. Danach werden drei Unterarten des Schweinswals unterschieden: *Phocoena phocoena phocoena* im Atlantik, *Phocoena phocoena vomerina* im Pazifik und *Phocoena phocoena relicta* im Schwarzen Meer. Ebd. 115 ist in Abbildung A 1 anschaulich das gesamte Verbreitungsgebiet des Schweinswals dargestellt (vgl. auch G. Notarbartolo di Sciara [ed.], Cetaceans of the Mediterranean and Black Seas. *State of knowledge and conservation strategies*, Monaco 2002, 3.10: „Today, harbour porpoises [sc. Schweinswale] appear to be absent from the Mediterranean, with the exception of a limited area in the Northern Aegean Sea, where a small nucleus, of likely pontic origin, seems to be existing;" und dazu Frantzis et al., Current knowledge of the cetacean fauna of the Greek Seas, Journal of Cetacean Research and Management 5, 2003, 227: „The presence of harbour porpoise in the Thracian and northern Aegean Seas ... has recently been confirmed (...) by one sighting and five strandings."

Auch für sonstige Kenntnisse des Aristoteles zum Schwarzen Meer (z.B. geringeren Salzgehalt) ist auf den im Entstehen begriffenen Kommentar von Schnieders hinzuweisen.

Maxwell-Stuart hat noch eine weitere These über eine gemeinsame Reise von Aristoteles und Theophrast aufgestellt, nämlich betreffend die Rückreise von Stageira (oder Mazedonien) nach Athen.[319] Und er hat anhand von Ortsangaben bei Theophrast eine genaue Route zu rekonstruieren gesucht. Es fehlen jedoch Parallelbelege bei Aristoteles. Orte wie Kithron, Dion, der Olymp, Herakleion, Magnesia, der Pelion, Pagasai, Theben, Antikyra usw. kommen zwar bei Theophrast, aber nicht bei Aristoteles vor. Auch wenn wir die persönliche Situation von Aristoteles bedenken, kommen große Zweifel auf. Aristoteles beabsichtigte, in Athen eine eigene Lehrtätigkeit aufzunehmen. Er hatte vermutlich auch einen größeren „Umzug" zu bewältigen und wollte möglicherweise seine Frau Pythias und vielleicht schon seine kleine Tochter begleiten, so daß er es vermutlich vorzog, mit dem Schiff zu reisen. Wir können über die näheren Umstände nur spekulieren. Aber auch methodisch sollte klar sein, daß die Annahme von gemeinsamen Reisen des Aristoteles und des Theophrast nur dann eine gewisse Plausibilität gewinnt, wenn wir für dieselben Orte oder Gegenden Parallelbelege bei beiden Autoren finden.

Noch eine Zusatzüberlegung. Eine derart umfangreiche Reise- und Forschungstätigkeit kostet natürlich auch Geld, worauf schon Manquat mit Nachdruck hinweist.[320] Allerdings soll Aristoteles reich gewesen sein. Nach den biographischen Zeugnissen soll er, insbesondere für die *Historia animalium*, nach dem Zeugnis des Plinius (*Hist. nat.* VIII 16,44), des Aelian (*Var. Hist.* IV 19) und des Athenaios (IX 398 e) von Philipp II. und Alexander dem Großen reich bedacht worden sein.[321] Wenn er Geld von Philipp erhielt, hätte ihm dies auf seinen Reisen sicher nutzen können. Athenaios spricht von der gewaltigen Summe von 800 Talenten, die er von Alexander für seine Forschung bekommen habe. Die Zahlenangabe ist aber ganz unwahrscheinlich, und eine größere Unterstützung kann erst nach Alexanders Eroberungen möglich gewesen sein, als Aristoteles bereits nach Athen zurückgekehrt war; denn zu Beginn des Feldzugs hatte Alexander nur wenig Geld zur Verfügung.[322]

319 Maxwell-Stuart (wie Anm. 183) 254 ff.
320 Manquat (wie Anm. 225) 95 ff.
321 Düring, Biographical Tradition (wie Anm. 228) 288 ff. (= T. 26a–c).
322 Vgl. H. Bengtson, Griechische Geschichte von den Anfängen bis in die römische Kaiserzeit, in: Handbuch der Altertumswissenschaften, begr. v. Iwan von Müller, Dritte Abt. 4. Teil, München ^{3}1965, 326.

Aus der Untersuchung der von Aristoteles genannten Orte ergibt sich ein ungefähres Bild über den Fortgang der Forschung und über seine Reisetätigkeit, auch wenn diese im Einzelfall nicht immer schlüssig bewiesen werden kann. Auf keinen Fall vermitteln diese Ortsangaben ein repräsentatives Bild davon, wie seine wesentlichen Forschungsergebnisse zustande gekommen sind. Es fehlen gerade bei ganz bedeutsamen Entdeckungen die Ortsangaben. Es sind mehr zufällige Details und zum Teil ortsbezogene Berichte von Fischern usw. oder eine Mischung von beidem, was wir im Zusammenhang mit den Ortsangaben fassen können. Der Umfang der Berücksichtigung von Berichten anderer darf allerdings auch nicht überschätzt werden. Alle wesentlichen Ergebnisse zur Anatomie und Physiologie von Mensch und Tier beruhen auf eigenen Sektionsbefunden. Und was die zusätzlichen Berichte über einzelne Tiere betrifft, die nicht auf Autopsie beruhen, so darf man die kritische Einstellung des Aristoteles zu seinen Berichterstattern nicht unterschätzen.[323] Die Forschungstätigkeit des Aristoteles ist im Detail bisher nicht behandelt worden. Aber das Referierte entspricht in etwa der groben Einschätzung von Lee und Düring.

Auf jeden Fall belegen die gewonnenen Einblicke in seine Reisetätigkeit, die ihn offenbar bis in die Ukraine führte, deutlich, welche immense Forschungstätigkeit von Aristoteles geleistet wurde, und zwingen zu dem Schluß, daß er während der etwa dreizehn Jahre, die er von Athen abwesend war, nicht gleichzeitig Philosophie im Sinne Platons oder der Neuzeit betrieben haben kann. Nochmals sei darauf hingewiesen, daß die Ortsangaben Zufallsnennungen sind; welche zoologischen Kenntnisse er an einer einzelnen Stelle erwarb, sagt Aristoteles nicht.

323 Auf die Beobachtungen von Fischern verweisen z. B. eine ganze Anzahl von Stellen. Freilich ist Aristoteles ihnen gegenüber selbst dort skeptisch, wo sie nach unserem Verständnis das richtigere Urteil haben. In der Schrift *Über die Entstehung der Lebewesen* betont er mehrfach die externe Befruchtung der Fische im Unterschied zu der der Vögel (*De gen. an.* III 5.755 b 6; 756 a 15 ff.) und, wie schon oben zitiert, sagt er einmal, daß viele von ihnen deshalb in die Irre gehen, weil sie ihre Beobachtungen nicht „um der Erkenntnis willen" anstellen (*De gen. an.* III 5.756 a 33). Er glaubt den Fischern auch nicht, daß die Oktopoden mit Hilfe eines in das Weibchen eingeführten Armes (Hektokotylus) die Spermatophoren übertragen, obwohl es in diesem Fall der Wahrheit entspricht, sondern glaubt nur an eine Festhaltefunktion des Hektokotylus (*De gen. an.* I 15.720 b 32 ff.). Insbesondere weist er deren Meinung zurück, daß die weiblichen Fische dadurch befruchtet werden, daß sie den Samen der Männchen aufschnappen. Dieselbe Meinung wie die Fischer habe auch Herodot gehabt, den er ironisch als ‚Mythologen', Mythenerzähler, bezeichnet (*De gen. an.* III 5.756 b 6 f.). An dem Beispiel des Hektokotylus der Oktopoden sieht man deutlich, daß er zwar die Fänge inspiziert, aber die Fischer auf ihren Bootsfahrten nicht begleitet hat und gegenüber dem, was sie da zusätzlich bemerkt oder nicht bemerkt haben wollen, skeptisch ist. Zumindest gibt er ihre Berichte, z. B. über seltsame Fische, neutral ohne eigene Stellungnahme wieder (vgl. *Hist. an.* IV 7.532 b 18 ff.).

6. Die Beschreibung exotischer Tiere in Aristoteles' Zoologie

6.1 Von Herodot übernommene Angaben des Aristoteles zum Krokodil

Bekanntlich gibt Herodot eine ausführliche Beschreibung des Krokodils in Ägypten. In II 68 beschreibt er teilweise sein Aussehen und seine Lebensweise, in II 69 geht er auf seine kulturelle Bedeutung ein und in II 70 berichtet er über seinen Fang. Es ist umstritten, wieweit Herodot hier eigener Beobachtung folgt oder auf Hekataios fußt. Daß er jedenfalls seine Beschreibung des Krokodilfangs von letzterem mit kleinen Änderungen übernommen hat (zuzüglich der Beschreibung der Flußpferde und anderer Tiere und des Phoinixvogels), sagt jedenfalls Porphyrios bei Eusebius, *Praep. ev.* X 3,16 p. 564 Mras[324] (Hekataios, FGrHist 1 F 324a). Doch kann diese Quellenproblematik hier beiseite bleiben.[325]

Aristoteles übernimmt von Herodot wesentliche Aussagen. Dies hat bei einigen Gelehrten zu Verwunderung geführt.[326] Doch tut Aristoteles nichts anderes als moderne Wissenschaftler: Weil Ägypten für ihn unerreichbar war, benutzt er eine schriftliche Quelle. Was Indisches betrifft, benutzt er die *Ἰνδικά* des Ktesias, obwohl er diesen nicht für besonders glaubwürdig hält[327] (*Hist. an.* II 1.501 a 25, III 22.523 a 26 f., VIII 28.606 a 8).

Aristoteles lehnt sich in vielem eng an Herodot an. Er zitiert diesen einmal ausdrücklich (*E. E.* VII 2.1236 b 9), wenn er davon spricht, daß der Trochilosvogel eine auf dem Nutzen beruhende Freundschaft (φιλία) zum

324 ὡς Ἡρόδοτος ἐν τῇ δευτέρᾳ πολλὰ Ἑκαταίου τοῦ Μιλησίου κατὰ λέξιν μετήνεγκεν ἐκ τῆς Περιηγήσεως, βραχέα παραποιήσας, τὰ τοῦ Φοίνικος ὀρνέου καὶ περὶ τοῦ ποταμίου ἵππου καὶ τῆς θήρας τῶν κροκοδείλων.

325 Vgl. dazu H. Diels, Herodot und Hekataios, Hermes 22, 1887, 411 ff. (der auch II 68–69 auf Hekataios zurückführt: ebd. 429 Anm. 1); H. Fränkel, Wege und Formen frühgriechischen Denkens, München ²1960, 62 ff. (der die Hekataiosbenutzung auf die von Porphyrios angegebenen Abschnitte beschränkt sieht).

326 So bei G.E.R. Lloyd, Observation and Reseach, in: Brunschwig and Lloyd (wie Anm. 18) 78 (ursprüngliche französische Fassung in: Le savoir Grec. Dictionnaire Critique, Paris 1996).

327 Er war offensichtlich niemals in Indien, erfuhr aber am persischen Hof einiges über dieses Land. Vgl. A. Nichols, Cteasias in India. Introduction. Translation and commentary, Bristol Clasical Press 2011, 18 ff.

Krokodil unterhält (weil nach Herodots Bericht das Krokodil es sich gefallen läßt, daß der Vogel aus seinem Maul die Blutegel herauspickt). Insgesamt erwähnt Aristoteles das Krokodil in seinen zoologischen Schriften etwa 25mal. Es besteht häufig die Vorstellung, daß er dabei weitgehend von Herodot abhängig ist; doch sind Aristoteles' Beschreibungen viel umfangreicher. Im folgenden sollen sowohl die übereinstimmenden Angaben des Herodot und des Aristoteles über das Krokodil als auch die zusätzlichen Ausführungen des Aristoteles mit den Feststellungen der modernen Zoologie konfrontiert werden, um in diesem Punkte zu einer besseren Einschätzung der Zoologie des Aristoteles zu gelangen.

Zunächst zu Herodots und Aristoteles' Aussagen, soweit sie mehr oder weniger übereinstimmen. Für den deutschen Text werden die Übersetzungen von W. Marg[328] und F. Lange[329] zu Herodot, von H. Aubert – F. Wimmer zu Aristoteles' *Historia animalium*,[330] von E. Dönt zu Aristoteles' *De respiratione*[331] und von F. Dirlmeier zur *Eudemischen Ethik*[332] (mit Änderungen) benutzt. Jeweils anschließend an die antiken Belege werden die Feststellungen der modernen zoologischen Lehrbücher ausgeschrieben, soweit es zur Einschätzung der aristotelischen Zoologie sinnvoll ist. Dabei werden insbesondere die grundlegende zoologische Abhandlung über das Krokodil von Otto von Wettstein (1931)[333] und die modernere zusammenfassende zoologische Darstellung von Ludwig Trutnau (1994)[334] zu Worte kommen.[335]

1. Hdt. II 68,1: „Die vier kältesten Monate frißt es nichts."[336]

Hist. an. VIII 15.599 a 30 ff.: „So machen viele der Bluttiere, z. B. auch die Hornschuppentiere, die Schlangen, Eidechsen, Baumeidechsen und

328 Herodot. Historien, übers. von W. Marg. Mit einer Einführung von D. Fehling und Erläuterungen von B. Zimmermann, (^{1}1983) München 1991.

329 Die Geschichten des Herodotos, übers. v. F. Lange, neu hrsg. v. O. Güthling, Leipzig 1885.

330 Aristoteles, Thierkunde (wie Anm. 242).

331 Aristoteles, Kleine naturwissenschafliche Schriften (Parva naturalia), Stuttgart 1997.

332 Aristoteles. Eudemische Ethik übersetzt und erl., in: Aristoteles. Werke in deutscher Übersetzung, Bd. 7, hrsg. v. E. Grumach, Berlin 1962.

333 O. v. Wettstein, in: W. Kükenthal (Hrsg.), Handbuch der Zoologie Bd. VII 1, Tb.1 Sauropsida: Allgemeines. Reptilia. Aves, Berlin–Leipzig 1931.

334 L. Trutnau, Krokodile. Alligatoren, Kaimane, Echte Krokodile und Gaviale (Die neue Brehm-Bücherei Bd. 593), Magdeburg 1994.

335 An älteren Arbeiten zum Thema seien genannt: Jürgen Bona Meyer, Aristoteles Thierkunde. Ein Beitrag zur Geschichte der Zoologie, Physiologie und alten Philosophie, Berlin 1855 (ND Frankfurt/Main 1975), 306 f.; O. Keller, Die antike Tierwelt, Bd. 1, 2, Leipzig 1909, 1913, hier: 2, 260 ff.; Gossen/Steier s. v. Krokodile und Eidechsen, RE XI, 1922, Sp. 1947 ff.

336 τοὺς χειμεριωτάτους μῆνας τέσσερας ἐσθίει οὐδέν.

Flußkrokodile, während der vier kältesten Monate Winterschlaf und nehmen keine Nahrung zu sich.“[337]
Nach Trutnau 81 legen die Nilkrokodile „lange Röhren oder tunnelartig Gänge ... bis zu einer Länge von 10 Metern“ an, die Luftlöcher haben und deren Zugänge in der Regel unter Wasser liegen. „In diesen Gängen halten sich nicht selten mehrere Exemplare gleichzeitig auf, um in einer Trockenperiode der zu großen Hitze oder auch einer zu kühlen Witterung zu entgehen.“ (Trutnau 81).

2. Hdt. II 68,1: „Und obwohl es ein vierfüßiges Tier ist, so lebt es doch auf dem Lande *und* im Wasser.“[338]

Hist. an. I 1.487 a 19 ff.: „Die andern zwar haben ihre Nahrungssuche und ihren Aufenthalt im Wasser, nehmen aber nicht Wasser, sondern Luft in sich ein und gebären außerhalb des Wassers. Von diesen letzteren sind auch manche mit Füßen versehen, wie die Otter, der Biber und das Krokodil.“[339]
Zur Luftatmung vgl. auch Nr. 11.

3. Hdt. II 68,1: „Nämlich seine Eier legt und bebrütet es (ἐκλέπει) auf dem Land und bringt den größten Teil des Tags auf dem Trocknen zu, die ganze Nacht aber im Fluß. Denn im Wasser ist es doch wärmer als in der Luft und bei Tau.“[340]

Hist. an. V 33.558 a 14 f.: „Auch die Eidechsen und die Land- und Flußkrokodile legen ihre Eier in den Boden.“[341]
Hist. an. II 10.503 a 12 ff.: „Am Tage halten sie sich am meisten auf dem Lande auf, bei Nacht aber im Wasser; denn es ist dort wärmer als in der Luft.“[342]
De inc. an. 15.713 a 15 ff.: „Die eierlegenden Vierfüßer, die in Löchern leben wie die Krokodile ... haben schräg angewachsene und auf der Erde ausgestreckte Beine und beugen sie seitwärts, weil sie auf diese Weise nützlich sind ... zur Bebrütung und zum Schutz der Eier.“[343] Vgl. Nr. 12.

337 φωλεῖ δὲ καὶ τῶν ἐναίμων πολλά, οἷον τά τε φολιδωτά, ὄφεις τε καὶ σαῦραι καὶ ἀσκαλαβῶται καὶ κροκόδειλοι οἱ ποτάμιοι, τέτταρας μῆνας τοὺς χειμεριωτάτους, καὶ οὐκ ἐσθίουσιν οὐδέν.

338 ἐὸν δὲ τετράπουν χερσαῖον καὶ λιμναῖόν ἐστι.

339 τὰ δὲ τὴν μὲν τροφὴν ποιεῖται καὶ τὴν διατριβὴν ἐν τῷ ὑγρῷ, οὐ μέντοι δέχεται τὸ ὕδωρ ἀλλὰ τὸν ἀέρα, καὶ γεννᾷ ἔξω. πολλὰ δ᾽ ἐστὶ τοιαῦτα καὶ πεζά, ὥσπερ ἐνυδρὶς καὶ λάταξ καὶ κροκόδειλος.

340 τίκτει μὲν γὰρ ᾠὰ ἐν γῇ καὶ ἐκλέπει καὶ τὸ πολλὸν τῆς ἡμέρης διατρίβει ἐν τῷ ξηρῷ, τὴν δὲ νύκτα πᾶσαν ἐν τῷ ποταμῷ· θερμότερον γὰρ δή ἐστι τὸ ὕδωρ τῆς τε αἰθρίης καὶ τῆς δρόσου.

341 τίκτουσι δὲ καὶ σαῦροι καὶ κροκόδειλοι οἱ χερσαῖοι καὶ οἱ ποτάμιοι εἰς τὴν γῆν.

342 τὴν μὲν οὖν ἡμέραν ἐν τῇ γῇ τὸ πλεῖστον διατρίβει, τὴν δὲ νύκτα ἐν τῷ ὕδατι· ἀλεεινότερον γάρ ἐστι τῆς αἰθρίας.

343 Τὰ δὲ τρωγλόδυτα τῶν τετραπόδων καὶ ᾠοτόκων, οἷον οἵ τε κροκόδειλοι ... ἐκ τοῦ πλαγίου προσπεφυκότα τὰ σκέλη ἔχει καὶ ἐπὶ τῇ γῇ κατατεταμένα, καὶ κάμπτει εἰς τὸ πλάγιον, διὰ τὸ οὕτω χρήσιμα εἶναι ... πρὸς τὴν ἐπὶ τοῖς ᾠοῖς ἐφεδρείαν καὶ φυλακήν.

Nilkrokodile „heben in Ufernähe kolbenglasförmige Bruthöhlen aus, die sie anschließend [nach der Eiablage] wieder mit trockenem Sand ... zuscharren." (Trutnau 87). Das Weibchen „besucht den Nestplatz allnächtlich, um sich von seinem ordnungsgemäßen Zustand zu überzeugen und um schließlich den ausschlüpfenden ... Jungen durch Aufgraben des Loches zu helfen." (Wettstein 407). „Nilkrokodile verlagern, dem Tagesrhythmus und dem Temperaturverlauf folgend, ihren Aufenthalt in die Sonne, den Schatten oder ins Wasser und gewährleisten dadurch eine Körpertemperatur von durchschnittlich 25,5 °C mit einer Schwankungsbreite von 3 °C. Am Morgen liegen sie in den ersten Stunden mit geöffnetem Maul in der warmen Vormittagssonne und gleichen so den Wärmeverlust der kühleren Nacht aus." (Trutnau 82). Auch am Nachmittag liegen sie „dösend auf Sandbänken im Fluß, auf flachen Uferstreifen oder in seichtem Wasser." (Trutnau 80). „Nilkrokodile sind in erster Linie nächtliche Jäger. Nach Einbruch der Dunkelheit sind sie alle im Wasser." (Trutnau 228). Zur Eiablage und zum angeblichen Bebrüten vgl. Nr. 17.

4. Hdt. II 68,2: „Und unter allen sterblichen Wesen, die wir kennen, wird dies aus dem kleinsten das größte. Denn die Eier, die es legt, sind nicht viel größer als die von Gänsen, und das Junge entspricht dem Ei, und dann wächst es und kommt auf siebzehn Ellen und noch mehr."[344]

Hist. an. V 33.558 a 20 ff.: „Und obgleich diese Eier sehr klein sind, so wird doch aus ihnen ein sehr großes Tier. Denn das Ei ist nicht größer als ein Gänseei und das Junge von entsprechender Größe, wächst aber bis zu einer Länge von siebzehn Ellen aus."[345]
Siehe zu Nr. 17.

5. Hdt. II 68,3: „Augen hat es wie ein Schwein und große hauerartige (χαυλιόδοντας) Zähne."[346]

Hist. an. II 10.503 a 8 ff.: „Die Flußkrokodile haben die Augen wie ein Schwein und große hauerartige (χαυλιόδοντας) Zähne."[347]
„Die kleinen Augen liegen oberhalb der Basis der Schnauzenspalte. ... Im hellen Licht verengt sich die Pupille zu einem engen, senkrechtstehenden

344 πάντων δὲ τῶν ἡμεῖς ἴδμεν θνητῶν τοῦτο ἐξ ἐλαχίστου μέγιστον γίνεται· τὰ μὲν γὰρ ᾠὰ χηνέων οὐ πολλῷ μέζονα τίκτει, καὶ ὁ νεοσσὸς κατὰ λόγον τοῦ ᾠοῦ γίνεται, αὐξανόμενος δὲ γίνεται καὶ ἐς ἑπτακαίδεκα πήχεας καὶ μέζων ἔτι.

345 ἐξ ἐλαχίστων δ' ᾠῶν μέγιστον ζῷον γίνεται ἐκ τούτων· τὸ μὲν γὰρ ᾠόν ἐστιν οὐ μεῖζον χηνείου, καὶ ὁ νεοττὸς κατὰ λόγον, αὐξανόμενος δὲ γίνεται καὶ ἑπτακαίδεκα πήχεων.

346 ἔχει δὲ ὀφθαλμοὺς μὲν ὑός, ὀδόντας δὲ μεγάλους καὶ χαυλιόδοντας.

347 οἱ δὲ κροκόδειλοι οἱ ποτάμιοι ἔχουσιν ὀφθαλμοὺς μὲν ὑός, ὀδόντας δὲ μεγάλους καὶ χαυλιόδοντας.

Schlitz." (Trutnau 41). „Bei dem funktionierenden Gebiß greifen die Zähne des Ober- und Unterkiefers ineinander wie Zahnräder. ... Das Gebiß ist nicht isodont. Die vorderen Zähne sind säbelförmige, nach einwärts und hinten gebogene Fangzähne; ... Die hinteren Zähne sind mehr gerade, kurz und konisch und zeigen häufig einen eingeschnürten Kronenhals. Bestimmte Zähne übertreffen alle anderen an Länge und Stärke." (Wettstein 285).

6. Hdt. II 68,3: „Es ist das einzige Tier, das keine Zunge hat."[348]

Hist. an. II 10.502 b 35 f.: „Außerdem sind alle mit den Sinnesorganen und mit einer Zunge versehen, mit Ausnahme des ägyptischen Krokodils."[349] (Jedoch wird diese Feststellung anschließend sofort eingeschränkt, siehe unten Nr. 13, bzw. es wird ihr an anderen Stellen widersprochen).

7. Hdt. II 68,3: „Auch bewegt es den Unterkiefer nicht, sondern bewegt – und auch das ist einzigartig unter den Tieren – den Oberkiefer zum Unterkiefer."[350]

Hist. an. I 11.492 b 23 f.: „Alle Tiere bewegen den Unterkiefer mit Ausnahme des Flußkrokodils, welches nur den Oberkiefer bewegt."[351]
Hist. an. III 7.516 a 24 f.: „Das Flußkrokodil bewegt allein von allen Tieren den Oberkiefer."[352]
De part. an. II 17.660 b 26 ff.: „... daß sie den Unterkiefer unbeweglich haben. ... Sie haben aber ihre Kiefer gewissermaßen umgekehrt herum, den Oberkiefer unten. Bei anderen Lebewesen ist der Oberkiefer unbeweglich."[353] (Zur Stelle siehe auch Nr. 13).
De part. an. IV 11.691 b 4 ff.: „Während nun alle übrigen (Vertreter dieser Gattung) den Unterkiefer bewegen, bewegt das Flußkrokodil nur den Oberkiefer."[354]
Der Muskel, der normalerweise den Unterkiefer herabdrückt, d. h. „Der Musculus depressor mandibulae ist in der typischen Ausprägung der Reptilien vorhanden, aber besonders kräftig. Er entspringt vom Parieta-

348 γλῶσσαν δὲ μοῦνον θηρίων οὐκ ἔφυσε.

349 πρὸς δὲ τούτοις τὰ αἰσθητήρια καὶ γλῶτταν πάντα, πλὴν ὁ ἐν Αἰγύπτῳ κροκόδειλος.

350 οὐδὲ κινέει τὴν κάτω γνάθον, ἀλλὰ καὶ τοῦτο μοῦνον θηρίων τὴν ἄνω γνάθον προσάγει τῇ κάτω.

351 κινεῖ δὲ πάντα τὰ ζῷα τὴν κάτω σιαγόνα πλὴν τοῦ ποταμίου κροκοδείλου· οὗτος δὲ τὴν ἄνω μόνος.

352 ὁ δὲ κροκόδειλος ὁ ποτάμιος μόνος τῶν ζῴων κινεῖ τὴν σιαγόνα τὴν ἄνωθεν.

353 ... τὸ τὴν σιαγόνα τὴν κάτω ἀκίνητον ἔχειν. ... οἱ δ᾽ ἔχουσιν ὥσπερ ἀνάπαλιν τὴν ἄνω κάτω· τοῖς γὰρ ἄλλοις ἡ ἄνω ἀκίνητος.

354 Τὰ μὲν οὖν ἄλλα πάντα κινεῖ τὴν σιαγόνα τὴν κάτω, ὁ δὲ ποτάμιος κροκόδειλος μόνος τὴν ἄνω.

le, Squamosum und Exoccipitale und inseriert an der hinteren Verlängerung des Articulare am Unterkiefer. Nach Adams (1919) dient er weniger zur Abwärtsbewegung des Unterkiefers, als zum Emporheben des Oberschädels." (Wettstein 303 f.). „Der Körper der Crocodilia stellt ein starres System vom „Torpedo-Typus" dar. Diese Starrheit wird durch den Hautpanzer, das Gastralspangen-System und durch die sehr kräftige, kompliziert gebaute, hypaxonische Muskulatur bedingt." (Wettstein 305). „Der wenig bewegliche Kopf und Nacken werden durch den Proatlas, durch die kräftigen Nackenmuskeln und durch die kufenförmigen Halsrippen in ihrer Lage gehalten." (Trutnau 39). „Bei der Ruhelage liegt die ganze Ventralseite des Körpers und Schwanzes dem Boden auf; der Kopf aber wird in der Regel vom Boden abgehoben gehalten ... Das Öffnen des Maules geschieht weniger durch Herabklappen des Unterkiefers, als vielmehr durch Emporheben des ganzen Oberschädels (Versluys 1912)." (Wettstein 307 f.; vgl. Figur 262 auf S. 307).

8. Hdt. II 68,4: „Es hat auch starke Krallen und auf dem Rücken eine undurchdringliche überschuppte Haut. Im Wasser ist es blind, in der freien Luft aber sieht es sehr scharf."[355]

Hist. an. II 10.503 a 8 ff.: „Die Flußkrokodile haben ... starke Krallen und eine undurchdringliche Schildschuppenhaut (δέρμα ἄρρηκτον φολιδωτόν); im Wasser sehen sie schlecht, außerhalb desselben aber sehr scharf."[356]

„Von den vorderen fünf Fingern und den hinteren vier Zehen sind nur die ersten drei Finger und die ersten drei Zehen mit leicht gebogenen, dunklen und stumpf kegelförmigen, mehr oder weniger abgenutzten Krallen überzogen, die ... vom Typ her in etwa denjenigen der Schildkröten und Vögel entsprechen. Die gleichmäßig gebogene Krallenplatte geht an beiden Seiten in die flache oder wenig konvexe Krallensohle über." (Trutnau 21; vgl. Wettstein 245 ff.). Zur Haut vgl. Nr. 19. „Gehör und Gesicht sind sehr gut entwickelt, letzteres auch in der tiefen Dämmerung und bei Mondschein gebrauchsfähig." (Wettstein 401). Zur mangelnden Sicht im Wasser fehlen moderne Aussagen.

9. Hdt. II 68,4 f.: „Und weil es im Wasser seinen Lebensunterhalt sucht, so ist sein Rachen inwendig voller Blutegel. Alle anderen Vögel und Tiere fliehen vor ihm, nur mit dem Trochilos lebt es in Frieden, weil dieser ihm gute Dienste leistet. Wenn nämlich das Krokodil aus dem Fluß an das Land steigt und

355 ἔχει δὲ καὶ ὄνυχας καρτεροὺς καὶ δέρμα λεπιδωτὸν ἄρρηκτον ἐπὶ τοῦ νώτου.

356 οἱ δὲ κροκόδειλοι οἱ ποτάμιοι ἔχουσιν ... ὄνυχας ἰσχυροὺς καὶ δέρμα ἄρρηκτον φολιδωτόν· βλέπουσι δ᾽ ἐν μὲν τῷ ὕδατι φαύλως, ἔξω δ᾽ ὀξύτατον.

dann den Rachen aufsperrt, und das pflegt es immer zu tun gegen den Westwind, so schlüpft der Trochilos hinein und verschluckt die Blutegel. Das gefällt ihm dann sehr wohl, und es tut dem Trochilos nichts.“[357]

Hist. an. IX 6.612 a 20 ff.: „Die Trochiloi fliegen den Krokodilen in den offenen Rachen und reinigen ihnen die Zähne, und während sie selbst dabei ihre Nahrung finden, fühlt auch das Krokodil den ihm geleisteten Nutzen; daher beschädigt es den Trochilos nicht, sondern wenn es will, daß er wieder hinausgehe, so bewegt es seinen Hals, um ihn nicht mit den Zähnen zu verletzen.“[358]

E. E. VII 2.1236 b 6 ff.: „Die übrigen Freundschaften dagegen gibt es auch bei den Tieren, und zwar gibt es offenbar, in bescheidenem Ausmaß, Nützlichkeit sowohl im Verhältnis der zahmen Tiere zum Menschen als auch der Tiere untereinander, wie zum Beispiel Herodot über Trochilos und Krokodil berichtet.“[359]

Vgl. Ps.-Arist., *Mir.* 7.831 a 11 ff.

„Eine gewisse Berühmtheit hat die Duldsamkeit des Nilkrokodils gegenüber einem Regenpfeifer, dem Krokodilwächter (Pluvianus aegyptius Linné) erlangt. Dieser kleine Vogel sucht ungefährdet den geöffneten Rachen der ruhenden Krokodile nach Parasiten (Blutegeln) und wohl auch nach Fliegen ab.“ (Wettstein 401). „Anhand eingehender Forschungen ... konnte Cott (1961[360]*) die Richtigkeit der Behauptungen HERODOTS bestätigen. Nach diesen Beobachtungen stehen vor allen Dingen zwei kleine Vogelarten, der Sporenkiebitz (Hoplopterus spinosus) und der Krokodilwächter (Pluvianus aegyptius) in enger Beziehung zu Nilkrokodilen, indem sie sie nicht nur von zahlreichen Parasiten auf der Oberhaut befreien, sondern auch in den geöffneten Rachen eindringen und hier Blutegel, Wasserschnecken und Nahrungsreste zwischen den Zähnen herauspicken. Auch Flußuferläufer (Actitis hypoleucos) betätigen sich nach*

357 ἅτε δὴ ὢν ἐν ὕδατι δίαιταν ποιεύμενον, τὸ στόμα ἔνδοθεν φορέει πᾶν μεστὸν βδελλέων. τὰ μὲν δὴ ἄλλα ὄρνεα καὶ θηρία φεύγει μιν, ὁ δὲ τροχίλος εἰρηναῖόν οἵ ἐστι, ἅτε ὠφελεομένῳ πρὸς αὐτοῦ· ἐπεὰν γὰρ ἐς τὴν γῆν ἐκβῇ ἐκ τοῦ ὕδατος ὁ κροκόδειλος καὶ ἔπειτα χάνῃ (ἔωθε γὰρ τοῦτο ὡς τὸ ἐπίπαν ποιέειν πρὸς τὸν ζέφυρον), ἐνθαῦτα ὁ τροχίλος ἐσδύνων ἐς τὸ στόμα αὐτοῦ καταπίνει τὰς βδέλλας· ὁ δὲ ὠφελεύμενος ἥδεται καὶ οὐδὲν σίνεται τὸν τροχίλον.

358 τῶν δὲ κροκοδείλων χασκόντων οἱ τροχίλοι καθαίρουσιν εἰσπετόμενοι τοὺς ὀδόντας, καὶ αὐτοὶ μὲν τροφὴν λαμβάνουσιν, ὁ δ᾽ ὠφελούμενος αἰσθάνεται καὶ οὐ βλάπτει, ἀλλ᾽ ὅταν ἐξελθεῖν βούληται κινεῖ τὸν αὐχένα ἵνα μὴ συνδάκῃ.

359 αἱ δ᾽ ἄλλαι καὶ ἐν τοῖς θηρίοις, καὶ τὸ χρήσιμον ἐπὶ μικρόν τι φαίνεται ἐνυπάρχον καὶ πρὸς ἄνθρωπον τοῖς ἡμέροις καὶ πρὸς ἄλληλα, οἷον τὸν τροχίλον φησὶν Ἡρόδοτος τῷ κροκοδείλῳ.

360 H.B. Cott, Scientific results of an inquiry into the ecology and economic status of the Nile crocodile (Crocodylus niloticus) in Uganda and northern Rhodesia. Transactions of the Zoological Society, London 29, 1961, 211 ff.

Cott (1961[361]) in gleicher Weise." (Trutnau 105). Die Existenz von Blutegeln in Ägypten wird bestritten von A.B. Lloyd.[362]

10. Hdt. II 69,1 f.: „Einigen Ägyptern nun sind die Krokodile heilig, andern wieder nicht, sondern sie setzen ihnen zu als Feinden. Die um Theben und die Moiris-See wohnen, die haben ganz besonders den Glauben, daß sie heilig sind. An beiden Stellen hegt man je ein ausgewähltes Krokodil, das abgerichtet und zahm ist, und sie tun ihm Gehänge in die Ohren, von Glasfluß und Gold, und Spangen um die Vorderfüße, und geben ihm vorgeschriebene und geweihte Speisen und pflegen es aufs beste, solange es lebt."[363]

Hist. an. IX 1.608 b 32 ff.: „Dies zeigt sich zum Beispiel in Ägypten, wo man gewissen Tieren besondere Pflege angedeihen läßt: denn, weil es ihnen dort an ausreichender Nahrung nicht gebricht, leben auch die wildesten Tiere friedlich nebeneinander. Denn dadurch, daß man ihnen gewährt, was sie brauchen, werden sie zahm, wie an einigen Orten selbst die Krokodile zahm gegen die Priester werden, welche ihnen ihr Futter darreichen."[364]

Soweit die Übereinstimmungen zwischen Herodot und Aristoteles. Sie sind zum Teil fast wörtlich.[365] In einem Punkte ist Herodot etwas genauer. Er behauptet nicht nur, daß das Krokodil den Unterkiefer nicht bewegt, sondern fügt hinzu (Nr. 7), daß es den Oberkiefer an den Unterkiefer heranführt (obwohl dies natürlich logisch aus der Unbeweglichkeit des Unterkiefers folgt). Bei den Ausführungen zu den zahmen Krokodilen (Nr. 10) ist es aufgrund der Formulierung nicht zwingend, daß Aristoteles hier von Herodot abhängig ist. Aristoteles korrigiert den Irrtum Herodots, daß das Krokodil keine Zunge hat (vgl. Nr. 6). Wieweit die Angabe beider exakt ist, daß die Krokodile 4 Monate Winterschlaf halten (Nr. 1), ist nicht mehr sicher festzustellen, da heutzutage das Nilkrokodil im nördlichen Ägypten nicht mehr vorkommt. Aristoteles wiederholt die falsche Behauptung, daß die Krokodile die Eier bebrüten (Nr. 3). Er fügt der Feststellung der amphibischen Lebensweise das

361 Wie Anm. 360.

362 A.B. Lloyd, Herodotus. Book II. Commentary 1–98, Leiden 1976, 307.

363 τοῖσι μὲν δὴ τῶν Αἰγυπτίων ἱροί εἰσι οἱ κροκόδειλοι, τοῖσι δὲ οὔ, ἀλλ᾽ ἅτε πολεμίους περιέπουσι. οἱ δὲ περί τε Θήβας καὶ τὴν Μοίριος λίμνην οἰκέοντες καὶ κάρτα ἥγηνται αὐτοὺς εἶναι ἱρούς. ἐκ πάντων δὲ ἕνα ἑκάτεροι τρέφουσι κροκόδειλον, δεδιδαγμένον εἶναι χειροήθεα, ἀρτήματά τε λίθινα χυτὰ καὶ χρύσεα ἐς τὰ ὦτα ἐσθέντες καὶ ἀμφιδέας περὶ τοὺς ἐμπροσθίους πόδας καὶ σιτία ἀποτακτὰ διδόντες καὶ ἱρήια καὶ περιέποντες ὡς κάλλιστα ζῶντας.

364 δῆλον δὲ ποιεῖ τοῦτο ἡ περὶ Αἴγυπτον ἐπιμέλεια τῶν ζῴων· διὰ γὰρ τὸ τροφὴν ὑπάρχειν καὶ μὴ ἀπορεῖν μετ᾽ ἀλλήλων ζῶσι καὶ αὐτὰ τὰ ἀγριώτατα· διὰ τὰς ὠφελείας γὰρ ἡμεροῦται, οἷον ἐνιαχοῦ τὸ τῶν κροκοδείλων γένος πρὸς τὸν ἱερέα διὰ τὴν ἐπιμέλειαν τῆς τροφῆς.

365 Vgl. Diels, Herodot und Hekataios (wie Anm. 325) 430 ff.

für die biologische Systematik wichtige Merkmal des Atmens, d. h. des Lungenbesitzes, hinzu (Nr. 2; vgl. unten Nr. 11) und korrigiert die Bemerkung zur Beschuppung des Krokodils, indem er das genauere Wort für die Schildschuppen (φολιδωτόν) benutzt (Nr. 8). Im wesentlichen recht haben Herodot und Aristoteles, was die Unbeweglichkeit des Unterkiefers betrifft, obwohl ihre Angaben früher häufig als unzutreffend angesehen wurden (Nr. 7): Wenn das Krokodil das Maul öffnet, tut es das mit seinem ganzen Oberschädel einschließlich des Oberkiefers, so daß für den Betrachter der Unterkiefer im wesentlichen in derselben Position verharrt und sich nur stärker relativ zur Körperachse bewegt. Dies wird gegen ältere Behauptungen aber auch zunehmend von Philologen anerkannt.[366] Allerdings zeigen mit Teleobjektiv aufgenommene Fernsehaufnahmen, daß sich beim Fang der Beute gelegentlich auch der Unterkiefer stärker senkt.

6.2 Von Herodot unabhängige Angaben des Aristoteles zum Krokodil

Zusätzlich gibt Aristoteles weitere Informationen über das Krokodil. Dabei besteht eine gewisse Schwierigkeit darin, daß Aristoteles gelegentlich zwischen zwei Arten von Krokodilen unterscheidet und dabei vermutlich an einheimische Eidechsen denkt. Hierzu ist die Information bei Herodot II 69,3 wichtig:

> „Und sie werden nicht Krokodile, sondern Champsai genannt. Als Krokodile bezeichneten sie die Jonier, indem sie sie aufgrund ihrer Gestalt mit den Krokodilen gleichsetzten, die bei ihnen in den Steinwällen lebten.“[367]

366 Vgl. Gossen/Steier (wie Anm. 335) Sp. 1948: „Das größte Interesse beansprucht die Bemerkung des Herodot, daß das Krokodil die untere Kinnlade nicht bewegt, sondern die obere Kinnlade auf die untere klappt. Diese viel bestrittene und bis in die neueste Zeit immer wieder bezweifelte Angabe ist richtig. Man muß sich nur von der zuerst bei J.C. Scaliger (1619) ausgesprochenen schiefen Auffassung freimachen, als habe Herodot sagen wollen, daß beim K. der Oberkiefer unabhängig vom Schädel (etwa wie ein Vogelschnabel) beweglich sei. Tatsächlich wird durch Zusammenziehung von Muskeln, die zwischen dem hinteren Ende des Unterkiefers und dem Hauptkamm angespannt sind, der Schädel samt dem Oberkiefer gehoben und gleichzeitig der Unterkiefer gesenkt. Diese Bewegung ist anatomisch darin begründet, daß das Kiefergelenk hinter dem Kopfgelenk liegt, weil das Quadratbein weit nach hinten reicht ...“; siehe ferner W. Krenkel, Der Kleine Pauly 3, 1979, 353 f. s. v. Krokodil; Lloyd (wie Anm. 362) 306.

367 καλέονται δὲ οὐ κροκόδειλοι ἀλλὰ χάμψαι. κροκοδείλους δὲ Ἴωνες ὠνόμασαν, εἰκάζοντες αὐτῶν τὰ εἴδεα τοῖσι παρὰ σφίσι γινομένοισι κροκοδείλοισι τοῖσι ἐν τῇσι αἱμασίῃσι.

Es ist kaum zu bezweifeln, daß Herodot und Aristoteles bei den Landkrokodilen Eidechsen im Auge haben.[368] Andererseits spricht einiges dafür, daß Aristoteles, der gelegentlich Krokodile und Eidechsen nebeneinander aufführt, im Zweifelsfalle immer das ägyptische Flußkrokodil meint.

Es handelt sich um folgende Stellen:

11. *De resp.* 10.475 b 19 ff.: „Eine Lunge haben ... auch die Schuppentiere. ... Es atmen jedoch alle, auch diejenigen, deren Lebensraum das Wasser ist, also das Geschlecht der Wasserschlangen, Frösche, Krokodile, Süßwasserschildkröten und die Meeres- und Landschildkröten und die Robben.“[369]

Vgl. oben zu Nr. 2.

12. *Hist. an.* II 1.498 a 13 ff.: „Die eierlegenden Vierfüßer, wie das Krokodil und die Eidechse und alle übrigen derartigen Tiere, beugen sowohl die Vorder- als auch die Hinterbeine nach vorn mit einer geringen seitlichen Abweichung.“[370](Für die Reptilien korrigiert Aristoteles damit eine eigene falsche Behauptung über die Beugung der Beine der Säugetiere).

De inc. an. 15.713 a 15 ff.: „Die eierlegenden Vierfüßer, die in Löchern leben, wie die Krokodile, die Eidechsen, die Baumeidechsen, die Süßwasserschildkröten und die Meeresschildkröten, haben alle Beine, die seitwärts gerichtet sind und auf der Erde ausgestreckt liegen, und beugen sie seitwärts, weil sie auf diese Weise nützlich sind, um sich leichter zu verkriechen und zur Bebrütung und zum Schutz der Eier.“[371]

Das Nilkrokodil hat in Ruhestellung „die im Vergleich zu den [scil. seitwärts ausgestellten] Vordergliedmaßen sehr kräftigen Hinterbeine“ angezogen. (Wettstein 236 mit Abbildung).

13. *Hist. an.* II 10.502 b 35 ff.: „Außerdem sind alle mit den Sinnesorganen und mit einer Zunge versehen, mit Ausnahme des ägyptischen Krokodils: dieses ist manchen Fischen ähnlich. Im allgemeinen nämlich haben die Fische

368 Um eine solche wird es sich auch in Arist., fr. 362 Rose (= fr. 325 Gigon) handeln, das aus Apollon., *Mir.* 39 stammt: „Aristoteles sagt in der *Auswahl aus den Anatomai*: Eine Schlange wurde auf Paphos gesehen, die zwei Füße hatte, ähnlich einem Landkrokodil.“

369 ἔχει δὲ πνεύμονα ... καὶ τὰ φολιδωτά. ... χρῆται δὲ πάντα, καὶ ὅσα διατρίβει καὶ ποιεῖται τὸν βίον ἐν τοῖς ὕδασιν, οἷον τὸ τῶν ὕδρων γένος καὶ βατράχων καὶ κροκοδείλων καὶ ἑμύδων καὶ χελῶναι αἵ τε θαλάττιαι καὶ αἱ χερσαῖαι καὶ φῶκαι.

370 τοῖς ᾠοτόκοις δέ, οἷον κροκοδείλῳ καὶ σαύρᾳ καὶ τοῖς ἄλλοις τοῖς τοιούτοις ἅπασιν, ἀμφότερα τὰ σκέλη καὶ τὰ πρόσθια καὶ τὰ ὀπίσθια εἰς τὸ πρόσθεν κάμπτεται, μικρὸν εἰς τὸ πλάγιον παρεγκλίνοντα.

371 Τὰ δὲ τρωγλόδυτα τῶν τετραπόδων καὶ ᾠοτόκων, οἷον οἵ τε κροκόδειλοι καὶ σαῦροι καὶ ἀσκαλαβῶται καὶ ἑμύδες τε καὶ χελῶναι, πάντα ἐκ τοῦ πλαγίου προσπεφυκότα τὰ σκέλη ἔχει καὶ ἐπὶ τῇ γῇ κατατεταμένα, καὶ κάμπτει εἰς τὸ πλάγιον, διὰ τὸ οὕτω χρήσιμα εἶναι πρὸς τὴν τῆς ὑποδύσεως ῥᾳστώνην καὶ πρὸς τὴν ἐπὶ τοῖς ᾠοῖς ἐφεδρείαν καὶ φυλακήν.

eine stachelige und fast durchaus angewachsene (καὶ οὐκ ἀπολελυμένην) Zunge ..." [372] (Hier folgt Aristoteles zunächst dem Herodot wörtlich (Nr. 6), gibt aber durch seinen Verweis auf die Fische zu erkennen, daß er den Krokodilen eine angewachsene Zunge zuspricht).

De part. an. III 17.660 b 12 ff.: „Auch diejenigen Lebewesen, die es nach Ansicht der meisten Leute nicht besitzen, wie z. B. einige Fische, auch diese besitzen ein bestimmtes kärgliches Geschmacksorgan, und zwar beinahe ähnlich den Flußkrokodilen." [373] (Hier wird umgekehrt wie an der vorigen Stelle die Zunge der Fische mit der Zunge der Krokodile erklärt).

De part. an. III 17.660 b 25 ff.: „Bei den Krokodilen trägt etwas zu der Verstümmelung dieses Teiles (πρὸς τὴν τοῦ μορίου τούτου ἀναπηρίαν) auch bei, daß sie den Unterkiefer unbeweglich haben. Es ist nämlich die Zunge mit dem Unterkiefer zusammengewachsen (τῇ κάτω [scil. σιαγόνι] συμφυής, 660 b 27 f.). Sie haben aber ihre Kiefer gewissermaßen (ὥσπερ) umgekehrt herum, den Oberkiefer unten. Bei anderen Lebewesen ist der Oberkiefer unbeweglich. Am Oberkiefer aber haben sie die Zunge nicht, weil er dort der Einnahme der Nahrung hinderlich sein würde, sondern sie haben sie am Unterkiefer, weil der Oberkiefer gewissermaßen (ὥσπερ) umgesetzt ist. Ferner trifft es bei diesem Lebewesen zu, daß es als Landtier das Leben der Fische lebt, so daß sie auch deswegen notwendigerweise diesen Teil ungegliedert besitzen." [374] (Hier wird klar gesagt, daß die Zunge der Krokodile mit dem Unterkiefer verwachsen ist, und es wird noch die Überlegung angefügt, daß es sich bei ihnen so verhält, als ob der Oberkiefer nach unten umgesetzt ist [375]).

De part. an. IV 11.690 b 17 ff.: „Diese Lebewesen haben ... eine Zunge im Munde, abgesehen vom Flußkrokodil. Dieses hat sie offenbar nicht,

372 πρὸς δὲ τούτοις τὰ αἰσθητήρια καὶ γλῶτταν πάντα, πλὴν ὁ ἐν Αἰγύπτῳ κροκόδειλος. οὗτος δὲ παραπλησίως τῶν ἰχθύων τισίν· ὅλως μὲν γὰρ οἱ ἰχθύες ἀκανθώδη καὶ οὐκ ἀπολελυμένην ἔχουσι τὴν γλῶτταν ...

373 καὶ γὰρ ὅσα μὴ δοκεῖ τοῖς πολλοῖς ἔχειν, οἷον ἔνιοι τῶν ἰχθύων, καὶ οὗτοι τρόπον τινὰ γλίσχρον ἔχουσι, καὶ σχεδὸν παραπλησίως τοῖς ποταμίοις κροκοδείλοις.

374 Τοῖς δὲ κροκοδείλοις συμβάλλεταί τι πρὸς τὴν τοῦ μορίου τούτου ἀναπηρίαν καὶ τὸ τὴν σιαγόνα τὴν κάτω ἀκίνητον ἔχειν. Ἔστι μὲν γὰρ ἡ γλῶττα τῇ κάτω συμφυής, οἱ δ᾽ ἔχουσιν ὥσπερ ἀνάπαλιν τὴν ἄνω κάτω· τοῖς γὰρ ἄλλοις ἡ ἄνω ἀκίνητος. Πρὸς μὲν οὖν τῇ ἄνω οὐκ ἔχουσιν τὴν γλῶτταν, ὅτι ἐναντίως ἂν ἔχοι πρὸς τὴν τῆς τροφῆς εἴσοδον, πρὸς δὲ τῇ κάτω, ὅτι ὥσπερ μετακειμένη ἡ ἄνω ἐστίν. Ἔτι δὲ καὶ συμβέβηκεν αὐτῷ πεζῷ ὄντι ζῆν ἰχθύων βίον, ὥστε καὶ διὰ τοῦτο ἀναγκαῖον ἀδιάρθρωτον αὐτὸν ἔχειν τοῦτο τὸ μόριον.

375 Unrichtig ist die Annahme von W. Ogle, De partibus animalium, translated, in: J.A. Smith, W.D. Ross (ed.), The Works of Aristotle, vol. V, Oxford 1912 z. St., daß Aristoteles an eine *tatsächliche* Vertauschung von Ober- und Unterkiefer denke, weil die Zunge immer am edleren Teil, d. h. oberen Kiefer, befestigt sein müsse. Dagegen spricht der Wortlaut.

sondern nur den Platz dazu. Die Ursache dafür ist, daß es in gewisser Weise zugleich ein Landtier und zugleich ein Wassertier ist. Weil es ein Landtier ist, hat es Platz für eine Zunge, und weil es ein Wassertier ist, ist es ohne Zunge.“[376] (Dies ist nicht als ausgesprochener Widerspruch zur Annahme einer angewachsenen Zunge aufzufassen; es kommt hier Aristoteles nur auf die begrenzte Parallelisierung von Krokodilen und Fischen an: beide haben keine frei bewegliche Zunge.)
„Die Zunge ist flach, fleischig ... Mit ihrer ganzen Unterseite ist sie mit dem Mundboden verwachsen, nur die Ränder sind frei.“ (Wettstein 342). „Unter den Reptilien besitzen die Crocodylia ... eine wulstförmige, nicht vorstreckbare Zunge.“ (Starck[377]*). „Die flache, fleischige Zunge, die in der Tiefe des Rachens liegt, ist mit ihrer ganzen Unterseite mit dem Mundboden verwachsen. Nur die Zungenränder liegen frei. In der Zungenoberfläche befinden sich sowohl Papillen wie Drüsen, wobei letztere zu beiden Seiten der Zungenspitze und auf der hinteren Hälfte des Zungenrückens in den Medianen liegen.“ (Trutnau 43 f.). „Die Geschmackswahrnehmung der Krokodile erfolgt über zahlreiche Papillen der dicken, polsterartig mit dem Mundhöhlenboden verwachsenen Zunge. Schleimdrüsen sind im Maul- und Rachenraum nicht vorhanden. Die Tiere sind genötigt, ihre Schleimhäute durch Wasser feucht zu halten, um ihre Beute verschlingen zu können (Peters*[378] *520).“*

14. *Hist. an.* II 15.506 a 18 ff.: „Ebenso haben auch sie (scil. die eierlegenden Vierfüßer) eine sehr kleine Milz, wie die See- und Landschildkröte, die Kröte, die Eidechse, das Krokodil, der Frosch.“[379]

Über die Größe der Milz des Krokodils fehlen Angaben in den gängigen Standardwerken.

15. *Hist. an.* II 17.508 a 2 ff.: „Von gleicher Bildung (scil. wie beim Elefanten, d. h. nicht mehrere Mägen wie die Wiederkäuer) ist der Magen und der Darm bei den eierlegenden Vierfüßern, wie bei der Land- und Meerschildkröte, der Eidechse, bei den Krokodilen, und überhaupt allen gleichen Tieren; und alle haben einen einfachen und einzigen Magen, der bei einigen dem des

376 Ἔχει δὲ τὰ ζῷα ταῦτα ... γλῶτταν ἐν τῷ στόματι πλὴν τοῦ ποταμίου κροκοδείλου· οὗτος δ᾽ οὐκ ἂν δόξειεν ἔχειν, ἀλλὰ τὴν χώραν μόνον. Αἴτιον δ᾽ ὅτι τρόπον μέν τινα ἅμα χερσαῖος καὶ ἔνυδρός ἐστιν· διὰ μὲν οὖν τὸ χερσαῖος εἶναι ἔχει χώραν γλώττης, διὰ δὲ τὸ ἔνυδρος ἄγλωττος.

377 D. Starck, Vergleichende Anatomie der Wirbeltiere auf evolutionsbiologischer Grundlage, Bd. III, Berlin–Heidelberg–New York 1982, 755.

378 G. Peters, Reptilia, in: Urania Tierreich, Bd. 4: Fische, Lurche, Kriechtiere, Leipzig–Jena–Berlin [1]1991, 476 ff.

379 μικρὸν γὰρ πάμπαν ἔχουσι καὶ ταῦτα, οἷον χελώνη ἐμὺς φρύνη σαῦρος κροκόδειλος βάτραχος.

Schweins, bei anderen dem des Hundes gleicht."[380] (Es kommt Aristoteles darauf an, daß der Elefant, obwohl er sehr groß ist wie die Wiederkäuer, gleichwohl nur einen Magen hat, der in den Darm übergeht, und daß dasselbe für die Reptilien gilt).

Der Magen des Krokodils ist zweigeteilt (Trutnau 44), der des Schweins ist zusammengesetzt, mit Vormagenabteilung, fleischfressende Säugetiere haben keine Vormagenabteilung (Loeffler[381] 243).

16. *Hist. an.* III 1.509 b 5 ff.: „Die Vögel haben Hoden, und zwar innen am Becken; desgleichen auch die eierlegenden Vierfüßer, wie die Eidechse, die Schildkröte, das Krokodil und von den Lebendiggebärenden der Igel."[382]

„Die Ovarien und die Hoden (scil. der Krokodile) unterscheiden sich nicht von denen anderer Reptilien. Sie liegen im Bereich der Nieren und der Nebennieren." (Trutnau 48).

17. *Hist. an.* V 33.558 a 17 ff.: „Das Flußkrokodil legt viele Eier von weißer Farbe, bis gegen sechzig, auf welchen es sechzig Tage lang brütet (ἐπικάθηται), wie es denn auch eine lange Lebensdauer hat; und obgleich diese Eier sehr klein sind, so wird doch aus ihnen ein sehr großes Tier. Denn das Ei ist nicht größer als ein Gänseei und das Junge von entsprechender Größe, wächst aber bis zu einer Länge von siebzehn Ellen aus: Manche behaupten, daß es sein ganzes Leben hindurch wächst."[383] (Aristoteles integriert in seinen ausführlichen Bericht am Schluß fast wörtlich die Aussage Herodots zur Größenentwicklung des Krokodils).

„Fünf Monate nach der Befruchtung legt das Weibchen 16 bis über 80 Eier ab, von denen jedes ein Gewicht von 85 bis 125 g hat. ... Die Inkubationszeit dauert 84 bis 90 Tage." (Trutnau 229). Zur Brutpflege vgl. oben zu Nr. 3. „In ihrem Aussehen stimmen die kalkschaligen Eier mit denen von Hühnern und Gänsen überein." (Trutnau 88). „In der Freiheit können die großen Arten [scil. des Krokodils] zweifellos ein viel höheres

380 τὸν αὐτὸν δὲ τρόπον ἔχει τὰ περὶ τὴν κοιλίαν καὶ τὴν τῶν ἐντέρων φύσιν καὶ τοῖς τετράποσι μὲν τῶν ζῴων ᾠοτόκοις δέ, οἷον χελώνῃ χερσαίᾳ καὶ χελώνῃ θαλαττίᾳ καὶ σαύρᾳ καὶ τοῖς κροκοδείλοις ἀμφοῖν καὶ πᾶσιν ὁμοίως τοῖς τοιούτοις· ἁπλῆν τε γὰρ ἔχουσι καὶ μίαν τὴν κοιλίαν, καὶ τὰ μὲν ὁμοίαν τῇ ὑείᾳ, τὰ δὲ τῇ τοῦ κυνός.

381 K. Loeffler, Anatomie und Physiologie der Haustiere, Stuttgart [9]1994.

382 οἱ δ᾽ ὄρνιθες ἔχουσι μὲν ὄρχεις, ἔχουσι δ᾽ ἐντὸς πρὸς τῇ ὀσφύϊ. καὶ τῶν τετραπόδων ὅσα ᾠοτοκεῖ, τὸν αὐτὸν ἔχει τρόπον, οἷον σαύρα καὶ χελώνη καὶ κροκόδειλος, καὶ τῶν ζωοτόκων ἐχῖνος.

383 ὁ δὲ ποτάμιος κροκόδειλος τίκτει μὲν ᾠὰ περὶ ἑξήκοντα, λευκὰ τὴν χρόαν, καὶ ἐπικάθηται ἡμέρας ἑξήκοντα (καὶ γὰρ βιοῖ χρόνον πολύν), ἐξ ἐλαχίστων δ᾽ ᾠῶν μέγιστον ζῷον γίνεται ἐκ τούτων· τὸ μὲν γὰρ ᾠόν ἐστιν οὐ μεῖζον χηνείου, καὶ ὁ νεοττὸς κατὰ λόγον, αὐξανόμενος δὲ γίνεται καὶ ἑπτακαίδεκα πήχεων. λέγουσι δέ τινες ὡς καὶ αὐξάνεται ἕως ἂν ζῇ.

Alter, wohl von über 100 Jahren, erreichen. Dafür spricht, daß man früher Nilkrokodile und Leistenkrokodile von zehn m Länge gefunden hat, wie sie derzeit infolge der starken Verfolgung durch die Weißen nicht mehr vorkommen. Da aber heute schon ein sechs Meter langes Krokodil auf ein Alter von mehreren Jahrzehnten geschätzt werden muß, und das Wachstum mit höherem Alter nur mehr sehr langsam vor sich geht, so müssen solche zehn Meter lange Exemplare ein sehr hohes Alter gehabt haben.“ (Wettstein 400). „Es ist keineswegs ausgeschlossen, daß manche Krokodile ein Alter von 100 Jahren oder mehr erreichen können (Edwards 1989, Wermuth 1953).“ (Trutnau 99).

18. *Hist. an.* VIII 2.589 a 24 ff.: „und zwar manche in dem Grade, daß sie, vom Wasser getrennt, gar nicht zu leben vermögen, wie die sogenannten Meerschildkröten, Krokodile, Flußpferde, Robben ...“[384]

Krokodile weisen „trotz ihrer starken Hautpanzerung eine hohe Wasserverdunstung auf ... Eine Überwärmung schon von 33 bis 36 °C aber wirkt tödlich. Werden die Tiere lange in trockener Luft gehalten, ohne die Möglichkeit zu haben den Wasserverlust zu ersetzen, so findet dauernde Wasserabgabe statt, und die Tiere werden matt und hinfällig.“ (Wettstein 398).

19. *De part. an.* IV 11.691 a 10 ff.: „Alle ihre Sinnesorgane verhalten sich in gleicher Weise wie bei den übrigen Tieren, z. B. die Nase für das Riechen, die Augen für das Sehen und die Ohren für das Hören, nur daß die letzteren nicht vorstehen, wie auch bei den Vögeln nicht, sondern nur aus dem Gang bestehen. Ursache dafür ist bei beiden Gattungen die Härte der Haut. Denn die ersteren sind gefiedert, die letzteren alle mit Schuppenpanzern versehen, es ist aber der Schuppenpanzer (φολίς) der Lage nach mit der Fischschuppe (λεπίς) vergleichbar, von Natur aus aber härter. Dies wird bei den Schildkröten sehr deutlich und bei den großen Schlangen und den Flußkrokodilen. Die Schuppenpanzer werden nämlich fester als die Knochen, als ob sie eine derartige Beschaffenheit besäßen.“[385]

„Alle Krokodile besitzen einen Hautknochenpanzer. Unter den Hornschilden befinden sich die als Osteodermata bezeichneten Hautknochen,

384 καὶ τὰ μὲν οὕτως ὥστε μηδὲ ζῆν δύνασθαι χωριζόμενα τῆς τοῦ ὕδατος φύσεως, οἷον αἵ τε καλούμεναι θαλάττιαι χελῶναι καὶ κροκόδειλοι καὶ ἵπποι ποτάμιοι καὶ φῶκαι ...

385 Τὰ δ᾽ αἰσθητήρια πάντα ὁμοίως ἔχουσι τοῖς ἄλλοις ζῴοις, οἷον τῆς ὀσφρήσεως μυκτῆρας καὶ ὄψεως ὀφθαλμοὺς καὶ ἀκοῆς ὦτα, πλὴν οὐκ ἐπανεστηκότα, καθάπερ οὐδ᾽ οἱ ὄρνιθες, ἀλλὰ τὸν πόρον μόνον. Αἴτιον δ᾽ ἀμφοτέροις ἡ τοῦ δέρματος σκληρότης· τὰ μὲν γὰρ πτερωτὰ αὐτῶν ἐστι, ταῦτα δὲ πάντα φολιδωτά, ἔστι δ᾽ ἡ φολὶς ὅμοιον χώρᾳ λεπίδος, φύσει δὲ σκληρότερον. Δηλοῖ δ᾽ ἐπὶ τῶν χελωνῶν τοῦτο καὶ ἐπὶ τῶν μεγάλων ὄφεων καὶ τῶν ποταμίων κροκοδείλων· ἰσχυρότεραι γὰρ γίνονται τῶν ὀστῶν ὡς οὖσαι τοιαῦται τὴν φύσιν.

die aus Calciumphosphat und Calciumcarbonat bestehen. Bei ... Cr. niloticus trifft man sie auch in den lateralen Schilden an. In den ventralen Hornschilden finden sie sich" ebenfalls. (Trutnau 17, vgl. Wettstein 241).

20. *De part. an.* IV 11.691 b 4 ff.: „Während nun alle übrigen (Vertreter dieser Gattung) den Unterkiefer bewegen, bewegt das Flußkrokodil nur den Oberkiefer. Die Ursache dafür ist, daß es zum Ergreifen und Festhalten unbrauchbare Füße besitzt, denn sie sind ganz klein. Für diesen Gebrauch hat die Natur ihm anstelle der Füße das Maul geeignet gestaltet. Was aber das Festhalten und Ergreifen betrifft, so ist es nützlicher, wenn dort, von woher der Schlag kräftiger erfolgt, der Kiefer beweglich ist. Der Schlag erfolgt aber immer kräftiger von oben als von unten. Da nun beide Funktionen durch das Maul ausgeübt werden, sowohl das Ergreifen als auch das Beißen, die Funktion des Festhaltens aber für ein Wesen, das weder gut gewachsene Hände noch Füße hat, notwendiger ist, ist es für sie nützlicher, den Oberkiefer bewegen zu können als den Unterkiefer. Deswegen bewegen auch die Krabben den oberen Teil der Schere, nicht den unteren. Denn sie haben die Scheren anstelle einer Hand, so daß die Schere zum Ergreifen, aber nicht zum Zerteilen nützlich sein soll. Das Zerteilen und Zerbeißen ist Aufgabe der Zähne. Bei den Krabben und allen übrigen Tieren, denen es möglich ist, die Ergreifung mühelos durchzuführen, weil der Gebrauch des Mauls nicht im Wasser erfolgt, ist eine Trennung durchgeführt, und sie ergreifen mit Händen bzw. Füßen, zerteilen und beißen aber mit dem Maul. Bei den Krokodilen hat die Natur das Maul für beide Funktionen brauchbar gemacht, indem die Kiefer in der genannten Weise bewegt werden."[386] (Zusätzlich zu der mit Herodot übereinstimmenden Bemerkung über die Bewegung des Oberkiefers wird hier eine Ätiologie für diese Bewegung gegeben).

„Die Krokodilkrallen eignen sich nicht zum Klettern oder zum Zerreißen von Beutetieren, wohl aber zum Graben und Scharren." (Trutnau 21).

386 Τὰ μὲν οὖν ἄλλα πάντα κινεῖ τὴν σιαγόνα τὴν κάτω, ὁ δὲ ποτάμιος κροκόδειλος μόνος τὴν ἄνω. Τούτου δ᾽ αἴτιον ὅτι πρὸς τὸ λαβεῖν καὶ κατασχεῖν ἀχρήστους ἔχει τοὺς πόδας· μικροὶ γάρ εἰσι πάμπαν. Πρὸς οὖν ταύτας τὰς χρείας ἀντὶ ποδῶν τὸ στόμα ἡ φύσις χρήσιμον αὐτῷ ἐποίησεν. Πρὸς δὲ τὸ κατασχεῖν ἢ λαβεῖν, ὁποτέρωθεν ἂν ᾖ ἡ πληγὴ ἰσχυροτέρα, ταύτῃ χρησιμωτέρα κινουμένη ἐστίν· ἡ δὲ πληγὴ ἰσχυροτέρα ἀεὶ ἄνωθεν ἢ κάτωθεν. Ἐπεὶ οὖν ἀμφοτέρων μὲν διὰ τοῦ στόματος ἡ χρῆσις, καὶ τοῦ λαβεῖν καὶ τοῦ δακεῖν, ἀναγκαιοτέρα δ᾽ ἡ τοῦ κατασχεῖν μήτε χεῖρας ἔχοντι μήτε πόδας εὐφυεῖς, χρησιμώτερον τὴν ἄνωθεν κινεῖν σιαγόνα ἢ τὴν κάτωθεν αὐτοῖς. Διὰ τὸ αὐτὸ δὲ καὶ οἱ καρκίνοι τὸ ἄνωθεν τῆς χηλῆς κινοῦσι μόριον, ἀλλ᾽ οὐ τὸ κάτωθεν· ἀντὶ χειρὸς γὰρ ἔχουσι τὰς χηλάς, ὥστε πρὸς τὸ λαβεῖν ἀλλ᾽ οὐ πρὸς τὸ διελεῖν χρήσιμον δεῖ εἶναι τὴν χηλήν. Τὸ δὲ διελεῖν καὶ δακεῖν ὀδόντων ἔργον ἐστίν. Τοῖς μὲν οὖν καρκίνοις καὶ τοῖς ἄλλοις ὅσοις ἐνδέχεται σχολαίως ποιεῖσθαι τὴν λῆψιν διὰ τὸ μὴ ἐν ὑγρῷ εἶναι τὴν χρῆσιν τοῦ στόματος, διῄρηται, καὶ λαμβάνουσι μὲν χερσὶν ἢ ποσί, διαιροῦσι δὲ τῷ στόματι καὶ δάκνουσιν· τοῖς δὲ κροκοδείλοις ἐπ᾽ ἀμφότερα χρήσιμον τὸ στόμα πεποίηκεν ἡ φύσις, κινουμένων οὕτω τῶν σιαγόνων.

Zum Zusammenhang zwischen der Gestaltung des Mauls und der Art des Nahrungserwerbs des Krokodils vgl. die modernen Erläuterungen bei Wettstein 308.

21. *Hist. an.* II 11.503 b 3 ff.: „diese (scil. Farbe) ist (scil. beim Chamäleon) sowohl schwarz, fast wie die des Krokodils, als auch gelb, wie die der Saurier.“[387]

Die Nilkrokodile besitzen eine „schwarze Fleckenzeichnung.“ (Wettstein 236). Die Hautfärbung wird außer von „schwarzen“ auch von „braunen und gelben Pigmenten gebildet“ (Wettstein 247).

* * *

Die charakteristischste Beobachtung des Aristoteles betrifft die angewachsene Zunge des Krokodils (Nr. 13). Recht genau sind die Angaben über die Form und Zahl der Eier der Krokodile und über die Inkubationszeit (Nr. 17), an die er am Schluß Herodots Aussage zur Größenentwicklung des Krokodils anhängt (Nr. 4). Er fügt ferner im Verhältnis zu Herodot die für die zoologische Systematik wichtigen Merkmale der Luftatmung (Nr. 11) und des Hornpanzers hinzu (Nr. 19) und äußert sich zu Magen, Darm (beides Nr. 15), Milz (Nr. 14), Hoden (Nr. 16) und Farbe (Nr. 21) sowie zur Fußstellung des Tieres (Nr. 12), allerdings ohne in diesem Falle das Spezifische des Krokodils gegenüber anderen Reptilien zu bemerken. Nr. 18 betrifft die Lebensnotwendigkeit des Wasserelements für das Tier, Nr. 20 geht auf die der Nahrungsbeschaffung angepaßte Beschaffenheit des Mauls des Krokodils ein.

6.3 Abschließende Beurteilung der Quellenlage zur Behandlung des Krokodils

Das hier ausgebreitete Material kann einen Eindruck vermitteln von dem Ausmaß, aber auch den Grenzen der bei Herodot und Aristoteles zugrundeliegenden Beobachtungen. Was das Verhältnis zu Herodot betrifft, so ist festzustellen, daß Aristoteles diesen zwar vielfach fast wörtlich ausschreibt, jedoch im Einzelfall korrigiert, bzw. die Angaben erweitert oder präzisiert. Daraus scheint zu folgen, daß er im Falle der Übereinstimmung Herodots Angaben zu verifizieren gesucht hat. Der Gesamteindruck vom Vorgehen des Aristoteles ist natürlich insofern für seine Zoologie atypisch, als es sich beim Krokodil um ein exotisches Tier handelt, das ihm nur äußerst schwer zugäng-

387 ἴσχει δὲ καὶ μέλαιναν ταύτην, οὐ πόρρω τῆς τῶν κροκοδείλων, καὶ ὠχρὰν καθάπερ οἱ σαῦροι.

lich war. Die von Herodot abweichende genaue Beschreibung der Zunge (Nr. 13) betrifft ein für ihn besonders wichtiges Merkmal, weil seiner Auffassung nach einer der fünf Sinne, der Geschmackssinn, daran hängt. Man vergleiche, wie genau er sich mit den Zungenansätzen bei Fischen beschäftigt.[388] Aristoteles muß sich auf eine Sektion des toten Krokodils beziehen. Es ist wenig wahrscheinlich, daß er auf zufälligen Berichten fußt, in denen dieses Detail wohl kaum Beachtung gefunden haben dürfte. Eher wäre dies hinsichtlich der Beschreibungen von Magen, Darm, Milz und Hoden möglich, die nicht besonders spezifisch sind. Doch wird man angesichts der genauen Beschreibung der angewachsenen Zunge auch in diesen Fällen mit einem bewußt herbeigeführten eigenen oder auftragsweise erstellten Sektionsbefund rechnen müssen. Die Frage, wieweit der Magen des Krokodils und anderer Reptilien mehr einem Schweinemagen oder einem Hundemagen gleicht (Nr. 15), deutet auf praktische Erfahrung beim Sezieren. Es ist bisher ungeklärt, wie Aristoteles zu seinen anatomischen Kenntnissen vom Krokodil gekommen ist. Müssen wir doch Reisen des Aristoteles annehmen, von denen wir nichts wissen? Oder hat er zoologisch ausgebildete Schüler gewissermaßen mit einem Merkmalsfragebogen nach Ägypten geschickt? Seit alter Zeit exisitiert die griechische Stadt Naukratis in Ägypten, die einen Informationsaustausch erleichtern konnte. Wurden vielleicht auch einzelne junge Exemplare der Tiere nach Athen oder Kleinasien importiert? Wir wissen es nicht. Zum Teil beruhen Aristoteles' Darlegungen auf Kenntnissen, die nur durch längere Beobachtung gewonnen werden können. Anders sind die Anmerkungen zur Ökologie der Krokodile, zu Eiablage, Inkubationszeit usw. nicht zu verstehen. Es bleibt aber unklar, wie Aristoteles konkret in den Besitz dieser Kenntnisse gelangte.

Eine vage Möglichkeit sei aber erwähnt. Aristoteles' engster Schüler und Mitarbeiter Theophrast hat möglicherweise, wie Wilhelm Capelle zu zeigen gesucht hat, auch eine längere Reise nach Kyrene und Ägypten unternommen, offenbar einige Zeit, nachdem Alexander 331 v. Chr. Ägypten eingenommen hatte.[389] Schon früher hatte er, wie oben zu zeigen versucht wurde, sehr wahrscheinlich zusammen mit Aristoteles in der Chalkidike, in der Ägäis und im Schwarzen Meer Forschungsreisen unternommen. Wie kein anderer war er mit Aristoteles' Forschungsinteressen und -methoden vertraut. Gegen diese Annahmen Capelles hat sich zwar Suzanne Amigues gewandt.[390] Sie

388 Z. B. in *De part. an.* II 17.660 b 34 ff.

389 Vgl. W. Capelle, Theophrast in Ägypten, Wiener Studien 69, 1956 (= Festschrift Albin Lesky, hrsg. v. K. Mras), 173 ff. Vgl. dens., Theophrast in Kyrene?, Rheinisches Museum 97, 1954, 169 ff. (Den Hinweis auf die Aufsätze von Capelle verdanke ich meinem Schüler Stefan Schnieders).

390 Amigues (wie Anm. 238) I p. XIII.

sagt, solche Reisen seien nicht bewiesen. Es könnten auch Informationen aus zweiter Hand sein, die Theophrast über Ägypten besitzt, so wie sich Theophrast auch durch einen gewissen Satyros über die Botanik Arkadiens einen Überblick verschafft habe (*Hist. plant.* III 12,4). Aber warum kann er nicht zu Lebzeiten des Aristoteles selbst eine Reise nach Afrika unternommen haben? Ein Satyros wird nicht erwähnt. Und Reisen nach Kyrene oder Ägypten sind eher eine „Chefsache“ als eine nach Arkadien. Amigues vermutet stattdessen, daß Kallisthenes sich floristische Informationen aus Ägypten verschaffte, als Alexander auf Bitten des Aristoteles die Quellen des Nils erkunden ließ (fr. 246 R.^{3} = 686 Gigon), was sich dann in der Schrift *Über die Nilschwelle* (*De inundatione Nili,* fr. 248 R.^{3} = 695 Gigon[391]) niederschlug, und hält es für möglich, daß der Vorleser des Kallisthenes, Stroibos, von dem bei Plutarch, *Vita Alexandri* 54,1, die Rede ist, auch nach Kallisthenes' Tod botanische Informationen an Theophrast übermittelte.[392] Aber beide Nachrichten haben mit der Flora Ägyptens nichts zu tun. Auch die Nachricht über ‚postalische‘ Kontakte zwischen dem den Alexander begleitenden Kallisthenes aus Babylon (das 331 besetzt worden war) und Aristoteles, über die wir etwas aus Simplikios zu *De caelo*, CAG VII p. 506,11 Heiberg erfahren (FGrHist. 124 T 3), hilft nicht weiter (es wird ja wohl mehr um Alexander und seinen Feldzug gegangen sein), ebensowenig wie die Stelle bei Strabon (II 1,6, p. C 69), die Hugo Bretzl seinen Quellenannahmen zugrundelegt, nach denen eilig niedergelegte Nachrichten der wissenschaftlichen Feldzugbegleiter Alexanders von Alexander verbessert und im Archiv von Babylon hinterlegt wurden.[393] Die Informationen bezogen sich auf geographische Angaben zu den eroberten Ländern, und eine aktive Rolle Alexanders wird durch die Stelle nicht bezeugt.[394]

Muß man eine Zwischenquelle ohne Indizien postulieren? Natürlich ist Aristoteles selbst nach der Schulgründung nicht mit Theophrast nach Kyrene oder Ägypten gereist. Wenn dies der Fall gewesen wäre, hätte man sicher darüber Nachrichten und deutliche Spuren. Aber Theophrast könnte Aristoteles wichtige ergänzende Angaben zum Krokodil, teils aufgrund von Autopsie, teils durch Befragung der Einheimischen gemacht haben. Denn er erwähnt das Krokodil einmal bei seiner ausführlichen Beschreibung der ägypti-

391 Informative niederländische Übersetzung von P. Beullens, De Overstroming van de Nijl. Een vergeten traktaat van Aristoteles?, Tijdschrift voor Filosofie 73, 2011, 513–534.

392 Amigues (wie Anm. 238) I p. XXIII, XXIX.

393 H. Bretzl, Botanische Forschungen des Alexanderzuges, Leipzig 1903, 3.

394 Vgl. S. Radt, Strabons Geographika. Mit Übersetzung und Kommentar Bd. V, Göttingen 2006, 186 f., der auch mit Verweis auf weitere Literatur einer nüchternen Interpretation der Stelle das Wort redet.

schen Bohne. Er sagt, daß deren Wurzeln stachelig seien[395] und deshalb vom Krokodil gemieden würden, um sein Auge nicht zu verletzen, das (was aus Herodot stammen kann) nicht sehr scharf sehe (*Hist. plant.* IV 8,8). Er kennt also jedenfalls das Krokodil. Wenn Aristoteles zusätzliche Informationen verwertet hätte, würde dies allerdings bedeuten, daß wir die letzte Redaktion seiner biologischen Schriften in die Zeit nach 330 ansetzen müßten. Die Möglichkeit kann nicht weiter verifiziert werden. Eine andere Möglichkeit wäre, daß Alexanders Feldzug auch naturwissenschaftliche Kenntnisse über Ägypten vermittelt hätte, veranlaßt etwa durch Kallisthenes, wie Amigues als sicher annimmt[396], was sich aber nicht belegen läßt. Plinius, der im XII. und XIII. Buch der *Naturalis historia* sehr den Pflanzenbeschreibungen des Theophrast verpflichtet ist, erwähnt in seinem Inhaltsverzeichnis im ersten Buch unter den angeblichen Quellenautoren, die vermutlich meist von dritter Seite übernommen sind, auch für die beiden Bücher den Kallisthenes. Da aber für diesen keine botanische Schrift belegt ist, vermutet Jacoby mit großer Wahrscheinlichkeit, daß es sich um Exkurse in seinem Hauptwerk *Über die Taten Alexanders* handelt.[397] Für alle botanischen Berichte Theophrasts über Ägypten wäre da wohl kaum Platz gewesen. Außerdem würde Kyrene wohl ausscheiden (wohin auch Amigues eine Reise Theophrasts für möglich hält), obwohl die Berichte Theophrasts über Kyrene und Ägypten vergleichbar sind. Wir kommen bei der Besprechung des Nilpferdes noch einmal auf den eventuellen Theophrasteinfluß zurück.

6.4 Andere exotische Tiere

Auch bei der Beschreibung des Elefanten scheint Aristoteles fremde Angaben, in diesem Falle des Ktesias, benutzt zu haben, ist aber offenbar durch Autopsie weit über ihn hinausgekommen. Ktesias lebte am Perserhof und konnte dort über eingeführte indische Elefanten (*Elephas maximus*) berichten. Aber Aristoteles korrigiert ihn.[398] Die Gesamtheit der Stellen scheint zu beweisen,

395 Vgl. dazu Amigues (wie Anm. 238) T. II 367 zu Ziff. 14.

396 Vgl. S. Amigues, Les traités botaniques de Théophraste, in: G. Wöhrle (Hrsg.), Geschichte der Mathematik und der Naturwissenschaften in der Antike, Band I Biologie, Stuttgart 1999, 124–154, hier 130.

397 F. Jacoby, s. v. Kallisthenes, RE X, Stuttgart 1919, Sp. 1684.

398 Zum Gang und zu den Beinen der Elefanten vgl. auch die differenzierten Angaben in *De inc. an.* 9.709 a 9 ff., 13.712 a 10 f., *Hist. an.* II 1.498 a 8 ff., mit Polemik gegen den παλαιὸς λόγος, vermutlich des Ktesias (vgl. *De gen. an.* II 2.736 a 2 und *Hist. an.* III 22.523 a 26 [= FGrHist 688 F 48] über Ktesias' falsche Behauptungen über das Sperma der Elefanten), daß die Elefanten kein Kniegelenk hätten. Vgl. auch H.H. Scullard, The Elephant in the Greek and Roman World, Cambridge 1974, 51 f., S. Zierlein, Historia animalium, Buch I

daß Aristoteles von Anatomie und Bewegungsweise der Tiere durch Autopsie gewonnene Kenntnisse besaß. Auf welche Weise dies möglich war, bleibt unklar. Am ehesten kommt die Zeit in Assos nach Platons Tod in Frage. Jedoch gibt es keine Anzeichen dafür, daß die Informationen über den Elefanten nachträglich in die aristotelischen Schriften eingearbeitet wurden. Der Alexanderfeldzug kann damit nichts zu tun haben. Durch Alexander sind schwerlich Elefanten nach Athen gebracht worden, und die Angaben sind teilweise zu speziell, als daß sie aus einem Reisebericht stammen könnten. Zu berücksichtigen ist, daß Aristoteles auch von der Existenz des afrikanischen Elefanten (*Loxodonta africana*) wußte,[399] den Herodot erwähnt und der zu seiner Zeit bis zur Mittelmeerküste verbreitet war.[400] Mehrere Besonderheiten des Elefanten werden von Aristoteles hervorgehoben: Durch Sektion wurde das Fehlen der Gallenblase festgestellt (*Hist. an.* II 15.506 b 1 ff.).[401] Die Hoden sind innen gelegen (*De gen. an.* I 12.719 b 15 f.).[402] Die zwei Brustdrüsen in der Gegend der Achseln sind unproportional klein und schwer sichtbar (*Hist. an.* II 1.500 a 19 ff.).[403] Er geht im Paßgang (*Hist. an.* II 1.498 a 10 f.). Auf Aristoteles geht das berühmte Kolumbusaxiom zurück, daß die Gegend um die Säulen des Herakles mit Indien zusammenhängen müsse, weil sonst das Vorkommen von Elefanten in Afrika und Indien nicht erklärbar wäre (*De caelo* II 14.298 a 12 ff.).

Aristoteles beschreibt (in *De part. an.* II 14.658 a 13 f., IV 12.695 a 17 ff., IV 14.697 b 13 ff.) auch den afrikanischen Vogel Strauß mit erstaunlicher Genauigkeit, wenn auch mit einer Ausnahme: Er spricht davon, daß er zweihufig sei (διχηλός, διχαλός 695 a 18, 697 b 21 f.). Dahinter steckt die richtige Beobachtung, daß er nicht wie sonst die Vögel drei Vorderzehen und eine Hinterzehe besitzt (695 a 19 f.). Wenn Aristoteles die zwei Zehen des Vogels Strauß als „Hufe“ interpretiert, so ist dies zwar eine ‚Übertreibung‘, entspricht aber dem modernen Begriff der „Anpassung“ und dient dazu, die Nähe zu den Vierfüßern zu erklären (697 b 22).[404] Es ist davon auszugehen, daß Aristoteles eingeführte Straußen gesehen hat. Auf einem frühen, schwarz-

und II, übersetzt, eingeleitet und kommentiert, in: Aristoteles. Werke in deutscher Übersetzung, begr. von E. Grumach, fortgeführt von H. Flashar, hrsg. v. Ch. Rapp, Berlin 2013, 289 f.

399 Vgl. J.S. Romm, Aristotle's Elephant and the Myth of Alexander's Patronage, American Journal of Philology, 110, 1989, 566–575.

400 Vgl. D. Starck, Säugetiere, in: Lehrbuch der speziellen Zoologie. Begründet von A. Kästner, Bd. II Wirbeltiere, hrsg. v. D. Starck, 5. Teil Säugetiere von D. Starck, Teilband 5/2: Ordo 10–30, Haustiere, Literatur, Register, 695–1241, Jena–Stuttgart–New York 1995, 912 ff.

401 Vgl. Starck, Säugetiere, Teilband 5/2 (wie Anm. 400) 910.

402 Vgl. Starck, Säugetiere, Teilband 5/2 (wie Anm. 400) 912.

403 Vgl. Starck, Säugetiere, Teilband 5/2 (wie Anm. 400) 899.

404 Vgl. E. Bezzel, R. Prinzinger, Ornithologie, [2]Stuttgart 1990, 35.

figurigen Vasenbild sind Straußenreiter dargestellt, die einen Tierchor bildeten.[405] Einem Teil des Publikums müssen die Tiere bekannt gewesen sein, sonst hätte ein Straußenchor keinen Sinn.[406] In Kleinasien gab es auch den heute ausgestorbenen Syrischen/Arabischen Strauß (*Struthio camelus syriacus*).[407]

Eine vage Vorstellung hatte Aristoteles von dem indischen Nashorn (Ἰνδικὸς ὄνος, *Rhinoceros unicornis*), dem Ktesias folgend (*De part. an.* III 2.663 a 19; vgl. Ktesias FGrHist 688 F 45 § 45 = Photios, Bibl. 72 p. 48 b 19 ff. = Lenfant p. 182 f. mit Anm. 871[408]). Er nennt es einhufig; tatsächlich hat es vorn und hinten drei wenig getrennte Zehen.

Recht genaue Kenntnis besaß er vom Kamel, wie schon Herodot davon ausgeht, daß die Griechen es kennen (III 103). Aristoteles beschreibt sowohl das baktrische Trampeltier mit zwei Höckern als auch das arabische Dromedar (*Hist. an.* II 1.499 a 13 ff.) und polemisiert in einer anatomischen Einzelheit gegen Herodots Beschreibung des Kamels, der von insgesamt vier Kniegelenken spricht (ebd.). Man muß davon ausgehen, daß er auch eingeführte Tiere sezieren konnte.

Aristoteles waren wahrscheinlich Eintagsfliegen aus Griechenland unbekannt. Er handelt jedoch, wie oben dargelegt, von der Eintagsfliege (*ephēmeron*) im Bereich des Hypanisflusses in der *Historia animalium* (*Hist. an.* I 5.490 a 34 ff. und V 19.552 b 17 ff.) und in *De partibus animalium* IV 5.682 a 26 ff.[409]

Er gibt in der *Historia animalium* auch eine Beschreibung des ägyptischen Flußpferdes (ὁ ἵππος ὁ ποτάμιος, *Hippopotamus amphibius, Hist. an.*

405 Bostoner Skyphos vom Ende des 6. oder Anfang des 5. Jh. (Boston, Museum of Fine Arts 20.18); vgl. F. Brommer, Delphinreiter: Vasenbilder früher Komödien, A.A. 57, 1942, 65–75, hier: 67; M. Bieber, The History of Greek and Roman Theater, Princeton ^{2}1961, 37; A.W. Pickard-Cambridge, Dithyramb, Tragedy and Comedy, 2nd ed. revised by T.B.L. Webster, Oxford 1962, Plate VIII b. No. 25; G.M. Sifakis, Parabasis and Animal Choruses. A Contribution to the History of Attic Comedy, London 1971, 73, 87, 91–93 (freundlicher Hinweis von B. Zimmermann).

406 Die Bemerkung von Ogle, De part. an. (wie Anm. 375) zu 697 b 23 (wo gesagt wird, der Strauß sei zweihufig und habe Hufe und keine Zehen), daß Aristoteles vermutlich nie einen Strauß gesehen habe, muß vor allem auch angesichts des genauen Vergleichs mit den übrigen Vögeln in 695 a 15 ff. als sehr unwahrscheinlich gelten. Vgl. Bezzel-Prinzinger (wie Anm. 404) 34 f., die darauf hinweisen, daß der Strauß als einziger Vogel nur noch zwei Zehen besitzt, eine kräftig entwickelte Zehe und eine rückgebildete Außenzehe, und in diesem Zusammenhang von „Anpassungen an höhere Geschwindigkeiten" sprechen.

407 Siehe Xenophon, *Anabasis* I 5,2; vgl. J. Pollard, Birds in Greek Life and Myth, Plymouth 1977, 86; D'Arcy W. Thompson, A Glossary of Greek Birds, London–Oxford 1936, 270 ff. s. v.

408 G. Lenfant, Ctésias de Cnide, La Perse, L'Inde, Autres fragments. Texte établi et commenté, Paris 2004.

409 Vgl. oben S. 103.

II 7.502 a 9 ff.). Diese ist jedoch falsch. Das Nilpferd hat keine Mähne wie ein Pferd und ist nicht zweihufig wie ein Rind, sondern besitzt vier Zehen, die ‚hauerartigen' Zähne werden im allgemeinen von den Lippen bedeckt usw. Die Beschreibung ist aus Herodot II 71 abgeleitet, aber anders als allgemein angenommen, nur zum Teil. Die Zähne scheinen, anders als bei Herodot (χαυλιόδοντας φαῖνον), nur noch ein bißchen hervor (χαυλιόδοντας ὑποφαινομένους) und aus dem Pferdeschwanz (οὐρὴν ἵππου) ist ein Schweineschwanz (κέρκον δ' ὑός) geworden. Beide Abweichungen von Herodot sind korrekt und eine bedeutende Verbesserung der herodoteischen Beschreibung. Denn die Hippopotamoi gehören zu den *Suiformes*.[410] Das Nilpferd behält aber seine Pferdemähne (χαίτην μὲν ἔχει ὥσπερ ἵππος) und bleibt zweihufig wie ein Rind (διχαλόν) statt mit vier Zehen ausgestattet zu sein. Anders als beim Krokodil, das besser zu beobachten ist, stand Aristoteles offensichtlich keine noch exaktere Beschreibung eines Augenzeugen zur Verfügung. Man sieht auch hier, wie er sich mit Herodots Beschreibung nicht begnügt, sondern wie beim Krokodil nach Augenzeugen sucht, um die herodoteische Beschreibung zu überprüfen. Es scheint deutlich, daß sich Aristoteles nach bestimmten Merkmalen (‚fragebogenartig') erkundigt. Wie oben zum Krokodil schon gesagt, läßt sich eine solche Ergänzung der Merkmale am ehesten erklären, wenn sie von einem vertrauten Biologen, dessen Hauptinteresse möglicherweise anderen Objekten galt, stammt, und da kommt Theophrast in Frage, so hypothetisch man diese Vermutung auch einschätzen mag. Immerhin erwähnt auch er das Tier einmal (Theophrast, *De piscibus* 3 Sharples p. 362 = 171,3 Wimmer). Man kann jedenfalls, wenn man überhaupt an Theophrast denken will, von einem Botaniker nicht erwarten, daß er sich tagelang auf die Lauer legt, um ein Nilpferd vollständig beschreiben zu können. Sicherlich lag für ein solches Detail hier kein schriftlicher Bericht des Kallisthenes vor. Jedenfalls sollte man die Bemühung des Aristoteles, die hinter solchen Korrekturversuchen steht, angemessen würdigen.

410 Vgl. z. B. Storch-Welsch (wie Anm. 270) 783 ff.

7. Aristoteles' Strukturierung der Tierwelt

Im folgenden sollen zunächst einige herausragende aristotelische Gesichtspunkte zusammengestellt werden, die seine Zoologie auszeichnen und die moderne Zoologie in besonderem Maße geprägt haben.

7.1 Die Konzeption einer biologischen Wissenschaft

An erster Stelle ist seine Konzeption einer biologischen Wissenschaft überhaupt zu nennen, die darauf gerichtet ist, die gesamte Tier- und Pflanzenwelt in systematischer Weise empirisch zu sichten und insbesondere alle Tierarten in ihrer Struktur und ihren Funktionen zu erklären. Diese Idee, die belebte Umwelt in allen Details nur um der Erkenntnis willen zu erforschen, ist im geschichtlichen Maßstab etwas völlig Singuläres, eine Idee, die sonst nirgends in der Welt zu finden ist. Der Sternenhimmel ist im Orient und bei den Griechen seit langem Gegenstand des Interesses und der Beobachtung gewesen. Das, was dem Menschen als selbstverständlich erscheint wie die ihn umgebenden Lebewesen, regt dagegen nicht ohne weiteres zur systematischen Untersuchung an. Aristoteles beruft sich in der Rechtfertigung seiner Wissenschaft im ersten Buch der Schrift *De partibus animalium* deshalb, wie dargelegt, auf die Analogie der Astronomie, deren empirischer Ansatz für ihn ein Vorbild ist. Unserer Überzeugung nach haben seine zoologischen Untersuchungen entscheidend zur Entwicklung der Naturwissenschaft in der Neuzeit beigetragen. Die aristotelische Biologie ist zunächst über den Umweg ihrer Exzerpierung in Alexandrien und über Aristoteles indirekt verpflichtete enzyklopädische Nachschlagewerke wie das des Plinius, wenn auch in ganz verkürzter Form, weitertradiert worden. In Alexandrien war es der Philologe Aristophanes von Byzanz, berühmt vor allem durch seine Beschäftigung mit dem Homertext und seine „Hypothesen" zu den klassischen griechischen Tragödien, der einen großen Teil des Materials der zoologischen Schriften exzerpierte und nach Tierarten ordnete.[411] Von den vier Büchern seiner Ex-

411 Vgl. W. Kullmann, Zoologische Sammelwerke in der Antike, in: W. Kullmann, J. Althoff, M. Asper (Hrsg.), Gattungen wissenschaftlicher Literatur in der Antike (ScriptOralia Bd. 95), Tübingen 1998, 121 ff., bes. 126 ff.; wiederabgedruckt und ergänzt in: Wöhrle, Geschichte der Mathematik und der Naturwissenschaften (wie Anm. 396) 181 ff., bes. 186 ff. sowie in Kullmann, Philosophie und Wissenschaft in der Antike (wie Anm. 40) 183 ff., bes. 188 ff.

zerpte sind zwei Bücher, wenn auch unvollständig und zum Teil mit Späterem vermischt, erhalten.[412] Diese Exzerptensammlung des Aristophanes ist sicher eine Leistung, die hinter seinen Bemühungen um den Homertext, den Text der Lyriker und seine Einleitungen zu den Tragödien nicht zurücksteht und von außerordentlicher wirkungsgeschichtlicher Bedeutung ist. Ihr ist es zu verdanken, daß die aristotelische Zoologie, wenn auch auf sehr niedrigem Niveau, eine erstaunliche Breitenwirkung entfaltete und z. B. zur Grundlage der zoologischen Partien der Enzyklopädie des Plinius wurde, ehe in der Neuzeit zunächst durch Michael Scotus die Originalschriften auf dem Umweg über syrische und arabische Übersetzungen und schließlich durch Wilhelm von Moerbeke durch direkte Übersetzung aus dem Griechischen in lateinischer Übersetzung zugänglich wurden.

Auch die Vorsokratiker waren an den Naturphänomenen interessiert. Sie strebten nach einer mehr rationalen Gesamtsicht der Welt im Gegensatz zu der vorhergehenden mythischen im archaischen Epos. Im Vordergrund stand die Kosmologie. Man wollte wissen, wie die Welt entstanden ist und was sie im Ganzen zusammenhält. So lehrte Empedokles, daß eine Kugel bestanden habe, in der alles vereint war, und daß diese dann unter der anwachsenden Macht des Streits auseinanderbrach und sukzessiv an Kohärenz einbüßte, bis schließlich die vier Elemente fein säuberlich getrennt waren, und daß dann diese Elemente durch die zunehmende Macht der Liebe erneut in Verbindung traten – also ein Kreislauf entstand, ein Oszillieren zwischen Verbindung und Trennung.[413] Natürlich blieb in diesem in Gedichtform vorgetragenen Werk des Empedokles nicht viel Raum für ausgedehnte Detailbeobachtungen. Eine andere Richtung vertrat Demokrit, der offensichtlich auf den unterschiedlichsten Gebieten darzutun bestrebt war, daß die Welt aus Atomen und Leerem besteht. Seine Prosaschriften sind angesichts der geringen Zahl wörtlicher Fragmente schwer einzuschätzen. Zur Orientierung besitzen wir nur den durch Diogenes Laertius erhaltenen Katalog seiner Schriften, der von Thrasyllos aus der Zeit des Tiberius stammt, dem wir auch die Tetralogieneinteilung der Platonischen Dialoge verdanken (fr. 68 A 31–33 D.-K.). Thrasyllos zählt 57 Werke auf, deren Echtheit aber nicht durchgehend gesichert ist. Es ist damit zu rechnen, daß darunter einige Werke des hellenistischen Schriftstellers Bolos von Mendes sind, der den Namen Demokrits für eigene medizi-

412 S.P. Lambros, Excerptorum Constantini de natura animalium libri duo. Aristophanis historiae animalium epitome subiunctis Aeliani, Timothei aliorumque eclogis, Supplementum Aristotelicum I, Berlin 1885.

413 Vgl. dazu D. O'Brien, Empedocle's Cosmic Cycle. A Reconstruction from the Fragments and Secondary Sources, Cambridge 1969 und W. Burkert, Rez. Bollack, Empédocle II. III, Gnomon 44, 1972, 433 ff.; Sedley, Creationism (wie Anm. 82) 31 ff. Die Kreislauftheorie wird unter anderen von J. Bollack, Empédocle I–III, Paris 1965–1969 bestritten.

nische, magische und andere Schriften usurpierte, oder auch Werke anderer Demokriteer.[414] In gewisser Weise scheint aber durch den Schriftenkatalog ein etwas stärker enzyklopädischer Charakter des demokriteischen Werks bezeugt zu sein, der ihn ein wenig an Aristoteles heranrücken würde, auch wenn seine Schriften zum größten Teil unbekannt geblieben sind. Dagegen spricht allerdings der Gesamteindruck der Fragmente und Testimonien: Offensichtlich stellen Demokrits Werke letztlich nur eine etwas ausgedehntere Kosmologie dar, in der die Atomtheorie überall im Vordergrund stand.

Was die beiden Positionen des Empedokles und des Demokrit verbindet, ist, daß sie einer bestimmten Theorie zum Durchbruch verhelfen wollen, also eine zusammenhängende Welterklärung anstreben; ihre Vertreter treiben keine Detailforschung im modernen Sinne um ihrer selbst willen. Sie sind keine Empiriker. Ihre theoretischen Äußerungen sind Spekulationen philosophischer Art im modernen Sinne des Wortes ‚Philosophie'.[415]

7.2 Anfänge einer Taxonomie[416]

Während Aristoteles in *De partibus animalium* I unter anderem dem Prozeß der Entstehung der einzelnen Lebewesen besondere Aufmerksamkeit schenkt, geht es in *Historia animalium* I–IX und in *De partibus animalium* II–IV um Arten oder Gattungen oder auch um noch nicht sehr präzise abgegrenzte Klassen von Lebewesen. Diese Aussagen besitzen wegen ihrer Allgemeinheit absolute Notwendigkeit.

Es erhebt sich die Frage, in welchem Verhältnis diese Arten oder Gattungen zueinander stehen. Gelegentlich hat man ein Interesse an einer Taxonomie dem Aristoteles überhaupt abgesprochen, so Pierre Pellegrin.[417] Dieser geht davon aus, daß Aristoteles keine begrifflich eindeutigen Termini für die Gruppierung der Lebewesen zur Verfügung hatte und daß man deshalb selbst von Ansätzen einer Terminologie nicht sprechen könne. Dies ist insoweit richtig, als man in striktem Sinne, etwa in der Art von Linné, von einer Taxonomie in der Tat nicht sprechen kann. Doch kommt es uns auf ein philo-

414 Vgl. W.K.C. Guthrie, A History of Philosophy, vol. II, Cambridge 1965, 388; J. Mansfeld, Die Vorsokratiker. Griechisch/Deutsch, Stuttgart 1987, 556 ff.

415 Vgl. Kullmann, Wissenschaft und Methode (wie Anm. 40) 154 ff.

416 Vgl. zur wissenschaftlichen Diskussion darüber am Ende des 20. Jh. Kullmann, Aristoteles. Über die Teile der Lebewesen (wie Anm. 15) 203 m. Anm. 175 und 176.

417 Unter anderem in der Schrift P. Pellegrin, Aristotle's Classification of Animals. Biology and the Conceptual Unity of the Aristotelian Corpus, transl. by A. Preuss, Berkeley–Los Angeles 1986, 50–112. Siehe auch Kullmann, Aristoteles. Über die Teile der Lebewesen (wie Anm. 15) 203 f.

logisch-historisches Verständnis des Aristoteles an, und in diesem Sinne kann man unseres Erachtens sehr wohl von Anfängen einer Taxonomie bei Aristoteles sprechen.

Aristoteles unterscheidet in der *Historia animalium* I 6.490 b 7 ff. die Gruppen der Bluttiere und der Blutlosen, die den modernen Taxa der Vertebraten und Invertebraten weitgehend entsprechen. Er ist zweifellos der erste, der diesen entscheidenden Unterschied hervorgehoben hat. Die von ihm gewählten Bezeichnungen sind bis zum Anfang des 19. Jahrhunderts lebendig geblieben. Die Einteilung in Bluttiere und Blutlose ist erst damals durch die Einteilung in Vertebraten und Invertebraten ersetzt worden. Georges Cuvier spricht am Ende des 18. Jh. von den Wirbellosen (den Invertebraten) noch als *animaux à sang blanc*, also Tieren mit weißem, d. h. farblosem Blut, so im *Tableau élémentaire d'histoire naturelle des animaux*, Paris 1798, 372 und passim, und übernimmt erst in den *Leçons d'anatomie comparée*, Paris 1805, 35 und passim, von Jean-Baptiste de Lamarck den Ausdruck *animaux sans vertèbres*, Invertebraten, der auch den Titel von dessen Hauptwerk bildet: *Histoire naturelle des animaux sans vertèbres*, Tome premier, Paris 1815–1822.[418] Die Blutlosen besitzen nach Meinung des Aristoteles anstelle des Blutes eine analoge Flüssigkeit, modern Hämolymphe genannt. Sie ist seiner Meinung nach dem farblosen Serum der Wirbeltiere vergleichbar und besitzt nicht die rote Blutfarbe (scil. des zellulär gebundenen Hämoglobins) dieser Gruppe, und sie gerinnt nicht (weil das Fibrin fehlt). Genau diese beiden Merkmale treffen auf die dem Aristoteles bekannten Invertebraten zu.[419]

Diese beiden Taxa werden dann weiter differenziert. An derselben Stelle werden zunächst als drei „größte Gattungen" der blutführenden Tiere Vögel, Fische und Cetaceen (Meeressäuger) genannt, als größte Gattungen der Blutlosen die Schaltiere (insb. Muscheln und Schnecken), die Krebse (Crustaceen), die Kopffüßler (Cephalopoden), insb. die Tintenfische, die Insekten. Aristoteles zögert jedoch, den Menschen als größte Gattung zu bezeichnen, weil die Menschen nicht in verschiedene Arten zerfallen. Er zögert auch, die lebendgebärenden Vierfüßer (Säugetiere) und die eierlegenden Vierfüßer (Amphibien und Reptilien) als größte Gattungen aufzufassen, weil „die Arten anonym sind".

Aus der Stelle geht deutlich hervor, daß ebenso wie dem Begriff der größten Gattung auch dem Begriff der „Art" (d. h. der Spezies, dem εἶδος) eine

418 Vgl. A. Geus, Zoologische Disziplinen, in: I. Jahn (Hrsg.), Geschichte der Biologie – Theorien, Methoden, Institutionen, Kurzbiographien, Jena (^{1}1982) ^{3}1998, 326 ff.

419 Vgl. die Einzelnachweise bei M. Hirschberger, Aristoteles' Einteilung der Lebewesen in Bluttiere und Nicht-Bluttiere im Lichte der modernen Biologie, Antike Naturwissenschaft und ihre Rezeption, hrsg. v. J. Althoff, B. Herzhoff, G. Wöhrle, Bd. XI, 2001, 61 ff.

feste taxonomische Bedeutung zukommt, als kleinste, nicht mehr teilbare Tiergruppe. Er sagt ausdrücklich (490 b 16 f.):

> „Ein einzelnes Eidos umfaßt nämlich nicht viele Eidē.“[420]

Das Eidos ist also eine absolute unterste Größe,[421] während die Einteilung in Bluttiere und Blutlose und deren Einteilung in die „größten Gattungen“ absolute taxonomische Fixpunkte als oberste Größen sind. Es ist hinzuzufügen, daß das Wort Eidos (εἶδος) außer seiner terminologischen Bedeutung auch die Bedeutung „Form“, „Aussehen“ haben kann, etwa wenn vom Eidos eines Organs die Rede ist.[422] Die Nichtbeachtung dieser sprachgeschichtlichen Tatsache, daß das Wort *eidos* eine unterschiedliche Bedeutung hat, führt häufig zu der falschen Auffassung, daß ein und dieselbe Gruppe von Lebewesen auf fast jeder Stufe der Allgemeinheit sowohl als Genos (*kind*) als auch als Eidos (*form*) bezeichnet werden kann.[423]

Der Erläuterung bedarf jedoch der Begriff „anonym“. Wie sich aus 490 b 31 ff. ergibt, bezeichnet Aristoteles die einzelnen Arten der lebendgebärenden Vierfüßer (Säugetiere) als „anonym“ (490 b 32), weil sie keinen Gattungsnamen haben. Umgekehrt zerfallen die eierlegenden Vierfüßer in Gattungen (z. B. Eidechsen, Schildkröten), aber deren untersten Arten sind anonym, haben keine Eigennamen.[424] Er ist an dieser Stelle noch sehr stark abhängig von dem volkstümlichen Gedanken, daß nur das in vollem Sinne existiert, was einen Namen hat.

Aristoteles ist der erste, der den Säugetiercharakter der Delphine und Tümmler beschrieben hat und genaue Angaben zu ihrer Anatomie (einschließlich Hoden, Brustwarzen usw.), ihrem wohl experimentell ermittelten Alter und ihren Lebensgewohnheiten (z. B. daß die Jungen der Mutter folgen) macht.[425]

Mit Bezug auf die erstgenannte Stelle zur Grundeinteilung (490 b 7 ff.) sagt Aristoteles an einer zweiten Stelle (*Hist. an.* II 15.505 b 26 ff.):

> „Die umfangreichsten Gattungen (scil. der größten Gattungen von I 6) unterscheiden sich von den übrigen (scil. größten Gattungen) der anderen Tiere dadurch, daß die einen Blut haben, die anderen Blutlose sind.“[426]

420 οὐ γὰρ περιέχει πολλὰ εἴδη ἓν εἶδος.

421 Vgl. Dae-Ho Cho, Ousia und Eidos in der Metaphysik und Biologie des Aristoteles (Philosophie der Antike Bd. 19), Stuttgart 2002, 209; Kullmann, Über die Teile der Lebewesen (wie Anm. 15) 201.

422 Vgl. Kullmann, Aristoteles und die moderne Wissenschaft (wie Anm. 27) 170 m. Anm. 29.

423 Vgl. vor allem P. Pellegrin, La classification des animaux: Statut de la biologie et unité de l'aristotélisme, Paris 1982, 135, der allerdings zu Recht betont, daß Eidos niemals dem Begriff Genos übergeordnet ist. Zum Eidos-Begriff siehe auch unten S. 142

424 Vgl. Cho, Ousia und Eidos (wie Anm. 421) 196 ff.

425 Vgl. Thompson, Greek fishes (wie Anm. 240) 54.

426 τούτῳ γὰρ διαφέρει τὰ μέγιστα γένη πρὸς τὰ λοιπὰ τῶν ἄλλων ζῴων, τῷ τὰ μὲν ἔναιμα τὰ δ' ἄναιμα εἶναι.

Und dann werden aufgezählt: Mensch, lebendgebärende Vierfüßer, eierlegende Vierfüßer, Vögel, Fische, Cetaceen. Damit erweitert Aristoteles mit leichter Korrektur[427] stillschweigend seine Aufzählung, so daß jetzt auch Menschen, lebendgebärende Vierfüßer (d. h. Säugetiere) und eierlegende Vierfüßer (d. h. Amphibien und Reptilien) als größte Gattungen gelten. Man sieht, daß die terminologische Fixierung zwar schwach entwickelt, aber bei genauer philologischer Interpretation ganz unverkennbar ist. Der Terminus „größte Gattung" (μέγιστον γένος) ist in *Historia animalium* I 6 auf jeden Fall absolut gebraucht.[428]

An der ersten Stelle werden als größte Gattungen der Blutlosen, d. h. also der Invertebraten, genannt: die Hartschaligen (eigentlich „Scherbenschaligen" [ὀστρακόδερμα]), d. h. Schnecken (*Gastropoda*) und Muscheln (*Bivalvia*), die Weichschaligen (eigentlich Weichscherbige [μαλακόστρακα]), d. h. die Krebse (*Crustacea*), die Weichtiere (μαλάκια), d. h. die Cephalopoden (Kopffüßler), und die Insekten. Der Name für die Cephalopoden (μαλάκια) lebt in der lateinischen Lehnübersetzung als Mollusken fort; er ist sicher volkstümlich, da Aristoteles bei den Tierarten vollkommene Wortneubildungen zu vermeiden sucht.[429] Heute hat der Begriff der Mollusken eine erweiterte Bedeutung und umfaßt die aristotelischen Hartschaligen, d. h. Schnecken und Muscheln, zusätzlich. Hervorzuheben ist ferner, daß der von Aristoteles neu gebildete Begriff für die Insekten (ἔντομα) als Terminus in lateinischer Lehnübersetzung fortlebt. Auch der zoologische Name *Hexapoden* geht, wie bereits erwähnt, auf Aristoteles zurück (*De part. an.* IV 6.683 b 2 f.).

Eine Unterteilung dieser größten Gattungen nimmt Aristoteles nicht vor. Zum Grund für dieses Unterbleiben hinsichtlich der Säugetiere komen wir nochmals auf *Hist. an.* I 6.490 b 31 ff. zurück:

> „Von der Gattung der vierfüßigen und lebendgebärenden Lebewesen gibt es viele Spezies, aber sie sind anonym. Vielmehr werden sie einzeln für sich benannt, wie der Mensch beschrieben worden ist, also Löwe, Hirsch, Pferd, Hund und alle übrigen in dieser Weise, da es nur ein einziges Genos gibt für die sogenannten Schweifschwänzer, wie Pferd, Esel, Maultier, Ginnos und die sogenannten Halbesel (Maulesel) in Syrien, die we-

427 Vgl. Kullmann, Aristoteles. Über die Teile der Lebewesen (wie Anm. 15) 199 ff.

428 Dies ist er in II 15 nicht, ebensowenig in *De part. an.* IV 8.683 b 26, wo von den vier größten Gattungen der Crustaceen die Rede ist (Langusten, Hummer, Garnelen, Krabben). Die Bedeutung der Begriffe ergibt sich aus dem Kontext. Eine logische Konsistenz seiner Begrifflichkeit ist von Aristoteles offensichtlich nicht angestrebt. Zu Lennox' gegenteiliger Ansicht vgl. unten S. 272 f.

429 Vgl. die Belege bei den Ärzten Diokles fr. 222 van der Eijk und Mnesitheos fr. 38, 16 Bertier (= fr. 35, 17 Hohenstein).

gen ihrer Ähnlichkeit Halbesel (Maulesel) heißen, nicht aber absolut dieselbe Spezies sind; denn sie begatten sich und vermehren sich untereinander.“[430]

Unter ‚anonym‘ versteht er hier, daß sie sozusagen keinen ‚Nachnamen‘ tragen. Es gibt also mit der möglichen Ausnahme des volkstümlichen Begriffs ‚Schweifschwänzer‘ keine Gattungsbezeichnungen, die zwischen den „größten Gattungen“ und den Spezies vermitteln.[431] Aristoteles erkennt deutlich, daß er mit seinen Erkenntnismöglichkeiten keine lückenlose Taxonomie durchführen kann.

Wir kommen somit zu folgendem Gesamtbild:

Lebewesen
(Größte Gattungen)

Blutführende	Blutlose
1. Mensch	1. Schaltiere (Muscheln, Schnecken, ferner Echinodermata [Seeigel, Seesterne])
2. Lebendgebärende Vierfüßer, Säugetiere	2. Cephalopoden
3. Eierlegende Vierfüßer (Reptilien, Amphibien)	3. Krebse (Crustacea)
4. Cetaceen (Meeressäugetiere: Delphine etc.)	4. Insekten (zuzüglich anderer Arthropoden, z. B. Spinnen, Skorpione, Heuschrecken[432])
5. Vögel	
6. Fische	

   a) eierlegend (Knochenfische)
   b) intern eierlegend, extern lebendgebärend, d. h. ovovivipar bzw. „lecitotroph vivipar“ = dotterernährt lebendgebärend (Knorpelfische, d. h. Haie und Rochen[433])
   c) vivipar, d. h. durch Dottersackplacenta ernährt (Knorpelfische)

430 τοῦ δὲ γένους τοῦ τῶν τετραπόδων ζῴων καὶ ζωοτόκων εἴδη μέν ἐστι πολλά, ἀνώνυμα δέ· ἀλλὰ καθ' ἕκαστον ὡς εἰπεῖν, ὥσπερ ἄνθρωπος εἴρηται λέων, ἔλαφος, ἵππος, κύων καὶ τἆλλα τοῦτον τὸν τρόπον, ἐπεί ἐστιν ἕν τι γένος καὶ ἐπὶ τοῖς λοφούροις καλουμένοις οἷον ἵππῳ καὶ ὄνῳ καὶ ὀρεῖ καὶ γίννῳ καὶ ἴννῳ καὶ ταῖς ἐν Συρίᾳ καλουμέναις ἡμιόνοις, αἳ καλοῦνται ἡμίονοι δι' ὁμοιότητα, οὐκ οὖσαι ἁπλῶς τὸ αὐτὸ εἶδος· καὶ γὰρ ὀχεύονται καὶ γεννῶνται ἐξ ἀλλήλων.

431 Vgl. hierzu Kullmann, Aristoteles. Über die Teile der Lebewesen (wie Anm. 15) 199 ff.

432 Vgl. Kullmann, Aristoteles. Über die Teile der Lebewesen (wie Anm. 15) 297, 666–669.

433 Vgl. Kullmann, Aristoteles. Über die Teile der Lebewesen (wie Anm. 15) 440–443, 613 f.

Daß keine feste Taxonomie vorliegt, hat vor allem auch Jürgen Bona Meyer betont.[434] Wichtig ist jedoch, daß Aristoteles sich in der Lage fühlt, neben dem Begriff der größten Gattungen auch die Spezies als Konstante zu definieren.

Es ist deutlich zu erkennen, daß mit diesem ersten Entwurf einer Aufgliederung des Tierreichs bereits eine beträchtliche Annäherung an unsere heutigen Vorstellungen erreicht ist.

Zu diesen „größten Gattungen“ kommen dann noch die isolierten Gruppen der fußlosen eierlegenden Schlangen und der lebendgebärenden Schlangen bzw. Vipern. Wir hatten schon gesehen, daß andererseits das Eidos, die unterste Art, ein absoluter Begriff ist. Aristoteles sagt wie zitiert ausdrücklich, daß *eine* Art (Eidos) nicht wiederum viele Arten umfaßt. Es handelt sich um eine nicht mehr teilbare Tierpopulation, ein nicht mehr differenzierbares Taxon. Kriterium dafür, was eine Art ausmacht, sind für Aristoteles vorwiegend morphologische Merkmale. Er hat also vorwiegend einen Morphospezies-Begriff. Nur das oben zitierte Beispiel der syrischen Maulesel verwendet den Biospezies-Begriff.[435]

Aristoteles' Bemühungen, Ordnung in das Tierreich zu bringen, erschöpfen sich aber nicht in der Festlegung der „größten Gattungen“ und der nicht mehr teilbaren Spezies. Obwohl er erkennen läßt, daß er in dem großen Bereich zwischen den größten Gattungen und den Spezies keine feste taxonomische Systematik durchzuführen in der Lage ist, hat er doch eine Fülle von Ordnungsbegriffen eingeführt, die gewissermaßen eine taxonomische Ordnung vorbereiten und in der Neuzeit tatsächlich zur Definition der Tierarten und zu taxonomischen Zwecken herangezogen wurden.

Er teilt z. B. die lebendgebärenden Vierfüßer, d. h. die Säugetiere, in Vielzeher, Paarzeher und Einhufer ein (*Hist. an.* II 1.499 b 6 ff.):

434 Vgl. Jürgen Bona Meyer, Aristoteles Thierkunde (wie Anm. 335) 194, 292 ff. und passim. Zu Unrecht schreibt ihm D.M. Balme, Aristotle's use of division and differentiae, in: A. Gotthelf, J.G. Lennox (ed.), Philosophical Issues in Aristotle's Biology, Cambridge 1987, 82, eine Liste von angeblichen Zwischengruppen zu. Davon ist keine Spur vorhanden. Balmes' Darstellung ist unkorrekt.

435 Vgl. Jürgen Bona Meyer. Aristoteles Thierkunde (wie Anm. 335) 350 ff.; E. Mayr, This is Biology, The Science of the Living World, Cambridge/Mass.–London 1997, 129. Aristoteles wendet sich in *De gen. an.* II 8.747 a 25 ff. allerdings gegen die Meinung von Empedokles und Demokrit, daß die Unfruchtbarkeit der Maultiere daher rühre, daß sie aus der Begattung verschiedener Arten hervorgingen. Es gebe Gegenbeispiele. Auf jeden Fall sind die von Meyer gesammelten aristotelischen Gegenbeispiele problematische Sonderfälle, etwa die Vermischung von Wölfen und Hunden und von verschiedenen Adler- oder Habichtarten. Vgl. dazu die weiterführenden Ausführungen von Dae-Ho Cho, Beständigkeit und Veränderlichkeit der Spezies in der Biologie des Aristoteles, in: Föllinger (Hrsg.), Was ist Leben? (wie Anm. 40) 302 ff., 306 ff.

> „Die blutführenden und lebendgebärenden Vierfüßer haben entweder vielspaltige Füße wie die Hände und Füße des Menschen (es gibt nämlich vielzehige wie Hund, Löwe, Leopard) oder zweispaltige, die statt der Nägel Hufe haben, wie das Schaf, die Ziege, der Hirsch und das Flußpferd; oder ungespaltene, wie die Einhufer, z. B. Pferd und Maulesel.“[436]

Es handelt sich um einen sehr sorgfältig formulierten Text. Thema sind die Säugetiere (= lebendgebärende Vierfüßer), und diese werden noch durch den Ausdruck „blutführend“ als (in unserer Terminologie) zu den Vertebraten gehörig gekennzeichnet. Diese Einteilung ist aus den zoologischen Schriften des Aristoteles auch in die alexandrinische Exzerptensammlung des Aristophanes von Byzanz eingegangen; Plinius hat sie im 1. Jh. n. Chr. in seinem enzyklopädischen Werk *Naturalis historia* (*Naturgeschichte*) aus dieser Sammlung allerdings nur noch teilweise rezipiert.[437] In der Neuzeit wurde sie aus den in der ganzen weiteren Antike kaum zugänglichen, aber im 13. Jh. ins Lateinische übersetzten biologischen Werken des Aristoteles direkt wieder aufgegriffen. Noch heute spricht man von den *Perissodactyla* (Ungradhufer, Unpaarhufer), was den Vielspaltigen bzw. Vielzehigen sprachlich in etwa entspricht, und den *Artiodactyla* (Paarhufer), auch wenn Hund, Löwe, Leopard heute anders eingestuft werden. Man könnte die Tiere auch nach ganz anderen Merkmalen klassifizieren, aber die aristotelische Prägung ist auch der heutigen Zoologie noch auf Schritt und Tritt anzumerken.

Auch die Bevorzugung mancher anderer Merkmale dient dazu, zumindest vorläufige Differenzierungen vorzunehmen, womit er ebenfalls der heutigen Zoologie vorgearbeitet hat. Wichtig ist bereits für Aristoteles ebenso wie für die moderne Zoologie das Gebiß. Er ist der Wegbereiter der neuzeitlichen Zahnformel. So ist es für ihn offenbar ein definitorisches Merkmal der *Ruminantia*, der Wiederkäuer, daß sie in einem Kiefer keine Zähne haben. Er bezeichnet diese ganze Tiergruppe bevorzugt als „diejenigen, die nicht beidhälftig bezahnt sind“ (μὴ ἀμφώδοντα, d. h.: nicht in Ober- und Unterkiefer Einzelzähne haben).[438] Dazu rechnet er auch die Kamele, obwohl diese im

436 τῶν δὲ τετραπόδων καὶ ἐναίμων καὶ ζῳοτόκων τὰ μέν ἐστι πολυσχιδῆ, ὥσπερ αἱ τοῦ ἀνθρώπου χεῖρες καὶ οἱ πόδες, πολυδάκτυλα γὰρ ἔνιά ἐστιν οἷον κύων, λέων, πάρδαλις· τὰ δὲ δισχιδῆ, καὶ ἀντὶ τῶν ὀνύχων χηλὰς ἔχει, ὥσπερ πρόβατον καὶ αἲξ καὶ ἔλαφος καὶ ἵππος ὁ ποτάμιος· τὰ δ' ἀσχιδῆ οἷον τὰ μώνυχα ὥσπερ ἵππος καὶ ὀρεύς.

437 Vgl. Kullmann, Sammelwerke (wie Anm. 411) 121 ff., 126 ff., bes. 132 ff. Wiederabgedruckt in: Wöhrle (wie Anm. 396) 181 ff., 186 ff., bes. 191 ff. und Kullmann, Philosophie und Wissenschaft (wie Anm. 40) 183 ff., 188 ff., bes. 193 f.

438 Vgl. H. Bonitz, Index Aristotelicus, Aristotelis opera omnia ed. Academia regia Borussica, vol. V (^{1}1870), Berlin ^{2}1961, 40 b 34 ff. s. v. ἀμφώδοντα, wo ca. 40 Stellen aus den biologischen Werken aufgeführt werden sowie ein Beleg aus der frühen *Zweiten Analytik* II 14.98 a 17.

Oberkiefer noch einen Schneidezahn auf jeder Seite haben. Doch bereitet ihm diese Zuordnung Schwierigkeiten, weil die Kamele anders als die anderen Wiederkäuer (*Bovidae* [Rinder, Schafe, Ziegen], *Cervidae* [Hirsche, Rentier usw.]) keine Hörner besitzen. Er versucht dazu eine besondere Erklärung: Das bei den sonstigen Wiederkäuern für die Hörner aufgewandte Material sei wegen der stacheligen Nahrung der Kamele zur Härtung von Zunge und Gaumen verwandt worden (*De partibus animalium* III 14.674 a 31 ff.). Es spiegelt sich hier das Problem, die Kamele (*Tylopoda*) in das richtige Verhältnis zu den Wiederkäuern mit Hörnern (beides Unterordnungen der *Artiodactyla*, der Paarhufer) zu setzen. Man geht ja heute davon aus, daß das Wiederkäuen und der entsprechende Apparat bei beiden Unterordnungen nicht homolog sind.[439]

Wichtig ist für Aristoteles und in seinem Gefolge für die neuzeitliche Biologie auch die Unterscheidung der Tiere nach ihrer Magenform. In *Historia animalium* II 17.507 a 34 ff. bespricht er zunächst die vier Mägen der Wiederkäuer. Alsdann sortiert er in 507 b 15 ff. die Tiere mit einem Magen nach der Größe ihres Magens und unterscheidet dann zwei Magenformen der Tiere mit vollständigem Gebiß im Unterschied zu dem der Wiederkäuer, der kleineren des Hundes (das ist die Magenform der Carnivoren, der Fleischfresser) und der des Schweins, der zur Verlangsamung der Verdauung größer ist und bestimmte Falten von mäßiger Größe besitzt, um den Verdauungsprozeß in die Länge zu ziehen. Hier liegt die grundlegende Unterscheidung vor zwischen einhöhlig-einfachen Mägen ohne Vormagenabteilung, wie sie für Mensch und Fleischfresser charakteristisch sind, und einhöhlig-zusammengesetzten Mägen mit Vormagenabteilung, *Pars proventricularis*, wie sie bei Pferd und Schwein vorkommen. Ähnlich geht er in *De partibus animalium* vor: In III 14.674 a 30 ff. erklärt er zunächst den Magen der Wiederkäuer, dann in 675 a 24 ff. kürzer den des Hundes und den des Schweins.[440] Diese Einteilung findet sich auch in der heutigen Zoologie.[441]

Auch bei den Vögeln bemüht sich Aristoteles um eine Einteilung, wenn er auch nicht sehr weit damit kommt. So unterscheidet er Raubvögel, Schwimmvögel und Sumpfvögel, die er jedoch nicht funktional benennt, sondern nach den Extremitäten: Krummklauige, Fußbedeckte und Langbeinige (γαμψώνυχα, στεγανόποδα, μακροσκελῆ, vgl. u. a. *Historia animalium* VIII 3.592 a 29, *De partibus animalium* IV 12.693 a 5 f., 694 b 12 ff.), ferner

439 Vgl. Starck, Säugetiere, Teilband 5/2 (wie Anm. 400) 987; ders., Vergleichende Anatomie (wie Anm. 377) 779; J. Niethammer, Säugetiere, Stuttgart 1979, 42; V. Ziswiler, Spezielle Zoologie. Wirbeltiere, Bd. II Amniota, Stuttgart 1976, 516.

440 Vgl. hierzu ausführlich Kullmann, Aristoteles. Über die Teile der Lebewesen (wie Anm. 15) 591–604.

441 Vgl. K. Loeffler, Anatomie und Physiologie der Haustiere 1994, 243.

nennt er schwere, nicht flugfähige Vögel (βαρέα, μὴ πτητικά, vgl. z.B. *De partibus animalium* IV 12.694 a 10 f.), unter denen er die Hühnervögel versteht, und viele andere einzelne Arten. Auch heute stehen ja die verschiedenen Ordnungen der Vögel nebeneinander, ohne völlig in ein System gebracht zu sein, weil die Differenzierung vielfach sehr weit, bis in die Kreidezeit, zurückreicht und in den Einzelheiten schwer rekonstruierbar ist.[442]

7.3 Bestimmung der Arten nach vielfältigen Merkmalen. Eine neue Auffassung der Definition

Wir hatten schon auf Aristoteles' Kritik an dem platonischen Einteilungsverfahren im *Politikos* und *Sophistes* hingewiesen. Platon war noch der archaischen Auffassung verpflichtet, daß man mit einem einzigen sprachlichen Begriff auch das Wesen einer Sache, also auch einer Tierart oder Tiergattung, erfassen könne. Und auch nach Aristoteles' Definitionslehre kommt es ursprünglich darauf an, durch das Genus und die spezifische Differenz die Einheit einer Substanz auszudrücken, wobei die Einheit auch sprachlich gegeben ist (vgl. *Topik* VI 4.141 a 35). Eine Grunderfahrung des Empirikers Aristoteles ist es aber, daß es im Tierreich bei den Merkmalen der Tiere viele Überschneidungen gibt (*De generatione animalium* II 1.732 b 15). Vipern und Haifische sind lebendgebärend, die anderen Schlangen und Fische eierlegend. Wassertiere können Lungen oder Kiemen haben usw. Aristoteles fordert deshalb im Kontext seiner Zoologie, „daß man das Eine durch viele Merkmale definiert" (*De partibus animalium* I 3.643 b 23 f., vgl. 643 b 9 f.; b 12 f.), von denen jedes zwar weiter als das *definiendum* ist oder sein kann, wobei aber alle Merkmale zusammengenommen sich nicht weiter als das *definiendum* erstrecken. Man denke an die größten Gattungen der lebend gebärenden Vierfüßer und der eierlegenden Vierfüßer. Lebend gebärend bzw. eierlegend oder Vierfüßer sind jeweils Merkmale, von denen eins allein nicht ausreicht, eine der beiden größten Gattungen zu definieren. Auch in der *Zweiten Analytik* II 13.96 a 24 ff. wird an einem abstrakten arithmetischen Beispiel diese Verfahrensweise schon vorgeführt. Ich habe versucht zu zeigen, daß das Beispiel, das von der Mathematik her gesehen absurd ist, schon auf die Zoologie vorausweist.[443] Das hier von Aristoteles geforderte Definieren, das er mangels ausreichender empirischer Basis selbst nur selten exakt anwenden kann, entspricht aber dem Verfahren der heutigen Paläontologie oder Zoologie. Jede Art, die mit einem Linnéschen Namen versehen wird, wird durch einen

442 Vgl. Ziswiler (wie Anm. 439) II 431 f.
443 Kullmann, Aristoteles und die moderne Wissenschaft (wie Anm. 27) 90 f.

schriftlich verfaßten Katalog von wissenschaftlichen Merkmalen verbindlich festgelegt. Wenn man daran festhält, daß die Definition eine einheitliche Wesensaussage ist – und das sollte sie ja auch in der modernen Biologie sein –, so muß man konzedieren, daß sich für Aristoteles wie in der modernen Wissenschaft die Einheit der Definition von einer sprachlichen Einheit gelöst hat. Die spezifische Differenz kann sprachlich nicht durch ein einziges Merkmal wiedergegeben werden. Für jeden empirisch arbeitenden Forscher ist dies selbstverständlich. Allan Gotthelf hat zu Recht gegen Montgomery Furth, der die *Metaphysik* weitgehend als eine Methodologie für die biologischen Wissenschaften betrachtete,[444] darauf hingewiesen, daß *Metaphysik* ZH z. B. die horizontale Differenzierung nicht kennt. Aber selbst Gotthelf wird dem empirischen Ansatz des Aristoteles noch nicht voll gerecht, wenn er anmerkt, daß es sich um ein komplexes Problem handelt, das weiterer Forschung bedarf.[445] Die biologischen Schriften weisen unseres Erachtens keine Berücksichtigung spezifisch metaphysischer Lehre auf. Gerade das Fehlen der horizontalen Erweiterung der Definition in der *Metaphysik* zeigt, daß Aristoteles in den biologischen Schriften nicht als Philosoph im modernen Sinne spricht, sondern als Biologe bzw. Zoologe, der bemüht sein muß, seine Terminologie von platonischer Metaphysik freizuhalten und den empirischen Gegebenheiten anzupassen.[446] Die in der *Topik* beschriebene Dialektik, bei der die spezifische Differenz noch in archaischer Weise durch ein einziges Wort ausgedrückt wird, hat Aristoteles bereits seit den *Zweiten Analytiken* hinter sich gelassen. David Charles besteht allerdings darauf, daß auch in der *Zweiten Analytik* dabei die Bestimmung der Definition als Wesensaussage erhalten bleibe (aus der dann alle weiteren Eigenschaften abgeleitet werden müßten), wie sie z. B. in *Topik* I 5.101 b 38[447] vorliegt,[448] und weist auf den Zusammenhang von Definition und Beweisführung hin, wie er durch *Zweite Analytik* I 4 gegeben sei. Einen Zusammenhang zwischen *Zweiter Analytik* II 13.96 a 24 ff. und *De partibus animalium* I 3.643 b 23 f., bzw. 643 b 9 f.; b 12 f. erwägt er nicht. Wir kommen darauf zurück.[449]

Wenn man sich diesen neuen Standpunkt des Aristoteles zur Definition vor Augen hält, versteht man auch, warum Aristoteles sich selbst beim Definieren sehr zurückhält und sich beispielsweise hütet, den Menschen zu definieren. In einer Definition des Menschen müßte sicherlich seine Sprachbegabung (λόγος) und seine darauf resultierende Rationalität vorhanden sein ne-

444 M. Furth, Substance, Form and Psyche: An Aristotelian Metaphysics, Cambridge 1988.

445 So offenbar A. Gotthelf, Teleology, First Principles (wie Anm. 311) 252 (= A Biological Provenance, Philosophical Studies 94, 1999, 48).

446 Kullmann, Aristoteles. Über die Teile der Lebewesen (wie Anm. 15) 338 f.

447 ἔστι δ' ὅρος μὲν λόγος ὁ τὸ τί ἦν εἶναι σημαίνων.

448 Vgl. D. Charles, Aristotle on Meaning and Essence, Oxford 2000, 251, 225 ff.

449 Siehe unten S. 164 f.

ben anderen Eigenschaften. Auf keinen Fall ist der Satz, daß der Mensch von Natur aus ein politisches Lebenwesen ist, eine Definition.[450] Er drückt nur aus, daß der Mensch von Natur in besonderem Maße zu den Lebewesen gehört, die eine soziale Veranlagung haben.[451]

7.4 *Scala naturae*

Obwohl Aristoteles kein Evolutionsbiologe ist, sondern von der Ewigkeit der über 550 ihm bekannten Tierarten ausgeht (*De gen. an.* II 1.731 b 31 ff.), hat er trotz des Verzichts auf eine strikte Klassifikation und eine durchgehende Taxonomie nicht völlig auf eine Ordnung dieses Nebeneinanders verzichtet, sondern eine *scala naturae* aufgestellt, die die Tiere nach ihrer Entwicklungshöhe gruppiert (*Hist. an.* VIII 1.588 b 4 ff.; *De gen. an.* II 1.732 b 15 ff.). An der erstgenannten Stelle wird vor allem der gleitende Übergang von leblosen Körpern zu Pflanzen und von denen zu den sessilen Lebewesen, insbesondere den Schaltieren hervorgehoben. An der zweiten Stelle nimmt Aristoteles eine Gruppierung nach der Vollkommenheit der Fortpflanzungsweise der Tiere vor, die von ihrer Körperwärme und ihrer Körperfeuchtigkeit abhängig gemacht wird. Sie sieht wie folgt aus:

1. Die vollkommensten Lebewesen sind die lebendgebärenden Lebewesen (Mensch, Landsäuger, Meeressäuger).
2. Es folgen die intern Eier legenden, extern lebendgebärenden Selachier,
3. die vollkommene Eier legenden Vögel, Reptilien/Amphibien,
4. die unvollkommene Eier legenden Fische, Crustaceen und Cephalopoden,
5. die Larven erzeugenden Insekten,
6. sonstige, nach Meinung des Aristoteles spontan erzeugte Tiere, insbesondere die Schaltiere.

Aristoteles erklärt das Zustandekommen dieser Rangordnung, die auch den Aufbau seiner zoologischen Werke weitgehend bestimmt, nicht, aber es ist klar, daß sie die Annahme einer Entwicklung fast zwingend suggeriert. Es ist das Großartige an der Biologie des Aristoteles, daß sie sich einer entsprechenden Hypothese enthält. Erst im 18. und 19. Jahrhundert überschlagen sich die Entwicklungshypothesen.

450 Vgl. meine ausführliche Widerlegung dieser These in: Aristoteles und die moderne Wissenschaft (wie Anm. 27) 33 ff., bes. 343. Es ist unverständlich, daß F. O'Rourke mir jetzt diese von mir abgelehnte These zuspricht (L'anthropologie politique d'Aristote, Proceedings Academy Conference, The notion of citizenship in Greek Philosophy, Alexandria 4–6 March 2010, 110 und passim). Siehe auch unten S. 248 f. Anm. 731.

451 Vgl. unten S. 248 f.

7.5 Sektionen

Wir haben anfangs schon über den Umfang der Sektionen, die Aristoteles selbst durchgeführt hat (oder in besonderen Fällen von anderen hat durchführen lassen?) gesprochen. Hier nur einige weitere Einzelheiten.

Als Beispiel für den Stellenwert der Sektion bei Aristoteles skizziere ich zunächst, was er zur Galle gesagt hat. Aristoteles geht auf dieses Organ ausführlich ein, weil es seiner Meinung nach von Anaxagoras (und den Anhängern der hippokratischen Viersäftelehre) irrtümlich als Ursache vieler akuter Krankheiten angesehen wurde (*De part. an.* IV 2.677 a 5 f.). Sie fehlt seiner Ansicht nach (*De part. an.* IV 2.676 b 25 ff., *Hist. an.* II 15.506 a 20 ff.) bei Pferd, Maulesel, Esel, Hirsch, Reh, Kamel, Robbe, Delphin, Elefant (auch bei letzterem weist Aristoteles ausdrücklich auf einen Sektionsbefund hin: *Hist. an.* II 15.506 b 2 ff.).[452] Aristoteles' Angaben werden durch die moderne Zoologie weitgehend bestätigt.[453] Die Galle ist seiner Meinung nach vorhanden bei Fischen, Vögeln und eierlegenden Vierfüßern, d. h. insbesondere den ihm bekannten Reptilien (*Hist. an.* II 15.506 b 5 ff.). Aristoteles entgeht, daß sie bei manchen Taubenarten fehlt. Welche Taubenarten er untersucht hat, wissen wir nicht. Aber hier könnte ein Irrtum vorliegen. Bei 15 Fischarten äußert er sich über die unterschiedliche Lage der Gallenblase (506 b 7 ff.).[454]

452 Nach der Auffassung von J.G. Lennox, Aristotle. On the Parts of Animals. Translated with a Commentary (Clarendon Aristotle Series), Oxford 2001, 288 macht Aristoteles keinen Unterschied zwischen der Gallenblase und der Gallenflüssigkeit. Doch meint Aristoteles mit χολή in den meisten Fällen die Gallenblase und ist durchaus in der Lage, den Unterschied zur Gallenflüssigkeit auszudrücken. So sagt er in bezug auf den Elefanten in *Hist. an.* II 15.506 b 1 ff.: ἔχει δὲ καὶ ὁ ἐλέφας τὸ ἧπαρ ἄχολον μέν, τεμνομένου μέντοι περὶ τὸν τόπον οὗ τοῖς ἔχουσιν ἐπιφύεται ἡ χολή, ῥεῖ ὑγρότης χολώδης ἢ πλείων ἢ ἐλάττων. Das, was an der beschriebenen Stelle „wächst", ist die Gallenblase, die „gallige Flüssigkeit" ist als solche davon klar abgehoben. Wie im Deutschen das Wort „Galle" und im Englischen das Wort „bile" kann χολή natürlich gelegentlich auch für sich allein die Flüssigkeit bedeuten. Aristoteles ist in seinen biologischen Schriften kein Logiker, bei dem die Wörter immer dieselbe Bedeutung haben. Richtig auch Louis, Aristote. Histoire des animaux (wie Anm. 310) I 170 (zu p. 59 n. 8).

453 Vgl. Starck, Vergleichende Anatomie Bd. III (wie Anm. 377) 809. In bezug auf die Mönchsrobbe (φώκη) besteht allerdings Unklarheit.

454 Sie befindet sich nahe an der Leber bei folgenden Fischen: den Haifischen, dem Wels (γλάνις), der Haiart ῥίνη, *Squalus squatina* L., dem Leiobatos (einer Rochenart, *Raia batis* L.), dem Zitterrochen (νάρκη), dem Aal, der Meernadel (βελόνη) und der Zygäne (*Zygaena malleus*), ebenso dem Sternseher (καλλιώνυμος, *Uranoscopus scaber*), der die größte Leber hat. Es heißt dann weiter (*Hist. an.* II 15.506 b 11 ff.):

> „Bei andern liegt sie an den Därmen, indem sie mit der Leber durch einige sehr dünne Gänge in Verbindung steht. Bei der Amia [einem kleinen Thunfisch, *Bonito*] erstreckt sie sich fast in gleicher Länge neben dem Darm hin und macht mitunter eine Windung. Bei den andern liegt sie bald entfernter vom Darm, bald näher dran, wie beim Seeteufel [Anglerfisch,

Ähnlich spricht er dann über die unterschiedliche Lage der Galle bei 8 Vogelarten (506 b 19 ff.).[455] In Bezzel-Prinzinger, dem maßgeblichen ornithologischen Lehrbuch, fehlen leider entsprechende Angaben.[456] Eine Nachprüfung bleibt ein Desiderat der Forschung.

Noch ein Wort zur Gallenlosigkeit des Delphins. In *De part. an.* IV 2.677 a 31 ff. ist Aristoteles besonders stolz, daß er Beobachtungen der „Alten", vermutlich wieder des Anaxagoras[457], zur Gallenlosigkeit der Einhufer (Pferd und Esel) und der Hirsche, durch die Beobachtungen an Delphinen und Kamelen, die ebenfalls gallenlos seien, ergänzen kann. Er berichtet zusätzlich, Fischer hätten bei Delphinen die Schwänze kupiert und die Tiere nach langer Zeit wieder eingefangen. Wenn man davon ausgeht, daß sie in ausgewachsenem Zustand, d. h. im Alter von 10 Jahren (*Hist. an.* VI 12.566 b 24 ff.), markiert wurden und ihr Alter beim Wiedereinfangen auf über 25 oder 30 Jahre geschätzt wurde, könnte das Experiment von Aristoteles, als er sich von 345/44 bis 343/342 zwei Jahre auf Lesbos aufhielt und dessen Fauna untersuchte, selbst angeregt und 15 Jahre später auf seine Veranlassung erfolgreich zum Abschluß gebracht worden sein; denn den Fischern selbst traut Aristoteles sonst kein Forschungsinteresse zu.[458] Ein solches Experiment lag für Aristoteles nahe, da ja ‚die Alten', wie er sagt (*De part. an.* IV 2.677 a 30 ff.), gallenlosen Tieren ein langes Leben zuschrieben und er nun nachweisen mußte, daß dies z. B. auch für die Delphine gilt. Aber beweisen läßt sich Aristoteles' Urheberschaft des Experiments nicht. In moderner Zeit ist es noch nicht gelungen, das Alter der Delphine und der Wale sicherer zu bestimmen.[459] Daß Aristoteles in diesem Fall von Langlebigkeit spricht, beruht wohl

βάτραχος], Ellops, Synagris [*Dentex vulgaris*], der Muräne und dem Schwertfisch. Zuweilen hat ein und dieselbe Gruppe sie an beiden Orten, wie denn einige Meeraale sie an der Leber, andere unterhalb von ihr haben." (Übersetzung Aubert-Wimmer)

455 „Dasselbe ist auch bei den Vögeln der Fall, von welchen einige die Gallenblase am Magen, andere an den Därmen haben, wie die Taube [was vielleicht nicht stimmt], der Rabe, die Wachtel (ὄρτυξ), die Schwalbe und der Sperling. Einige haben sie zugleich an der Leber und am Magen, wie der Aigokephalos (Horneule, *Strix Otus*), noch andere an der Leber und am Darm zugleich, wie der Habicht und die Gabelweihe (ἰκτῖνος)." (Übersetzung Aubert-Wimmer).

456 Bezzel-Prinzinger (wie Anm. 404) 183.

457 Denn dieser wird im Zusammenhang mit der Galle in 677 a 5 ausdrücklich zitiert. Bei ihm ist ein ausgesprochen medizinisches Interesse an der Galle wirksam, das sich auch in Schriften des *Corpus Hippocraticum* widerspiegelt, wieweit diese nämlich an akuten Krankheiten schuld sei. Bei Aristoteles ist das Interesse viel allgemeiner geworden. Vgl. auch H. Cherniss, Aristotle's Criticism of Presocratic Philosophy, Baltimore 1935, 265 Anm. 187.

458 Vgl. oben S. 10 und 112 Anm. 323.

459 In moderner Zeit kann man nur Wale zum Vergleich heranziehen, da genauere Angaben über die Delphine immer noch fehlen. D. Starck, Säugetiere. Teilband 5/2 (wie Anm. 400) 739 spricht von einer geschätzten Lebensdauer bei Walen von 15–40 Jahren; in Grzimeks

auf der Inbeziehungsetzung des Reifungsalters zum Lebensalter. Man sieht aber deutlich den Unterschied des wissenschaftlichen Interesses des Aristoteles im Vergleich zu Anaxagoras. Dieser geht von den Haustieren und Jagdtieren aus: Pferd, Esel, Hirsch. Aristoteles schließt, ohne daß ein Praxisbezug erkennbar wäre, Delphine, Kamele und Elefanten ein. Dabei bleibt offen, wie er zu den Angaben über Kamele und Elefanten gekommen ist. Einzelne Kamele werden vermutlich nach Griechenland eingeführt worden sein. Die Sektion eines Elefanten muß anderswo nach seinen Vorgaben stattgefunden haben. Andernfalls ist der ausdrückliche Bezug auf eine Sektion nicht erklärbar.

Entsprechende Angaben wie zur Galle finden sich zu den anderen Organen. Aristoteles macht sich Gedanken über die Bilateralität des Tierkörpers und die Tendenz zu zwillinghaften Bildungen der inneren Organe (*De part. an.* III 7.669 b 13 ff.). So bilden für ihn Leber und Milz ein Paar. Der (bei den Säugetieren) stärker rechts orientierten Leber weist er eine unterstützende Funktion bei der Verdauung („Kochung", πέψις) der Nahrung zu (*De part. an.* III 7.670 a 27), während er der Milz keine eindeutige Funktion zusprechen konnte. Er beobachtet, daß sie bei einigen Tieren nur sehr klein ist und daß in solchen Fällen die Leber stärker gelappt ist. Die Stoffwechselfunktionen der Leber konnte er nicht erkennen. Aber er spürt der relativen Asymmetrie nach und teilt dazu sorgfältig Sektionsbefunde zur Lappung der Leber in den verschiedensten Gruppen der Wirbeltiere mit (*De part. an.* III 7.669 b 26 ff.).[460]

Auch zur Anatomie der Nieren finden sich bei Aristoteles intensive Untersuchungsresultate.

In *De partibus animalium* III 9.671 a 26 ff. sagt Aristoteles irrtümlich:

> „Weder haben nämlich Nieren die gefiederten (Vögel) noch die geschuppten Lebewesen (Fische) noch die mit Hornpanzern versehenen (Reptilien, Schlangen), abgesehen von den Meeresschildkröten und den Landschildkröten."[461]

Aristoteles' Irrtum über das Fehlen von Nieren bei Vögeln, Fischen und Reptilien erklärt sich daraus, daß Aristoteles die Nieren als Hilfsorgan der Blase

Tierleben, Zürich 1969, 455 wird die Lebensdauer der großen Wale auf 30–40 Jahre veranschlagt.

460 W. Ogle, Aristotle on the Parts of Animals, transl. with introd. and notes, London 1882, 207 hat sich Gedanken darüber gemacht, wieweit die aristotelischen Überlegungen der Realität entsprechen.
Vgl. auch die Formulierung bei Starck, Säugetiere, Teilband 5/1 (wie Anm. 400) 188: „Während die Gesamtform der Leber weitgehend durch die Raumbedingungen determiniert wird, ist die Unterteilung des Organs in makroskopisch abgrenzbare Lappen gruppenspezifisch."

461 Οὐδὲ γὰρ νεφροὺς οὔτε τῶν πτερωτῶν καὶ λεπιδωτῶν οὐδὲν ἔχει οὔτε τῶν φολιδωτῶν, πλὴν αἱ θαλάττιαι χελῶναι καὶ αἱ χερσαῖαι.

ansah (III 7.670 b 24 ff.), so daß er davon ausging, daß Tiere ohne Blase keine Nieren besitzen können.[462] Trotzdem registriert er Beobachtungen, die dem entgegenstehen. Kurz danach heißt es über die Vögel (671 a 28 ff.):

> „Aber wie wenn das für die Nieren bestimmte Fleisch *keinen Platz* hätte, sondern *auf viele Teile verstreut* wäre, haben einige Vögel breite, nierenförmige Teile.“[463]

Die Stelle ist ein eindeutiger Beweis, daß Aristoteles durch Sezieren die Vogelnieren erkannt, aber wegen seiner Voreingenommenheit über die Funktion dieses Organs (Unterstützung der Blase) nicht als solche gedeutet hat. Auch die Beschreibung über die gequetschte Ausbreitung der Nieren ist ausgezeichnet. Bezzel-Prinzinger beschreiben sie wie folgt:[464]

> „Die Vogelnieren sind ... langgestreckt, abgeflacht und von den Bauchluftsäcken umschlossen. Sie reichen kranial vom Ende der Lunge bis kaudal an das Ende des Synsacrums. ... Das Organ ist von Bindegewebe umhüllt und im Gegensatz zum Säuger dicht in Vertiefungen des Os lumbosacrale und des Os ilium eingelagert. Eine unversehrte operative Entfernung der sehr zarten Niere ist beim Vogel dadurch so gut wie ausgeschlossen.“

Die Verzweigung der Vogelniere wird wie bei Aristoteles ausdrücklich hervorgehoben. Immerhin besteht zwischen beiden Äußerungen ein zeitlicher Abstand von 2300 Jahren. Aber es ist nicht der zeitliche Abstand, auf den es in diesem Zusammenhang ankommt. Bemerkenswert ist vielmehr die völlige historische Isoliertheit und Einzigartigkeit der aristotelischen Forschung. Wenn man sich klarmacht, daß es bei keinem Autor vor oder nach Aristoteles oder in einer anderen Kultur vor der Neuzeit irgend jemanden gibt, bei dem sich ähnliche Angaben finden, und daß auch nirgendwo überliefert ist, daß sich jemand für solche Fragen interessiert hat, sieht man, wie außergewöhnlich das Ausmaß der Methode der Sektion bei Aristoteles ist, zugleich aber auch, welchem Zufall die neuzeitliche Zoologie, die auf diese Art der Fragestellung durch Aristoteles fixiert ist, ihre Entstehung verdankt.

Abschließend sei zu diesem Abschnitt noch eine Beobachtung herausgegriffen, an der die Bedeutung, die Aristoteles der Sektion beimaß, besonders deutlich hervortritt. Aristoteles beschreibt richtig die Fledermäuse als Tiere, die eine Zwischenstellung zwischen geflügelten Tieren und Fußtieren einneh-

462 Vgl. Ogle, De part. an. (wie Anm. 375) z.St.

463 ἀλλ’ ὡς τῆς εἰς τοὺς νεφροὺς τεταγμένης σαρκὸς οὐκ ἐχούσης χώραν ἀλλὰ διεσπαρμένης εἰς πολλά, πλατέα νεφροειδῆ ἐν ἐνίοις τῶν ὀρνίθων ἐστίν.

464 Bezzel-Prinzinger (wie Anm. 404) 199.

men[465] (*De partibus animalium* IV 13.697 b 1 ff.: ἐπαμφοτερίζειν); sie hätten, wenn man sie als geflügelt betrachtet, Füße, wenn man sie als Landtiere betrachtet, keine, und sie hätten weder einen Schwanz noch einen Schweif. Diese Mittelstellung bedeutet nicht, daß Aristoteles sie nicht genau taxiert. Es ist eine vollkommene Verkennung des Aristoteles, wenn man diese Mittelstellung so interpretiert, als habe er diesen Tieren real eine Zwischenstellung zwischen Vögeln und Vierfüßern eingeräumt. Er stuft sie an anderer Stelle zusammen mit Hase und Maus als Säugetiere ein (*Historia animalium* III 1.511 a 27 ff.). Denn er sagt dort, daß Hase, Maus und Fledermaus dieselbe Art von Zottenplacenta besitzen wie die Wiederkäuer (die er meist nach dem Gebiß benennt als die, die nur in einem Kiefer Zähne haben, τὰ μὴ ἀμφώδοντα[466]). Das ist mit unserem Wissen verglichen noch nicht sehr differenziert. Richtig ist aber, daß sich die Placenta zumindest der Nagetiere und der Fledermäuse in bestimmter Weise ähnelt und auch in heutigen Lehrbüchern zusammen beschrieben wird und wohl auch der *Placenta cotyledonata* der Wiederkäuer ähnlicher ist als der Placenta von Schweinen, Meeressäugern und Pferden.[467] Jedenfalls unterscheidet Aristoteles von Hase, Maus, Fledermaus und Wiederkäuern aufgrund ihrer Zottenplacenta diejenigen Tiere, die eine glatte Gebärmutter haben, womit er wohl eben an diese Tiere denkt, also an Pferde, Cetaceen und Schweine, denen man heute eine „diffuse“ Halbplacenta zuschreibt (noch nicht in der 2. Hälfte des 19. Jahrhunderts![468]). Die Gürtelplacenta der Raubtiere scheint er nicht als solche erkannt zu haben.[469] Dazu kommt aber bei ihm die Dottersackplacenta des glatten Hais, die man auch erst im 19. Jahrhundert wiederentdeckt hat.[470] Die Zwischenstellung von Fledermäusen zwischen Vögeln einerseits und Vierfüßern andererseits (Flügel und Füße sind die Bezugspunkte) bedeutet also nicht, daß das Tier *taxonomisch* eine Zwischenstellung einnimmt. Daß die Flügel beider Gattun-

465 Zur Zwischenstellung des Vogel Strauß siehe unten S. 271.

466 Siehe dazu unten S. 159, 166 f.

467 Vgl. Starck, Säugetiere (wie Anm. 400) 238 f.; Ziswiler (wie Anm. 439) II 548: Danach haben Hasen und Nagetiere eine haemochoriale Placenta, Nagetiere und Fledermäuse eine Scheibenplacenta. Vgl. auch P. Fioroni, Allgemeine und vergleichende Embryologie der Tiere. Ein Lehrbuch, Berlin–Heidelberg–New York 1987, 368.

468 Vgl. Aubert-Wimmer (wie Anm. 242) I 310 f.: „Bei den Schweinen ist eine eigentliche Placenta nicht vorhanden.“ Nach Ziswiler (wie Anm. 439) II 546 grenzen aufgrund einer Reduktion unter anderem bei Cetaceen, Schweinen und Pferden Uterusepithel und das Epithel der Zottenhaut (Chorion) aneinander.

469 Aubert-Wimmer (wie Anm. 242) I 310.

470 Vgl. bes. *Hist. an.* VI 10.565 b 1 ff. und dazu J. Müller, Über den glatten Hai des Aristoteles, und über die Verschiedenheiten unter den Haifischen und Rochen in der Entwicklung des Eies, Abhandlung der königl. Akademie der Wissenschaften zu Berlin. Aus dem Jahre 1840, Berlin 1840, 187–257.

gen nicht homolog sind, konnte Aristoteles weder wissen noch formulieren, weil er kein Evolutionsbiologe war. Er sagt, daß sie zwar geflügelt seien (sie sind „Hautflügler“), nennt sie aber nicht Vögel. Das Merkmal „lebendgebärend“, das sie mit Maus und Hase teilen, ist das einzige für Aristoteles taxonomisch verwertbare Merkmal.

Aristoteles' Aussagen zur Sektion der Tiere verdienen noch eine genauere Untersuchung. Einzig Thomas A. Lones hat sich, soweit ich sehe, mit den Tiersektionen intensiver beschäftigt.[471] Er zählt 49 Tiere auf, die Aristoteles seziert habe: Hase, Pferd, Marder, Maulwurf, Maus, Rind, Schwein, Wiesel, Haushuhn, Turteltaube, Ente, Gans, Eule, Rebhuhn, (domestizierte) Taube, Wachtel, Schwan, Chameleon, Ringelnatter, Eidechse, Schildkröte, Frosch, Kröte, Conger (Meeraal), Hundshai, Aal (Anguilla), Seeteufel, Meeräsche, Wels, Thunfisch, Seebarbe, Barsch (Drachenkopf), Sternseher, Askidien, Kalmar, Octopus, Sepia, Krabbe, Hummer, Stachelschnecke, Purpurschnecke, „Schnecken“, Wellhornschnecke, Heuschrecke, Seeigel. Diese Liste läßt sich vermehren u. a. um: Karpfen, Languste, Ameise, Vipern, Robbe, Turmfalke, Schaf, Ziege, Esel, Berberaffe[472], Kamel, Kormoran (?), Krokodil (?).

7.6 Vergleichende Anatomie

Aristoteles wird vielfach auch als Begründer der vergleichenden Anatomie angesehen. Das Vergleichen spielt bei ihm eine große Rolle. Er spricht von „Ähnlichkeiten in der Gestalt der Teile und des ganzen Körpers“ zwischen Arten innerhalb derselben Gattungen (*De part. an.* I 4.644 b 7 ff.), während er Entsprechungen von Teilen zwischen Gattungen „Analogieähnlichkeiten“ nennt. So ist für ihn die Gräte nur analog zum Knochen (z. B. *De part. an.* 644 b 12 f.). Aristoteles spricht bei größeren Ähnlichkeiten ausdrücklich auch von Verwandtschaft (συγγένεια), womit wörtlich die Genosgemeinschaft verschiedener Taxa gemeint ist. Dieser Begriff (συγγένεια) wird zunächst für Individuen derselben Spezies benutzt (z. B. *Hist. an.* V 19.550 b 30 ff.: Giftspinnen, gewöhnliche Spinnen, Heuschrecken, Grillen, Zikaden, die alle als Insekten gelten, erzeugen nach Aristoteles anders als andere Insekten wieder artgleiche Inviduen; *De gen. an.* II 8.747 a 25 ff.: Maulesel haben nach Empedokles und Demokrit keine Nachkommen, weil sie gegen die Blutsverwandt-

471 Th.E. Lones, Aristotle's Researches in Natural Science, London 1912, hier Kap. VIII The Probable Nature and Extent of Aristotle's Dissections 102–106 (auf der letzten Seite die Aufzählung der sezierten Tiere).

472 Vgl. *Hist. an.* II 9.502 b 25 f. und Kullmann, Aristoteles. Über die Teile der Lebewesen (wie Anm. 15) 419, 709.

schaft gezeugt wurden [hier bedeutet das Wort συγγένεια tatsächlich die Blutsverwandtschaft]), dann aber auch für verschiedene Spezies derselben (größten) Gattung (z. B. *De gen. an.* II 8.748 a 14 ff.: Pferde und Esel; III 8.757 b 32 f.: Langusten und Verwandte sind Crustaceen, μαλακόστρακα; III 10.761 a 2 ff.: ‚Waldbienen' (Hornissen?, gr. ἀνθρῆναι); Wespen im Gegensatz zu dem göttlichen Geschlecht der richtigen Bienen (μέλιτται); IV 10.777 b 12: Pferde und verwandte Tiere; *Hist. an.* IX 38.622 b 21 ff.: Bienen, ‚Waldbienen' oder Hornissen, Wespen) oder gar für die Verwandtschaft der Gattung der – eierlegenden, fußlosen – Schlangen mit der „größten Gattung" der eierlegenden Vierfüßer (*De part. an.* IV 1.676 a 22 f.[473]; IV 11.691 b 31 f. [Krokodil]). Der etymologischen Bedeutung nach heißt das Wort, daß die betreffenden Taxa ein gemeinsames größeres Genos haben. Aber der Begriff evoziert natürlich die Vorstellung einer Blutsverwandtschaft durch Abstammung. Auch wenn Aristoteles nicht ausdrücklich von Verwandtschaft spricht, ordnet er häufig Verwandtes zusammen, so z. B. die Reptilien (einschließlich Schlangen) und Vögel (Sauropsida) (vgl. z. B. *Hist. an.* I 11.492 a 25: ὅσα πτερωτὰ ἢ φολιδωτά [Fehlen der Gehörmuschel]; *De part. an.* II 14.658 a 12: ὄρνιθες δὲ καὶ τῶν φολιδωτῶν οὐδέν [Fehlen der Wimpern]; *De resp.* 10.475 b 19 ff.; *De gen. an.* II 1.733 a 6 und öfter). Wenn man die *scala naturae* als Ausdruck von Verwandtschaftsverhältnissen interpretierte, wäre man bei einem evolutionsbiologischen Modell. Das liegt aber Aristoteles natürlich fern. Wie man erkennen kann, kommt es Aristoteles vor allem darauf an, den empirischen Befund möglichst klar zum Ausdruck zu bringen.

Ein Glanzstück ist seine anatomische Analyse eines Oktopus in *De partibus animalium* IV 9.684 b 12 ff., b 21 ff. Aristoteles hat hier die u-förmige Anordnung des Verdauungstraktes bei den Cephalopoden und den Gastropoden (Schnecken) beschrieben, wodurch der After neben dem Mund zu liegen kommt, und vergleicht die Lage anhand eines mit Buchstaben bezeichneten Diagramms, das sich aus dem Text rekonstruieren läßt, bei den Bluttieren, bei denen Mund und After auf einer geraden Linie liegen.[474] Diese Eigentümlichkeit hat noch bei dem Pariser Akademiestreit von 1830–1832 zwischen Georges Cuvier und Étienne Geoffroy de St. Hilaire eine Rolle gespielt, bei dem letzterer die *unité de composition* für das ganze Tierreich behauptete.[475]

473 Vgl. Kullmann, Aristoteles. Über die Teile der Lebewesen (wie Anm. 15) 610 f., 207. Unverständlich ist die Behauptung von Balme, Aristotle's use of division and differentiae, in: Gotthelf-Lennox, Philosophical Issues (wie Anm. 432) 84, Meyer, Aristoteles' Thierkunde (wie Anm. 335) 154 ff. ordne die Schlangen unter die eierlegenden Vierfüßer ein. Meyer sagt lediglich mit Recht, daß Aristoteles den Schlangen „eine Beziehung zum Genus der eierlegenden Vierfüßer gegeben" habe (155).

474 Vgl. Kullmann, Aristoteles. Über die Teile der Lebewesen (wie Anm. 15) 680 ff.

475 Vgl. I. Jahn, „Biologie" als allgemeine Lebenslehre, in: I. Jahn, Geschichte der Biologie, 3. neubearbeitete Auflage, Jena–Stuttgart–Lübeck–Ulm 1998, 300.

7.7 Experimente

Eine Sonderform der Methoden des Aristoteles sei noch besprochen. Gelegentlich legt Aristoteles seinen Schlußfolgerungen auch Experimente zugrunde. Berühmt ist sein Bericht über Veränderungen im befruchteten Hühnerei bis zum Schlüpfen der Küken (*Hist. an.* VI 3.561 a 4 ff.), der voraussetzt, daß er jeden Tag ein befruchtetes und bebrütetes Ei öffnete. Ein besonderes Problem bestand für Aristoteles darin, daß im Meerwasser Lebewesen existieren können, obwohl Meerwasser als ungenießbar und lebensfeindlich galt. Dies ist nach *Historia animalium* VIII 2.590 a 22 ff. nur möglich, wenn im Meerwasser Süßwasser enthalten ist, das aus dem Meerwasser herausgefiltert werden kann. Hierzu verweist Aristoteles auf ein Experiment mit einem mit Wachs beschichteten Tongefäß, das unter den richtigen Bedingungen, in Meerwasser getaucht, als Ionenaustauscher fungieren kann. Wie Alfred Stückelberger gezeigt hat, zitiert Aristoteles hier ein Experiment des Demokrit, vermutlich aus einer Schrift dieses Atomisten, das unter bestimmten, eingeschränkten Versuchsbedingungen (die von Stückelberger und seinen Mitarbeitern nachgestellt wurden) tatsächlich zu funktionieren scheint.[476] Sicherlich hat Aristoteles es nicht selbst nachgeprüft, aber es kommt ihm gelegen, um für sein Problem eine Lösung zu eröffnen. Er hat keine Hemmungen, sich auf experimentelle Erfahrungen zu stützen.

Als Experiment muß man wohl auch das Verfahren bezeichnen, das Aristoteles angesichts der von ihm betonten Schwierigkeit der Aufgabe als das einzig mögliche ansieht, um den Verlauf der Adern, so gut es geht, zu erkunden, „wenn jemandem daran gelegen ist", nämlich abgemagerte Tiere zu ersticken, um den Adernverlauf zu ertasten (*Hist. an.* III 3.513 a 12 ff.).

Auf ein mögliches Experiment, das Höchstalter von Delphinen zu bestimmen, ist oben S. 149 hingewiesen worden.

7.8 Aristoteles' Darstellung seiner Ergebnisse. Apodeixis und metaphorische Erklärung von Kompensationen und Anpassungen. Die Natur als Agens

Apodeixis

Ein Grundprinzip der aristotelischen Präsentation seiner wissenschaftlichen Ergebnisse ist, wie schon eingangs betont, die Einteilung in einen Faktenteil

476 A. Stückelberger, Der Versuch mit dem ‚Wachsgefäß', ein verkanntes Demokritexperiment, Museum Helveticum 39, 1982, 15–28. Stückelberger ging dabei davon aus, daß Ton in einem mit Wachs beschichteten Tongefäß die Fähigkeit besitzt, Cl-Ionen und NA-Ionen

und einen erklärenden Teil. Aristoteles spricht dabei von den Phänomenen (φαινόμενα) und den Ursachen (αἰτίαι) oder von dem „daß" (ὅτι) und dem „warum" (διότι).[477] Die beiden Teile sind in der Zoologie auf unterschiedliche Schriften aufgeteilt. In der physikalischen Abhandlung *De caelo*[478] und in der *Meteorologie*[479] sind beide Gesichtspunkte in ein und derselben Schrift vereint. Innerhalb der Behandlung der Zoologie ist die Schrift *Historia animalium* eine nach Gattungen gegliederte Faktensammlung (φαινόμενα, ὅτι), während die Schriften *De partibus animalium* II–IV, inhaltlich genauer ‚Über die Gewebe und Organe von Mensch und Tier', und die Schrift *De generatione animalium* die materielle Struktur von Tier und Mensch und die Funktionen von deren unterschiedlichen Geweben und Organen sowie ihre Fortpflanzung behandeln (αἰτίαι, διότι). Dazu kommen dann noch eine Reihe Sonderschriften, auf deren Behandlung hier verzichtet werden kann.

Die Einteilung bringt es mit sich, daß in den letztgenannten erklärenden Schriften der Zoologie nicht alle Arten von Lebewesen gleich ausführlich wie in ihrer Beschreibung behandelt werden können, sondern daß dort vieles zusammengefaßt werden muß. Es ist auch einleuchtend, daß mehr beobachtet wird als behandelt werden kann. Deshalb müssen die ausgewählten Fakten, die eine besondere Erklärung verdienen, in der begründenden Schrift noch einmal genannt werden, so daß sich *Historia animalium* und *De partibus animalium* II–IV partiell überschneiden. Dies ist in der Forschung gelegentlich mißverstanden worden, so daß der Gesamtaufbau der zoologischen Schriften verkannt wurde.[480] Aber klare Vor- und Rückverweise verbinden beide Komplexe.[481]

gegen andere Ionen auszutauschen. Inzwischen ist von A. Roser ein anderes Verfahren erprobt worden, über das er in dem Aufsatz: Meerwasserentsalzung nach Aristoteles (?). Ein Zwischenbericht, Hermes 122, 1994, 300–308, berichtet. Er wandte eine Hyperfiltration bzw. Umkehrosmose an, indem er – bisher noch ohne Erfolg – den Druck in 250–500 m Wassertiefe auszunutzen suchte, was jedoch für die Antike wohl zu unrealistisch erscheint. Vgl. dazu A. Stückelberger, Meerwasserentsalzung nach Aristoteles (?). Ein Nachtrag, Hermes 124, 1996, 378–380.

477 Vgl. hierzu ausführlich Kullmann, Wissenschaft und Methode (wie Anm. 4) 204 ff.; ders., Aristoteles. Über die Teile der Lebewesen (wie Anm. 15) 151 ff. Siehe auch unten S. 239 f.

478 Kullmann, Aristoteles und die moderne Wissenschaft (wie Anm. 27) 121 ff. bzw. 133 ff.

479 Vgl. Wissenschaft und Methode (wie Anm. 4) 250 ff.

480 So von Balme, Lennox und Gotthelf. Möglicherweise spielt dabei die unseres Erachtens falsche Auffassung von 645 b 1 ff. eine Rolle. Siehe dazu unten S. 269 f. Anm. 791 und Kullmann, Aristoteles. Über die Teile der Lebewesen (wie Anm. 15) 354 f.

481 In anderen Wissenschaftsbereichen verteilen sich die beiden Gesichtspunkte gelegentlich auf verschiedene Disziplinen, wie in der *Zweiten Analytik* I 13.78 b 34 ff. dargelegt wird: Optik-Geometrie, Mechanik-Stereonomie, Harmonik-Arithmetik, Phänomene [~ nautische Astronomie]-mathematische Astronomie. Vgl. Wissenschaft und Methode (wie Anm. 4) 210 ff.

Im Unterschied zu dem Einleitungsbuch *De partibus animalium* I wird in Buch II–IV der Schrift sowie in der *Historia animalium* und in *De generatione animalium* nur von Arten und Gattungen oder sonstigen Tierklassen gehandelt, die idealiter aufgrund von Wahrnehmung und Induktion definiert sind. Von vornherein ist damit klar, daß es wissenschaftliche Aussagen nur über das Allgemeine geben kann, die dann im Sinne der Modallogik absolute Notwendigkeit besitzen (vgl. *Zweite Analytik* I 4). Denn Grundvoraussetzung für Aristoteles ist, wie weiter unten genauer erörtert, daß alle Arten und Gattungen ewig so existieren, wie sie uns entgegentreten.[482] Hypothetische Notwendigkeit kann es im strikten Sinne nur in natürlichen Einzel-Prozessen geben. Deshalb taucht dieser Begriff auch niemals in diesen Büchern auf. Leider sind diese Grundtatsachen von philosophischer Seite teilweise in Frage gestellt worden, wobei die zoologischen Aussagen des Aristoteles aus dem Blick zu geraten drohen. Aristoteles läßt schon am Anfang von *De partibus animalium* I 1.639 a 15 ff. keinen Zweifel daran, daß es, egal wie er den Stoff disponiert, letztlich um die Untersuchung von Tier*arten* und ihre wesentlichen Eigenschaften (συμβεβηκότα [scil. καθ' αὑτά]) geht, nicht um Individuen. Wenn er in I 1.639 b 30 ff. betont, daß es in der Physik und in den theoretischen Wissenschaften eine unterschiedliche Art der Beweisführung gibt, so besteht hier zwar eine vielfältig und kontrovers verhandelte Unklarheit.[483] Aber wie immer man diese beurteilt, kann das Zukünftige, das nach 640 a 3 f. der Ausgangspunkt für bestimmte zu treffende Dispositionen ist, nur bei realen Prozessen eine Rolle spielen, nicht bei der allgemeinen Behandlung des Eidos der Tiere, das ewig ist (*De an.* II 4.415 b 3 ff., *De gen. an.* II 1.731 b 31 ff.).[484] Der Baumeister muß also bei seiner Planung vom zukünftigen Haus ausgehen, und auch das einem einzelnen Naturprozeß (etwa der Entstehung eines einzelnen Lebewesens) zugundeliegende Kalkül, das genetische Programm, ist auf das zu verwirklichende Telos ausgerichtet. Um etwas Zukünftiges geht es aber in den allgemein gehaltenen wissenschaftlichen Abhandlungen von *De part. an.* II–IV, *Hist. an.* und *De gen. an.* nicht; dort geht es um ewig bestehende Arten oder Gattungen.

Erst wenn durch sorgfältige Beobachtung und Forschung alle verfügbaren Daten gesammelt sind, kann versucht werden, sie zu erklären. Dieser Aufgabe der Sammlung ist die *Historia animalium* gewidmet. Es ist zwar nicht zwingend, das, was gesammelt ist, in einer Schrift vorweg zu beschreiben, aber es ist auf jeden Fall ein sehr einleuchtendes Verfahren. Es ist nun

482 Vgl. unten S. 178 ff.
483 Ausführlich dazu vgl. Kullmann, Aristoteles. Über die Teile der Lebewesen (wie Anm. 15) 287 ff.
484 Vgl. Kullmann, Aristoteles. Über die Teile der Lebewesen (wie Anm. 15) 292.

für Aristoteles bezeichend, daß er bei der Zweiteilung auf das besondere Verfahren der Astronomie verweist, das ihn offensichtlich methodisch zu diesem Vorgehen angeregt hat. Von Platon konnte er in dieser Hinsicht gewiß keine Anregungen erwarten. Ich zitiere die entscheidende Stelle aus der *Ersten Analytik* (*Anal. pr.* I 30.46 a 17 ff.):

> „Daher ist es die Aufgabe der Erfahrung, die Prinzipien zu jedem Gegenstand bereitzustellen. Ich meine z. B., daß die astronomische Erfahrung die Prinzipien der astronomischen Wissenschaft bereitstellt. Denn nachdem die Phänomene hinreichend erfaßt wurden, wurden auf ihrer Grundlage die astronomischen Beweise gefunden. Ebenso verhält es sich mit jeder beliebigen anderen Kunst und Wissenschaft. Wenn die Eigenschaften eines jeden Gegenstands erfaßt worden sind, ist es folglich unsere Aufgabe, unverzüglich die Beweise bereitzustellen und deutlich zu machen. Wenn die Forschung nichts von den wirklichen Eigenschaften an den Dingen ausgelassen hat, werden wir nämlich imstande sein, für alles, wofür es einen Beweis gibt, den Beweis zu finden und diesen zu begründen, und das, wofür es naturgemäß keinen Beweis gibt, klarzustellen."[485]

Der Astronom Eudoxos von Knidos, den Aristoteles wahrscheinlich schon bei seinem Eintritt in die Akademie kennenlernte (über seinen Einfluß auf Aristoteles' Schrift *De caelo* hatten wir schon gesprochen),[486] hatte zwei aufeinander bezogene astronomische Werke verfaßt, die *Phainomena* (Φαινόμενα) und die Schrift *Über Geschwindigkeiten* (Περὶ ταχῶν), die in etwa der obigen Formulierung entsprechen. Das letztere entstand gegen Ende seines Lebens, nach Rückkehr in seine Heimatstadt Knidos (er lebte wahrscheinlich bis 343 v. Chr.), offenbar zusammen mit einer Neufassung des ersteren unter dem Titel *Enoptron.*[487] In den *Phainomena* hat er den Polarstern und die Sternbilder beschrieben, ggf. mit Angaben zu ihrem Aufgang und Untergang am Sternenhimmel, im zweiten sein Modell der homozentrischen Sphären für die sieben Planeten (einschließlich Sonne und Mond), deren Dynamik sich vor dem Fixsternhimmel entfaltet. Natürlich muß man damit rechnen, daß

485 διὸ τὰς μὲν ἀρχὰς τὰς περὶ ἕκαστον ἐμπειρίας ἐστὶ παραδοῦναι, λέγω δ' οἷον τὴν ἀστρολογικὴν μὲν ἐμπειρίαν τῆς ἀστρολογικῆς ἐπιστήμης (ληφθέντων γὰρ ἱκανῶς τῶν φαινομένων οὕτως εὑρέθησαν αἱ ἀστρολογικαὶ ἀποδείξεις), ὁμοίως δὲ καὶ περὶ ἄλλην ὁποιανοῦν ἔχει τέχνην τε καὶ ἐπιστήμην· ὥστ' ἐὰν ληφθῇ τὰ ὑπάρχοντα περὶ ἕκαστον, ἡμέτερον ἤδη τὰς ἀποδείξεις ἑτοίμως ἐμφανίζειν. εἰ γὰρ μηδὲν κατὰ τὴν ἱστορίαν παραλειφθείη τῶν ἀληθῶς ὑπαρχόντων τοῖς πράγμασιν, ἕξομεν περὶ ἅπαντος οὗ μὲν ἔστιν ἀπόδειξις, ταύτην εὑρεῖν καὶ ἀποδεικνύναι, οὗ δὲ μὴ πέφυκεν ἀπόδειξις, τοῦτο ποιεῖν φανερόν.

486 Siehe oben Kapitel I 2, S. 50.

487 So F. Lasserre, Die Fragmente des Eudoxos von Knidos, hrsg., übers. u. komm., Berlin 1966, 139 ff.

dieses Modell schon vor der schriftlichen Beschreibung entstanden und mündlich dem Aristoteles bekannt geworden war.

Aus der zitierten Stelle in der *Ersten Analytik* geht deutlich hervor, daß Aristoteles an seine eigene künftige Wissenschaft denkt („unsere Aufgabe"). Er unterscheidet zwischen solchen Fakten, die beweisbar sind, und solchen, die auf andere Weise verdeutlicht werden müssen (d. h. die evident sein müssen, um als Beweisprinzipien gelten zu können). Und so finden wir beispielsweise in der *Historia animalium* II 17.507 a 34 ff. Aussagen über die Hörnertiere, die zu den lebend gebärenden Vierfüßern gehören. Sie hätten ein unvollständiges Gebiß, mehrere Mägen und seien Wiederkäuer. Daraus würde sich nach den Regeln der *Zweiten Analytik* (I 4), in denen gefordert wird, daß in der wissenschaftlichen Beweisführung nur koextensiv allgemeine Prädikate Verwendung finden können,[488] ergeben:

1. Schluß:

Alle Hörnertiere haben ein unvollständiges Gebiß.
Alle Wiederkäuer sind Hörnertiere.

Alle Wiederkäuer haben ein unvollständiges Gebiß.

2. Schluß, bei dem die Conclusio des ersten Syllogismus als Prämisse fungiert:

Alle Lebewesen mit unvollständigem Gebiß haben mehrere Mägen.
Alle Wiederkäuer haben ein unvollständiges Gebiß.

Alle Wiederkäuer haben mehrere Mägen.

Der Begriff ‚Hörnertiere' (κερατοφόρα) kann nicht bewiesen werden. Er ist definiens bzw. spezifische Differenz. ‚Unvollständiges Gebiß habend' (μὴ ἀμφώδοντα) und ‚wiederkäuend' (μηρυκάζοντα) sind *per se accidentia* (συμβεβηκότα καθ' αὑτά), die das Subjekt, dem sie zukommen, in ihrer eigenen Definition haben und bewiesen werden. Nun formuliert Aristoteles dies nicht ganz in dieser Weise. Immerhin kann man diese Schlüsse in etwa aus *De partibus animalium* III 2.663 b 31 ff. und III 14.674 b 7 ff. ableiten.

488 Vgl. Kullmann, Aristoteles. Über die Teile der Lebewesen (wie Anm. 15) 165 ff. (73 b 27: ᾗ αὐτό).

Im wissenschaftlichen Syllogismus müssen alle Prädikate, die in den Prämissen oder in der Conclusio stehen, „an sich" (καθ' αὑτό) in der 1. oder der 2. Bedeutung von *Anal. post.* I 4.73 a 34 ff. dem Subjekt, von dem die Rede ist, zukommen. Wenn sie in der ersten Bedeutung zukommen, sind sie spezifische Differenzen, wenn in der zweiten, sind sie mit den „An sich"-Akzidentien (συμβεβηκότα καθ' αὑτά) identisch, wie sich aus dem Sprachgebrauch der *Zweiten Analytiken* ergibt: 75 a 18 ff., a 42 ff.; vgl. auch *Phys.* I 3.186 b 20 f. Dabei muß, wie gesagt, das Subjekt ein Element in ihrer eigenen Definition sein.[489] Man kann die Schlußfolgerungen auch als Probleme auffassen und fragen: Warum haben alle Wiederkäuer ein unvollständiges Gebiß? Antwort: Weil sie Hörnertiere sind. Die zweite Frage könnte lauten: Warum haben alle Wiederkäuer mehrere Mägen? Antwort: Weil sie ein unvollständiges Gebiß haben.

So läßt sich also zeigen, daß die Strukturen, die in der *Zweiten Analytik* für die Apodeixis entwickelt wurden, in den zoologischen Schriften fortwirken. Freilich entfernt sich Aristoteles in seinen Fachschriften weitgehend von einer formalen Darlegung, offensichtlich unter dem Eindruck der Komplexität der empirischen Befunde.

Das unvollständige Gebiß entsteht, wie Aristoteles nun weiter sagt, weil die dafür bestimmte Materie, von der Natur dirigiert, in die Hörner geht und von ursprünglich für die Zähne vorgesehenem Material ergänzt wird, so daß die mehreren Mägen eine Kompensation für das mangelhafte Gebiß sind. Wenn man weiterfragt, warum besitzt diese Tiergruppe Hörner, müßte die Antwort lauten, weil die Hörner diese Tiergruppe definieren, ihr Wesen bezeichnen, was nicht weiter ableitbar ist. Hörnertiere zeugen immer wieder Hörnertiere. Wenn man nun die Art des Mittelbegriffs des 2. Schlusses betrachtet, müßte man ihn als *causa efficiens* bezeichnen, weil die Folge der durch den Materiezufluß entstandenen Hörner das unvollständige Gebiß ist. Dabei ist aber an keine zeitliche Priorität gedacht. Auch der Bauplan der Spezies ist nicht von einer als Person vorgestellten schöpferischen Natur ersonnen worden.

Neben der *causa efficiens* kann auch die *causa finalis* erschlossen werden. Dies ist die Funktion eines Organs, die natürlich Aristoteles ebenso wie einen heutigen Biologen sehr viel mehr interessiert als das Zustandekommen von dessen Struktur. Wenn der Körper der Vertebraten (bzw. der Bluttiere, wie

489 Vgl. zu dem gesamten Komplex Kullmann, Wissenschaft und Methode (wie Anm. 4) 181 ff., ders., Aristoteles. Über die Teile der Lebewesen (wie Anm. 15) 164–167. Dieses „severe ideal of demonstration" (W.D. Ross, Aristotle's Prior and Posterior Analytics, Oxford 1949, 61) ist z. B. in den von Th.K. Johansen, The Powers of Aristotle's Soul, Oxford 2012, 42 f. konstruierten Syllogismen, bei denen der *account* der Seele als erklärender Mittelbegriff diene, überhaupt nicht gewahrt.

Aristoteles sagt) aus Fleisch und Knochen besteht, ist nach Aristoteles die *Funktion* der Knochen, also die *causa finalis*, die Stützung des Fleisches. Wir wiederholen noch einmal, daß es sich dabei um keine echte Teleologie handelt, weil keine Intention vorliegt, sondern genauer gesagt um Teleonomie,[490] also eine Zielgerichtetheit, die von einem Programm abhängt und nicht von einer Intention, in diesem Falle von dem unveränderlichen Bauplan, der im Samen (und im Blut der Frau) gespeichert (vgl. *De gen. an.* IV 3)[491] und in der Gestalt des Vaters bereits verwirklicht ist. Die Interpretation der Zoologie des Aristoteles leidet, wie schon eingangs gesagt, daran, daß bei vielen Interpreten keine aus dem Material abgeleitete klare Vorstellung von der Teleologie des Aristoteles besteht.[492]

Ist damit im Prinzip die Aufgabe des Faktenteils und sein Verhältnis zum Begründungsteil erklärt, so bleibt die Frage offen, wie der Faktenteil strukturiert ist. Offensichtlich werden bestimmte taxonomische Grundentscheidungen in der *Historia animalium* ebenso wie in *De partibus animalium* schon vorausgesetzt, darunter die Ansetzung von ‚größten Gattungen' in I 6 und II 15.[493] Diese orientieren sich teilweise an sprachlich vorgegebenen Begriffen, wie Vogel, Fisch, teilweise sind sie schon Ergebnis reflektierter empirischer Beobachtungen, wie bei den lebendgebärenden und den eierlegenden Vierfüßern. Einer der Ausgangspunkte ist die Bemerkung des Aristoteles in *De partibus animalium* I, dem Einleitungsbuch für die zoologischen Schriften (I 4.644 b 1–4):

> „Vielleicht ist es nun am besten, das, was die Gattungen betrifft, gemeinsam zu sagen, wenn diese Gattungen von den Menschen richtig bestimmt

490 Siehe dazu das einleitende Kapitel S. 13 f.

491 Zur Genetik des Aristoteles vgl. Kullmann, Aristoteles und die moderne Wissenschaft (wie Anm. 27) 287 ff.

492 Dies gilt z. B. trotz seiner sehr überlegten und vorsichtigen Formulierungsweise auch für Sedley, Creationism (wie Anm. 82) 168 f. Er sagt: „Never mind whether you are a creationist or a most hardened of Darwinians: you cannot avoid saying that the heart is for pumping blood, the eyelid for protecting the eye, the teeth for cutting and grinding food. Not, for the Darwinians, are these locutions just a shorthand for some more accurate mode of biological explanation: adequate non-teleological explanations of the parts of the eye are simply not available." Der Unterschied zwischen dem Teleologiebegriff der Kreationisten und dem der Darwinisten ist der, daß von den Kreationisten eine Intention Gottes vorausgesetzt wird, von Aristoteles und den Darwinisten dagegen die Wirksamkeit eines Programms, das in den Erbanlagen gespeichert ist. Daß eine nichtteleologische Erklärung für die Teile des Auges nicht zur Verfügung steht, ist nicht richtig. Anstelle der teleologischen Erklärung der Kreationisten steht, genauer formuliert, die teleonomische der Darwinisten zur Verfügung, die mit der aristotelischen identisch ist.

493 Zum Begriff der größten Gattung vgl. genauer Kullmann, Aristoteles. Über die Teile der Lebewesen (wie Anm. 15) 200 f.

> sind und eine einheitliche gemeinsame Natur besitzen und Arten von ihnen vorhanden sind, die nicht zu weit voneinander entfernt sind.“[494]

Stillschweigend ist vorausgesetzt, daß letztes Ziel die Erforschung der Tierwelt ist. Ein Wunschziel wäre, wie er ausführt, jede einzelne Spezies getrennt darzustellen, aber dies wäre sehr unökonomisch. Er müßte sich oft wiederholen. Deshalb schlägt er in dem zitierten Text vor, das Material nach Gattungen aufzuteilen, sofern in ihnen ähnliche Arten zusammengeschlossen sind.[495] In Wirklichkeit ist sein Stoff noch komplizierter gegliedert. In *De partibus animalium* zum Beispiel geht er in etwa, was die inneren Organe betrifft, bei den Bluttieren ganz allgemein vor, also die Organe aller Gattungen und Arten werden, soweit möglich, gemeinsam behandelt, nur bei den äußeren Teilen der Bluttiere und der Blutlosen geht er, wie beschrieben, nach Gattungen vor. In der *Historia animalium* ist es ähnlich, aber nicht durchgehend übereinstimmend. Offensichtlich steht keine Theorie dahinter, sondern die Absicht, das Material möglichst ökonomisch und übersichtlich darzubieten. Auch moderne zoologische Lehrbücher haben das Problem und behandeln zumindest das Material von bestimmten Arten und Gattungen, nach größeren Klassen geordnet, soweit möglich, gemeinsam, um dann auf spezifische Unterschiede getrennt einzugehen.

Unter einigen Forschern ist nun eine Kontroverse entstanden, was das genaue Ziel der *Historia animalium* ist. Allan Gotthelf hat die Diskussion gut dargestellt, die insbesondere von James Lennox, David Charles und ihm geführt wurde und bis zu einem gewissen Grade schon von David Balme[496] inspiriert ist.[497] Alle gehen freilich davon aus, daß die *Historia animalium* für sich besteht und Differenzen sammelt. Wir halten diese These für falsch und plädieren für einen von vornherein beabsichtigten engen Zusammenhang der drei zoologischen Hauptwerke. David Charles sei, wie Gotthelf ausführt, der Meinung, daß das Sammeln der Differenzen voraussetze, daß größte Gattungen ‚etabliert‘ sind, und dies geschehe in *Historia animalium* I 1–5, und der Begriff der gemeinsamen Natur beruhe auf der Seelentheorie von *De anima* mit ihren verschiedenen Seelenfunktionen. Nach Lennox seien die größten Gattungen im Prozeß der Sammlung der Differenzen als korrekte Gattungen

494 Ἴσως μὲν οὖν ὀρθῶς ἔχει τὰ μὲν κατὰ γένη κοινῇ λέγειν, ὅσα λέγεται καλῶς ὡρισμένων τῶν ἀνθρώπων, καὶ ἔχει τε μίαν φύσιν κοινὴν καὶ εἴδη ἐν αὐτῷ μὴ πολὺ διεστῶτα.

495 Vgl. zu der Stelle auch den ausführlichen Kommentar in Kullmann, Aristoteles. Über die Teile der Lebewesen (wie Anm. 15) 346–348.

496 D.M. Balme, Aristotle, *De partibus animalium* I and *De generatione animalium* I (with passages from II.1–3). Translated with Notes. With a Report on Recent Work and an Additional Bibliography by A. Gotthelf, Reprinted with new material, Oxford 1992 ([1]1972).

497 Gotthelf, Teleology, First Principles (wie Anm. 311) 263–289.

aufgestellt worden und erst später auf die Seelenfunktionen zurückgeführt worden. Gotthelf ist für einen Kompromiß. Die Etablierung der Gattungen müsse der Sammlung der Differenzen vorausgehen. Das Werk setze die teleologische Theorie und die Seelentheorie voraus, auch wenn letztere nicht erwähnt sei. Dabei kann eigentlich mit „teleologischer Theorie“ nur gemeint sein, daß Aristoteles überzeugt war, daß alle Organe bestimmte Funktionen haben, die es zu bestimmen gilt. Aber kann man dies wirklich Theorie nennen? Extrem theoriebezogen klingen auch die Bemühungen von Gotthelf zusammen mit Lennox, über die Gotthelf an anderer Stelle berichtet: Es sei ein signifikantes Ziel des Werks ‚finding the significant groupings of differentiae.‘[498] Ich glaube nicht, daß sich nach der empirischen Erkundung ein theoretisches Arbeitsstadium anschloß. Die größten Gattungen waren ja schon weitgehend vorwissenschaftlich erkannt, und daß nur signifikante Merkmale bei der Forschung eine Rolle spielen, ist eigentlich etwas, was man bei Aristoteles von vornherein voraussetzen kann.

Die konstatierten Meinungsunterschiede übersehen unseres Erachtens völlig die Komplexität biologischen Forschens. Unserer Auffassung nach wird hier trotz wichtiger partieller Einsichten das Wesen der *Historia animalium* als einer zoologischen Schrift von den genannten Gelehrten mehr oder weniger verkannt. Das Werk hat nichts Philosophisches, Theoretisches an sich, das entdeckt werden müßte. Schon der Ausdruck ‚soul functions‘ ist irreführend. Die *Historia animalium* beruht auf Forschung und teilt die Ergebnisse mit. Wenn sich ein Zoologe in seiner Feldforschung mit der Fortbewegung der Tiere, mit ihrer Ernährungsweise und ihrer Fortpflanzung beschäftigt, braucht er nicht vorher die Schrift *De anima* oder etwas Ähnliches gelesen oder im Sinn gehabt zu haben. Diese Thematik ist etwas, was sich bei der Beobachtung der Tiere unmittelbar aufdrängt. Die *Historia animalium* ist auch stilistisch ganz locker, sozusagen, von I 6 abgesehen, weitgehend theoriefrei geschrieben. Vergegenwärtigen wir uns die biographische Situation. Aristoteles entwirft in der Akademie im Anschluß an seine Logik in der *Zweiten Analytik* seine theoretische Wissenschaftslehre. Diese ist unseres Erachtens zwar schon weitgehend auf die Zoologie ausgerichtet, aber es fehlt natürlich die empirische Erfahrung. Dies ist wohl auch der Grund dafür, daß der Biologiebezug durch Abstraktionen oder mathematische Beispiele manchmal absichtlich verdunkelt zu sein scheint. Aristoteles wollte sich offenbar sachlich nicht vorzeitig festlegen. Er zeigt ein biologisches Interesse, hat aber noch nicht systematisch geforscht. Seine Theoriebezogenheit in dieser Schrift macht noch einen ‚jugendlichen‘, etwas outrierten Eindruck. Wir haben versucht plausibel zu machen, daß die umfangreiche empirische Forschung mit

498 Gotthelf, Teleology, First Principles (wie Anm. 311) 272 f.

großem Arbeitsaufwand in den dreizehn Jahren seiner Abwesenheit von Athen von 347–334 erfolgte. In dieser Zeit mag er Notizen über seine Beobachtungen angefertigt und permanent auch die Gattungs- und Spezieseinteilung überdacht haben. Bei der Registrierung eines einzigen Merkmals bezieht er sich offensichtlich häufig auf Befunde an unterschiedlichen Orten auf seinen Forschungsreisen, was wir im allgemeinen nicht rekonstruieren können. Wie wir erwähnten, hat er aber z. B. gemäß seinem Bericht am Bolbesee die Zweilappigkeit der Leber bei Hasen kennengelernt, und er fügt hinzu, daß diese auch anderswo vorkommt.[499] Wir können erkennen, daß die Schrift kein ‚work in progress' ist. Beobachtungen, die an einem einzigen Ort in einem fest fixierten Zeitraum in bezug auf verschiedene Tiere gemacht wurden, werden je nach Themengruppen, auf die sie sich beziehen, auf verschiedene Bücher aufgeteilt (siehe oben S. 89 f.). Die größten Gattungen sind, wenn ihre Namen auch teilweise volkstümlich vorgegeben sind, gewiß durch Einzelbeobachtungen verifiziert worden. Es konnte auch nicht ausbleiben, daß in einer Reihe von Fällen die Ergebnisse der *Zweiten Analytik* modifiziert werden mußten.

David Charles zeigt sich in seinem einschlägigen Buch allerdings erschrocken darüber, daß nach dem Modell der *Zweiten Analytik* zu erwarten wäre, daß die einheitliche gemeinsame Natur der Gattung der Fische durch ihr Wesen als ‚Sich im Wasser Bewegende' (*movers [of a given sense] in water*)[500] auch ihre übrigen Eigenschaften erklären könnte, was aber etwa in bezug auf ihre Ernährung und Fortpflanzung und die Variationen der Bewegungsweise innerhalb dieser Gattung nicht der Fall sei.[501] Es ist Charles zuzustimmen, daß es in der Schrift sein Ziel ist, *wesentliche* Eigenschaften von Gattungen und Arten zu beschreiben. Dies ist aber nur eine relative Formulierung. Definierende und akzidentielle Merkmale, die aber *per se* bestehen, stehen gemäß *Erster Analytik* I 30 zunächst noch ungeschieden nebeneinander. Die Gewißheit, daß eine bestimmte Art vorliegt, wird beim Forscher auch durch den Gesamteindruck, den er von seinen Beobachtungen hat, bestimmt und ist nicht auf theoretische Vorgaben beschränkt. Charles spricht zwar von einer *theory of common nature*.[502] Die oben zitierte Stelle, auf die er sich bezieht, 644 b 1–4, spricht von einer gemeinsamen Natur aber, wie dargelegt, nur in bezug auf das Wiederholungsproblem bei der Disposition des Stoffes. Eine Theorie der *common nature* hat Aristoteles nicht entwickelt. Charles wählt das Beispiel der größten Gattung „Fisch". Nach *De partibus*

499 Siehe oben S. 92 f.
500 Zum griechischen Text vgl S. 165.
501 D. Charles, Aristotle on Meaning and Essence, Oxford 2000, 335–337.
502 Charles, Aristotle on Meaning and Essence (wie Anm. 502) 326.

animalium IV 13.695 b 17 ff. hätten die Fische wegen ihrer aufgrund ihres *logos* der *ousia* (d. h. der Definition) bestehenden Schwimmnatur (διὰ τὸ νευστικὴν εἶναι τὴν φύσιν αὐτῶν) keine abstehenden Gliedmaßen. Damit könne aber ihre besondere Nahrungsaufnahme und unterschiedliche Fortpflanzung nicht erklärt werden.[503] Erklärbar werden sie jedoch durch die oben erwähnte Ausweitung der Definition auf eine Mehrzahl von Merkmalen (*De partibus animalium* I 3.643 b 23 f., vgl. 643 b 9 f.; b 12 f.), die unseres Erachtens in der *Zweiten Analytik* in einem mathematischen Beispiel schon anklingt.[504] Es ist nicht gesagt, daß der *logos* nicht noch länger ist, als die Nennung der Schwimmnatur, und Nahrungsaufnahme und Fortpflanzung mitumfaßt. Das bleibt offen. Es ist für Aristoteles und die Biologie keine vordringliche Frage. Ich halte es jedoch für ausgeschlossen, daß Aristoteles an eine Mehrzahl von solchen Eigenschaften denkt, die sich letztlich wieder auf einen einheitlichen Überbegriff zurückführen lassen.[505] Der Begriff der Einheit der Definition kann auch weiter gefaßt sein. Dies ist keine Krise und kein Zusammenbruch eines brillanten Forschungsprogramms, sondern die wohl überlegte Vermeidung des Zusammenbruchs eines ehrgeizigen Programms zur Schaffung einer wissenschaftlichen, auf sorgfältiger Beobachtung beruhenden Biologie. Abweichungen von methodischen Überlegungen im voraus stellen sich bei jedem umfangreichen Forschungsunternehmen zwangsläufig ein. Es zeugt von Aristoteles' wissenschaftlicher Ehrlichkeit und seinem Blick für biologische Tatsachen, auch solche Beobachtungen und Einsichten kund zu tun, die zu älteren Positionen in einer gewissen Spannung stehen, und sozusagen am Schreibtisch ersonnene Spekulationen seiner Jugendzeit (um es drastisch auszudrücken) notfalls hinter sich zu lassen. Die genaue Übereinstimmung mit der *Zweiten Analytik* ist für Aristoteles gewiß nicht angestrebt worden. Für uns ist der Grad der Übereinstimmung seiner Forschungsergebnisse mit der zoologischen Realität, wie sie sich heute darstellt, bei der Würdigung seiner Leistung entscheidend. Aristoteles ist in seinen biologischen Schriften Wissenschaftler und kein Philosoph unserer Tage. Auch andere Teile seiner Beobachtungen und Deutungen stehen in einer gewissen Spannung zu seinen Grundüberzeugungen, so die Rede von der kreativen Natur, die wir nochmals berühren werden, und die Theorie von der Spontanzeugung.

503 Charles, Aristotle on Meaning and Essence (wie Anm. 502) 335 f.

504 Siehe oben S. 145.

505 Dies hält Charles, Aristotle on Meaning and Essence (wie Anm. 502) 330 offenbar für möglich.

Metaphorische Erklärung von Kompensationen und Anpassungen. Die Natur als Agens

Wir kommen jetzt auf unser syllogistisches Beispiel zurück. Noch nicht erklärt ist, inwiefern Aristoteles hinsichtlich der Ausstattung bestimmter Tiere mit Hörnern die Natur als Agens beschreibt. Das Problem der Natur als Agens hat uns schon in dem Physikabschnittt beschäftigt (im Zusammenhang mit *Pol.* I 8.1256 b 10–22). Der Gedanke einer „Kompensation" für das unvollständige Gebiß, die Mehrzahl von Mägen, scheint ein kreatives Handeln der Natur vorauszusetzen, was zum Grundsatz der Ewigkeit aller Arten im Widerspruch steht und deshalb nur metaphorisch gemeint sein kann. Die maßgebliche Stelle im Zusammenhang mit dem Thema der Hörnerausstattung ist *De partibus animalium* III 2.663 b 31 ff. Dort sagt Aristoteles:

> „Den Überschuß wenigstens dieses Körpermaterials, der in den größeren Tieren vorhanden ist, verwendet die Natur zum Schutze und zum Nutzen, und den zwangsläufig in die obere Gegend fließenden Überschuß weist sie teilweise den Zähnen und Hauern zu, teilweise den Hörnern. Deshalb ist auch keins der hörnertragenden Tiere mit Zähnen in beiden Kiefern versehen. Sie haben nämlich oben keine Vorderzähne. Das, was die Natur von dort weggenommen hat, hat sie den Hörnern zugeteilt, und die für diese Zähne gegebene Nahrung verwendet sie für die Vergrößerung der Hörner."[506]

Aristoteles ist also der Ansicht, daß der Ressourcenpool bei bestimmten größeren Tieren, etwa den Paarhufern, für die Normalaustattung nicht aufgebraucht ist und dann von der Natur der Paarhufer (*Artiodactyla*) oder der Gesamtnatur in unterschiedlicher Weise einem weiteren Zweck, der Verteidigung, zugeführt wird, und zwar unterschiedlich entweder den Cerviden und Boviden für Geweih und Hörner oder den Schweinen für Hauer. Da aber ein Schwein immer ein Schwein zeugt und ein Rind ein Rind usw., kann die Zuteilung nicht real existieren, sondern ist metaphorisch gemeint. Es besteht eine gewisse Gemeinsamkeit zwischen den Gruppen, das Verteidigungsbedürfnis, was jedoch von Aristoteles auch nur metaphorisch gemeint sein kann. Die hier der Natur zugeschriebene Perspektive ist die eines Techniten, der frei entscheiden kann, wie er die vorhandenen Ressourcen verwendet.

506 Τὴν γοῦν τοιούτου σώματος περισσωματικὴν ὑπερβολὴν ἐν τοῖς μείζοσι τῶν ζῴων ὑπάρχουσαν ἐπὶ βοήθειαν καὶ τὸ συμφέρον καταχρῆται ἡ φύσις, καὶ τὴν ῥέουσαν ἐξ ἀνάγκης εἰς τὸν ἄνω τόπον τοῖς μὲν εἰς ὀδόντας καὶ χαυλιόδοντας ἀπένειμε, τοῖς δ᾽ εἰς κέρατα. Διὸ τῶν κερατοφόρων οὐδέν ἐστιν ἄμφωδον· ἄνω γὰρ οὐκ ἔχει τοὺς προσθίους ὀδόντας· ἀφελοῦσα γὰρ ἐντεῦθεν ἡ φύσις τοῖς κέρασι προσέθηκε, καὶ ἡ διδομένη τροφὴ εἰς τοὺς ὀδόντας τούτους εἰς τὴν τῶν κεράτων αὔξησιν ἀναλίσκεται.

Lennox möchte die Stelle jedoch anders verstehen. Er glaubt, es sei gemeint, daß die jeweilige Natur die jeweils ins Auge gefaßte Zuweisung vornimmt.[507] Er sagt wörtlich: „When for example, it is claimed that ‚the nature' provides claws for some fourleged vivipara, fighting teeth for others, and horns yet others, the subject may be taken distributively: the nature of certain such animals produces claws, of others horns, and of some of these a single horn."[508] Ein solcher distributiver Sprachgebrauch ist jedoch nicht belegt, und es gibt zahlreiche andere Stellen, an denen interspezifische Aktivitäten durch eine übergeordnete Natur imaginiert werden, so etwa die Ausstattung anderer Tiere mit anderen Waffen (III 2.662 b 31 ff.).[509] Vor allem aber spricht die genauere philologische Analyse des Zusammenhangs dagegen. Es ist davon die Rede, daß die Natur nicht nur aus dem Ressourcenpool der größeren Lebewesen die Hörner aufbaut, sondern auch von den Zähnen etwas wegnimmt und das für die Zähne (ursprünglich) gegebene Material für die Hörner verwendet. Diese Natur kann doch nicht die eigene Natur des Lebewesens sein!

Leunissen hat sich 2010 von anderer Seite diesem Problem genähert. Sie verweist auf eine berühmte Stelle, an der Aristoteles das Bild des guten Hausverwalters[510] benutzt, um das Wirken der Natur zu veranschaulichen (*De generatione animalium* II 6.744 b 11–b 27).[511] Die wichtigsten und mit Kontrollfunktion ausgestatteten Teile (Fleisch und Sinnesorgane) bestünden aus der besten Nahrung, die für diese notwendigen aus geringerer Nahrung und den Überresten. So sei es auch im Haushalt bei der Hierarchie der Freien, der Bediensteten und der Haustiere. Die letzten Dinge müßten warten, bis die Natur einen Überrest zur Verfügung habe. Jedoch wird von Aristoteles ein Bild konstruiert, das mit anderen Bildern nicht übereinstimmt und nicht wörtlich genommen werden kann. Während zum Beispiel Knochen direkt der Stützung des Fleisches dienen, ohne daß damit ein Bruch in der Entwicklung eintritt, ist es z. B. beim Omentum und den Wimpern anders. Diese sind sonst nur akzidentiell notwendig und zunächst funktionslos und bekommen somit

507 J.G. Lennox, Material and Formal Natures in Aristotle's *De partibus animalium*, in: W. Kullmann, S. Föllinger (Hrsg.), Aristotelische Biologie. Intentionen, Methoden, Ergebnisse (Akten des Symposions über Aristoteles' Biologie vom 24.–28. Juli 1995 in der Werner-Reimers-Stiftung in Bad Homburg), Stuttgart, 1997, 172 (= ders., Aristotle's Philosophy of Biology. Studies in the Origins of Life Science, Cambridge 2001, 191).

508 Lennox, Natures, in: Kullmann-Föllinger (wie Anm. 507) 172 (= ders., Aristotle's Philosophy of Biology [wie Anm. 507] 190).

509 Vgl. Kullmann, Wissenschaft und Methode (wie Anm. 4) 318–320; ders., Aristoteles. Über die Teile der Lebewesen (wie Anm. 15) 508 f.

510 *De generatione animalium* II 6.744 b 16: ὥσπερ οἰκονόμος ἀγαθός.

511 M. Leunissen, Nature as a Good Housekeeper. Secondary Teleology and Material Necessity in Aristotle's Biology, Apeiron 43.4, 2010, 119–142.

erst sekundär eine weitere Funktion. Dieser Unterschied ist in dem Bild völlig verwischt. Leunissen leugnet in diesen Fällen ein ‚pre-existing potential for form', und zwar insbesondere auch in bezug auf die Hörner,[512] und nimmt das Bild zu einem großen Teil wörtlich. Es kann aber kein Zweifel daran bestehen, daß das etappenweise Vorgehen der Natur als Ökonom, wie es hier geschildert wird, nicht intern erfolgt, wie Leunissen meint, und nicht mit dem der Natur im Sinne der Nährseele gleichgesetzt werden kann. Der vegetative Teil der Seele (d. h. die Nährseele) eines jeden Lebewesens (τὸ θρεπτικόν) strukturiert zwar aktiv das werdende Geschöpf, aber er ist darin nicht frei. Die Entwicklung ist vom Anfang bis zum Ende durch die Vererbung präfiguriert. Instruktiv ist in dieser Hinsicht *De generatione animalium* II 1.735 a 15 ff.:

> „Notwendigerweise muß zuerst das entstehen, was den Anfang [das Prinzip] des Wachstums besitzt; und ob Pflanze oder Lebewesen, bei allen ist dies in gleicher Weise vorhanden: der vegetative Seelenteil. Dieser ist das Erzeugende eines anderen ihm gleichartigen Wesens. Denn dies ist das Werk jedes vollkommenen Lebewesens oder jeder vollkommenen Pflanze. Deshalb ist es notwendig, daß, wenn etwas entsteht, es wachsen muß. Es erzeugt also das Gleichnamige, wie ein Mensch einen Menschen. Das Wachsen geschieht aber von allein."[513]

Einen Spielraum für eine Umorganisation hat der vegetative Seelenteil nicht. Die ökonomische Natur, von der Aristoteles bildlich spricht, ist sicher freier gedacht und die für die Ausbildung der Hörner verantwortliche Natur noch freier. Im Zusammenhang mit dem Beispiel der Hörner ist es wie erwähnt sehr bemerkenswert, daß die Natur die für die Zähne zugeteilte Nahrung zur Vergrößerung der Hörner einsetzt (*De part. an.* III 2.664 a 1 ff.). In Leunissens Sprache widmet also die interne Form-Natur Material mit ‚potential for form' in bezug auf die Zähne in Hörnermaterial um. Dazu ist die Nährseele nicht in der Lage. Und da Hörnertiere immer Hörner haben, besitzen sie

512 Leunissen, Housekeeper (wie Anm. 511) 117, 128. Dagegen auch A. Gotthelf, Understanding Aristotle's Teleology, in: Teleology, First Principles (wie Anm. 311) 85.

513 τοῦτο δὲ γίγνεσθαι ἀνάγκη πρῶτον ὃ αὐξήσεως ἀρχὴν ἔχει· εἴτε γὰρ φυτὸν εἴτε ζῷον ὁμοίως τοῦτο πᾶσιν ὑπάρχει τὸ θρεπτικόν. τοῦτο δ' ἔστι τὸ γεννητικὸν ἑτέρου οἷον αὐτό· τοῦτο γὰρ παντὸς φύσει τελείου ἔργον καὶ ζῴου καὶ φυτοῦ· ἀνάγκη δὲ διὰ τόδε ὅτι ὅταν τι γένηται αὐξάνεσθαι ἀνάγκη. ἐγέννησε μὲν τοίνυν τὸ συνώνυμον οἷον ἄνθρωπος ἄνθρωπον, αὔξεται δὲ δι' ἑαυτοῦ.
Vgl. K. Oehler, Das aristotelische Argument: Ein Mensch zeugt einen Menschen. Zum Problem der Prinzipienfindung des Aristoteles, in: K. Oehler, R. Schäffler (Hrsg.), Einsichten. Gerhard Krüger zum 60. Geburtstag, Frankfurt/M. 1962, 285 (wiederabgedruckt in: K. Oehler, Antike Philosophie und byzantinisches Mittelalter. Aufsätze zur Geschichte des griechischen Denkens, München 1969, 143).

auch immer ein entsprechendes ‚potential for form'. Es handelt sich bei solchen Bildern des Aristoteles um unterschiedliche Eindrücke, die sich einer Systematisierung entziehen und nicht mit der grundlegenden Vererbungslehre des Aristoteles verknüpft werden können. Leunissen erkennt anscheinend nicht, daß damit keine philosophischen Positionen bezogen, sondern metaphorisch nur einzelne Beobachtungen mitgeteilt werden, die Aristoteles selbst gar nicht begründen kann, da ja alle Spezies und Gattungen niemals einen Entstehungsprozeß durchgemacht haben. Eine in bezug auf Philosophie unbefangene Lektüre zeigt, daß Aristoteles viele ‚wunderbare' Dinge an den Tierarten und -gattungen in der Natur entdeckt, die er nicht weiter erklären kann und die jeweils für sich stehen, deren Beobachtung aber meist außerordentlich treffend und wertvoll ist. Nur wir können vielfach versuchen, solche erahnten Entwicklungsstufen evolutionsbiologisch zu verstehen. Die Stelle *De partibus animalium* III 2.663 b 31 ff. darf nicht so gedeutet werden, daß in dem zugrundeliegenden Bauplan der Hörnertiere nicht von vornherein die Hörner vorgesehen sind und auch definitorische Bedeutung haben.[514] Aristoteles macht nur darauf aufmerksam, daß die Empirie darauf führt, daß der Bauplan einen strukturierten Eindruck macht, und scheint auch zu suggerieren, daß die Ontogenese nicht ein Kontinuum ist, sondern bestimmte Etappen aufweist. Aber da diese Ontogenese teleologisch oder besser ‚teleonomisch' bei allen Exemplaren der Spezies oder Gattung *immer* auftritt, kann sie nicht auf irgendeinen Eingriff zurückgehen. Wenn Leunissen in diesem Zusammenhang von primärer und ‚sekundärer Teleologie' spricht,[515] so entsteht leicht der falsche Eindruck, daß die Zweckmäßigkeit der Hauer oder Hörner nicht erblich vorgegeben ist, sondern erst sekundär hergestellt wird. Diese ‚sekundäre Teleologie' oder besser gesagt, diese sekundäre Funktion ist nur metaphorisch sinnvoll. Aristoteles imaginiert nur einen Entstehungsprozeß der Spezies. In Wirklichkeit hat es für ihn niemals einen solchen gegeben.

Möglicherweise hat die von der Forschungsentwicklung her verstehbare philosophische Terminologie von Allan Gotthelf, der in seiner grundlegenden Studie von 1976 von *element-potentials* and *potentials for form* spricht,[516] zu Leunissens mißverständlichen Argumenten in dem Aufsatz von 2010 geführt. Wesentlich ist, daß diese *potentials for form* vollkommen unverändert auf-

514 Unrichtig ist deshalb unseres Erachtens die Ansicht von Leunissen, Explanation and Teleology (wie Anm. 37) 202: „There is no potential for form that directly necessitated the coming to be of extra material." Dies muß ja vorhanden sein, wenn alle Exemplare immer so entstehen, wie sie entstehen.

515 Leunissen, Explanation and Teleology (wie Anm. 37) 28 und passim.

516 Allan Gotthelfs grundlegende Analyse von 1976 behält ihre volle Gültigkeit: Aristotle's Conception of Final Causality, nachgedruckt und mit zusätzlichen Hinweisen versehen in: Gotthelf, Teleology, First Principles (wie Anm. 311) 3–44.

grund eines genetischen Programms vererbt werden, was Aristoteles' vorsokratische Vorgänger nicht beachteten. Daß unsere nachdarwinistischen Anschauungen von Mutationen davon ferngehalten werden müssen, ist selbstverständlich.

Wie die besprochenen Beispiele zeigen, gibt es vor allem zwei Arten von Kompensationen bzw. von Umbildungen, interspezifische und intraspezifische:[517]

1. Es gibt materielle Ressourcen, die in metaphorischem Sinne von der (externen) Natur sekundär z. T. zu unterschiedlichen Zwecken bei unterschiedlichen Tierarten umgeleitet werden, z. B. das Material, das zur Bildung der Hörner, Geweihe oder Hauer verwandt wird (s. o. S. 166 ff. zu 663 b 31 ff.). Es handelt sich also um eine interspezifische Kompensation. Hörner und Geweihe kompensieren die Hauer und umgekehrt. Wenn das Material zwar für die Hauer der Schweine, aber nicht für die Hörner ausreicht, wird es durch Zusätze von ursprünglich für die Zähne gegebenem Material ergänzt (664 a 1 ff.).[518] Diese letztere, angeblich nachträgliche, Umwidmung erfolgt intraspezifisch. Beides hat natürlich zu keinem Zeitpunkt real stattgefunden. Bleiben wir aber zunächst bei der interspezifischen Umwidmung. Ebenso wie im vorliegenden Fall kann die Natur interspezifisch nur auf metaphorischer Ebene statt eines Schweifes bestimmten Sumpfvögeln lange Beine zuteilen (694 b 18 ff.). Ein anderer Ausgleich zwischen verschiedenen Tierarten oder Tiergattungen besteht nach der Schrift *De generatione animalium* (IV 4.771 a 27 ff.) z. B. darin, daß die Natur den einen eine besondere Körpergröße, den anderen ein besonders hohes Maß an Samen zuteilt, was gleichfalls nur metaphorisch zu verstehen ist. Ebenso gehört die Bemerkung, daß die metaphorisch verstandene Natur alle Tiere mit den unterschiedlichsten Schutzmöglichkeiten versieht (*De partibus animalium* III 2.662 b 31 ff.), in diesen Zusammenhang.

2. Die intraspezifische Kompensation ist bei Aristoteles besonders häufig vertreten: Wir hatten das Beispiel der mehreren Mägen, die die Unvollständigkeit des Gebisses ausgleichen; andere Beispiele sind etwa, daß die Krabben statt der Hände Scheren haben, daß die Vögel statt Zähnen einen Schnabel haben, daß bei den Delphinen die Kiemen durch die Lunge ersetzt werden, daß bei Einhufern die Größe der Zähne durch die Größe der Hufe ausgeglichen wird usw. Meist wird hier imaginiert, daß ein Grundtypus extern zugunsten einer Spezialisierung modifiziert wird. In diesen Zusammenhang gehören auch organische Bildungen, die sich als solche zwar zwangsläufig, aber nur

517 Eine umfangreiche Stellensammlung zu Aristoteles' Kompensationsgedanken findet sich in Kullmann, Aristoteles. Über die Teile der Lebewesen (wie Anm. 15) 510 ff.

518 Kullmann, Aristoteles. Über die Teile der Lebewesen (wie Anm. 15) 504 ff.

beiläufig ergeben, jedoch scheinbar sekundär einen sinnvollen Zweck erfüllen. So ist das Netz (Omentum) eine Haut, die sich um bestimmtes Fleisch herum bildet und *von der Natur* zur guten Kochung und besseren Verdauung benutzt wird (*De part. an.* IV 3.677 b 29 ff.). Die Bildung des Netzes erfolgt dabei, wie Aristoteles sich terminologisch zugespitzt äußert, mit „akzidentieller Notwendigkeit".[519] Die scheinbar sekundäre Zweckausrichtung ist nicht so zu verstehen, daß die Natur bei jedem Individuum einzeln so verfährt. Es ist überhaupt kein realer Prozeß gemeint. Es wird nur tatsächliche Zweckmäßigkeit metaphorisch als Eingriff der Natur verbildlicht. Auch die Augenbrauen und Wimpern erhalten (scheinbar) sekundär so eine Funktion (*De part. an.* II 15.658 b 14 ff., b 22 f.).[520] Dies sind alles interessante Einzelbeobachtungen des Aristoteles. Der Augenschein läßt vermuten, daß Haare wie Augenbrauen und Wimpern zunächst nur ein materieller Überschuß sind, der aus dem Körper herausbricht und sich Luft macht. Trotzdem erscheint er sinnvoll. Für uns ist dies natürlich alles evolutionsbiologisch erklärbar. Aristoteles bedient sich des leicht durchschaubaren volkstümlichen Bildes von der kreativen Natur, um darauf aufmerksam zu machen. Er hütet sich aber, von einer göttlichen Absicht zu sprechen oder die Beobachtung in einen theoretischen Zusammenhang zu stellen.

Daß es sich tatsächlich nur um Metaphorik handelt, wird dadurch deutlich, daß der Sachverhalt gelegentlich auch durch eine andere Metaphorik umschrieben wird. So wird ‚die Natur' in *De generatione animalium* II 6.743 b 20 ff. als Maler bezeichnet, der erst eine Umrißzeichnung anfertigt, ehe er diese weiter ausmalt. Wie soll man sich die ‚formal nature' als Maler vorstellen? Die Metapher von der demiurgischen Natur kann also ganz unterschiedlich gestaltet sein. Wir können die Metaphorik nicht systematisieren.

In all diesen Fällen spricht Aristoteles von den Spezies; also handelt es sich bei der von ihm hervorgehobenen Notwendigkeit um die absolute Notwendigkeit, nicht um *material necessity*, wie gelegentlich erklärt wird.[521] Dieser Ausdruck ist unklar und hat keinen direkten Anhaltspunkt in Aristoteles' Terminologie. Materielle Prozesse können notwendig sein. Aber ‚Notwendig-

519 *De part. an.* IV 3.677 b 21 f.: Ἡ μὲν οὖν γένεσις ἐξ ἀνάγκης συμβαίνει τοιαύτη τοῦ μορίου τούτου.

520 Kullmann, Aristoteles. Über die Teile der Lebewesen (wie Anm. 15) 468 f.

521 So Leunissen, Explanation and Teleology (wie Anm. 37) 101 mit Berufung auf „scholarly literature". Der Ausdruck hat keinen Anhaltspunkt in Aristoteles' Terminologie. Auch Allan Gotthelf verwendet den Begriff in seinem neuen Aufsatz zur Embryologie (Teleology and Embryogenesis in Aristotle's *Generation of Animals* II 6, in: Ders., Teleology, First Principles [wie Anm. 311] 90–116). Es könnte jedoch unseres Erachtens ganz auf ihn verzichtet werden.

keit‘ kann selbst nur entweder absolut oder relativ bzw. hypothetisch sein, aber nicht materiell.[522]

Auch hypothetische Notwendigkeit in striktem (nicht verallgemeinertem) Sinne kann nicht vorliegen, da es nur in metaphorischem Sinne Alternativen beim ‚Bauplan‘ der ewigen Arten gegeben haben kann. Natürlich weiß man nicht, ob ein einzelner Mensch einen Menschen zeugt oder nicht, und man weiß auch nicht, ob ein bestimmtes Lebewesen ausreichend Nahrung erhält, um erwachsen zu werden oder unter Umständen verhungert. Das Erwachsenwerden eines einzelnen Menschen ist nicht absolut notwendig. Aber der Bauplan, der *logos*, besteht unabhängig von einzelnen Realisierungen. Man hat mehrfach versucht, die ‚volkstümlichen‘ Beobachtungen in eine philosophische Methodologie einzuordnen. Auch James Lennox, dem das Verdienst zukommt, die Diskussion in diesem Punkt entscheidend vorangebracht zu haben, hat dies unseres Erachtens ohne Erfolg versucht.[523] Bei Mariska Leunissen ist fast eine Scholastik daraus geworden. Sie behauptet,[524] daß die Schlußfolgerungen biologischer Beweise nicht immer und ausnahmslos gelten, sondern nur zum größten Teil[525] und daß die Notwendigkeit, die die Deduktion in den Naturwissenschaften beherrscht, die hypothetische Notwendigkeit ist. Dies sagt Aristoteles aber nirgends. Der Ausdruck „hypothetische Notwendigkeit“ kommt in *De partibus animalium* II–IV nicht vor, und Aristoteles beschäftigt sich dort und fast ausnahmslos auch in der *Historia animalium* mit Spezies und Gattungen bzw. generell Klassen von Tieren, und deren Merkmale bestehen mit absoluter Notwendigkeit und ewig. Genau so wenig wie in unseren biologischen Lehrbüchern, wenigstens weitaus überwiegend, Merkmale und Eigenschaften bestimmter Tierspezies genannt werden, die nur unter bestimmten Umständen vorkommen, ist dies bei Aristoteles der Fall. Der Elefant als Spezies hat nach Aristoteles’ Biologie und für die moderne Biologie immer einen Rüssel. Es ist ja auch nicht in der aristotelischen Realität so, daß die Natur für bestimmte Funktionen die passenden Organe schafft, wie Aristoteles in *De part. an.* IV 12.694 b 13 f. formuliert. Funktionen und Organe bestanden nach Aristoteles’ Alltagserfahrung immer so, wie wir sie antreffen. Nur evolutionsbiologisch können wir sagen, daß längere Beine im Sumpf die Lebenschancen verbessern. Aristoteles kommt es darauf an, festzustellen, daß Funktionen und Organe zueinander passen. Alle Merkmale dieser Tiere können somit „ins Ewige zusammengeknüpft werden“ (640

522 Zu dem Begriff der hypothetischen Notwendigkeit vgl. oben S. 47, 157.

523 Kullmann, Aristoteles. Über die Teile der Lebewesen (wie Anm. 15) 505 ff.

524 Leunissen, Explanation and Teleology (wie Anm. 37) 80, 107 ff., 126, 129, 134, 138.

525 Wenn Aristoteles in 663 b 27 ff. dafür plädiert, auf die Mehrheit der Fälle zu achten, bezieht sich dies nicht auf die Individuen einzelner Spezies, sondern auf die Verteilung von Ressourcenüberschüssen unter verschiedenen Arten im allgemeinen.

a 6 ff.),[526] auch wenn z. B. auf der Ebene der Metapher der Eindruck entsteht, daß die langgezogene Schnauze eines Hundes oder anderen Tiers ein junger Zug gegenüber einer Urform ist. Sie ist nicht ein in die Länge gezogenes normales Gesicht, wie die Metaphorik uns glauben macht. Aristoteles ist kein Darwinist. Hypothetische Notwendigkeit gibt es seiner Meinung nach nur in den in der Natur ablaufenden individuellen Prozessen, wie bei der Entstehung und Entwicklung eines einzelnen Lebewesens (*De partibus animalium* I 1.639 b 26–30). In der Entwicklung eines Lebewesens kann immer etwas schief gehen, ehe es z. B. voll ausgewachsen ist. Der Begriff drückt eine Selbstverständlichkeit aus, sozusagen eine Banalität. Es ist dringend erforderlich, Aristoteles' Texte aus biologischer Sicht zu interpretieren. Sie besitzen keine philosophische Hintergründigkeit. In Leunissens Arbeit wird die Hauptleistung des Aristoteles verdunkelt, im Bereich der Natur allgemeine Aussagen zu machen, was Platon für unmöglich hielt. Aristoteles beschäftigt sich im Rahmen der Biologie nur in *De partibus animalium* I mit den Entstehungsprozessen bei einzelnen Lebewesen. Im allgemeinen geht es ihm wie in heutigen biologischen Lehrbüchern um Arten, Gattungen, Eigenschaften bestimmter Taxa. Auch in *De generatione animalium* geht es, soweit Prozesse zur Sprache kommen, nicht um Prozesse, durch die einzelne Substanzen bzw. Lebewesen oder ihre Teile entstehen, sondern um allgemeine Eigentümlichkeiten von Arten, Gattungen oder dem Tierreich überhaupt, die diesen mit absoluter Notwendigkeit zukommen.[527] Wenn Aristoteles sagt, daß allgemein in der Ontogenese das Herz zuerst entsteht, ist dies kein zeitlicher Vorgang, sondern ein allgemeines Charakteristikum der Lebewesen.

Freilich reichen die biologischen Kenntnisse auch bei heutigen Gebildeten nicht aus, um Aristoteles' Biologie voll würdigen zu können. Hinter der bei Aristoteles nur metaphorisch gemeinten Zuteilung der Natur steht eine auch heute aktuelle Vorstellung, die eines Ressourcentauschs (englisch: allocation trade-off). Der Biologe Armand Leroi hat sich in einem wichtigen Aufsatz zur Nähe des Aristoteles zu dieser modernen Vorstellung geäußert.[528] Er bringt das Beispiel, daß bei Mistkäfern, je nach der Spezies der Gattung *Ontophagus*, Individuen mit relativ großen Hörnern nur kleine Antennen, Au-

526 Vgl. Kullmann, Aristoteles. Über die Teile der Lebewesen (wie Anm. 15) 293 f.

527 Deshalb kann unsererseits dem Aufsatz von M. Leunissen, Aristotle's Syllogistic Model of Knowledge and the Biological Sciences: Demonstrating Natural Processes, in: H. Lesher (ed.), From Inquiry to Demonstrative Knowledge. New Essays on Aristotle's Posterior Analytics, Apeiron 43, 2010, 31–60 nicht zugestimmt werden. Siehe auch die Kritik von Allan Gotthelf, Comments on Leunissen, Aristotle's Syllogistic Model of Knowledge and the Biological Sciences: Demonstrating Natural Processes, ebd. 67 f.

528 A. Leroi, Function and Constraint in Aristotle and Evolutionary Theory, in: Föllinger, Was ist Leben? (wie Anm. 40) 261 ff., hier 265.

gen oder Flügel haben und umgekehrt, und beruft sich dabei auf eine Arbeit von D.J. Emlen.[529] Aber ein solcher Ressourcentausch läßt sich experimentell auch zwischen Teilen desselben Tiers beobachten. Wenn man, wie Leroi ausführt, bei Mistkäfern mikrochirurgisch die Genitalien entfernt, werden die Hörner länger als normal.[530] Ein anderes Beispiel Lerois, das noch besser erforscht ist, ist das der amerikanischen Grille (*Gryllus firmus*). Sie kommt in zwei Formen vor, einer langflügeligen und einer kurzflügeligen. Die langflügelige hat große Flugmuskeln, kleine Ovarien und legt wenig Eier, die kurzflügelige hat kleine Flugmuskeln, große Ovarien und legt viele Eier. Unterhalb dieser morphologischen Beziehungen findet ein sogar quantifizierbarer Fluß von Lipid-Vorstufen (embryonische Strukturen) entweder zu Triglyzeriden statt, die zum Fliegen benötigt werden, oder von Phospholipiden, die für die Reproduktion gebraucht werden.[531] Diese Beispiele setzen aber die Evolutionstheorie voraus. Aristoteles konnte solche Phänomene nur mit dem Bild der kreativen Natur imaginieren.

Von den beiden genannten Fällen der Kompensation bei Aristoteles entspricht der ersten Kompensationsform eine bestimmte Ausstattung einer Tiergruppe durch eine andersartige Ausstattung einer anderen Gruppe, bei Leroi die Ausstattung der einen Gruppe mit großen Hörnern und der anderen stattdessen mit großen Antennen, Augen oder Flügeln. Und der zweiten Kompensationsform, wenn ein Teil durch einen anderen bei derselben Tierart kompensiert wird, entspricht bei Leroi das Beispiel, daß statt der Genitalien die Hörner länger werden.

Wie diese Metapher vom ausgleichenden Wirken der Natur, die in striktem Sinne nur die Angepaßtheit der Tierarten an ihre Lebensbedingungen zum Ausdruck bringt, im Ganzen des von Aristoteles umfaßten Tierreichs sich auswirkt, soll im nächsten Abschnitt erörtert werden. Auch das ‚Axiom', daß die Natur nichts umsonst tut, ist, wie wir seit langem dargelegt haben,[532] jedenfalls nicht im Sinne einer realen schöpferischen Kraft zu verstehen, wie es oft ausgelegt wird, sondern als eine Metapher für die Angepaßtheit des Tierreichs an seine jeweilige Umwelt. Von Devin Henry[533] wird der metapho-

529 D.J. Emlen, Costs and the diversification of exaggerated animal structures, Science 291, 2001, 1534–1536.

530 Leroi (wie Anm. 528) 266 verweist auf A.P. Moczek, H.F. Nijhout, Trade-offs during the development of primary and secondary sexual traits in a horned beetle, American Naturalist 163, 2004, 184–191.

531 Leroi (wie Anm. 528) 266 verweist auf A.J. Zera, Evolutionary genetics of juvenile hormone and ecdysteroid regulation in *Gryllus*: a case study in the microevolution of endocrine regulation, Integrative and Comparative Biology 45, 2005, 511–524.

532 Vgl. Kullmann, Aristoteles. Über die Teile der Lebewesen (wie Anm. 15) 464, 712 f.

533 Optimality Reasoning in Aristotle's Natural Teleology, Oxford Studies in Ancient Philosophy, Vol. 45, ed. by Brad Inwood 2013, 230.

rische Charakter auch hervorgehoben. Jedoch ist bei ihm wie auch bei manchen anderen philosophisch ausgerichteten Autoren, die dieses Thema behandeln, eine biologische Bewertung der einzelnen Fälle, wo dieses Axiom angesprochen wird, nicht zu finden. Auch an anderen Stellen, an denen von einem kreativen Wirken der Natur die Rede ist, fehlt bisher in der Literatur die biologische Würdigung. Wir kommen darauf im nächsten Abschnitt zurück. Der Versuch, die Grenzen dieses Prinzips systematisch zu erfassen, wird der Bedeutung dieser Aussagen nicht in der erforderlichen Weise gerecht. Auf jeden Fall wird bei Aristoteles deutlich, daß diese Bemerkungen zur schöpferischen Natur nichts mehr mit der in seiner Wissenschaftslehre in der *Zweiten Analytik* gefordeten Beweisführung, der Apodeixis, zu tun haben. Gleichwohl steckt sehr viel wissenschaftliche Empirie hinter diesen Äußerungen.

Da von Überschüssen die Rede war, sei darauf hingewiesen, daß es auch Überschüsse gibt, bei denen von einer besonderen Aktion der Natur *nicht* die Rede ist.

1. Es gibt Überschüsse, Organe, Ausscheidungen (περιττώματα), die funktionslos bleiben, aber regelmäßig bei allen Individuen einer Spezies auftreten,[534] z. B. das Exkret Galle (*De part. an.* IV 2.677 a 11 ff.) und die Milz (III 7.670 a 30 f.)[535], wobei diese als Pendant zur Leber doch irgendwie notwendig ist, aber nicht allzu sehr (669 b 36 ff.). In 677 a 15 ff. erklärt Aristoteles, es gebe bestimmte Begleiterscheinungen, die zwar ‚akzidentiell‘ sind, aber ‚notwendig erfolgen‘, ohne daß man immer nach einem Zweck (d. h. nach einer Funktion) suchen soll.[536] Dies sind glänzende wissenschaftliche Beobachtungen des Aristoteles. Auch heute fragen wir bei der Gallenblase, ob sie notwendig ist.
2. Es gibt Körperteile oder Merkmale, die nicht notwendig sind, aber bei bestimmten Spezies regelmäßig vorhanden sind und zur Optimierung einer Funktion dienen.[537] Dazu gehören die Hoden (*De gen. an.* I 4.717 a

534 Vgl. Kullmann, Wissenschaft und Methode (wie Anm. 4) 36 f., 333.

535 Ὁ δὲ σπλὴν κατὰ συμβεβηκὸς ἐξ ἀνάγκης ὑπάρχει τοῖς ἔχουσιν.

536 Καταχρῆται μὲν οὖν ἐνίοτε ἡ φύσις εἰς τὸ ὠφέλιμον καὶ τοῖς περιττώμασιν, οὐ μὴν διὰ τοῦτο δεῖ ζητεῖν πάντα ἕνεκα τίνος, ἀλλά τινων ὄντων τοιούτων ἕτερα ἐξ ἀνάγκης συμβαίνει διὰ ταῦτα πολλά.

537 Vgl. den Abschnitt „Zum Besseren“ in: Kullmann, Wissenschaft und Methode (wie Anm. 4) 325 ff.; sowie den Kommentar zu *De partibus animalium* I 1.640 a 35 ff. in: Kullmann, Aristoteles. Über die Teile der Lebewesen (wie Anm. 15) 301 f. Es ist nicht glücklich, daß diese Stellen von D. Henry in seinem zunächst im Internet veröffentlichten, inzwischen gedruckten Aufsatz „Optimality Reasoning in Aristotle’s Natural Teleology“ (wie Anm. 533) 241 f. zusammen mit Stellen behandelt werden, an denen von imaginierten Aktivitäten der Natur die Rede ist. Denn sie besitzen einen ganz anderen wissenschaftlichen Stellenwert.

20 f.), die zur Optimierung der vermeintlich samenbildenden Funktion der Samenleiter nützlich sind.[538]

3. Es gibt Merkmale der Lebewesen, die Wirkung der Materie sind und nicht regelmäßig auftreten (z. B. die blaue Augenfarbe gemäß *De gen. an.* V 1.778 a 30 ff.).[539]

Diese Sonderfälle sind jedoch, anders als die Überschüsse, die die Natur der großen Tiere unterschiedlich verwendet, in die Apodeixis (im weiteren Sinne des Wortes) voll integriert.

Wir sehen, daß die wissenschaftliche Erklärungsweise des Aristoteles unserer modernen sehr nahekommt. Deshalb ist es erforderlich, zu David Sedleys unseres Erachtens inkommensurablen Äußerungen zu dieser Frage Stellung zu nehmen. Auf der einen Seite hat Sedley mit Recht betont und sehr klar formuliert, daß die bedeutsame Neuerung des Aristoteles gegenüber dem platonischen Erbe seine Entscheidung war, Gott von jedem Erfordernis, in der Natur als Schöpfer oder Verwalter zu intervenieren, fernzuhalten und die Natur so eng isomorph mit dem Handwerk zu repräsentieren, daß sie als fähig erscheint, ihre Resultate in der Abwesenheit einer kontrollierenden Intelligenz zu produzieren. Viel von der erhellenden Brillianz der aristotelischen Biologie leite sich von dieser anfänglichen sparsamen Entscheidung ab.[540] Andererseits schreibt er, ich muß es der Deutlichkeit halber englisch formulieren: „The reason why in Aristotle's view no directive mind can be at work in natural processes is not any preference on his part for ‚scientific' over theological modes of explanation."[541] Er spielt damit an auf die Stellen, an denen Aristoteles davon spricht, daß der ganze Kosmos (einschließlich der himmlischen Kreisbewegungen) auf Gott als den Unbewegten Beweger ausgerichtet ist. Deshalb wird Aristoteles hier das Überwiegen der Wissenschaftlichkeit seiner Erklärungen abgesprochen. Welcher Begriff von Wissenschaftlichkeit wird hier zugrundegelegt? Nehmen wir ein zunächst unverfänglich erscheinendes modernes Beispiel für diese Begrifflichkeit. Niemand wird Isaak Newton, dem Entdecker des Gravitationsgesetzes und dem Autor der drei Axiome der Mechanik, Wissenschaftlichkeit absprechen. Aber derselbe Newton schreibt in seiner *Optik* (Opticks, Book Three, Part One, London 1704; ich zitiere die deutsche Übersetzung nach Michael Hampe, dessen Buch ich auch den Nachweis dieser Stelle verdanke[542]):

538 Vgl. Kullmann, Aristoteles. Über die Teile der Lebewesen (wie Anm. 15) 753.

539 Vgl. Kullmann, Wissenschaft und Methode (wie Anm. 4) 294 ff.; M. Liatsi, Aristoteles, De generatione animalium, Buch V. Einleitung und Kommentar (AKAN Einzelschriften Bd. 1), Trier 2000, 51 ff., 77 f.

540 Sedley, Creationism (wie Anm. 82) 204.

541 Sedley, Creationism (wie Anm. 82) 173. Siehe auch oben S. 33 ff.

542 M. Hampe, Eine kleine Geschichte des Naturgesetzbegriffs, Frankfurt am Main 2007, 73.

„alle materiellen Dinge scheinen aus den harten und undurchdringlichen Teilchen zusammengesetzt zu sein, die oben erwähnt wurden, [und zwar] auf verschiedene Weise bei der ersten Schöpfung miteinander verbunden (worden zu sein) durch den Ratschluß eines intelligenten Schöpfers. ER erschuf sie, um sie in eine Ordnung zu bringen. Und wenn ER so handelte, ist es unphilosophisch, nach irgendeinem anderen Ursprung der Welt zu suchen oder vorzugeben, sie könnte aus dem Chaos allein durch die bloßen Naturgesetze entstehen; obwohl einst geschaffen, mag sie lange Zeiten durch diese Gesetze bestehen. [...] Gott ist fähig, Teilchen verschiedener Größe zu schaffen [...] und vielleicht verschiedene Dichten und Kräfte, um dadurch die Naturgesetze zu verändern."[543]

Dieses Zitat steht in einem größeren über Gott handelnden Zusammenhang am Schluß des dritten Buchs der Optik. Die *Optik* Newtons ist ein spät veröffentlichtes Werk Newtons (die *Principia mathematica* erschienen bereits 1686). Die eben zitierten, lobend gemeinten Charakterisierungen des Aristoteles durch Sedley lassen sich auf ihn nicht anwenden. Er hat Gott nicht „von jedem Erfordernis, in der Natur als Schöpfer oder Verwalter zu intervenieren", ferngehalten. Er glaubt an eine intentionale Weltschöpfung mit Eingriffsmöglichkeiten, was auf Aristoteles nicht zutrifft, und auch auf Platon nicht, wenn man die Schöpfung des Demiurgen im *Timaios* als Mythos interpretiert (was unserer Auffassung nach unumgänglich ist).

Man wird sagen müssen, daß das 4. Jh. v. Chr. in Athen bis zu einem gewissen Grade aufgeklärter war als das 17. Jh. in England, so sehr sich die wissenschaftlichen Ergebnisse Newtons über die des Aristoteles erheben. Der prinzipielle Gedanke eines Unbewegten Bewegers, den ja Platon nicht formuliert, ist in seiner allgemeinsten Form überhaupt weiter verbreitet. Er findet sich bereits bei Xenophanes, fr. 21 B 24–26 D.-K., und auf ihn spielt auch Herakles in der gleichnamigen Tragödie des Euripides an (1340 ff.).[544] Die These, daß bei Aristoteles der Gedanke des Unbewegten Bewegers von Platon angeregt ist, ist weit hergeholt und ganz unwahrscheinlich. Das Besondere an Aristoteles' Ausprägung dieser Theorie ist die physikalische Komponente,

543 Englischer Originaltext: Isaaci Newtoni opera quae exstant omnia, ed. S. Horsley, Tom. IV, London 1782, Book III, p. 261 ff. „all material things seem to have been composed of the hard and solid particles above mentioned; variously associated, in the first creation, by the counsel of an intelligent Agent. For it became Him who created them, to set them in order. And if He did so, it is unphilosophical to seek for any other origin of the world, or to pretend that it might arise out of a chaos by the mere laws of Nature; though being once formed, it may continue by those laws for many ages. ... God is able to create particles of matter of several sizes ... and perhaps of different densities and forces, and thereby to vary the laws of Nature."

544 Vgl. Kullmann, Philosophie und Wissenschaft in der Antike (wie Anm. 40) 31, 355.

d. h. die Tatsache, daß dieser Gott, ohne selbst tätig zu sein, eine solche Anziehungskraft ausübt, daß die Welt in größerem oder geringerem Grade auf ihn ausgerichtet ist. Das Engagement für die Wissenschaft, auch im modernen Sinne des Wortes, kann Aristoteles nicht abgesprochen werden. Empirische Forschung muß für sich selbst gewürdigt werden, unabhängig von sonstigen Überzeugungen ihrer Vertreter. Dies gilt für Newton genau so wie für Aristoteles.

7.9 Evolutionsbiologische Vorstellungen bei Aristoteles

Wir haben bereits mehrfach von Aristoteles' Grundüberzeugung gesprochen, daß die Spezies der Lebewesen ewig sind.[545] Die drei wichtigsten Belege dafür sind die folgenden. In *De generatione animalium* II 1.731 b 31 ff. heißt es:

> „Da die Natur einer derartigen Gattung (scil. der Gattung der Lebewesen) nicht ewig sein kann, ist das Entstehende in der Weise ewig, die ihm möglich ist; der Zahl nach ist dies nicht möglich; denn das (reale) Wesen dessen, was ist, liegt im Einzelnen (wenn doch so etwas möglich wäre, wäre das Entstehende individuell ewig); es ist ihm aber der Form nach möglich."[546]

Die zweite Stelle ist *De anima* II 4.415 b 3 ff.:

> „Da es (scil. das, was lebt, d. h. Lebewesen und Pflanzen) an dem Ewigen und Göttlichen nicht kontinuierlich Anteil haben kann, weil nichts Vergängliches der Zahl nach ein und dasselbe bleiben kann, hat ein jegliches nur insoweit einen Anteil, wie es imstande ist, daran Anteil zu haben, teils mehr, teils weniger, und persistiert nicht selbst, sondern nur wie es

545 Vgl. auch Kullmann, Aristoteles. Über die Teile der Lebewesen (wie Anm. 15) 164.

546 ἐπεὶ γὰρ ἀδύνατος ἡ φύσις τοῦ τοιούτου γένους ἀΐδιος εἶναι, καθ' ὃν ἐνδέχεται τρόπον, κατὰ τοῦτόν ἐστιν ἀΐδιον τὸ γιγνόμενον. ἀριθμῷ μὲν οὖν ἀδύνατον – ἡ γὰρ οὐσία τῶν ὄντων ἐν τῷ καθ' ἕκαστον· τοιοῦτον δ' εἴπερ ἦν ἀΐδιον ἂν ἦν – εἴδει δ' ἐνδέχεται.
Mit Recht weist A.L. Peck, Aristotle. Generation of Animals, Cambridge/Mass.–London ([1]1942) 1979, 130 f. Anm. b darauf hin, daß hier ἀΐδιος in zweifacher Bedeutung gebraucht ist (in vollem und im eingeschränkten Sinne). J.G. Lennox, Are Aristotelian Species Eternal?, in: ders., Aristotle's Philosophy of Biology (wie Anm. 507) 136 interpretiert den eingeklammerten Satz anders, und zwar, wenn ich ihn richtig verstehe, folgendermaßen: „Wenn das Wesen dessen, was ist, nicht im Einzelnen läge, könnte das Wesen dessen, was ist oder entsteht (nicht das, was ist oder entsteht), numerisch ewig sein." Dies würde die platonische Position bezeichnen, daß die Idee numerisch ewig wäre. Doch gibt unseres Erachtens der Text diese Deutung nicht her.

> selbst, d. h. nicht der Zahl nach identisch, aber der Form nach identisch."[547]

Die dritte Stelle in der Schrift *De generatione et corruptione* II 11.338 b 14 ff. lautet:

> „Bei den Dingen, deren bewegte Substanz unvergänglich ist, ist klar, daß sie auch der Zahl nach dieselben bleiben werden (denn die Bewegung begleitet das Bewegte); bei den Dingen, bei denen dies nicht der Fall ist, sondern die Substanz vergänglich ist, ist es notwendig, daß sie zwar der Form nach, nicht aber der Zahl nach zurückkehrt."[548]

Der metaphysische Grundgedanke ist der, daß alles Lebendige, so gut es kann, zum Unbewegten Beweger hinstrebt (und insofern an der Ewigkeit teilhat), und zwar die Gestirne individuell kontinuierlich, das Vergängliche nur der kontinuierlich reproduzierten Form nach.

Als Konsequenz ergibt sich, daß die sich gleichbleibende Form, das Eidos, die Spezies, ewig ist. Daran ändert auch die Tatsache nichts, daß Aristoteles mit einer gewissen Variabilität der Spezies rechnet. Er äußert sich sehr differenziert zu Fragen der Bastardisierung und der Entstehung lokaler Varietäten durch geographische Isolation und Einflüsse der Umwelt, wie durch die Arbeiten von Dae-Ho Cho aufgezeigt wurde, der sich mit Recht gegen die traditionelle Ansicht eines typologischen Essentialismus bei Aristoteles wendet.[549] Die grundsätzliche Unveränderbarkeit der Arten ist für Aristoteles aber eine feste Überzeugung, die ihn vor vorschnellen spekulativen Entwicklungshypothesen mancher seiner Zeitgenossen bewahrt. Von einer Entstehung der Arten konnten er und seine Zeitgenossen nichts wissen.

Ausgangspunkt ist für Aristoteles eine empirische Grundtatsache, die in der häufigen aristotelischen Formel „Mensch zeugt Mensch" (ἄνθρωπος ἄνθρωπον γεννᾷ) zum Ausdruck kommt,[550] der Klaus Oehler eine grundlegen-

547 ἐπεὶ οὖν κοινωνεῖν ἀδυνατεῖ τοῦ ἀεὶ καὶ τοῦ θείου τῇ συνεχείᾳ, διὰ τὸ μηδὲν ἐνδέχεσθαι τῶν φθαρτῶν ταὐτὸ καὶ ἓν ἀριθμῷ διαμένειν, ᾗ δύναται μετέχειν ἕκαστον, κοινωνεῖ ταύτῃ, τὸ μὲν μᾶλλον τὸ δ᾽ ἧττον, καὶ διαμένει οὐκ αὐτὸ ἀλλ᾽ οἷον αὐτό, ἀριθμῷ μὲν οὐχ ἕν, εἴδει δ᾽ ἕν.

548 ὅσων μὲν οὖν ἄφθαρτος ἡ οὐσία ἡ κινουμένη, φανερὸν ὅτι καὶ ἀριθμῷ ταὐτὰ ἔσται (ἡ γὰρ κίνησις ἀκολουθεῖ τῷ κινουμένῳ), ὅσων δὲ μὴ ἀλλὰ φθαρτή, ἀνάγκη τῷ εἴδει, ἀριθμῷ δὲ μὴ ἀνακάμπτειν.

549 D.-H. Cho, Beständigkeit und Unveränderlichkeit der Arten in: Föllinger (Hrsg.), Was ist Leben?, 2010, 299–313; ders., Lautäußerungen der Vögel in der aristotelischen *Historia animalium*, Antike Naturwissenschaft und ihre Rezeption, Bd. XXII, 2012, 22–30.

550 *Phys.* ~ II 1.193 b 8, 2.194 b 13, 7.198 a 26 f., ~ III 2.202 a 11 f.; *De gen. et corr.* II 6.333 b 7 f.; *De part. an.* I 1.640 a 25, II 1.646 a 33 f.; *De gen. an.* II 1.735 a 21; *Met.* Z 7.1032 a 25, 8.1033 b 32; ~ Θ 8.1049 b 25 f.; Λ 3.1070 a 8, 4.1070 b 34; N 5.1092 a 16; *E. E.* ~ II 6.1222 b 17 f.

de Studie gewidmet hat.[551] Aristoteles' metaphysische Ausdeutung dieses Befundes ist beeinflußt durch die Diotimarede in Platons *Symposion*, in der ebenfalls in der Zeugung ein Streben nach Unsterblichkeit gesehen wird,[552] und zwar strebe jede sterbliche Physis nach Unsterblichkeit (*Symp.* 207 D 1 f.). Und nach der Rede Diotimas, die Sokrates in die Mysterien des Eros einführt, führt der Eros diejenigen, die nicht körperlich, sondern seelisch nach Zeugung streben (*Symp.* 208 E ff.) zur Erkenntnis des Schönen selbst und inspiriert sie zu entsprechender pädagogischer Anstrengung. Bei Aristoteles bleibt von diesem Gedanken zwar abstrakt das metaphysische Motiv des Strebens nach ewigem Leben erhalten. Aber das Streben wird nun, was die Individuen betrifft, auf das Streben, etwas, was ihnen selbst gleicht, zu produzieren, reduziert, also auf die Ewigkeit der Arten,[553] und das geistige Streben des Menschen nach Erkenntnis wird von ihm nicht aus einer Sublimation des Eros, deren nur eine Elite fähig ist, erklärt. Die drei anfangs zitierten Stellen stammen ja aus den naturwissenschaftlichen Schriften *De generatione et corruptione*, *De generatione animalium* und *De anima,* sind also nicht in einen spezifisch anthropologischen Zusammenhang eingebettet. Das Streben nach Erkenntnis ist nach Aristoteles nichts Esoterisches, sondern allen Menschen angeboren (φύσει) und wird von der allgemeinmenschlichen Neugier gespeist, wie er im ersten Buch der *Metaphysik* ausführt (A 1.980 a 21, 2.982 b 12 ff., 983 a 12 ff.), und ist auch nicht auf Pädagogik ausgerichtet. Die zeitgenössische Biologie hat Aristoteles darin Recht gegeben und führt dieses Verhalten auf eine Retardation und Fötalisierung in der menschlichen Entwicklung im Verhältnis zu anderen Säugetieren zurück, wodurch die Neugierphase in der Entwicklung der Säugetiere beim Menschen anhält.[554]

Aristoteles kommt es entscheidend auf den empirischen Sachverhalt an, auf das Phänomen der Vererbung, das für seine Biologie grundlegend ist.[555] Dies wird besonders deutlich in *De partibus animalium* I 1.640 a 19 ff.[556]:

> „Deshalb hat auch Empedokles nicht richtig formuliert, wenn er sagte, daß viele Eigenschaften den Lebewesen zukommen, weil es sich bei ihrer

551 Oehler, Ein Mensch zeugt einen Menschen (wie Anm. 513) 230 ff. (wiederabgedruckt in: Oehler, Antike Philosophie [wie Anm. 513] 95 ff.).

552 Vgl. Oehler, Ein Mensch zeugt einen Menschen (wie Anm. 513) 262 f. (wiederabgedruckt in: Ders., Antike Philosophie [wie Anm. 513] 123).

553 Vgl. Charles, Teleological Causation (wie Anm. 10) 249.

554 Vgl. L. Bolk, Das Problem der Menschwerdung, Jena 1926; I. Eibl-Eibesfeldt, Die Biologie des menschlichen Verhaltens. Grundriß der Humanethologie, 3. Aufl., München–Zürich 1995 (ND 1997, 2004), 822.

555 Vgl. Kullmann, Aristoteles und die moderne Wissenschaft (wie Anm. 27) 231.

556 An den im folgenden zitierten Stellen wird meine Übersetzung in der in Anm. 15 zitierten deutschen Aristotelesausgabe von *De partibus animalium* zugrunde gelegt.

> Entstehung so ergab, zum Beispiel, daß sie eine solche Wirbelsäule haben, weil es sich so ergab, daß sie bei der Drehung zerbrochen wurde,[557] denn er beachtete einmal nicht, daß sich vorher bereits der mit einem solchen Vermögen ausgestattete Same gebildet haben muß, zum anderen nicht, daß das erzeugende Wesen nicht nur der Definition nach, sondern auch der Zeit nach früher vorhanden ist. Es erzeugt nämlich der Mensch einen Menschen, und daraus folgt, daß deshalb, weil dieser von einer bestimmten Beschaffenheit ist, sich für jenen eine bestimmte Entstehung ergibt."[558]

Naive Spekulationen in der Art des Empedokles über die zufällige Entstehung organischer Strukturen, die dann weitervererbt werden, lassen sich durch die Erfahrung nicht belegen. Eine wissenschaftliche Biologie, wie Aristoteles sie entwickelt, muß von der Grundbeobachtung ausgehen, daß im Normfall alle Arten von Tieren und Pflanzen sich immer in derselben Gestalt reproduzieren. Insofern ist der Satz, daß „ein Mensch einen Menschen zeugt", gewissermaßen der Ausgangspunkt der aristotelischen Biologie, ja der wissenschaftlichen Biologie überhaupt. Daß über lange Zeiträume hinweg auch die Spezies von Pflanzen und Tieren eine Entstehung haben und sich entwickeln, konnten weder Empedokles noch Aristoteles wissen. Insofern ist es konsequent, wenn Aristoteles die lebende Natur für unerschaffen hält, und es ist noch keine Vorwegnahme des Darwinismus, wenn Empedokles davon ausgeht, daß separat entstandene Gliedmaßen sich zusammenfügten und die Lebewesen konstituierten, wenn die Teile zusammengenommen ein lebensfähiges Wesen bildeten (vgl. insb. fr. 31 B 57–61 D.-K.). Wenn Aristoteles bei seiner Auffassung blieb, obwohl systematisch und philosophisch die Annahme wenig befriedigt, daß sich 500–600 Arten von Lebewesen und alle Pflanzen seit ewigen Zeiten immer in der gleichen Weise reproduzieren, ist dies kluge wissenschaftliche Zurückhaltung.

Weshalb können wir angesichts dieser eindeutigen Situation von evolutions-biologischen Vorstellungen des Aristoteles sprechen? Dies ist, wie wir im vorigen Kapitel gesehen haben, deshalb möglich, weil Aristoteles gewissermaßen in vielen Fällen eine zweite Erklärungsebene eröffnet. Im Normalfall

557 fr. 31 B 97 D.-K.

558 Διόπερ Ἐμπεδοκλῆς οὐκ ὀρθῶς εἴρηκε λέγων ὑπάρχειν πολλὰ τοῖς ζῴοις διὰ τὸ συμβῆναι οὕτως ἐν τῇ γενέσει, οἷον καὶ τὴν ῥάχιν τοιαύτην ἔχειν, ὅτι στραφέντος καταχθῆναι συνέβη, ἀγνοῶν πρῶτον μὲν ὅτι δεῖ τὸ σπέρμα τὸ συνιστὰν ὑπάρχειν τοιαύτην ἔχον δύναμιν, εἶτα ὅτι τὸ ποιῆσαν πρότερον ὑπῆρχεν οὐ μόνον τῷ λόγῳ ἀλλὰ καὶ τῷ χρόνῳ· γεννᾷ γὰρ ὁ ἄνθρωπος ἄνθρωπον, ὥστε διὰ τὸ ἐκεῖνον τοιόνδ᾽ εἶναι ἡ γένεσις τοιάδε συμβαίνει τῳδί.
Vgl. Oehler (wie Anm. 513) 285 (wiederabgedruckt in: ders., Antike Philosophie [wie Anm. 513] 142).

ist die Nährseele für die Organisation eines Lebewesens zuständig. Auch diese kann als ‚Natur' bezeichnet werden, so in *De generatione animalium* II 4.740 b 36 ff., ähnlich in *De partibus animalium* I 1.641 a 23–28, hier im Sinne von Wesensmerkmal (οὐσία). Aber daneben steht eine andere Verwendungsweise des Naturbegriffs. Aristoteles fragt nicht mehr nur nach der Funktion (*causa finalis*) eines Organs oder nach der unmittelbaren Entstehungsursache (dem Material oder dem zur Entstehung führenden Prozeß), sondern spricht, wie wir im vorigen Abschnitt gesehen haben, von den Motiven einer externen Ressourcen verteilenden Instanz, die er ‚Natur' (φύσις) nennt (*De part. an.* III 2.663 b 31 ff.). Entweder verteilt diese Natur die einer Tiergattung zur Verfügung stehenden Ressourcen in der Weise, daß sie bei einem Teil der Gattung einen Körperteil zugunsten eines anderen Körperteils begünstigt, wodurch eine Sonderform der Gattung, also eine bestimmte Spezies entsteht, oder sie verteilt die einer größeren Klasse von Tierarten zur Verfügung stehenden Ressourcen in unterschiedlicher Weise auf Unterklassen. Es ist die Frage, wie diese Wirkungsweisen der Natur zu interpretieren sind. Die erste Möglichkeit, daß die Natur als eine universale und zugleich reale Instanz angesehen wird, muß ausscheiden, weil die Spezies, wie dargelegt, nach Aristoteles ewig unverändert existieren und er deshalb einer Gesamtnatur keine schöpferische (demiurgische) Kompetenz zugesprochen haben kann. Lennox schlug, wie besprochen, vor, in diesem Falle das Subjekt ‚Natur' distributiv aufzufassen: die jeweilige Natur,[559] was aber sprachlich nicht überzeugt.

Es scheint jedoch, daß Lennox seine Meinung wieder zurücknehmen oder modifizieren will, wenn er die von ihm *formal nature* genannte Natur folgendermaßen definiert: „a goal-directed efficient cause which acts *selectively* and *in accordance with instructions inherited by the parents*".[560] Für ein selektives Wirken einer realen und nicht metaphorisch gemeinten *formal nature* besteht aber nicht der geringste Spielraum, und es gibt, soweit ich sehe, keinen Beleg dafür.[561] Es ist überhaupt irreführend, die aktive Kraft, die ein Lebewesen gestaltet und entwickelt, *formal nature* zu nennen. Dies ist kein fester Terminus. Lennox geht aus von der Unterscheidung zwischen einer Natur im Sinne der Gestalt, von ihm ‚formale Natur' genannt (*De part. an.* I 1.640 b 28: ἡ κατὰ τὴν μορφὴν φύσις), und einer materiellen Natur (640 b 29: ὑλικὴ φύσις, ähnlich *Phys.* II 8.199 a 30 f.) und sieht in der formalen Natur eines Lebewesens ein reales Agens. Das geht aus der Stelle aber nicht

559 Lennox, Natures (wie Anm. 507) 163 ff. (= ders., Aristotle's Philosophy of Biology, wie Anm. 507, 182 ff.).

560 Lennox, Natures (wie 507) 181 [= ders. (wie Anm. 507) 2001, 200].

561 Kullmann, Über die Teile der Lebewesen (wie Anm. 15) 505 ff.

hervor. Die Gestalt des Bettes ist wichtiger als das Material (wenn man müde ist, kommt es auf das Material, aus dem das Bett gemacht ist, nicht an), aber sie ist kein Agens. Erst in 641 a 17 ff. wird das, was der Form (μορφή oder εἶδος) des Bettes im Bereich der Lebewesen entspricht (a 15 f., τοιοῦτον, ποῖον), als „Seele" bezeichnet. Der Begriff der Form wird dabei nicht wieder aufgenommen und mitübertragen. Die Seele wird also nicht als „*formal* nature" angesprochen. Sie ist aber als Wesenheit (οὐσία), als aktiv und als Telos gedacht (641 a 27). Auch in *De partibus animalium* III 2.663 b 23 wird „die Natur gemäß der Definition" (ἡ κατὰ τὸν λόγον φύσις), die die „notwendige Natur" (b 22, ἀναγκαία φύσις) in den Dienst nimmt, nicht ‚formale Natur' genannt, obwohl Lennox sie so bezeichnet. Und derartigen ‚formalen Naturen' (auch wenn sie nicht so heißen) räumt Lennox nun die Hauptrolle bei der Strukturierung der Lebewesen ein.

Die beiden Begriffe, der der Gestaltnatur und der der Natur gemäß dem Logos, sind also nicht identisch. Im ersten Falle ist die äußere Gestalt angesprochen, im zweiten Falle die definitorische Natur, das heißt der Bauplan, der mit Hilfe der materiellen Ressourcen realisiert werden kann. In *De partibus animalium* I 1.641 a 23 ff. wird ventiliert, ob die Natur mit einem Seelenteil, offenbar vor allem der Nährseele, gleichzusetzen ist, heißt dann aber auch nicht terminologisch ‚formal nature'. Eher könnte als ‚formal nature' in *Phys.* II 1.193 a 30 f. die der Natur als Materie gegenübergestellte Gestalt und das Eidos im Sinne des Logos (ἡ μορφὴ καὶ τὸ εἶδος τὸ κατὰ τὸν λόγον) gelten, aber hier ist das Eidos noch durch den Hinweis auf den Bauplan (λόγος) spezifiziert (die formale Natur im Sinne des Bauplans). Dies ist bei der Ressourcen auf verschiedene Spezies oder Tierklassen verteilenden Natur (*De part. an.* III 2.663 b 31 ff.) nicht der Fall. Von einer ‚formal nature' könnte man allenfalls in *De generatione animalium* IV 4.770 b 17 sprechen, wo davon die Rede ist, daß bei einer Mißgeburt die Natur im Sinne des Eidos (ἡ κατὰ τὸ εἶδος φύσις) die Natur im Sinne der Materie nicht überwältigt.[562] Auch hier geht es jedoch um die äußere, sichtbare Form. Man kann verstehen, daß von der Nährseele nicht die Rede ist, sondern angesichts der Mißgeburt bildlicher von der Natur im Sinne des äußeren Erscheinungsbildes.

Terminologisch am ehesten angebracht erscheint der Begriff ‚formal nature' im Sinne einer aktiven Kraft in *Met.* Z 7.1032 a 24, wo von der nach der Form bezeichneten Natur, die mit dem Entstehenden gleichartig ist (ἡ κατὰ τὸ εἶδος λεγομένη φύσις ἡ ὁμοειδής) gesprochen wird. Hier ist an die

562 Das Wort für ‚bewältigen', ‚sich durchsetzen' (*kratein*) ist eine letztlich politische Metapher, wie sie von den Medizinern für den „Kampf der Körpersäfte" gebraucht wurde. Vgl. Aristoteles, *De generatione animalium* IV 3.767 b 11 und dazu Kullmann, Naturgesetz (wie Anm. 35) 20. Dies entspricht nicht Aristoteles' allgemeiner Terminologie.

gleichartige Reproduktion der ins Auge fallenden äußeren Form gedacht, es wird also eine Flexibilität ihrer Aktivität ausdrücklich ausgeschlossen. Der Begriff ‚formal nature' ist also kein fester aristotelischer Terminus und steht in der Gefahr, zu einem Jargonwort zu werden. Da immer „ein Mensch einen Menschen zeugt", ist jedenfalls in dem Logos, dem Bauplan der Spezies, und in der Seele jedes Individuums schon von vornherein festgelegt, ob das nach oben fließende Material zu Hauern oder Zähnen oder zu Hörnern verarbeitet wird, und es besteht ein Widerspruch zu Aristoteles' Aussage in III 2.663 b 31 ff., die wir im vorigen Abschnitt zitiert haben, wonach die Natur die Ressourcen unterschiedlich verwendet oder das für die Zähne gewissermaßen ‚teleologisch' vorbestimmte Material für die Hörner umwidmet. Sie kann also als mehr oder weniger universale Kraft nur metaphorisch vorgestellt sein. Wenn es um die aktive Gestaltungskraft in einem Lebewesen geht, sollte, statt auf die statische Form abzuheben, eher die Seele bzw. die Nährseele (oder der Logos = der Bauplan; vgl. 639 b 14 f.) genannt werden, um Mißdeutungen im Sinne einer Selektion von vornherein auszuschließen. Nur eine sprachlich sorgfältige Interpretation kann vor Mißdeutungen schützen.

Sehen wir uns das imaginierte Wirken der Natur nun genauer an: Auffällig ist die Betonung der Tatsache, daß in bestimmten Fällen das Wirken der Natur eine Abweichung von der Norm bezeichnet. Das heißt, im Normalfall ist nach dem Wortlaut des Aristoteles ein bestimmter Materialanteil für vollständige Zähne bestimmt; die Zuteilung an die Hörner erscheint als eine Sonderregelung der Natur der Paarhufer. Damit wird zweifellos der Gedanke einer Evolution evoziert. Dies ist historisch sehr bedeutsam. Es kann keinen Zweifel daran geben, daß durch Aristoteles' Kompensationstheorie zum Beispiel das „Principe du balancement des organes" und die „Théorie des analogues" von Etienne Geoffroy de St. Hilaire (1772–1844) in seinem Werk *Philosophie anatomique*, 2 vols., Paris 1818, XXXII angeregt ist, das bereits in die Vorgeschichte des Darwinismus gehört.[563] In mancherlei Hinsicht erinnern jedoch die vorsichtigen, wenn auch unzusammenhängenden evolutionistischen Imaginationen des Aristoteles, die mit dem Kompensationsgesetz in Zusammenhang stehen (ebenso wie seine hier nicht besprochenen embryologischen Vorstellungen), ihres metaphorischen Charakters entkleidet, bereits mehr an die Entwicklungstheorien der ersten Hälfte des 19. Jh. (K.E. v. Baer, J.F. Meckel).[564] Man vergleiche die folgenden Belege.

563 E. Rádl, Geschichte der biologischen Theorien in der Neuzeit, I. Teil, 2. Aufl., Leipzig–Berlin 1913, 327.

564 Vgl. E. Rádl, Geschichte der biologischen Theorien in der Neuzeit, II. Teil, Geschichte der Entwicklungstheorien in der Biologie des XIX. Jahrhunderts, Leipzig 1909, 44 ff., 51 ff.; Kullmann, Aristoteles und die moderne Wissenschaft (wie Anm. 27) 286.

Ruminantia

Im Falle der Zahnbildung hat Aristoteles, nimmt man ihn beim Wort, insofern recht, als in der Evolution bei den *Pecora* (insb. *Bovidae*, *Antilocapridae* und *Cervidae*, also *Ruminantia*) gegenüber den ursprünglichen *Eutheria* (d. h. den Säugetieren ohne Beuteltiere) eine Reduktion der Zahnreihe des Oberkiefers stattgefunden hat.[565] Nicht bestätigt werden kann, daß damit, wie Aristoteles meint, eine Horn- oder Geweihbildung einherging: Das Verhältnis der evolutiven Veränderungen zueinander und der Kompensationsvorgänge ist in der zeitgenössischen Biologie nur partiell erforscht, aber in diesem Falle ist Aristoteles' Idee wohl auszuschließen. Ein anderer suggestiver Eindruck von ihm ist der, daß die Ausbildung eines vielkammerigen „multiloculären" Magens bei *Ruminantia* und *Tylopoda* sekundär erscheint und mit der Zahnstruktur korreliert. Dies entspricht allerdings dem Befund der heutigen Biologie. Es bleibt nur die Frage, wie Aristoteles Eindrücke dieser Art gewichtet hat, wenn er nur metaphorisch von der zuteilenden Natur spricht. Aus den personifizierenden Formulierungen (z. B. ‚wie ein verständiger Mensch', ‚wie ein guter Ökonom') geht hervor, daß es sich tatsächlich um Metaphorik handelt, die hinter den nichtmetaphorischen Feststellungen über die Ewigkeit und Unabänderlichkeit der Arten zurückstehen muß. Andererseits beweist die Fülle derartiger Erklärungen, daß Aristoteles ihnen zweifelsfrei eine gewisse Bedeutung zumißt. Er interpretiert sie als von der Natur gesteuerte Anpassungsvorgänge an die Lebensweise. Wissenschaftlich ist damit auch von ihm nur die tatsächliche Angepaßtheit bezeichnet. Sicher ist, daß Aristoteles sich nicht vorstellen konnte, daß so sinnvolle Strukturen, wie er sie entdeckt, durch Zufall (modern: durch Mutation) entstanden sein können. Andererseits schließt er, wie schon gesagt, auch auf der metaphorischen Ebene meist aus, daß sie von Grund auf neu geschaffen wurden.[566] In der Regel weist Aristoteles der Natur auch nur die Modifikation von Grundtypen zu. Allerdings wäre auch dies natürlich, wenn man es wörtlich nähme, mit seinem Grundsatz, daß ein Mensch einen Menschen zeugt, unvereinbar. Man kann nur zu dem Schluß kommen, daß Aristoteles das Zustandekommen der Angepaßtheiten bewußt offenläßt.

Es sei noch hinzugefügt, daß an einer Reihe von Stellen nur davon die Rede ist, daß eine Spezies oder Tierklasse statt eines Organs oder Teils x ein Organ oder einen Teil y erhalten hat, ohne daß die Natur ausdrücklich genannt ist. Mehrfach variiert der Sprachgebrauch bei demselben Objekt.

565 Westheide-Rieger (wie Anm. 86) Teil 2, 617 f.

566 Eine Ausnahme ist die Metapher von der Natur als Maler, die zuerst eine Planskizze herstellt. Siehe oben S. 171.

Säugetiere im allgemeinen

Eine ganz grundlegende evolutionsbiologische Tatsache verbirgt sich hinter Aristoteles' Behandlung der Erklärung des Phänomens, daß sich wegen der Überkreuzung von Nahrungs- und Atemweg häufig beim Trinken Schluckbeschwerden einstellen. In *De partibus animalium* III 3.664 b 2 ff. sagt Aristoteles wörtlich:

> „Die Luftröhre liegt vor der Speiseröhre, obwohl sie sie bei der Aufnahme der Nahrung behindert. Wenn nämlich etwas Trockenes oder Flüssiges vorbei in die Luftröhre fließt, verursacht es Erstickungsanfälle und Schmerzen und schlimmen Husten."[567]

Aristoteles findet also die Konstruktion sehr schlecht. Um dem abzuhelfen, so fährt er fort, hat die Natur eingegriffen. In 664 b 20 ff. heißt es:

> „Die Luftröhre wird aber, wie wir sagten, dadurch daß sie an der Vorderseite liegt, von der Nahrung behindert. Doch hat die Natur dagegen den Kehldeckel geschaffen. Diesen haben nicht alle lebendgebärenden Lebewesen,[568] sondern diejenigen, die eine Lunge besitzen und deren Haut behaart ist und die nicht mit Hornschuppen und Federn ausgestattet sind."[569]

Rekapitulierend formuliert er in III 3.665 a 7 ff.:

> „warum die Natur die schlechte Lage der Luftröhre dadurch geheilt hat, daß sie den sogenannten Kehldeckel geschaffen hat."[570]

Aristoteles beobachtet hier anatomische Tatsachen, die nur durch den Übergang von der Kiemenatmung der Fische zur Lungenatmung zureichend erklärt werden können. Es ist offensichtlich der einseitig philosophischen Betrachtungsweise zuzuschreiben, daß Interpreten wie Lennox, Henry, Leunis-

567 Κεῖται δ' ἔμπροσθεν ἡ ἀρτηρία τοῦ οἰσοφάγου, καίπερ ἐμποδίζουσα αὐτὸν περὶ τὴν ὑποδοχὴν τῆς τροφῆς· ἐὰν γάρ τι παρεισρυῇ ξηρὸν ἢ ὑγρὸν εἰς τὴν ἀρτηρίαν, πνιγμοὺς καὶ πόνους καὶ βῆχας χαλεπὰς ἐμποιεῖ.

568 Ogle, De part. an. (wie Anm. 375) z. St. und Althoff (wie Anm. 212) 87 m. Anm. 16 lesen statt ζῳοτοκοῦντα vielmehr ζῷα τὰ ἔναιμα, weil im folgenden unter anderen die beschuppten und gefiederten Tiere ausgenommen werden (664 b 24 f.). Zumindest gefiederte lebendgebärende Tiere gibt es ja nicht (die Fledermäuse sind zwar geflügelt, aber nicht gefiedert). Aber es kann hier ja eine flüchtige Ausdrucksweise des Aristoteles vorliegen. Statt der πτερωτά müßten eigentlich die ἔνυδρα (Haifische) ausgenommen werden.

569 Ἡ δ' ἀρτηρία τῷ διακεῖσθαι, καθάπερ εἴπομεν, ἐν τῷ πρόσθεν ὑπὸ τῆς τροφῆς ἐνοχλεῖται· ἀλλ' ἡ φύσις πρὸς τοῦτο μεμηχάνηται τὴν ἐπιγλωσσίδα. Ταύτην δ' οὐκ ἔχουσιν ἅπαντα τὰ ζῳοτοκοῦντα, ἀλλ' ὅσα πλεύμονα ἔχει καὶ τὸ δέρμα τριχωτόν, καὶ μὴ φολιδωτὰ μηδὲ πτερωτὰ πέφυκεν.

570 διότι τῆς ἀρτηρίας τὴν φαυλότητα τῆς θέσεως ἰάτρευκεν ἡ φύσις, μηχανησαμένη τὴν καλουμένην ἐπιγλωττίδα.

sen den kryptoevolutionistischen Charakter der Aussagen des Aristoteles nicht erkennen und würdigen. Henry spricht von *architectural constraints*, die die Vollkommenheit der organischen Struktur beeinträchtigen.[571] Es geht hier aber nicht um eine aristotelische Theorie der *optimality*, die es zu rekonstruieren gilt, sondern um die zoologische Beschreibung eines empirischen Tatbestands: Der Eindruck einer tatsächlichen Entwicklung drängt sich auf, muß aber zwangsläufig als Metapher formuliert werden, da ein Eingriff der Natur, überhaupt eine strukturelle Veränderung der Spezies, nach der aristotelischen Lehre von der Ewigkeit der Arten niemals stattgefunden haben kann.

Auch spezielle interspezifische Zusammenhänge werden gelegentlich metaphorisch auf die Natur zurückgeführt wie das unterständige Maul der Haifische, das die Chance des Entkommens der kleinen Fische begünstigen soll.[572]

Robben (Pinnipedia), Maulwurf (Talpa caeca), Delphine und andere Wale (Cetacea) und Elefant

Bei der Robbe beobachtet Aristoteles verschiedene Defizienzen. In *De part. an.* II 12.657 a 22 ff. sagt er: Unter den Lebendgebärenden hat auch die Robbe keine Ohren, sondern nur Gehörgänge, weil sie ein verkümmerter (verstümmelter, πεπηρωμένον) Vierfüßer ist. In *De gen. an.* V 2.781 b 22 ff. wird gesagt, daß die Natur in verständiger Weise auch den Hörsinn bei den Robben geregelt habe, indem sie ihnen keine Ohrmuscheln, sondern nur Gehörgänge gegeben habe, weil die Ohrmuscheln im Wasser hinderlich wären.[573] Nach *Hist. an.* I 11.492 a 26 f. teilt die Robbe den Mangel mit den Delphinen und den anderen Cetaceen, zu deren Gattung sie jedoch nicht gerechnet wird. Sie gehört vielmehr zu den lebendgebärenden Vierfüßern, und ihre Vorderfüße erinnern, wie Aristoteles sagt, an die des Braunbären, den Aristoteles aus Kleinasien wahrscheinlich kannte, wozu paßt, daß die Robben modern auf *Arctoidea* zurückgeführt werden.[574] Ähnlich wird der

571 Henry, Optimality Reasoning in Aristotle's Natural Teleology (wie Anm. 533) 239.

572 Siehe oben S. 45 f. Anm. 123.

573 Vgl. Kullmann, Aristoteles. Über die Teile der Lebewesen (wie Anm. 15) 457; M. Liatsi, Aristoteles, De generatione animalium V (wie Anm. 639) 131 f.

574 Westheide-Rieger (wie Anm. 86) Teil 2, 605 ff. Vgl. auch Starck, Säugetiere, Teilband 5/2 (wie Anm. 400) 750, 848 („Abkömmlinge ... arktoider Fissipedia"); ders., Vergleichende Anatomie der Wirbeltiere auf evolutionsbiologischer Grundlage, Bd. 1: Theoretische Grundlagen. Stammesgeschichte und Systematik unter Berücksichtigung der niederen Chordata, Berlin–Heidelberg–New York 1978, 217 („Serologische Befunde deuten auf Beziehung zu Ursiden hin").

blinde Maulwurf (*Talpa caeca*) in der *Hist. an.* verstümmelt genannt, weil seine Augen von einer Haut bedeckt sind, wenn man ihn seziert, und dies wird auf einen Defekt in der embryologischen Entwicklung zurückgeführt (I 9.491 b 26 ff. und IV 8.533 a 2 ff.).[575]

In *Hist. an.* I 9.491 b 26 ff. heißt es:

> „Alle anderen Tiergruppen mit Ausnahme der Schaltiere und der übrigen unvollkommenen Tiere besitzen Augen sämtlich mit Ausnahme des Maulwurfs. Dieser hat, wie man wohl formulieren muß, in gewisser Weise Augen, im ganzen gesehen aber keine. Denn er sieht weder noch besitzt er äußerlich sichtbare Augen. Wenn man aber die Haut entfernt, sieht man sowohl den Platz der Augen als auch das Schwarze der Augen an dem Ort und der Stelle, die den Augen, die äußerlich sichtbar sind, von Natur aus zukommt; die Augen sind nämlich in der Entwicklung verkümmert, und die Haut ist darübergewachsen."[576]
>
> (Übersetzung von Aubert-Wimmer, mit Änderungen)

Hier haben wir den klaren Sachverhalt einer starken Rückbildung, einer Unterbrechung der embryologischen Entwicklung, formuliert, und da es sich ja nicht um die Ontogenese eines einzelnen Maulwurfs (oder Blindmolls) handelt, sondern um einen für die ganze Spezies charakteristischen Stop in der Ontogenese, ist der evolutionsbiologische Sachverhalt mit voller Klarheit herausgestellt, wenn auch nicht als solcher ausgewertet. Wie bei der Robbe fällt in metaphorischer Ausdrucksweise der Ausdruck „verkümmert" (hier: πηρουμένων). Es wird deutlich, daß Aristoteles zugunsten seiner Beobachtungen die Vorstellung von einer Vollkommenheit der Natur in gar keiner Weise unterstützt. Man beachte den gewaltigen Unterschied zwischen philosophischer und echt wissenschaftlicher Betrachtungsweise. Als Philosoph würde sich einem die Frage aufdrängen, warum die Natur so verfährt, daß sie in einer Tierart eine für ein Auge passende Umgebungsstruktur schafft, es aber zuläßt, daß die Ausführung eines Auges unterbleibt. Die Vorsokratiker haben auch einzelne Naturerscheinungen beobachtet, suchten sie aber aus einem

575 Vgl. Kullmann, Aristoteles. Über die Teile der Lebewesen (wie Anm. 15) 457.

576 τὰ μὲν οὖν ἄλλα γένη πάντα τῶν ζῴων πλὴν τῶν ὀστρακοδέρμων καὶ εἴ τι ἄλλο ἀτελές, ἔχει ὀφθαλμούς· τὰ δὲ ζῳοτόκα πάντα πλὴν ἀσπάλακος. τοῦτον δὲ τρόπον μέν τιν' ἔχειν ἂν θείη τις, ὅλως δ' οὐκ ἔχειν. ὅλως μὲν γὰρ οὔθ' ὁρᾷ οὔτ' ἔχει εἰς τὸ φανερὸν δήλους ὀφθαλμούς· ἀφαιρεθέντος δὲ τοῦ δέρματος ἔχει τήν τε χώραν τῶν ὀμμάτων καὶ τῶν ὀφθαλμῶν τὰ μέλανα κατὰ τὸν τόπον καὶ τὴν χώραν τὴν φύσει τοῖς ὀφθαλμοῖς ὑπάρχουσαν ἐν τῷ ἐκτός, ὡς ἐν τῇ γενέσει πηρουμένων καὶ ἐπιφυομένου τοῦ δέρματος.
Wahrscheinlich handelt es sich bei dem ἀσπάλαξ um den Maulwurf (*Talpa caeca*), so z. B. Keller, Die antike Tierwelt, Bd. 1 Säugetiere (wie Anm. 335) 23 f. und andere, also wohl nicht um den Blindmoll (*Spalax typhlus*), so Aubert-Wimmer I (wie Anm. 242) 64.

Prinzip zu erklären. Was wir bei Aristoteles finden, ist genau die Haltung, die wir als wissenschaftlich betrachten, nämlich zunächst einmal die Beobachtungen exakt zu registrieren. Und zugleich ist zu erkennen, daß mit der Entdeckung der Komplexität der Baupläne letztlich die darwinistische Interpretation vorgezeichnet ist. Man muß in der Tat von Metaphorik sprechen.

Auch bei den *Cetacea*, einer anderen größten Gattung, führt Aristoteles ihre Doppelnatur, d. h. daß sie nicht nur lebend gebärend sind, sondern auch (sozusagen fischähnlich) im Wasser leben, gemäß *Historia animalium* VIII 2.590 a 1 auf die Verstümmelung eines kleinen Teils[577] zurück (mit großen Auswirkungen wie bei den Kastraten), die während der embryologischen Entwicklung auftritt. Sie erfolgt aufgrund der Aufnahme von Materie, aus der die Nahrung (scil. des Muttertiers) besteht.[578] Auch dies ist wieder sozusagen eine ‚kryptoevolutionsbiologische' Aussage. Die Cetaceen sind evolutionsbiologisch mit den *Artiodactyla* eng verwandt.[579]

Der Rüssel des Elefanten ist nach *De partibus animalium* II 16.659 a 11 ff. und a 20 ff. von der Natur an die Lebensweise dieser Tierart (zum Luftholen im Wasser und zum Greifen) angepaßt.

Vögel und Reptilien

Auch bei Vögeln und Reptilien, also der modernen Gruppe der *Sauropsida*, die Aristoteles hier mit Recht zusammenfaßt, gibt es einen Mechanismus, der verhindern soll, daß Nahrung in die Luftröhre kommt. Vgl. *De partibus animalium* III 3.664 b 25 ff.:

> „Bei letzteren zieht sich anstatt des Kehldeckels der Kehlkopf zusammen bzw. öffnet sich, und zwar in derselben Weise, wie der Kehldeckel bei jenen Lebewesen sich auflegt und sich öffnet, und zwar sich öffnet durch den Eintritt oder Austritt des Atems, sich schließt, wenn die Nahrung hereinkommt, damit nichts nebenbei in die Luftröhre gelangt. Wenn aber bei dieser Bewegung ein Fehler passiert und jemand einatmet, während die Nahrung zugeführt wird, dann veranlaßt dies, wie gesagt, Husten und Würgen."[580]

577 μικροῦ γὰρ μορίου πηρωθέντος.

578 H. Granger, Deformed Kinds and the Fixity of the Species, Classical Quarterly 37, 1987, 110–116; Kullmann, Aristoteles. Über die Teile der Lebewesen (wie Anm. 15) 457. Vgl. Gotthelf, Teleology, First Principles (wie Anm. 311) 231 Anm. 24.

579 Storch-Welsch (wie Anm. 240) 792 f.

580 Τούτοις δ' ἀντὶ τῆς ἐπιγλωττίδος συνάγεται καὶ διοίγεται ὁ φάρυγξ, ὅνπερ τρόπον ἐκείνοις ἐπιβάλλει τε καὶ ἀναπτύσσεται τοῦ πνεύματος τῇ εἰσόδῳ τε καὶ ἐξόδῳ ἀναπτυσσομένη, τῆς δὲ τροφῆς εἰσιούσης ἐπιπτυσσομένη, ἵνα μηθὲν παραρρυῇ παρὰ τὴν ἀρτηρίαν. Ἐὰν δέ τι πλημμεληθῇ παρὰ τὴν τοιαύτην κίνησιν καὶ προσφερομένης τῆς τροφῆς ἀναπνεύσῃ τις, βῆχας καὶ πνιγμοὺς ποιεῖ, καθάπερ εἴρηται.

Bei Nichtsäugern erfolgt der Abschluß der Trachea gegen den Nahrungsweg durch Verschluß des Aditus, also auf andere Weise.

Vögel

Eine vergleichbare Ersatzlösung für Gebißmängel wie bei den *Ruminantia* spricht Aristoteles den Vögeln zu. Die Vögel haben wegen ihrer mangelhaften Ausstattung des Mundes (ohne Zähne) einen Kropf oder eine breite Speiseröhre oder vor dem eigentlichen Magen einen geschwollenen Magenabschnitt, oder einen Auswuchs des Magens bzw. einen besonders fleischigen Magen, der es gestattet, die Nahrung zu horten und in ihrem vom Mund nicht zermahlenen Zustand verdauen zu können. Im letzteren Fall sagt Aristoteles in *De partibus animalium* III 14.674 b 28 ff.:

> „Durch das Vermögen und die Wärme des Magens ersetzt die Natur den Mangel des Mundes.“[581]

Er stößt hier auf den besonderen Kaumagen der Vögel, der in der Tat eine Neubildung ist.[582] Aber auch allgemein sagt er von den Vögeln, daß sie statt Kiefern einen Schnabel haben (II 16.659 b 5 f.). Die Ausformung eines Hornschnabels ist mit Gebißverlust verbunden, wie Aristoteles richtig erahnt.[583] Nach IV 12.692 b 18 f. ersetzt der Schnabel Zähne und Hände.[584] Wie intensiv Aristoteles das Zustandekommen des Schnabels imaginiert, zeigt ein Gedankenexperiment in II 16.659 b 23 ff.:

> „Er (scil. der Schnabel) ist nämlich anstelle der Zähne und der Lippen zu einer Einheit zusammengeführt, wie wenn jemand einem Menschen die Lippen wegnähme und die Oberzähne und die Unterzähne getrennt zusammenschweißte und nach vorne führte, indem er sie oben und unten bis zu einem engen Ende in die Länge zöge. Dies würde dann ein Vogelschnabel.“[585]

Tatsächlich ist der zahnlose Vogelschnabel eine Neubildung, eine Autapomorphie, der Vögel.[586] In seinem Gedankenexperiment geht Aristoteles bei seinem Vergleich allerdings von Mund und Gebiß des Menschen aus, nicht

581 τῇ δυνάμει γὰρ καὶ τῇ θερμότητι τῆς κοιλίας ἡ φύσις ἀναλαμβάνει τὴν τοῦ στόματος ἔνδειαν.

582 Vgl. Westheide-Rieger (wie Anm. 86) Teil 2, 403, 421.

583 Vgl. Westheide-Rieger (wie Anm. 86) Teil 2, 420 f.

584 Vgl. auch Kullmann, Aristoteles. Über die Teile der Lebewesen (wie Anm. 15) 722.

585 συνῆκται γὰρ εἰς ἓν ἀντ᾽ ὀδόντων καὶ χειλῶν, ὥσπερ ἂν εἴ τις ἀφελὼν ἀνθρώπου τὰ χείλη καὶ συμφύσας τοὺς ἄνωθεν ὀδόντας χωρὶς καὶ τοὺς κάτωθεν προαγάγοι μῆκος ποιήσας ἀμφοτέρωθεν εἰς στενόν· εἴη γὰρ ἂν τοῦτο ἤδη ῥύγχος ὀρνιθῶδες.

586 Vgl. Westheide-Rieger (wie Anm. 86) Teil 2, 410.

z. B. vom Reptil oder wie die heutige Evolutionsbiologie von einer älteren Vorstufe, in diesem Fall von den zum Taxon *Saurischia* gehörenden *Dromaeosauridae* innerhalb der ausgestorbenen Dinosaurier.[587] Der Grund ist, daß Aristoteles generell dazu neigt, den Menschen als Maßstab zu nehmen, und daß er hier außerdem vielleicht von der ‚platonischen Evolutionstheorie' beeinflußt ist, wie wir sie im *Timaios* 91 D ff. lesen. Danach fand, wie schon anfangs berührt, aus moralischen Gründen bei der Seelenwanderung ein Abstieg statt, auf deren unterster Stufe die Meerestiere stehen. Es ist jedoch zu betonen, daß Aristoteles auf seiner zweiten (im Prinzip metaphorischen, primär der Veranschaulichung dienenden) Deutungsebene nur auf Einzelfälle zu sprechen kommt, in denen es sich empirisch anbietet, von der Natur vorgenommene Anpassungen zu imaginieren. Es liegt ihm fern, diese imaginierten Anpassungen in ein System zu bringen. Weitere Hinweise auf Adaptationen bei den Vögeln finden sich in IV 12.695 a 9 f. (Flügel statt Vorderbeinen), IV 12.695 a 10 ff. (angebliche Verlängerung des Sitzbeines [*Ischium*] durch die Natur zur besseren Abstützung).[588]

Auch bei bestimmten Merkmalen einzelner Vogelarten spricht Aristoteles von Umwidmungen. In IV 12.694 b 18 ff. heißt es von den Sumpfvögeln:

> „Da sie aber keine starken Flieger sind, alle jedoch aus demselben Stoff bestehen, hat die Nahrung, die ihnen für den Schweif zur Verfügung steht, aber für die Beine aufgewendet wurde, diese Beine vergrößert."[589]

Die Langbeinigkeit der Sumpfvögel ist demnach metaphorisch gesprochen eine „sekundäre" Sonderform der Vögel.[590] Die Umwidmung muß auf der Bildebene wieder von außen erfolgen. J.G. Lennox stellt in seinem Kommentar die Frage, warum nicht trotz der langen Beine noch Material für den Schwanz übrig sein kann.[591] Die Antwort muß wohl lauten, daß dagegen die Empirie spricht. Die langen Beine werden von den Sumpfvögeln beim Fliegen nach hinten gestreckt, wie Aristoteles in 694 b 21 feststellt. So sind diese Vögel auch in bezug auf ihre Flugfähigkeit optimal angepaßt. Bei Vögeln wird außerdem, wie auch anderswo, die körperliche Schwäche von der Natur

587 Vgl. Westheide-Rieger (wie Anm. 86) Teil 2, 397.

588 Vgl. Kullmann, Aristoteles. Über die Teile der Lebewesen (wie Anm. 15) 734.

589 Ἐπεὶ δ' οὐ πτητικὰ μέν, ἐκ τῆς δ' αὐτῆς ὕλης ἐστὶ πάντα, ἡ εἰς τὸ οὐροπύγιον αὐτοῖς τροφὴ εἰς τὰ σκέλη καταναλισκομένη ταῦτα ηὔξησεν.

590 Hier wird in der Sprache von Gotthelf und Leunissen sogar wieder das ‚potential for form' ausgetauscht (vgl. oben S. 168 f.). In Wirklichkeit geschieht und geschah gar nichts. Die Metaphorik zeigt aber wieder eine großartige Antizipation evolutionistischer Erklärungen.

591 Lennox, Comm. (wie Anm. 452) 335.

durch größere Fruchtbarkeit ausgeglichen (vgl. *De generatione animalium* III 1.750 a 2 ff.; 4.755 a 30 ff. [zu den Fischen]).[592]

Reptilien

In unserem Zusammenhang ist besonders interessant, was Aristoteles zu den Schlangen sagt. Bei ihnen ist vorgegeben, daß sie Bluttiere sind und Überlänge besitzen. Es wird gefragt, warum sie fußlos sind. Dafür macht Aristoteles wieder die Natur verantwortlich. Er sagt in *De incessu animalium* 8.708 a 9 ff.:

> „Der Grund für die Fußlosigkeit der Schlangen ist der, daß die Natur nichts umsonst macht, sondern alles, indem sie auf das blickt, was für jegliches Lebewesen das Beste ist im Rahmen der Möglichkeiten, wobei sie sein besonderes Wesen und das, was seine Definition ausmacht, bewahrt."[593]

Dies heißt im konkreten Fall, die Natur tastet die Bluthaltigkeit und die Überlänge nicht an. Da ein Bluttier nach einem Axiom des Aristoteles nicht mehr als vier Bewegungspunkte haben kann (sonst würde das Tier zu den Blutlosen gehören), mit zwei oder vier Füßen die Bewegung aber zu langsam wäre, haben die Schlangen gar keine Füße, sondern bewegen sich, wie an anderer Stelle erläutert wird, durch „Schlängeln", das seiner Meinung nach auch nur vier Bewegungspunkte benötigt.

Eine absteigende *scala naturae* vom Menschen über die Vierfüßer bis zu den Fußlosen, also den Schlangen, und schließlich zu den Pflanzen nach dem abnehmenden Grad von nach oben steigender Wärme beschreibt Aristoteles in *De partibus animalium* IV 10.686 b 21 ff., wobei er gelegentlich, z. B. bei den Schlangen, auch eine allmähliche Entwicklung unterstellt (IV 10.686 b 31 f.):

> „Die Gattung der Vögel und die Gattung der Fische und überhaupt jedes blutführende Tier ist, wie gesagt, zwergenhaft. Deshalb sind auch alle Tiere weniger intelligent als die Menschen. Ja sogar bei den Menschen bleiben die Kinder im Verhältnis zu den Erwachsenen und unter den Erwachsenen die an Wuchs Zwergenhaften (gegenüber den übrigen) an Denkfähigkeit zurück, auch wenn sie in bezug auf eine andere Fähigkeit

592 Vgl. Kullmann, Aristoteles, Über die Teile der Lebewesen (wie Anm. 15) 511 (mit verwandten Beispielen).

593 Τοῖς δ' ὄφεσιν αἴτιον τῆς ἀποδίας τό τε τὴν φύσιν μηδὲν ποιεῖν μάτην, ἀλλὰ πάντα πρὸς τὸ ἄριστον ἀποβλέπουσαν ἑκάστῳ τῶν ἐνδεχομένων, διασῴζουσαν ἑκάστου τὴν ἰδίαν οὐσίαν καὶ τὸ τί ἦν αὐτῷ εἶναι.

> überlegen sind. Der Grund dafür ist, wie schon früher gesagt worden ist, daß der Ausgangspunkt für die Aktivität der Seele (in diesem Falle) sehr schwer beweglich und körperhaft ist. Wenn schließlich die nach oben steigende Wärme geringer wird und das Erdhafte zunimmt, sind die Körper der Lebewesen kleiner und mit vielen Füßen versehen. Schließlich werden sie fußlos und auf die Erde gestreckt. Und wenn sie sich nur wenig noch so weiterentwickeln, haben sie sogar ihr Ursprungsorgan unten, und der Teil des Kopfes ist schließlich unbeweglich und ohne Empfindung, und sie werden zur Pflanze."[594]

Natürlich ist auch dies nur metaphorisch gemeint;[595] denn es widerspricht der Feststellung, daß die Natur das Wesen einer Tierklasse bewahrt, was nicht der Fall wäre, wenn Schlangen aus Lebewesen mit Füßen ableitbar wären. Auch hier kann man an Platons „Deszendenztheorie" (*Tim.* 91 D ff.) erinnern (siehe oben S. 35 f.). Doch geht es Aristoteles im Kontext um spezielle zoologische Probleme, um allometrische Gesetzmäßigkeiten bei einzelnen Arten von Lebewesen während des Wachstums und verglichen mit anderen Spezies, etwa um das im Verhältnis zur Körpergröße unproportionale Wachstum des Unterkörpers bei den Menschen. Auch spricht hier Aristoteles nicht die Sprache der Fabel, wie Sedley formuliert,[596] sondern er bedient sich zur Beschreibung der Skalierung der Lebewesen seiner das ganze Werk durchziehenden metaphorischen Ausdrucksweise, die besondere somatische Strukturen dadurch veranschaulicht, daß sie als Ergebnis einer Entwicklung beschrieben werden. Daß er dabei auf reale evolutionsbiologische Zusammenhänge stößt, zeigt, daß er bei der Wahl dieses Ausdrucksmittels seinen eigenen Eindrücken folgt. Die Stelle zeigt die empirische Intuition des Aristoteles, der zumindest bei den Schlangen, die die heutige Biologie von *Varanoidea,* Echsen, ableitet, sozusagen mit Recht einen Reduktionismus imaginiert.[597] Der nächste Schritt auf der *scala naturae* der Tiere, der Übergang

594 Ἔστι δὲ καὶ τὸ τῶν ὀρνίθων καὶ τὸ τῶν ἰχθύων γένος καὶ πᾶν τὸ ἔναιμον, ὥσπερ εἴρηται, νανῶδες. Διὸ καὶ ἀφρονέστερα πάντα τὰ ζῷα τῶν ἀνθρώπων ἐστίν. Καὶ γὰρ τῶν ἀνθρώπων, οἷον τά τε παιδία πρὸς τοὺς ἄνδρας καὶ αὐτῶν τῶν ἐν ἡλικίᾳ οἱ νανώδεις τὴν φύσιν, ἐὰν καί τιν' ἄλλην δύναμιν ἔχωσι περιττήν, ἀλλὰ τῷ τὸν νοῦν ἔχειν ἐλλείπουσιν. Αἴτιον δ' ὥσπερ εἴρηται πρότερον, ὅτι ἡ τῆς ψυχῆς ἀρχὴ πολλῷ δὴ δυσκίνητός ἐστι καὶ σωματώδης. Ἔτι δ' ἐλάττονος γινομένης τῆς αἰρούσης θερμότητος καὶ τοῦ γεώδους πλείονος, τά τε σώματα ἐλάττονα τῶν ζῴων ἐστὶ καὶ πολύποδα, τέλος δ' ἄποδα γίγνεται καὶ τεταμένα πρὸς τὴν γῆν. Μικρὸν δ' οὕτω προβαίνοντα καὶ τὴν ἀρχὴν ἔχουσι κάτω, καὶ τὸ κατὰ τὴν κεφαλὴν μόριον τέλος ἀκίνητόν ἐστι καὶ ἀναίσθητον, καὶ γίνεται φυτόν.

595 So auch Lennox, The Complexity (wie Anm. 11) 320.

596 Sedley, Creationism (wie Anm. 82) 132.

597 Vgl. Westheide-Rieger (wie Anm. 86) Teil 2, 358. Vgl. auch Kullmann, Über die Teile der Lebewesen (wie Anm. 15) 695.

von den Tieren zu den Pflanzen, den als Reduktionismus zu betrachten völlig überzogen wäre, wird von ihm sprachlich neutraler ausgedrückt. Auch bei den Krokodilen sieht Aristoteles die Natur wirksam. Dieses Tier besitzt, wie er in IV 11.691 b 8 f. sagt, zum Ergreifen und Festhalten unbrauchbare Füße, da diese ganz klein sind:

> „Zu diesem Zweck hat ihm die Natur anstelle der Füße das Maul passend eingerichtet."[598]

Dies bezieht sich auf den im Gegensatz zum Unterkiefer beweglichen Oberkiefer. Das Maul des Krokodils sei von der Natur für das Ergreifen und Zerbeißen brauchbar gemacht (691 b 24 f.).

Fische

Von den Selachiern, den Knorpelfischen, d. h. den Haien und Rochen, sagt Aristoteles in *De partibus animalium* II 9.655 a 23 ff.:

> „Die Selachier genannten (Lebewesen) sind ihrer Natur nach mit knorpelartigen Gräten ausgestattet. Denn ihre Bewegung muß geschmeidiger sein, so daß auch die Bewegung (und Art) ihres Körpergerüsts nicht spröde sein darf, sondern weicher sein muß, und das Erdige hat die Natur ganz für die Haut verbraucht; und die Natur ist nicht imstande, denselben Überschuß zugleich an viele Orte zu verteilen."[599]

und entsprechend heißt es in IV 13.697 a 8 f.:

> „Die Natur hat das Erdhafte von dort her für die Haut aufgewandt."[600]

Statt Knochen (Gräten) haben sie Knorpel, aber auf der Außenhaut die Plakoidschuppen. Es werden also (metaphorisch) anscheinend die Knorpelfische von den Knochenfischen abgeleitet.[601] Die Natur (scil. der Fische) hatte, so stellt es Aristoteles hier dar, bei der Ressourcenverteilung eine zweite Option (vgl. auch IV 13.695 b 7 f.).[602]

598 Πρὸς οὖν ταύτας τὰς χρείας ἀντὶ ποδῶν τὸ στόμα ἡ φύσις χρήσιμον αὐτῷ ἐποίησεν.

599 Τὰ δὲ καλούμενα σελάχη χονδράκανθα τὴν φύσιν ἐστίν· ὑγροτέραν τε γὰρ ἀναγκαῖον αὐτῶν εἶναι τὴν κίνησιν, ὥστε δεῖ καὶ τὴν τῶν ἐρεισμάτων μὴ κραῦρον εἶναι ἀλλὰ μαλακωτέραν, καὶ τὸ γεῶδες εἰς τὸ δέρμα πᾶν ἀνήλωκεν ἡ φύσις· ἅμα δὲ τὴν αὐτὴν ὑπεροχὴν εἰς πολλοὺς τόπους ἀδυνατεῖ διανέμειν ἡ φύσις.

600 τὸ γὰρ γεῶδες ἐκεῖθεν ἡ φύσις εἰς τὸ δέρμα κατανήλωκεν.

601 In der modernen Evolutionstheorie gehören die Knochenfische zu einer Schwestergruppe der Knorpelfische. Vgl. Westheide-Rieger (wie Anm. 15) Teil 2, 196, 225.

602 Einen Vergleich zur Vorstellung eines Ressourcenverteilungstauschs (*resource allocation trade-off*) in der heutigen Biologie bringt Leroi, Function and Constraint (wie Anm. 528) 261 ff.

Bei dem für ihn als Selachier und Rochen geltenden Froschfisch, dem Seeteufel (*Lophius piscatorius*), der aber tatsächlich ein Knochenfisch ist, sieht er wieder eine Aktivität der Natur wirksam (IV 13.695 b 14 ff.):

> „Weil seine vordere Breite nicht fleischig ist, hat die Natur das, was sie an Fleischigem weggenommen hat, nach hinten und an den Schwanz versetzt."[603]

Der Fisch gilt ihm also als ein von der Natur abgeänderter Rochen.

Blutlose

Auch zu dieser Tiergruppe finden sich bei Aristoteles Bemerkungen, die evolutionsbiologisch klingen. Von den Hummern sagt er in *De partibus animalium* IV 8.684 a 33 ff.:

> „Ursache dafür, daß sie Scheren besitzen, ist, daß sie in der Gattung sind, die Scheren hat. Aber sie haben dieses Merkmal der Scheren in dieser ungeregelten Verteilung, weil sie verstümmelt sind und sie sie nicht zu dem gebrauchen, wozu sie von Natur aus bestimmt sind, sondern um der Fortbewegung willen."[604]

Hier führt ein Defekt bei einem Merkmal zu einer neuen Funktion. Die Hummer können (wenigstens nach einer Beobachtung des Aristoteles) die Scheren nicht zum Ergreifen gebrauchen. Dies klingt sehr darwinistisch. Denn Mutationen sind in der Regel Defekte, die im günstigen Falle zu neuen Funktionen führen. Man sieht deutlich, wie die Empirie Aristoteles einer evolutionsbiologischen Erklärung näherbringt.[605] Von den Garnelen sagt Aristoteles in IV 8.684 a 15 f. sogar, daß sie keine Scheren haben und fährt fort (684 a 16 f.):

> „Und diese haben sie deshalb nicht, weil sie mehrere Beine haben; denn das zum Wachsen der Scheren bestimmte Material ist hierfür verwendet."[606]

Auch hier wird wieder eine Wegentwicklung vom Typus formuliert, die dem empirischen Eindruck des Aristoteles entspricht, aber nicht buchstäblich interpretiert werden darf.

603 διὰ γὰρ τὸ μὴ σαρκῶδες εἶναι τὸ πλάτος αὐτῶν τὸ ἐμπρόσθιον, ὅσον ἀφῄρηται σαρκῶδες, πρὸς τὸ ὄπισθεν αὐτὸ ἔθηκεν ἡ φύσις καὶ τὴν οὐράν.

604 Αἴτιον δὲ τοῦ μὲν ἔχειν χηλὰς ὅτι ἐν τῷ γένει εἰσὶ τῷ ἔχοντι χηλάς. Τοῦτο δ' ἀτάκτως ἔχουσιν, ὅτι πεπήρωνται, καὶ οὐ χρῶνται ἐφ' ὃ πεφύκασιν, ἀλλὰ πορείας χάριν.

605 Zu Lennox' abweichender Meinung siehe unten S. 272 ff.

606 ἃς οὐκ ἔχουσι διὰ τὸ πλείους ἔχειν πόδας· ἐνταῦθα γὰρ ἐκεῖθεν ἀνήλωται αὔξησις.

Schlußbemerkung

In der Forschung ist die *kryptoevolutionistische* Darstellungsweise der Anpassung der Tierarten an ihre jeweilige Lebensform durch die Natur, die hier nur in einigen ihrer hauptsächlichsten Belege zur Sprache kam, bisher nicht beachtet worden. Die großen biologischen Einsichten, die die Evolutionstheorie antizipieren, sind nicht im geringsten berücksichtigt. Will man Aristoteles keine große Unlogik vorwerfen, kann man sie freilich nur als metaphorisch charakterisieren.

Allerdings ist darauf hinzuweisen, daß Aristoteles seine Auffassung von der Ewigkeit der Arten nicht als unumstößliches Dogma betrachtet hat. Er zitiert in *De generatione animalium* III 11.762 b 28 ff. Leute, die annehmen, daß Menschen und Vierfüßer einmal als Erdgeborene entstanden sind, und sagt dazu in 763 a 3 ff., daß es, wenn es einmal für alle Lebewesen einen Anfang der Entstehung gab, d. h. eine Evolution aus dem Anorganischen, sie am ehesten von Würmern ausgegangen wäre, und weist dabei auf die von ihm behandelte vermeintliche Spontanentstehung bestimmter Tierarten hin. Interessant ist daran unter anderem, daß er sich die Evolution am ehestens als Höherentwicklung vorstellen konnte, nicht als Devolution wie Platon in seinem Timaiosmythos. Aber er teilt diese Auffassung trotzdem nicht.

Es sei zum Thema der Evolution auch noch hingewiesen auf Versuche, von der *Metaphysik* her eine prinzipielle Offenheit des Aristoteles für die Evolution nachzuweisen. Insbesondere sei eine Studie von Fran O'Rourke (University College Dublin) zu diesem Thema genannt.[607]

7.9a Nachtrag[608]

In ihrem Aufsatz über „‚Crafting natures': Aristotle on Animal Design" hat Mariska Leunissen die kühne These vertreten, daß die Spezies bei Aristoteles nicht, wie es den Anschein hat, in vollem Sinne fixiert, sondern in Einzelheiten „underdetermined" sind.[609] Die *potentials for form* (Terminus von Allan Gotthelf), womit offensichtlich nach *De generatione animalium* IV 3 die vom Vater bzw. der Mutter übernommenen Erbanlagen gemeint sind, besäßen

607 F. O'Rourke, Aristotle and the Metaphysics of Evolution, The Revue of Metaphysics 229, 2004, 3–59, bes. 45.

608 Der hier behandelte Aufsatz von M. Leunissen, ‚Crafting natures'. Aristotle on Animal Design, Philosophic Exchange 41, 2013, 28–51 ist uns erst kurz vor Abschluß des Buchs zugänglich geworden. Deshalb erlauben wir uns, unter teilweisem Rückgriff auf vorab behandelte Fragen unsere Stellungnahme unabhängig zu formulieren.

609 Leunissen, Crafting natures (wie Anm. 608) 28.

selbst eine gewisse Flexibilität und Dynamik; die „formal natures" der verschiedenen Tierarten könnten in bestimmten Fällen selbst entscheiden, welche Teile sie weglassen oder hinzufügen und an welcher Stelle. Sie bezieht die Stellen, an denen bei Aristoteles von einer gestaltenden, demiurgischen Rolle der Natur die Rede ist, nicht auf eine externe, eventuell universale, Kraft (soweit Lennox folgend[610]), sondern schreibt diese Aktivitäten der strukturierenden Kraft in den Spezies selbst zu, die Aristoteles selbst genauer als deren Nährseele bestimmt. Sie spricht in diesen Fällen in Anlehnung an Lennox von *formal natures*,[611] die dieses Werk vollbringen, wenn es dem Nutzen der jeweiligen Tierart dient. Wenn sie recht hätte, würde der strikte Artbegriff des Aristoteles, von dem man bisher ausgegangen ist, ausgehebelt. Als Beispiel führt sie an, daß die interne Natur in einigen Fällen den Vögeln zur Verbesserung ihrer Lebensform lange Beine gibt, weil sie im Sumpf leben, in anderen Fällen die Lücken an ihren Füßen ausfüllt (bei Schwimmvögeln): *De partibus animalium* IV 12.694 a 29 ff. Wenn das Handeln der Natur tatsächlich intern erfolgen würde, könnte dies, wenn wir Leunissen folgen, dazu führen, daß gelegentlich Gänse Sumpfvögel zur Welt bringen. Die lebende Natur würde, was die Lebewesen betrifft, einen recht wirren Eindruck machen.

Diese These halten wir aber für falsch. Sie erklärt sich unseres Erachtens durch einen Mangel an philologischer Nachprüfung, fehlende Auseinandersetzung mit der internationalen Forschung und den Hang zu voreiliger philosophischer Systematisierung. Dies führt zu Konsequenzen, die nach unserer Überzeugung unhaltbar sind. Auch bei anderen Autoren finden sich gelegentlich ähnliche Tendenzen. Man sucht den Aufweis und die Beschreibung der ewig bestehenden Arten und die Rede von der schöpferischen Natur gewaltsam zusammenzuzwingen und verkennt die Freiheit, die Aristoteles sich nimmt, um bestimmte empirisch sich jeweils aufdrängende Bilder ad hoc ohne Rücksicht auf Widersprüche metaphorisch zu formulieren.

Schon der von Leunissen verwendete Begriff *natures* im Plural führt in die Irre. An den von ihr besprochenen Stellen ist nur von der Natur im Singular die Rede, und der Begriff ‚*formal natures*' hat als fester Terminus für aktive Kräfte, wie Leunissen ihn benutzt, kein klares Pendant in der griechischen Sprache (ebensowenig wie ‚*potentials for form*'). Die Stelle, an der der Begriff am ehesten terminologisch im Sinne einer aktiven Kraft gebraucht ist, ist ja *Met.* Z 7.1032 a 24, wo von „der als formgebend bezeichneten Natur,[612]

610 Lennox, Natures (wie Anm. 507) 170 f. = ders., Aristotle's Philosophy of Biology (wie Anm. 507) 188 f.

611 Zur Problematik dieses englischen Ausdrucks siehe oben S. 167 ff., 182 ff.

612 So die Übersetzung von H. Bonitz, Neuausgabe, Reinbek bei Hamburg 1994, 189.

die mit dem Entstehenden gleichartig ist" (ἡ κατὰ τὸ εἶδος λεγομένη φύσις ἡ ὁμοειδής), die Rede ist, schließt Leunissens Deutung aus, nach der die als formgebend bezeichnete gleichartige Natur (von Leunissen *formal nature* genannt) in bestimmten Fällen gerade nicht ‚eine gleichartige Form' geben soll. Anzumerken ist, daß selbst an dieser Stelle von einem Prozeß nicht die Rede ist. Leunissens Annahme einer *internen* Kraft der Spezies, die aktiv gestaltet und sogar Korrekturen am Grundmuster vornimmt, läßt sich nicht bestätigen, wie aus vielen Belegen eindeutig hervorgeht.[613] Das Material ist schon von Hermann Bonitz mustergültig zusammengestellt worden.[614] Es ist also von einer universalen Natur die Rede, wenn auch in metaphorischer Weise. Wir greifen, um dies zu zeigen, unter anderem auf die oben von uns gemachten Ausführungen zurück:

In *De part. an.* I 5.645 a 9, also wahrscheinlich der ersten biologischen Schrift des Aristoteles, ist von der schöpferischen „demiurgischen Natur" die Rede, die die gesamte Tierwelt, auch die unansehnliche, geschaffen hat. Ohne weitere aristotelische Erläuterungen ergibt sich aus dem Wortlaut zwingend, daß es sich bei der *dēmiurgēsasa physis* um eine universale Natur handelt (das Objekt, das sie geschaffen hat, das *regnum animalium,* war vorher als *zoikē physis* bezeichnet worden, also auch mit einem allgemeinen Naturbegriff). Die Stelle ist meiner Kenntnis nach auch niemals anders verstanden worden. Offenbar liegt eine Reminiszenz an den Demiurgen des *Timaios* vor. Man muß sogar vermuten, daß sich durch diese und verwandte Stellen des Aristoteles die moderne Allerweltsvorstellung einer schöpferischen Universalnatur entwickelt hat.

Wenn in *De generatione et corruptione* II 10.336 b 31 f. und in *De caelo* I 4.271 a 33 von einer schöpferischen Tätigkeit der Gottheit die Rede ist, kann es sich nicht um den unbewegten Beweger handeln, sondern es muß metaphorisch an so etwas wie den kosmischen Demiurgen des *Timaios* gedacht sein. Wenn an der zweiten Stelle in *De caelo* gesagt wird „Gott und die Natur machen nichts umsonst" wird offensichtlich die Natur auf dieselbe Allgemeinheitsstufe gehoben wie Gott, und der Ausdruck ist ebenfalls von einer universalen kosmischen Natur gebraucht. Dies bedeutet, daß wir an Stellen, wo dieselbe Formulierung allein von der Natur gebraucht ist, diese, sofern keine ausdrückliche Abweichung konstatiert wird, genauso verstehen

613 Siehe oben S. 167 ff. Dort finden sich auch weitere Ausführungen zum Sprachgebrauch. In *De part. an.* I 1.640 b 22 ff. bezieht sich der Ausdruck, „die Natur im Sinne der Gestalt" nur auf das Bett. Siehe ausführlich oben S. 182 f. Henry (wie Anm. 533) 231 mit Anm. 13 (= S. 8 Anm. 13 der Internetversion) formuliert etwas vorsichtiger, scheint aber Leunissens Auffassung zuzuneigen.

614 Bonitz, Index Aristotelicus (wie Anm. 612) 835 b 50–837 a 52.

müssen. Nach unserer Auffassung, die von vielen geteilt wird,[615] ist auch von Platon die Welterschaffung durch den Demiurgen nur metaphorisch gemeint. Platon und Aristoteles machen von der seit Homer gebräuchlichen Erzähltechnik Gebrauch, komplexe Strukturen durch imaginierte Entstehungsprozesse zu erklären, auch wenn diese bei Aristoteles nach unserem heutigen Wissen vielfach stärker real sind, als Aristoteles selbst annahm.

In *De partibus animalium* III 2.663 b 31 ff. muß die Natur deshalb als extern aufgefaßt werden, weil der ursprüngliche Zustand auch schon auf einer Zuteilung von Material für die Zähne beruht, vermutlich durch die Nährseele, so daß die Verwendung des Überschusses der großen Tiere für die Hörner durch eine externe Instanz erfolgen muß. Leunissen wird ja wohl der ‚formal nature' keine Eigenkorrektur zusprechen wollen.

Wenn in *De partibus animalium* IV 12.694 b 13 f. gesagt ist, daß die Natur die Organe für die Funktion schafft, aber nicht die Funktion für die Organe, ist dies eine allgemeine Aussage, die sich nicht auf das Wirken einer einzelnen Nährseele beziehen kann.

In *De partibus animalium* IV 13.696 b 27 ff. gibt die Natur den Haifischen ein unterständiges Maul, um den kleinen Fischen die Möglichkeit zum Entkommen zu geben. Diese nachteilige Ausstattung kann nicht das Werk der *formal nature* der Haifische sein.

In *De partibus animalium* III 3.664 b 20 ff. und 665 a 7 ff. ist davon die Rede, daß die Natur bei den Säugetieren die schlechte Lage der Luftröhre, die durch die Nahrung behindert wird, dadurch heilt, daß sie den Kehldeckel, die Epiglottis, geschaffen hat. Die Natur ist hier als externer Arzt imaginiert, der einen genetischen Fehler einer Tiergruppe heilt.[616] Hier eine Wirksamkeit einer internen *formal nature* anzunehmen, gibt keinen Sinn.

In *De partibus animalium* IV 10.687 a 10 f. sagt Aristoteles:

> „Die Hände sind nämlich ein Werkzeug, und die Natur teilt wie ein verständiger Mensch jede Sache immer demjenigen zu, der imstande ist, sie zu gebrauchen."[617]

Auch hier unterstellt Leunissen interne Aktivitäten von ‚formal natures'.[618] Inwiefern können aber die Naturen von Menschen wie ein verständiger Mensch handeln? Nur von einer anderen Instanz kann man sagen, daß sie wie ein verständiger Mensch handelt. Und ‚etwas zuteilen' kann nur eine

615 So z. B. von Johansen, The place of the demiurge (wie Anm. 36) 95 f.

616 Siehe auch oben S. 186 f.

617 Αἱ μὲν γὰρ χεῖρες ὄργανόν εἰσιν, ἡ δὲ φύσις ἀεὶ διανέμει, καθάπερ ἄνθρωπος φρόνιμος, ἕκαστον τῷ δυναμένῳ χρῆσθαι.

618 Leunissen, Crafting natures (wie Anm. 608) 42.

externe Macht, die über ein entsprechendes Reservoir verfügt. Die schöpferische Natur ist also eine metaphorisch zu verstehende Universalnatur. Aristoteles bringt nur metaphorisch zum Ausdruck, daß die Intelligenz des Menschen mit den Fähigkeiten der menschlichen Hand zusammenpaßt. Und inwiefern können „formal natures" (oder die Nährseele) eine Auswahl treffen? Das ist unvorstellbar.

In bezug auf die Blase heißt es in *De part. an.* III 8.670 b 33 ff.:

> „Eine Blase haben nicht alle Lebewesen, sondern die Natur scheint sie nur denjenigen geben zu wollen, die eine blutreiche Lunge besitzen."[619]

Hier ist ganz offensichtlich, daß nur eine Universalnatur gemeint sein kann. Es kann nicht die Natur einer bestimmten Spezies in der Lage sein, eine Blase unterschiedlichen Spezies zukommen zu lassen.

Die These Leunissens ist auch mit Aristoteles' Vererbungstheorie in *De generatione animalium* IV 3 unvereinbar.

Die Redeweise muß sich also überall an Leunissens Stellen auf eine universale Natur beziehen und metaphorisch gemeint sein. Nur so ist auch der Grundsatz der aristotelischen Vererbungslehre, daß ein Mensch einen Menschen erzeugt, nicht verletzt.

Aristoteles' Verzicht auf philosophische Spekulationen über die Entstehung der Vererbbarkeit ist die Erklärungsweise eines vorsichtigen Wissenschaftlers, der die Grenzen seiner Erkenntnismöglichkeiten klar vor Augen hat. Die richtige Vorstellung von der Vererbung ist die Grundlage jeder Zoologie. Auf Empedokles' dem entgegenstehende Lehren haben wir schon oben S. 180 f. hingewiesen. Ein Beweis für die Entstehung von Arten stand dem Altertum nicht zur Verfügung. Daran ändern auch die gelegentlichen paläontologischen Zufallsbeobachtungen eines Xenophanes nichts. Daß Aristoteles bewußt davon absieht, seinen eigenen zoologischen Beobachtungen eine Entstehungshypothese über die Weltentstehung überzustülpen, weist ihn als ernsthaften Wissenschaftler aus. Der Arzt Galen büßt dagegen viel von der Reputation seiner ärztlichen Erkenntnisse ein, wenn man seinen aufgesetzten Kreationismus und seine Ausflüge in das Gebiet der Religion in Rechnung stellt.[620]

619 κύστιν, δ' οὐ πάντ' ἔχει τὰ ζῷα. ἀλλ' ἔοικεν ἡ φύσις βουλομένη ἀποδιδόναι τοῖς ἔχουσι τὸν πλεύμονα ἔναιμον μόνον.

620 Zum Kap. 7.9 insgesamt ist bezüglich der Ewigkeit der Arten nachzutragen der Aufsatz von M. Liatsi, Der Unsterblichkeitsgedanke im Kontext der aristotelischen Naturwissenschaft, Antike Naturwissenschaft und ihre Rezeption Bd. XXIV, 2014, 44–57.

8. Aristoteles' biologischer Seelenbegriff

8.1 Aristoteles' Einführung eines psychischen Faktors in seine Theorie der Entstehung des Lebens

Die Frage, was ‚Leben' ist, ist eins der Rätsel der Menschheit und ist auch im Altertum so empfunden worden. Je nach dem Blickwinkel fallen die Antworten verschieden aus. Die heutige Naturwissenschaft bemüht sich um den Nachweis, daß lebendige Wesen sich aus lebloser Materie entwickelt haben.[621] Wir sprechen in diesem Falle von Reduktionismus. Im täglichen Leben gehen wir dagegen alle, ob wir nun religiös bzw. weltanschaulich oder philosophisch festgelegt sind, ob wir Naturwissenschaftler sind oder nicht, in Beruf oder privat von unserer menschlichen Entscheidungsfreiheit aus, von der wir spontan Gebrauch zu machen scheinen und die wir für ein wesentliches Charakteristikum unseres Lebens halten, ohne daß wir uns in jedem Augenblick als total durch unsere Gene oder Hormone determiniert betrachten; als Bezeichnung für den Sitz menschlicher spontaner Gefühlsregungen und Entscheidungen verwenden wir traditionellerweise häufig den Begriff der Psyche, der Seele. Auch unsere Psyche halten wir aber für etwas, was äußerlich wie der Körper beeinflußbar ist, z. B. medikamentös durch leichtere oder schwerere Psychopharmaca. In diesem Verhalten liegt ein Widerspruch, ohne daß wir uns immer dessen bewußt sind.

Wie war dies zu Aristoteles' Zeit? Seit Homer hatten die Menschen, wie es der Anfang der *Ilias* zeigt, vor Augen, daß der Zorn Achills Zehntausende von Seelen der Heroen in den Hades geschickt hat, während „diese selbst" (I 4, also die Heroen) zur Beute für die Hunde und die Vogelwelt auf dem Schlachtfeld liegen blieben. Sie selbst waren tot, aber was an Leben in ihnen war (ihre Seele), verschwand irgendwohin. Der Dualismus zwischen Körperlichkeit und Seele ist bereits hier stark ausgeprägt.

621 Vgl. z. B. U. Lüttge, M. Kluge, G. Bauer, Botanik, Weinheim ^{5}2005, 3 ff.; P. Sitte, E.W. Weiler, J.W. Kadereit, A. Bresinsky, Ch. Körner, Lehrbuch der Botanik für Hochschulen, begr. v. E. Strasburger et al., Heidelberg–Berlin ^{35}2002, 4 f.; H. Penzlin, Lehrbuch der Tierphysiologie, München ^{7}2005, 22 ff. (S. 23: Leben als emergente Erscheinung, „die erst dann auftritt, wenn das System eine gewisse Komplexität erreicht hat und die Fähigkeit zur Selbstorganisation ... aufweist. Die Eigenschaft des Lebendigseins kommt keinem Element, aus dem das System sich zusammensetzt, allein zu, sondern nur dem Ganzen, ist also auch nicht aus den Elementen ableitbar.").

In der Folgezeit spielt der Seelenbegriff unter anderem im religiösen Kontext bei Empedokles und den Pythagoreern eine Rolle. Die Vorstellung, daß der Körper nur ein Grab für die nach Befreiung suchende Seele ist, und die ethischen Gesetzen folgende Seelenwanderungslehre gehören dazu. Nicht zuletzt in Platons Mythen im *Phaidon*, in der *Politeia,* im *Phaidros* und im *Timaios* finden sich mannigfaltige Reflexe dieser Ideen. Platon hat in seinem Weltentstehungsmythos im *Timaios* dargelegt, daß der göttliche Demiurg nach der Herstellung des Weltalls den von ihm erschaffenen Untergöttern den Auftrag erteilt, die Menschen zu konstruieren. Diese bilden nun um die von diesem übernommene unsterbliche Seelensubstanz den Kopf und geben ihm als Vehikel den sterblichen Körper, d. h. Brust und Thorax, und die sterblichen Seelenteile dazu (*Tim.* 69 BC). Getrennt durch den Hals und nach unten durch das Zwerchfell setzen sie den muthaften, tapferen Seelenteil ein, während der begehrliche Seelenteil, der als wildes Tier charakterisiert wird, für den Unterkörper zuständig ist, wobei der mittlere Seelenteil als Aufpasser für den unteren Seelenteil dient. Dieser begehrliche Seelenteil wird auch den Pflanzen zugeschrieben (77 B).

Aristoteles selbst verwertet die religiösen Vorstellungen der platonischen Mythen teilweise ebenfalls in seinem romanhaften Dialog *Eudemos* (benannt nach einem Mitglied der platonischen Akademie), der in manchem dem *Phaidon* ähnelt. Eudemos habe auf seiner Reise nach Makedonien in Thessalien einen Traum gehabt, in dem ein Jüngling prophezeite, er werde in fünf Jahren in seine Heimat zurückkehren. Tatsächlich sei er nach 5 Jahren in Sizilien gestorben, so daß mit der Heimat das Jenseits gemeint gewesen sei (fr. 37,1 ^{3}Rose = fr. 56 Gigon[622]). In einem der Dialoge, höchstwahrscheinlich auch im *Eudemos,* muß nicht nur wie hier die Präexistenz und Unsterblichkeit der Seele, sondern auch die Seelenwanderungslehre, der Abstieg, behandelt worden sein (fr. 40 ^{3}Rose = fr. 66 Gigon).

Um so auffälliger ist, daß Aristoteles in seiner Schrift *De anima* diese von allen mythischen und religiösen Vorstellungen frei, ganz biologisch, diskutiert.[623] Von vornherein ist klar, daß es nicht nur um die menschliche Seele geht, sondern daß Tiere und Pflanzen eingeschlossen sind.

Im ersten Buch behandelt er die bisherigen Auffassungen der Seele bei den Vorsokratikern und Platon. Er geht davon aus, daß die Vorgänger die Seele durch drei Dinge definiert hätten, durch ihr Vermögen, Bewegung in Gang zu setzen, durch die Wahrnehmung und durch ihre Unkörperlichkeit, und hebt einzelne Kritikpunkte hervor. Besonders kritisiert er Platon (Selbstbewegung der Seele), die Pythagoreer (Seele als Harmonie), Demokrit (Seele

622 Vgl. Flashar, Dialoge, Philosophie (wie Anm. 135) 21 ff., bes. 41 f., 156 f.

623 So auch Flashar, Aristoteles (wie Anm. 130) 371, 1. Absatz.

feinteilig) und Empedokles (Seele aus den Elementen bestehend) sowie Anaxagoras (Erkenntnismöglichkeit des Geistes, d. h. des Nus, bleibt unerklärt).

Diese Doxographie ist schon im Hinblick auf Aristoteles' eigene Seelenauffassung formuliert, aber knapp und teilweise etwas pedantisch gehalten und läßt nicht den eigentlichen Ansatzpunkt der aristotelischen Seelenlehre erkennen. Vor allem verwischt sie den Unterschied zwischen Denkern, die die Welt des Lebendigen materiell erklären, und solchen, die dies nicht tun, ein Unterschied, der für ihn sonst wichtig ist. Zum Verständnis dieses Unterschieds gehen wir am besten von Platon aus. Dieser kritisiert im *Phaidon* heftig bestimmte Spekulationen der Vorsokratiker, die etwa das Denken auf den Blutfluß in der Herzgegend, auf die Luft, das Feuer oder die Gehirntätigkeit zurückführten (*Phd.* 96 A 5 ff.). Wir können die Urheber der Lehren, die Platon im Auge hatte, identifizieren. Es sind Empedokles, Diogenes von Apollonia, Heraklit und Alkmaion von Kroton. Sie versuchen immaterielle Vorgänge wie das Denken auf materielle zurückzuführen, d. h. sie erklären sie reduktionistisch. Platon hielt diese Lehren für moralisch schädlich und lehnte deshalb die Naturwissenschaft ganz ab. Man denke außer an den Phaidon vor allem an den *Philebos* (58 E ff.)[624] sowie an die *Nomoi* (Buch X, 889 B), in welch letzteren ausdrücklich die reduktionistische These, daß Lebendiges aus Leblosem (ἄψυχα) entstanden ist, angegriffen wird.[625]

Wie steht nun Aristoteles dazu? Er bedauert im Einleitungsbuch zu seiner Schrift *De partibus animalium* ausdrücklich, daß man sich mit Sokrates (wobei er vor allem an den platonischen Sokrates denkt) allein den ethischen Fragen zuwandte (I 1.642 a 28 ff.), und knüpft ganz bewußt an die von Platon angegriffenen Denker wieder an. Er fühlt sich als empirischer Naturwissenschaftler diesen Denkern näher. Dies zeigt sich in den *Kleinen naturwissenschaftlichen Schriften* (*Parva naturalia*), in denen er z. B. Empedokles' Lampengleichnis (fr. 31 B 84 D.-K.) und das Gleichnis vom Wasserheber (fr. 31 B 100 D.-K.) behandelt (*De sensu* 2.437 b 23 ff. bzw. *De respiratione* 7.473 a 15 ff.). Auch Demokrit zitiert er an vielen Stellen seines Werks mit großem Respekt.

Nun ist Naturwissenschaft tendenziell immer reduktionistisch, d. h. bemüht sich in der Biologie darum, Organismen in ihrer Feinstruktur und ihrem Aufbau zu analysieren, und dies gilt auch für Aristoteles.[626] Gleichwohl er-

624 Kullmann, Aristoteles und die moderne Wissenschaft (wie Anm. 27) 38 ff.

625 Wieweit die genannten Vorsokratiker und Ärzte tatsächlich strikt reduktionistisch argumentieren, ist eine offene Frage. Selbst Aristoteles scheint bei ihnen gelegentlich einen nichtreduktionistischen Zug zu entdecken. Vgl. Kullmann, Aristoteles. Über die Teile der Lebewesen (wie Anm. 15) 319 f.

626 Zumindest verfolgt Aristoteles einen methodologischen Reduktionismus. Zum Reduktionismusbegriff vgl. Penzlin (wie Anm. 621) 22 ff.

kennt Aristoteles klar, daß die reduktionistischen Modelle der Vorsokratiker viel zu naiv sind, als daß sie die Entstehung des Lebendigen aus lebloser Materie ableiten könnten. Gehen wir von einem Beispiel aus.

In *De partibus animalium* I 1.640 b 15 ff. spricht Aristoteles von „den Alten und denen, die zuerst über die Natur philosophiert haben“ (640 b 4 f.), wie folgt:

> „Die Luft und das Wasser sind (für sie) das Material der Körper; denn aus so aufgebauten Körpern konstruieren sie alle die Natur. Wenn aber der Mensch und die Tiere von Natur aus sind und auch ihre Teile, muß man vom Fleisch und vom Knochen und vom Blut und von allen homogenen Teilen und ebenso auch von den nichthomogenen, wie dem Gesicht, der Hand, dem Fuß, erklären, inwiefern jeder dieser Teile so beschaffen ist und gemäß welchem Vermögen. Es ist nämlich nicht ausreichend, anzugeben, aus was etwas besteht, zum Beispiel aus Feuer oder Erde ... .“[627]

Nach unserer Auffassung ist also dem Duktus der Darlegung nach gemeint: ‚Luft und Wasser sind für sie das Material der Körper‘, und aus den so gearteten Körpern bauen sie alle die (scil. lebendige) Natur auf, während nach Aristoteles die Körper der Lebewesen aus den natürlichen Körpern der homogenen und inhomogenen Teile bestehen, deren besondere Beschaffenheit und deren Zustandekommen erklärt werden müsse.[628] Zu dieser Interpretation scheint auch Diana Quarantotto zu neigen.[629] Natürlich kann Aristoteles nicht meinen, die Alten hätten allesamt nur von Luft und Wasser und Körpern gesprochen und Blut, Fleisch und Gesicht, Arme und Beine niemals erwähnt. Dies trifft offenkundig nicht zu. Er meint, daß sie die besondere Beschaffenheit und die Kraft, die zu dieser Beschaffenheit geführt hat, hätten erwähnen müssen. Er denkt dabei offenbar an die Belebtheit der Teile und deren Zustandekommen durch die Seelenkräfte.

627 Ὁ δ' ἀὴρ καὶ τὸ ὕδωρ ὕλη τῶν σωμάτων ἐστίν· ἐκ τῶν τοιούτων γὰρ σωμάτων συνιστᾶσι τὴν φύσιν πάντες. Εἰ δ' ἔστιν ὁ ἄνθρωπος καὶ τὰ ζῷα φύσει καὶ τὰ μόρια αὐτῶν, λεκτέον ἂν περὶ σαρκὸς εἴη καὶ ὀστοῦ καὶ αἵματος καὶ τῶν ὁμοιομερῶν ἁπάντων. Ὁμοίως δὲ καὶ τῶν ἀνομοιομερῶν, οἷον προσώπου, χειρός, ποδός, ᾗ τε τοιοῦτον ἕκαστόν ἐστιν αὐτῶν καὶ κατὰ ποίαν δύναμιν. Οὐ γὰρ ἱκανὸν τὸ ἐκ τίνων ἐστίν, οἷον πυρὸς ἢ γῆς ...

628 Anders interpretiert Balme, Aristotle, *De partibus animalium* I (wie Anm. 496) 87: ‚Luft und Wasser sind nur Elemente‘, also Materialien, aus denen alles besteht; aus solchen Körpern wie Luft und Wasser konstruieren die Physiologen alle die Natur; sie hätten aber mit den homogenen und inhomogenen Bestandteilen der natürlichen Körper anfangen müssen. Balme nimmt an, daß das Wort Körper bei seinem ersten Vorkommen in b 16 (ὕλη τῶν σωμάτων) sich auf die natürlichen Körper beziehe, während bei seinem zweiten Vorkommen in b 17 mit den Körpern nur die Elemente Luft und Wasser gemeint seien.

629 Quarantotto, Causa finale sostanza essenza in Aristotele (wie Anm. 100) 225 m. Anm. 29.

So hat der Reduktionismus bei ihm seine Grenzen. Er setzt gewöhnlich für die Welt des Lebendigen den Körper-Seele-Dualismus voraus und äußert sich dazu ganz dezidiert. Er sagt in der Schrift *De anima* II 2.413 a 21 f., daß sich das Beseelte (ἔμψυχον) vom Unbeseelten (ἄψυχον) dadurch unterscheidet, daß es lebt (τῷ ζῆν). Und er bemüht sich in dieser Schrift und in geringerem Grade auch in *De partibus animalium* I darum, diesen Dualismus auch theoretisch zu fundieren. Auch in den empirisch ausgerichteten zoologischen Spezialschriften finden sich neben sehr reduktionistisch anmutenden zoologischen Erklärungen und Theorien, die also viele Phänomene stark kausalmechanisch, jedenfalls rein physiologisch, deuten, solche Verweise auf die Psyche, die von ihm als ein biologischer Faktor neben anderen behandelt wird. D. h. er verweist manchmal auf seine Lehre von der Seele und von der Form und damit auf Gegebenheiten, die für ihn nicht mehr auf materielle Faktoren reduzierbar sind. Die Raffinesse dieses Begriffs der Seele, der die Lebensfunktionen (Wachstum und Ernährung, Wahrnehmung) betrifft, besteht darin, daß er ihn trotz der angenommenen Immaterialität der Seele strikt ohne einen mythischen oder metaphysischen Beiklang verwendet und deren Wachstums-, Ernährungs- und Wahrnehmungsfunktion zwar als vererblich ansieht, sie selbst aber als mit dem Tode vergehend betrachtet. Die Rezeption dieses biologischen Seelenbegriffs war außerordentlich intensiv, und er wirkt bis in unsere Zeit, wenn wir von Psychologie oder gar von Psychoanalyse sprechen. Auch die moderne Medizin kann bisher auf den Begriff der Psyche als Hilfsbegriff nicht verzichten.

Es erhebt sich gleichwohl die Frage, ob diese Einführung des psychischen Faktors in die tendentiell rationalistisch-materialistische Naturbetrachtung, die von den Vorsokratikern und bestimmten Ärzten inauguriert wurde, in den empirischen Untersuchungen des Aristoteles strikt und ohne Bruch durchgehalten wird. Die Aristotelesforschung war bisher bei der Deutung von *De anima* weitgehend darauf gerichtet, die aristotelische Lehre als in sich stimmig und widerspruchsfrei zu deuten und ist in der Exegese der naturwissenschaftlichen Schriften überwiegend darum bemüht gewesen, diese in Einklang mit der psychischen Dogmatik in *De anima* zu bringen. Doch ist in diesen Schriften, den zoologischen und in gewisser Weise auch den nichtzoologischen, die empirische Ausrichtung so durchgängig und vorherrschend, daß die Frage erneut gestellt werden muß.

Werfen wir zunächst einen kurzen Blick auf die Schrift *De anima* selbst. Auch sie gibt sich, wie gesagt, als eine naturwissenschaftliche Schrift.[630] Der (nichtwissenschaftliche) Dialektiker definiere den Zorn als „Streben nach

630 Siehe oben S. 5, 6, 15. Dies ergibt sich z. B. aus *De part. an.* I und den expliziten Querverweisen und impliziten Bezugnahmen.

Vergeltung einer Kränkung“, der Naturwissenschaftler aber als „Kochung des Blutes und der Wärme im Bereich des Herzens“ (I 1.403 a 29 ff.).[631] Ein Dialektiker, der – gesprächsweise – von überkommenen Vorstellungen ausgeht, will Aristoteles in diesem Zusammenhang nicht sein. Dies hat er mit der Topik mehr oder weniger hinter sich gebracht. Ähnlich könnte man dies auch heutzutage formulieren. Es scheint nun zunächst, daß der Dialektiker sich nur mit der Form und der Naturwissenschaftler nur mit der Materie beschäftigt.[632] Aber dies ist nicht der Fall. Wie im folgenden weiter erläutert wird, kommt es Aristoteles als Naturwissenschaftler, der er ist, darauf an, daß die psychischen Affekte jedenfalls von der physischen Materie untrennbar sind (403 b 17 f.).[633] Ohne Blutkochung – oder modern ohne Adrenalinausschüttung[634] – kein Zorn.

Eine glänzende empirische Analyse steht auch hinter der Einteilung der Lebensfunktionen, also der Unterscheidung von vegetativem Vermögen, das Ernährung, Wachstum und Fortpflanzung betrifft und auch den Pflanzen eigentümlich ist, ferner von Wahrnehmungsvermögen, Bewegungsvermögen und, nur den Menschen betreffend, von Denkvermögen (vgl. z. B. II 2.413 b 11 ff.). Wenn dabei von Seele oder Seelenteilen (413 b 13 f.), die als immateriell vorgestellt werden, und ihrer Position im Körper die Rede ist, ist dies natürlich empirisch nicht mehr nachvollziehbar.

Aber auch seine berühmte Definition der Seele in *De anima* II 1, die Aristoteles als die allgemeinste Definition bezeichnet (412 a 5 f.), weil sie alle Lebensfunktionen abdecken soll, ist, isoliert betrachtet, eine bestechende Annäherung an das Phänomen des Lebens. Sie heißt (412 a 27 f.):

> „Die Seele ist die erste vollkommene Realisierung eines natürlichen Körpers, der seinem Vermögen nach Leben besitzt.“[635]

Man könnte auch abgekürzt paraphrasieren: „Leben ist die vollkommene Realisierung eines natürlichen Körpers.“ Das ist eine typisch aristotelische Definition, die für unterschiedliche Auslegungen offen ist. Das heißt, man solle sich einen Körper vorstellen, der alles besitzt, was zum Leben notwendig ist, also alle Körperteile, Anlagen usw. Und wenn dieser Körper lebt, dann ist er eben beseelt. Sowohl Materialisten als auch Vitalisten könnten sich damit arrangieren. Die Definition ist soweit gesehen neutral. Und es ist nachdrücklich festzuhalten, daß Hadesvorstellungen und Seelenmythen wie bei

631 Vgl. unten zur Dialektik S. 249.

632 *De an.* I 1.403 b 1 f.: τούτων δὲ ὁ μὲν τὴν ὕλην ἀποδίδωσιν, ὁ δὲ τὸ εἶδος καὶ τὸν λόγον.

633 Vgl. die klare Analyse der Stelle durch R. Polansky, Aristotle’s *De anima*, Cambridge 2007, 56 ff.; siehe ferner Johansen, The Powers of Aristotle’s Soul (wie Anm. 489) 157.

634 Vgl. Penzlin (wie Anm. 621) 498 f.

635 ἡ ψυχή ἐστιν ἐντελέχεια ἡ πρώτη σώματος φυσικοῦ δυνάμει ζωὴν ἔχοντος.

Platon und Reinkarnationslehren wie bei Empedokles in *De anima* keine Rolle spielen. Man kann insoweit von einer Entmythologisierung des Seelenbegriffs sprechen. Es fehlt, wie gesagt, auch jede romanhafte Behandlung der Seelenvorstellung und des Götterglaubens, wie sie für Aristoteles' literarisch anspruchsvollen Dialoge wie den *Eudemos* oder den Dialog *Über die Philosophie* (*De philosophia*) charakteristisch gewesen zu sein scheint. Wenn jedoch im Kontext dieser Seelendefinition die Rede davon ist, daß die Seele die Entelechie eines natürlichen Körpers ist, insofern er *organikón* ist (412 a 28 f.), also Werkzeug,[636] gerät man in metaphysische Probleme. Zwar ist es für sich genommen sehr sinnvoll, den Körper mit seinen Organen und Teilen als Werkzeug zur Ausführung der Lebensfunktionen zu bezeichnen und andererseits, ebenfalls für sich genommen, mit Rücksicht auf die Lebendigkeit eines Körpers von der Entelechie, der vollkommenen Realisierung eines natürlichen Körpers, der potentiell Leben besitzt, zu sprechen. In letzterem Falle ist Seele das, was aus einem potentiell lebenden Körper einen aktuell lebenden Körper macht. Aber wie kann die Seele die vollkommene Realisierung eines Werkzeugs der Seele sein?[637] Ein Werkzeug kann dazu dienen, ein bestimmtes Objekt zu verwirklichen, also der Seele zur Aktualität eines bestimmten Körpers zu verhelfen. Die Seele kann aber nicht Realisierung eines Instruments von ihr selbst sein. Ebenso schwer zu verstehen ist in diesem Zusammenhang die gleichzeitige Rede von der Seele als Form des natürlichen Körpers (412 a 20). Hier überkreuzen sich die Aussagen (der Körper als Werkzeug für Seelenfunktionen, die Seele als vollkommene Realisierung des natürlichen Körpers, die Seele als Form des materiellen Körpers). Jedenfalls führt diese Begrifflichkeit bzw. Metaphorik von der Empirie ab, so sehr sie als Versuch zu würdigen ist, das Phänomen des Lebens von unterschiedlichen Aspekten so rational wie möglich einzugrenzen.

8.2 Gleitender Übergang vom Leblosen zum Lebendigen

Es sollen nun im folgenden eine Reihe von Stellen der zoologischen Schriften betrachtet werden, die sich dem Phänomen des Lebens überwiegend empi-

636 Zu *organikón* (ὀργανικόν) vgl. S. Menn, Aristotle's Definition of Soul and the Programme of De anima, Oxford Studies in Ancient Philosophy 22, 2002, 83 ff., bes. 108 f. unter Bezug auf S. Everson, Aristotle on Perception, Oxford 1997; Quarantotto (wie Anm. 100) 247 Anm. 35.

637 In *De an.* II 1.412 b 5 f. heißt es ohne Hinweis auf die Potentialität sogar: ἐντελέχεια ἡ πρώτη σώματος φυσικοῦ ὀργανικοῦ. Zu der Schwierigkeit der Vereinbarkeit der verschiedenen Seelendefinitionen vgl. auch Polansky (wie Anm. 633) 100 ff.

risch nähern. Ich komme damit zu den Übergängen zwischen Leblosigkeit und Leben. Aristoteles sagt in *De partibus animalium* IV 5.681 a 12 ff.:

> „Die Natur schreitet nämlich kontinuierlich von den unbeseelten Dingen zu den Lebewesen, und zwar durch diejenigen hindurch, die zwar leben, aber keine Lebewesen sind, so daß der Anschein entsteht, daß sich das eine vom anderen nur ganz wenig unterscheidet, weil sie einander so nahe sind.“[638]

Hiernach gibt es die vier Hauptstadien von natürlichen Dingen: Leblos, Pflanze, Tier, Mensch, die aber nicht auseinander hervorgehen.

Ähnlich formuliert er an einer Parallelstelle in der *Historia animalium* VIII 1.588 b 4 ff., die vielleicht der kürzeren Formulierung in *De partibus animalium* vorausgeht:

> „So schreitet die Natur von den unbeseelten Dingen in kleinen Schritten zu den Lebewesen, so daß einem durch die Kontinuität der Grenzbereich zwischen ihnen verborgen bleibt und zu welcher Seite das gehört, was in der Mitte ist. Nach der Gattung der unbeseelten Dinge ist die Klasse der Pflanzen die erste, und von diesen unterscheidet sich die eine von der anderen dadurch, daß sie dem Anschein nach mehr am Leben teilhat; und fast erscheint die ganze Klasse gegenüber den übrigen Körpern wie beseelt, gegenüber den Tieren aber unbeseelt.“[639]

Nach *De anima* unterscheidet sich die Welt des Lebendigen durch grundlegend andere Eigenschaften von der leblosen Welt, besitzt also, um den philosophisch üblichen (wenn auch nicht immer einheitlich gebrauchten) Terminus zu benutzen, eine starke Emergenz.[640] Wie schon erwähnt, bezeichnen die Begriffe „Form“ (Eidos) und „Seele“ (Psyche) Faktoren, die nicht auf materi-

638 Ἡ γὰρ φύσις μεταβαίνει συνεχῶς ἀπὸ τῶν ἀψύχων εἰς τὰ ζῷα διὰ τῶν ζώντων μὲν οὐκ ὄντων δὲ ζῴων, οὕτως ὥστε δοκεῖν πάμπαν μικρὸν διαφέρειν θατέρου θάτερον τῷ σύνεγγυς ἀλλήλοις.

639 οὕτω δ' ἐκ τῶν ἀψύχων εἰς τὰ ζῷα μεταβαίνει κατὰ μικρὸν ἡ φύσις, ὥστε τῇ συνεχείᾳ λανθάνειν τὸ μεθόριον αὐτῶν καὶ τὸ μέσον ποτέρων ἐστίν. μετὰ γὰρ τὸ τῶν ἀψύχων γένος τὸ τῶν φυτῶν πρῶτόν ἐστιν· καὶ τούτων ἕτερον πρὸς ἕτερον διαφέρει τῷ μᾶλλον δοκεῖν μετέχειν ζωῆς, ὅλον δὲ τὸ γένος πρὸς μὲν τἆλλα σώματα φαίνεται σχεδὸν ὥσπερ ἔμψυχον, πρὸς δὲ τὸ τῶν ζῴων ἄψυχον.

640 Vgl. zu dem Begriff z. B. E.-M. Engels, Die Teleologie des Lebendigen. Eine historisch-systematische Untersuchung (Erfahren und Denken Bd. 63), Berlin 1982, 246.
Aristoteles kennt zumindest im anorganischen Bereich auch Faktoren mit schwacher Emergenz: Homogene Stoffe (ὁμοιομερῆ) sind z. B. Verbindungen, die von ihren Bestandteilen qualitativ verschieden sein können, aber auf diese wieder reduzierbar sind (*De gen. et corr.* I 10.328 a 7 ff.). Vgl. R.A. Horne, Die Chemie des Aristoteles, in: G.A. Seeck (Hrsg.), Die Naturphilosophie des Aristoteles (Wege der Forschung Bd. 225), Darmstadt 1975, 343 f. (ursprünglich: Aristotelian Chemistry, Chymia. Annual Studies in the History of Chemistry 11, 1966, 21 ff.); Kullmann, Aristoteles und die moderne Wissenschaft (wie Anm. 27) 180 f.

elle Gegebenheiten reduzierbar sind. Hier dagegen legt Aristoteles dar, daß der Begriff des Lebens eine quantifizierbare Eigenschaft ist. Bei unbeseelten Dingen ist der Anteil am Leben gleich null, dann kommen Pflanzen mit geringem, aber jeweils unterschiedlichem Anteil am Leben. Es gibt keine klar erkennbare Grenze zwischen Leben und unbeseelt.[641] Empirisch betrachtet, hängt offenbar für Aristoteles der Anteil am Leben von der Komplexität ab, und es gibt sehr viel mehr Stufen als die drei oder vier Stufen bei Pflanzen, Tieren und Menschen, die sich nach *De anima* jeweils durch die Zahl der Seelenkräfte (δυνάμεις, μόρια) unterscheiden. Die Unbeseeltheit ist nur die unterste Stufe auf einer Skala zunehmender Komplexität.

Wenig später wird diese Frage nochmals im Hinblick auf das Wahrnehmungsvermögen erörtert. In *Historia animalium* VIII 1.588 b 17 ff. heißt es dazu:

> „Und was die Wahrnehmung betrifft, gibt es dafür bei einigen kein Anzeichen, bei anderen nur ein schwaches. Und die Körperstruktur ist bei einigen fleischig, z. B. bei den sogenannten Seescheiden und der Gattung der Seeanemonen, während der Schwamm gänzlich den Pflanzen ähnelt. Und so haben immer die einen Wesen schon aufgrund eines kleinen Unterschiedes mehr an Leben und Bewegung teil."[642]

Man muß auch hier feststellen, daß Aristoteles ohne irgendeinen Bezug auf seine Seelenlehre formuliert. Da der Schritt von den unbelebten Dingen zu den am geringsten belebten Pflanzen offenbar als sehr klein vorgestellt ist, kann es ihm an den genannten Stellen nicht auf die Scheidung des Organischen vom Anorganischen angekommen sein.

Wenn Aristoteles an allen drei Stellen eine Stufung, ja eine Vorwärtsbewegung ins Auge faßt, so gilt auch hier, daß es für ihn keine Schöpfung und keine kosmische Entwicklung gibt. Das Leben historisch aus der anorganischen Materie abzuleiten, wie man das heute versucht, ist also von seinem allgemeinen Weltbild her ebenso unmöglich wie der Gedanke an eine göttliche Weltschöpfung. Zu der in *Historia animalium* VIII 1 zu beobachtenden Entfernung von der Seelenlehre kommt folgendes: Auch das Leblose hat für Aristoteles nach dem Ausweis seiner Behandlung der anorganischen Welt in der Schrift *De caelo* III–IV, in der Schrift *De generatione et corruptione* und

641 Dies betont zur Stelle auch nachdrücklich D. Depew, Incidentally Final Causation and Spontaneous Generation in Aristotle's *Physics* II and Other Texts, in: Föllinger, Was ist Leben? (wie Anm. 40) 297.

642 καὶ περὶ αἰσθήσεως τὰ μὲν αὐτῶν οὐδὲν σημαίνεται τὰ δ' ἀμυδρῶς. ἡ δὲ τοῦ σώματος ἐνίων σαρκώδης ἐστὶ φύσις, οἷον τά τε καλούμενα τήθυα καὶ τὸ τῶν ἀκαληφῶν γένος· ὁ δὲ σπόγγος παντελῶς ἔοικε τοῖς φυτοῖς. ἀεὶ δὲ κατὰ μικρὰν διαφορὰν ἕτερα πρὸ ἑτέρων ἤδη φαίνεται μᾶλλον ζωὴν ἔχοντα καὶ κίνησιν.

in *Meteorologie*, Buch IV, eine Dynamik, die der der beseelten Welt zumindest sehr ähnlich ist. So wird gelegentlich auch im Bereich der leblosen Natur von einem Eidos (d. h. einer endgültigen Form) eines Elements gesprochen, das erreicht ist, wenn ein Element seinen angestrebten spezifischen Ort erreicht hat (*De cael.* IV 3.310 a 33 ff.[643]), d. h. auch das Element hat eine unreduzierbare Form wie eine Tierart (Form = Spezies). Ferner wird der Wärme bzw. dem Feuer und der Kälte gelegentlich eine produktive Kraft beim Entstehen der anorganischen Stoffe zugesprochen, während Erde und Wasser passiv sind (in *De generatione et corruptione* und in *Meteorologie* IV). So heißt es in *De generatione et corruptione* II 8.335 a 18 f., daß das Feuer wegen seiner begrenzenden Wirkung „allein und am ehesten von der Art der Form ist“[644], und dabei muß man berücksichtigen, daß der Begriff der Form (εἶδος) ja vielfach mit dem Seelenbegriff korreliert. Diese Stellen stehen also in einer starken Spannung zur Seelenlehre, nach der der Begriff des Eidos für die lebendige Natur vorbehalten zu sein scheint. Aristoteles legt offenbar insoweit zumindest Wert darauf, den Begriff des Lebens nicht zu sehr zu mystifizieren.

8.3 Die drei Zusammensetzungen des Körpers der Lebewesen

Bemerkenswert ist in diesem Zusammenhang der Anfang der eigentlichen Abhandlung der Schrift *De partibus animalium*, die nur die Bücher II–IV umfaßt und auf die allgemeine einführende Schrift *De partibus animalium* I folgt, insbesondere die Stelle II 1.646 a 12 ff.[645] Dort wird von drei Zusammensetzungen gesprochen, die den Tierkörper konstituieren. Die erste besteht danach aus den Elementen oder aus den Elementarqualitäten. Aristoteles gibt beides zur Auswahl. Das zweite, nämlich die Elementarqualitäten (also warm, kalt, flüssig, fest) zu nennen, sei besser. Nach aristotelischer Lehre ist ja jedes der Elemente durch zwei dieser Qualitäten ausgezeichnet. Dann wären die Elemente, die in der Schrift *De generatione et corruptione* als „einfache Körper“ bezeichnet werden, was sie als Elemente ja sein müßten, nichtsdestoweniger in *De partibus animalium* die erste Zusammensetzung, was wenig plausibel ist. Aus diesen „zusammengesetzten Elementen“ würden sich dann die homogenen Teile, die Homoiomere, ergeben, also die „Gewebe“ des Tierkörpers als zweite Zusammensetzung, und aus diesen wieder die An-

643 Vgl. Kullmann, Aristoteles und die moderne Wissenschaft (wie Anm. 27) 305.

644 μόνον γάρ ἐστι καὶ μάλιστα τοῦ εἴδους τὸ πῦρ.

645 Vgl. Kullmann, Aristoteles. Über die Teile der Lebewesen (wie Anm. 15) 362 ff. Siehe auch ders., Aristoteles und die moderne Wissenschaft (wie Anm. 27) 305.

homoiomere, die inhomogenen Teile, also die Organe und Gliedmaßen als dritte Zusammensetzung. Wann und unter welchen Bedingungen sich organische und wann anorganische Homoiomere bilden, also wann z. B. Fleisch oder wann Bronze entsteht, bliebe ungesagt; d. h. wann aus den Elementen Stoffe entstehen, die einen zum Leben befähigten Körper konstituieren, wird nicht klar. Eine andere Interpretationsrichtung nimmt deshalb an, mit der ersten Zusammensetzung aus den Elementen sei die Bildung homogener anorganischer Substanzen unserer Umwelt gemeint, mit der zweiten dann die Bildung der organischen, im Prinzip lebendigen Gewebe aus den anorganischen homogenen Substanzen. Und eine dritte Auffassung geht dahin, daß aus den Elementen einmal homogene anorganische Substanzen hervorgegangen seien (= erste Zusammensetzung), ein andermal unabhängig davon homogene organische Substanzen (= zweite Zusammensetzung). Bei der zweiten und dritten Interpretation hätte man dann einen Schritt, bei dem das Leben irgendwie hereinkommen könnte, freilich ohne daß dazu etwas gesagt würde. Auf jeden Fall ist Aristoteles hier unklar in der Formulierung. Der Unterschied zwischen organischen und anorganischen Verbindungen wird *expressis verbis* nicht erklärt. Klar ist nur, daß Organisches letztlich aus Anorganischem kausal abgeleitet werden soll. Die Elemente sind anorganisch. Und nur in der *Meteorologie*, in IV 10.388 a 13 ff., wird der Unterschied zwischen organischen und anorganischen Zusammensetzungen wenigstens begrifflich vorgenommen: Aristoteles unterscheidet dort zwei Arten von homogenen Körpern, die *metalleuómena* (μεταλλευόμενα), zu denen außer den Metallen auch etwa die Steine gehören, und die Stoffe, die sich in den Tieren und Pflanzen finden, wie Fleisch, Knochen usw. bzw. wie Holz, Rinde, Blatt, Wurzel. Wie es zu dem Unterschied kommt, wird allerdings auch dort nicht erklärt. Die beiden Arten von zusammengesetzten Stoffen befinden sich dort aber beide auf demselben Level. Die Mikroanalysen in *De partibus animalium* II 1 klingen also sehr reduktionistisch. Es kommt ihm als Naturwissenschaftler hier darauf an zu sagen, daß alle organischen Stoffe sich aus anorganischen aufbauen. Metaphysik kommt dabei nicht ins Spiel.

Dieser Punkt ist sehr bemerkenswert, weil Aristoteles hier gerade etwas tut, was er den Vorsokratikern vorwirft. Wir hatten oben schon die Stelle *De partibus animalium* I 1.640 b 15 ff. zitiert,[646] wo Aristoteles von „den Alten und denen, die zuerst über die Natur philosophiert haben“ spricht (640 b 4 f.). Er wirft ihnen vor, aus den Elementen direkt den menschlichen Körper ableiten zu können. Aber gerade in diesem Punkte bleibt er in *De partibus animalium* II 1, wo man eine Antwort erwarten könnte, den Rezipienten seiner Schrift eine Antwort schuldig. Er erläutert keineswegs, wie es bei dem

646 S. 204.

Zustandekommen der zweiten und dritten Zusammensetzung aus der ersten zur Belebung der Teile gekommen ist. Sein Referat ist vielleicht differenzierter als das der Alten, aber genauso reduktionistisch wie deren Argumentation. In seiner Kritik an den Alten rekurriert er in dem stärker theoretisierenden propädeutischen ersten Buch von *De partibus animalium* auf seine Seelenlehre, die er in seinem empirischen Aufriß zumindest in dem zitierten Abschnitt außer acht läßt. Nach der Seelenlehre wäre ein Bruch im Aufbau der Organe zu konstatieren gewesen. Aber in der naturwissenschaftlichen Analyse ist dafür kein Platz. Wenn Aristoteles daran gedacht haben sollte, daß sich bei der ersten Zusammensetzung die anorganischen Körper aus den Elementen bilden und bei der zweiten Zusammensetzung aus denselben Elementen die Homoiomere, so hat er jedenfalls ohne jede Begründung gelassen, warum die Entwicklung einmal so und einmal anders verläuft. Aristoteles kann selbst nicht einlösen, was er von ‚den Alten' verlangt, nämlich anzugeben, „inwiefern jeder dieser Teile so beschaffen ist und gemäß welchen Vermögens" (*De part. an.* I 1.640 b 21 f.). Er hätte sagen müssen, wie die Lebendigkeit zustandekommt, und von der Einwirkung der vegetativen Seele sprechen müssen; und er hätte ferner deren Verhältnis zur Wärme klären müssen, was ihm, wie wir gleich sehen werden, an anderer Stelle große Schwierigkeiten macht. Wie immer man die Stelle interpretiert, sie ist in ihrer Einseitigkeit mit der Kritik einer solchen Einseitigkeit bei den Alten schwerlich zu vereinbaren.

8.4 Wärme und Leben

Ich komme zu einem weiteren und entscheidenden Punkt: Bei den verschiedenen physiologischen Lebensprozessen spielt bei Aristoteles die Wärme eine Rolle. Die evidente Homöothermie des Menschen bzw. der Warmblüter, d. h. der Vögel und Menschen, aber auch die Wechselwärme anderer Wirbeltiere, sofern sie lebendig sind, und das Erkalten beim Tod legen es in der Medizin und in der Naturwissenschaft für einen antiken Denker nahe, das Phänomen des Lebens vom Wärmebegriff her anzugehen. In den zoologischen Schriften des Aristoteles finden sich nun vier Arten der Erklärung der Rolle der Wärme, die alle einander ähnlich sind, aber nicht gleich. Wir besprechen diese nacheinander anhand verschiedener Stellen.[647]

647 Vgl. zu den vier Erklärungsarten der Wärme auch Kullmann, Aristoteles. Über die Teile der Lebewesen (wie Anm. 15) 561 ff.

1. *De partibus animalium* II 7.652 b 10 f.:

> „Für die Funktionen der Seele ist die warme Substanz am dienlichsten."[648]

Hier wird also die Körperwärme als Werkzeug zur Ausübung der Seelenfunktionen, d. h. der Lebensfunktionen, angesehen. Dem entspricht, etwas dogmatischer formuliert, eine Aussage in *De generatione animalium* (II 4.740 b 29 ff.):

> „Das Vermögen der Nährseele, ... das Wärme und Kälte als Werkzeuge gebraucht."[649]

Es ist an Ernährung, Wachstum und Fortpflanzung der Lebewesen gedacht, die als Funktionen der Nährseele betrachtet werden. Man vergleiche *De anima* II 4.416 b 28 f. Dort wird gesagt, daß alles Beseelte Wärme besitzt und daß das Warme die Kochung der Nahrung bewirkt.

In *De anima* II 4.416 a 13 ff. setzt Aristoteles sich kritisch mit Leuten auseinander, die ausschließlich das Feuer als Ursache der Ernährung und des Wachstums ansehen, und wertet dessen Rolle ab:

> „Die Natur des Feuers ist irgendwie Mitursache, jedoch nicht schlechthin Ursache, sondern dies ist eher die Seele."[650]

Mit dem „irgendwie" ist ausgedrückt, daß es zwar auf die mit dem Feuer zusammenhängende Wärme ankommt, daß das Feuer aber gleichwohl nur eine Nebenrolle spielt. Aristoteles' Kritik bezieht sich vielleicht auf Heraklit und auf Hippasos.[651] Vgl. auch die Polemik in *De partibus animalium* II 7.652 b 13 ff. gegen die Annahme, die Seele sei Feuer, wo allerdings der Kontext zeigt, daß die Wärme nicht als Mitursache neben der Seele, sondern genauer als Werkzeug verstanden wird.

Insoweit besteht anscheinend Übereinstimmung zwischen der Theorie von *De anima* und *De partibus animalium*.

2. *De partibus animalium* III 7.670 a 23 ff.:

> „Herz und Leber sind für alle Lebewesen notwendig, das eine deshalb, weil es der Ursprung der Wärme ist – es muß nämlich gewissermaßen einen Herd geben, in dem die Feuerquelle der Natur des Lebewesens

648 τοῖς τῆς ψυχῆς ἔργοις ὑπηρετικώτατον τῶν σωμάτων τὸ θερμόν ἐστιν.
649 ἡ τῆς θρεπτικῆς ψυχῆς δύναμις ... χρωμένη οἷον ὀργάνοις θερμότητι καὶ ψυχρότητι.
650 τὸ δὲ συναίτιον μέν πώς ἐστιν, οὐ μὴν ἁπλῶς γε αἴτιον, ἀλλὰ μᾶλλον ἡ ψυχή.
651 So Sir David Ross, Aristotle. De anima, ed. with introd. and comm., Oxford 1961, 329.

> liegen kann, und zwar wohlbewahrt, gewissermaßen als Burg des Körpers – … ."[652]

Hier wird ganz auf den Begriff der Seele verzichtet und nur von dem Herzen als dem Herd, auf dem das liegt, was die Natur eines Lebewesens entfachen kann, gesprochen. Zwar ist nicht unbedingt zu erwarten, daß bei der Beschreibung der Herzfunktion von der Seele gesprochen wird, aber mit dem Begriff τὸ ζωπυροῦν wird zum Ausdruck gebracht, daß im Herzen das Zündende liegen soll; d. h. es kann dabei allein an die Wärme gedacht sein, die das Lebewesen „entfacht", d. h. doch wohl: „zum Leben erweckt". Die Formulierung ist metaphorisch, aber im Hinblick auf die unter Ziff. 3 behandelten beiden Stellen aus den *Parva naturalia* interessant, mit denen sie gut vereinbar ist.

3a. *De iuventute. De vita et morte* 4.469 b 6 ff.:

> „Alle Teile und der ganze Körper besitzen eine bestimmte angeborene natürliche Wärme. Deshalb erscheinen sie, solange sie leben, als warm, wenn sie sterben und des Lebens beraubt sind, aber als das Gegenteil davon. Der Ausgangspunkt dieser Wärme muß bei den Bluttieren im Herzen liegen, bei den Blutlosen in dem analogen Organ. Denn alle Teile bearbeiten und verkochen die Nahrung mittels der natürlichen Wärme, am meisten aber der maßgebende Teil. Deshalb bleibt das Leben bestehen, wenn die anderen Teile kalt werden, wenn aber der Teil in der Herzgegend kalt wird, wird es ganz zerstört, weil das Wärmeprinzip für alle anderen Teile von dort abhängt und die Seele gewissermaßen in diesem Teil angezündet wird, d. h. bei den Blutlosen in dem analogen Organ, bei den Bluttieren im Herzen. Das Leben muß also mit der Bewahrung dieser Wärme zusammenfallen, und der sogenannte Tod ist der Verlust dieser Wärme."[653]

652 Καρδία μὲν οὖν καὶ ἧπαρ πᾶσιν ἀναγκαῖα τοῖς ζῴοις, ἡ μὲν διὰ τὴν τῆς θερμότητος ἀρχήν – δεῖ γὰρ εἶναί τινα οἷον ἑστίαν, ἐν ᾗ κείσεται τῆς φύσεως τὸ ζωπυροῦν, καὶ τοῦτο εὐφύλακτον ὥσπερ ἀκρόπολις οὖσα τοῦ σώματος – ...

653 πάντα δὲ τὰ μόρια καὶ πᾶν τὸ σῶμα τῶν ζῴων ἔχει τινὰ σύμφυτον θερμότητα φυσικήν· διὸ ζῶντα μὲν φαίνεται θερμά, τελευτῶντα δὲ καὶ στερισκόμενα τοῦ ζῆν τοὐναντίον. ἀναγκαῖον δὴ ταύτης τὴν ἀρχὴν τῆς θερμότητος ἐν τῇ καρδίᾳ τοῖς ἐναίμοις εἶναι, τοῖς δ' ἀναίμοις ἐν τῷ ἀνάλογον· ἐργάζεται γὰρ καὶ πέττει τῷ φυσικῷ θερμῷ τὴν τροφὴν πάντα, μάλιστα δὲ τὸ κυριώτατον. διὸ τῶν μὲν ἄλλων μορίων ψυχομένων ὑπομένει τὸ ζῆν, τοῦ δ' ἐν ταύτῃ φθείρεται πάμπαν, διὰ τὸ τὴν ἀρχὴν ἐντεῦθεν τῆς θερμότητος ἠρτῆσθαι πᾶσι, καὶ τῆς ψυχῆς ὥσπερ ἐμπεπυρευμένης ἐν τοῖς μορίοις τούτοις, τῶν μὲν ἀναίμων ἐν τῷ ἀνάλογον, ἐν δὲ τῇ καρδίᾳ τῶν ἐναίμων. ἀνάγκη τοίνυν ἅμα τό τε ζῆν ὑπάρχειν καὶ τὴν τοῦ θερμοῦ τούτου σωτηρίαν, καὶ τὸν καλούμενον θάνατον εἶναι τὴν τούτου φθοράν.

An dieser bemerkenswerten Stelle wird Leben und Tod vom Besitz und Verlust der natürlichen Wärme abhängig gemacht und in völligem Gegensatz zu dem Gedanken, daß die Wärme nur ein Werkzeug der Seele ist, der Wärme die Funktion zugewiesen, die im Herzen angesiedelte Seele (d. h. die vegetative Seelenkraft) in Gang zu setzen, so daß dieser nur eine sekundäre Funktion zukommt.

Diese Auffassung hat R.A.H. King in seinem grundlegenden Kommentar zu *De vita et morte* für unmöglich gehalten und deshalb vorgeschlagen, statt in 469 b 15 f. zu übersetzen: „und die Seele gewissermaßen in diesem Teil angezündet wird" (τῆς ψυχῆς ὥσπερ ἐμπεπυρευμένης), den Text mit „als ob die Seele Feuer fing" wiederzugeben. Er interpretiert folgendermaßen: „One of the main difficulties in talking about connate heat is its relation to the soul; and it is crucial that Aristotle says here that the soul itself does not catch fire, it is mere, ‚as if it did'. For Aristotle is clear about the difference between soul and what is necessary for soul: the requisite heat is kindled, and not the soul."[654] Aber die griechische Konjunktion (ὥσπερ) heißt nicht „als ob". Aristoteles versteht das „anzünden" metaphorisch. Die Seele ist buchstäblich kein Brennstoff, keine Lampe, auch kein Feuer. Die angeborene Wärme zündet die Seele nur „gewissermaßen" an. Natürlich bleibt Aristoteles eine Antwort auf die Frage schuldig, wie Wärme eine immaterielle Seelenkraft in Gang setzen kann (auch das Umgekehrte wäre nicht zu erklären). Hier scheint er mit seiner Seelenlehre in Schwierigkeiten zu geraten. Rein empirisch gesehen ist es eine Tatsache, daß der Wechsel vom Leben zum Tod, was den Körper betrifft, mit einem Wechsel von Wärme zur Kälte verbunden ist, und darauf kommt es Aristoteles in den empirisch ausgerichteten *Parva naturalia* an.

Wegen der außerordentlichen Abweichung der Aussage dieser Stelle von der anscheinend kanonischen Lehre von *De anima* könnte man versucht sein, nach irgendeinem anderen philologischen Ausweg zu suchen, wenn die Stelle nicht durch eine Stelle aus der Schrift *De respiratione* deutlich bestätigt würde, an der wir dieselbe Auffassung finden. Dort heißt es:

3b. *De respiratione* 8.474 b 10 ff.:

> „Es ist unmöglich, daß die anderen Seelenvermögen ohne das vegetative existieren (aus welchem Grunde, ist in den Büchern *De anima* gesagt

654 R.A.H. King, Aristotle on Life and Death, London 2001, 97; ders., The concept of life in *De juventute*, in: Föllinger, Was ist Leben? (wie Anm. 40) 171 ff., hier 182: „Hence it is merely as though the soul were kindled in these parts."

> worden) und dieses ohne das natürliche Feuer. Denn an diesem hat die Natur die Seele angezündet."[655]

Trotz der Klarheit der Stelle wird sie von R.A.H. King angezweifelt und als unsorgfältige Formulierung betrachtet.[656] Wir werden gleich sehen, daß sich unsere Auffassung bestätigt, wenn wir den historischen Zusammenhang betrachten, in dem Aristoteles hier steht. In *De respiratione* 8 haben wir eine klare dreistufige Hierarchie:

1. die komplexeren Seelenvermögen (d.h. Wahrnehmungsvermögen, evtl. Bewegungsvermögen, Denkvermögen);
2. das vegetative Seelenvermögen;
3. das natürliche Feuer.

Von der die Seele anzündenden Natur wird hier wie häufig bei Aristoteles, wenn er von einer kreativen Natur spricht, in metaphorischem Sinne gesprochen. Philosophisch-systematisch gesehen kann man natürlich fragen, ob der Rekurs auf immaterielle Seelenkräfte nicht überflüssig ist. Offenkundig kommt es Aristoteles darauf an, seine Seelenlehre mit seinen empirischen Erkenntnissen von der Priorität der Wärme zu einem Ausgleich zu bringen.

In welche Schwierigkeiten Aristoteles durch das Nebeneinander von psychischen und mechanistischen Vorstellungen gelegentlich kommt, zeigt eine weitere Stelle, die wir oben schon berührt hatten.[657] In *De partibus animalium* IV 10.686 a 27 f. wird gesagt:

> „Als einziges Lebewesen steht er (scil. der Mensch) aufrecht, weil seine Beschaffenheit und sein Wesen göttlich sind."[658]

Der aufrechte Gang des Menschen wird auf seine göttliche Natur und sein göttliches Wesen zurückgeführt. Dies gehört zu seiner Definition. Zu großes Gewicht, wie es die Vierfüßer von Natur aus besitzen, würde das Denken und Wahrnehmen unbeweglich machen und den Körper herunterdrücken und die Ausbildung von Händen verhindern (scil. die Werkzeuge des Denkens sein können; vgl. 687 a 10). Kurz darauf ist aber nicht nur von dem herabdrük-

655 τὰς μὲν οὖν ἄλλας δυνάμεις τῆς ψυχῆς ἀδύνατον ὑπάρχειν ἄνευ τῆς θρεπτικῆς (δι' ἣν δ' αἰτίαν, εἴρηται πρότερον ἐν τοῖς Περὶ ψυχῆς), ταύτην δ' ἄνευ τοῦ φυσικοῦ πυρός· ἐν τούτῳ γὰρ ἡ φύσις ἐμπεπύρευκεν αὐτήν.

656 King, Concept of life (wie Anm. 654) 182 Anm. 41: „An expression we find elsewere without the qualification „as if" (*Juv.* 14.474b13). The chapter is less careful in other ways too: fire is said to be what is used by concoction, rather than connate heat. See also *PA* II 7.652b7–16 for a considered account of the relation between heat and soul."

657 Kap. I 1, S. 33.

658 Ὀρθὸν μὲν γάρ ἐστι μόνον τῶν ζῴων διὰ τὸ τὴν φύσιν αὐτοῦ καὶ τὴν οὐσίαν εἶναι θείαν.

kenden Gewicht die Rede, sondern auch von einer Auftriebskraft. Dies ist die aufsteigende Wärme. Aus IV 10.686 b 28 f. ergibt sich: Wenn die aufsteigende Wärme geringer und das erdhafte Element größer wird, werden die Körper schwächer und die Füße der Tiere zahlreich. Im Umkehrschluß bedeutet dies, daß der Mensch offenbar deshalb aufrecht auf zwei Beinen steht, weil er am meisten aufsteigende Wärme hat (die mit dem Element Feuer verbunden zu denken ist und nach *De caelo* IV 2 nach oben zu dem ihr eigentümlichen Ort strebt) und so den Druck des Erdhaften mindert.[659] Dieses Argument würde allein ausreichen, den aufrechten Gang zu erklären. Das Nebeneinander beider Erklärungen, der psychischen und der materiellen, verleitet schließlich Aristoteles zu der höchst merkwürdigen Feststellung, daß bei den Vierfüßern, bei denen nicht so viel Wärme aufsteigt, deren Seele die Last ihres Oberkörpers nicht in gleicher Weise tragen kann wie die Seele des Menschen (686 b 1 f.: οὐ δυναμένης φέρειν τὸ βάρος τῆς ψυχῆς). Man würde erwarten, daß der Unterkörper die Last des Oberkörpers nicht tragen kann und daß deshalb die beiden vorderen Gliedmaßen als Füße (und nicht als Hände) verwandt werden müssen. Und so wird dies anderswo auch gesagt. Es bleibt also unklar, wie wir uns in diesem Falle die Verhältnisse vorstellen sollen. Offenbar ist auch hier die Seelenfunktion von der Menge der aufsteigenden Wärme abhängig.

Falls die Schrift *De partibus animalium* später geschrieben ist als die Stellen in *De iuventute* und *De respiratione*, wäre Aristoteles an der unter 1. behandelten Stelle nach der nächstliegenden, oben gegebenen Interpretation wieder stärker an seine Theorie vom instrumentalen Charakter der Wärme im Dienste der Seele herangerückt. Wir wissen darüber nicht Bescheid. Aber die Stelle wäre wohl auch mit den Stellen der *Parva naturalia* zu vereinbaren. Denn auch wenn die Wärme die Seele in Gang setzt, ist sie ihr dienlich, so seltsam sich dies anhört. Eine einleuchtende Theorie liegt in den *Parva naturalia* ohnehin nicht vor. Die 2. Stelle, an der vom Herzen als dem feuerhütenden Herd die Rede ist, läßt sich mit den hier unter Ziff. 3a und 3b genannten beiden Stellen gut vereinbaren. Die entscheidende Funktion der Wärme für das Leben wird deutlich; es fehlt nur der in den *Parva naturalia* vorliegende Hinweis, daß die Seelenfunktion nachgeordnet ist.

Wie wir eingangs sagten, ist die Verknüpfung von Leben und Tod mit der Körperwärme naheliegend. Überdies steht Aristoteles hier in einer festen Tradition, die bisher von der Forschung nicht beachtet wurde. Nach Aëtius V 15,4 = fr. 64 A 28 D.-K. soll Diogenes von Apollonia folgendes gelehrt haben:

659 Vgl. dazu Althoff, Warm, kalt, flüssig und fest (wie Anm. 212) 73.

„Diogenes sagt, daß die Babys leblos geboren werden, aber warm sind. Und deshalb ziehe die eingepflanzte Wärme, sobald das Baby zur Welt komme, das Kalte in die Lunge.“[660]

Nach dieser Auffassung beginnt das Leben erst, sobald die angeborene Wärme nach der Geburt des Babys die kalte Luft in die Lunge einzieht, also atmet. Dahinter steht, wie I.M. Lonie überzeugend darlegt,[661] die Auffassung, daß ‚ein angemessenes Quantum an kalter Luft jedes warme Feuer ernährt‘, so daß es nicht erstickt wird, die wir z. B. in der hippokratischen Schrift *Über die Natur des Kindes* (*Nat. Puer.* XII 3 Joly[662] [VII 486,19 L.]) finden.[663]

Es liegt also bei der Diogenes von Apollonia zugeschriebenen Lehre eine ganz mechanistische Theorie vor, wonach Leben an der Wärme hängt und mit dem Einatmen von kalter Luft beginnt.

Eine verwandte mechanistische Theorie liegt auch der Darstellung in Hipp., *Nat. Puer.* zugrunde, die von Lonie ausgezeichnet kommentiert wird: Der vermischte männliche und weibliche Samen erwärmt sich in der Gebärmutter und verdichtet sich, und wenn er sich im Warmen befindet und die Mutter atmet, zieht er deren Atem/Hauch (πνεῦμα) an, und sein eigener warmer Hauch bahnt sich schließlich den Weg nach außen, und kalter Hauch von der Mutter dringt ein (XII 1 ff. Joly [VII 486,1 ff. L.]). Durch den Hauch wird auch die Gliederung des Fleisches bewirkt (XVII 1 Joly [VII 496,17 ff. L.]). Der Hauch unterscheidet sich nach den Worten des Autors von *Nat. Puer.* in nichts von dem Hauch (Rauch) brennenden Holzes. Immer werde die Wärme durch hinzukommende Kälte genährt (XII 3 Joly [VII 486,19 L.]). Lonie weist darauf hin, daß im Hintergrund meteorologische Theorien der Vorsokratiker stehen, nach denen die Winde durch die Verdunstung der Feuchtigkeit auf der Erde aufgrund von Sonnenwärme ausgelöst werden.[664] Leben besteht nach dem Autor von *Nat. Puer.* im Einatmen kalter Luft, die die Wärme (d. h. das Feuer) im Innern des Lebewesens nährt.

Auch bei Aristoteles finden sich Spuren dieser offenbar weit verbreiteten Vorstellung. Lonie verweist auf das in *De iuventute* 5.470 a 5 ff. gegebene

660 Διογένης γεννᾶσθαι μὲν τὰ βρέφη ἄψυχα, ἔνθερμα [Diels: ἐν θερμασίᾳ codd.] δέ· ὅθεν τὸ ἔμφυτον θερμὸν εὐθέως προχυθέντος τοῦ βρέφους τὸ ψυχρὸν εἰς τὸν πνεύμονα ἐφέλκεσθαι.

661 I.M. Lonie, The Hippocratic Treatises „On Generation“, „On the Nature of the Child“, „Diseases IV“. A Commentary, Berlin–New York 1981, 152 f. Lonie weist auch auf eine teilweise Parallele bei Philolaos hin (nach Anon. Lond. XVIII 8–10 = fr. 44 A 27 D.-K.: Φιλόλαος δὲ Κροτωνιάτης συνεστάναι φησὶν τὰ ἡμέτερα σώματα ἐκ θερμοῦ ..., 21–23: μετὰ γὰρ τὴν ἔκτεξιν εὐθέως τὸ ζῷον ἐπισπᾶται τὸ ἐκτὸς πνεῦμα ψυχρὸν ὄν).

662 R. Joly, Hippocrate, Tome XI De la génération, de la nature de l’enfant, des maladies IV, du foetus de huit mois (Collection Budé), Paris 1970.

663 πᾶν γὰρ τὸ θερμὸν τῷ ψυχρῷ τρέφεται τῷ μετρίῳ.

664 Lonie (wie Anm. 661) 148 mit Bezug auf Anaximander, fr. 12 A 27 und Diogenes, fr. 64 A 17.

Beispiel des Kohlenmeilers.[665] Vor allem aber ergibt sich aus dem Zitat des Diogenes von Apollonia und der hippokratischen Schrift, daß eine reduktionistische Erklärung des Lebens mit Rücksicht auf die angeborene oder genauer ‚mitgeborene' Wärme traditionell vorgegeben war, an die sich Aristoteles unter Modifikation der mit ihr verbundenen naiven anatomischen und physiologischen Erklärungen anschließen konnte. Aristoteles hält also die traditionelle Auffassung des *Corpus Hippocraticum* aufrecht, daß das Leben des Babys an der von der Mutter übernommenen Wärme hängt und schiebt erst an dieser Stelle die Seele ein. Die Wärme aktiviert die im Samen potentiell enthaltene Nährseele.

4. *De generatione animalium* II 2.735 b 37 ff.:

> „Der Samen ist ein Produkt von Hauch (Pneuma) und Wasser, und Hauch (Pneuma) ist warme Luft. Deshalb ist er feucht, weil er (sc. teilweise) aus Wasser besteht."[666]

Dies ist nun eine sehr merkwürdige Lehre, die nur vor dem Hintergrund der unter Ziff. 3 geschilderten Tradition verständlich ist. Es kommt in diesem Zusammenhang nicht auf die aristotelische Vererbungslehre an. Diese geht ja davon aus, daß mit dem Samen durch unterschiedliche Impulse (κινήσεις) bestimmte Erbinformationen auf den sich entwickelnden Keim übertragen werden. Hier geht es zunächst um die Lebendigkeit und Entwicklung des Embryos. Für die entsprechende Theorie von *De natura pueri* ist der entscheidende Ausgangspunkt, daß zum Leben primär Wärme gehört. Dies ist empirisch verständlich und realistisch. Auch für uns ist die Körperwärme ein primäres Indiz dafür, daß ein Körper lebt. Der hippokratische Autor schreibt aber der Wärme auch gestaltende Kraft bei der Entwicklung des Embryos zu. Die Wärme erhält der Embryo nach ihm vom Mutterleib. Und ihre Erhaltung wird nach ihm durch das Einatmen kalter Luft verursacht, das auch die Mutter am Leben erhält. Dahinter steht die Auffassung, daß das Leben eines Lebewesens einem Kohlenmeiler vergleichbar ist, dessen Weiterglimmen der geregelten (kalten) Luftzufuhr zu verdanken ist. Obwohl nun Aristoteles aus anatomisch-physiologischen Einsichten heraus gewiß diese vorsokratische medizinische Lehre, daß der Atem (πνεῦμα) der Mutter das Leben und die Entwicklung des Embryos direkt verbürgt, ablehnen mußte, löst er sich jedoch nicht von dem Modell, daß zu seiner Entwicklung Pneuma gehört und daß dabei die Wärme nur durch Zufuhr von Feucht-Kaltem gehalten werden

665 Lonie (wie Anm. 661) 153.

666 Ἔστι μὲν οὖν τὸ σπέρμα κοινὸν πνεύματος καὶ ὕδατος, τὸ δὲ πνεῦμά ἐστι θερμὸς ἀήρ· διὸ ὑγρὸν τὴν φύσιν ὅτι ἐξ ὕδατος.

kann. Dies wird besonders deutlich, wenn man die folgende Bemerkung hinzunimmt:

> *De generatione animalium* II 6.742 a 14 ff.:
>
> „Es ist notwendig, daß Pneuma vorhanden ist, weil es etwas Feuchtes und Warmes ist, wobei das letztere aktiv ist, das erstere passiv."[667]

Aristoteles verlagert also das Pneuma der Mutter in der hippokratischen Schrift *De natura pueri* in den Samen und stattet diesen mit den Materialien aus, die einen ständigen Wärmegehalt wie in einem Kohlenmeiler konservieren, also mit (nunmehr warmer) Luft und Wasser. Daß er entweder die Schrift *De natura pueri* direkt im Auge hat oder eine nahe verwandte, vorsokratische Quelle, geht aus folgenden Worten hervor:

> *De generatione animalium* II 6.741 b 37 ff.:
>
> „Die Teile der Lebewesen werden durch das Pneuma artikuliert, nicht jedoch durch das der Mutter und auch nicht durch das eigene des Embryos, wie einige Naturforscher behaupten."[668]

Aristoteles polemisiert also gegen die Annahme einer gestaltenden Funktion des Pneuma. Als Begründung verweist er auf die eierlegenden Tiere, wie Vögel, Fische und Insekten, die alle auch nicht durch den Atem, sondern durch die dem Samen analogen Eier die Gliederung (διάρθρωσιν) des Nachwuchses bewirken, wobei die Insekten selbst überhaupt nicht atmen. D. h. Aristoteles erkennt zwar die Schwäche der naiven Atemtheorie der Mediziner und/oder Naturphilosophen des ausgehenden 5. Jahrhunderts. Die Ernährung des Embryos kann nicht durch das Einatmen erfolgen. Sie soll nach Aristoteles aber doch durch „Pneuma" erfolgen. Dabei wird aus dem realen, empirisch gegebenen Atem, welcher der einem Kohlenmeiler oder anderen Öfen zugeführten Luft vergleichbar ist, ein mysteriöser „Hauch" im Samen, der zwar auch primär aus Wärme bestehen soll, aber, da es sich ja im Samen nur um wenig Wärme handeln kann, eine besondere Qualität besitzen muß. Denn diese Wärme soll, wie in II 6.743 a 26 ff. unter Vergleich mit einem Kochprozeß (ἕψησις) dargelegt wird, eine angemessene Gestaltung aller Teile, d. h. der Gewebe und Organe, durchführen. Vgl. *Meteorologie* IV 3.380 b 13 ff. Zum Charakter dieser Wärme vergleiche man folgende Stelle:

> *De generatione animalium* II 3.736 b 29 ff.:
>
> „Jedes Seelenvermögen scheint mit einem anderen (vom Seelenvermögen verschiedenen) Körper ‚verbunden' zu sein, der göttlicher ist als die Ele-

667 πνεῦμα δ' ὑπάρχειν ἀναγκαῖον ὅτι ὑγρὸν καὶ θερμόν, τοῦ μὲν ποιοῦντος τοῦ δὲ πάσχοντος.

668 Διορίζεται δὲ τὰ μέρη τῶν ζῴων πνεύματι, οὐ μέντοι οὔτε τῷ τῆς γεννώσης οὔτε τῷ αὐτοῦ καθάπερ τινὲς τῶν φυσικῶν φασιν.

> mente; und wie sich die Seelenvermögen nach ihrem höheren oder niedrigeren Rang unterscheiden, so auch dessen Eigenart. In dem Samen von allem befindet sich die sogenannte Wärme, die die Samen zeugungsfähig macht. Dies ist kein Feuer oder sonst ein Vermögen dieser Art, sondern das im Sperma und in schaumartigem Stoff befindliche Pneuma, und zwar die Substanz im Pneuma, die dem Element der Sterne (d. h. dem auf die Kreisbewegung fixierten) analog ist."[669]

Hier finden wir nun die Stelle, die die mechanistische Erklärung des Prozesses der Lebensentstehung mit einer vitalistischen Deutung verbindet. Das Nebeneinander beider Erklärungen konstatiert kurz auch Lonie.[670] Während vor der wahrscheinlichen Abfassung von *De generatione animalium* das Pneuma nur Atem war und von seiner Anwesenheit im Sperma nicht gesprochen wurde, wird es in II 2.735 b 37 ff. zunächst als „warme Luft" bezeichnet und ist jetzt eine Wärme, die analog sei zu dem Element der Gestirne, der *quinta essentia*, bzw. dem Ersten Element, wie Aristoteles selbst sagt. Es ist nicht mit ihm identisch,[671] sondern gehört einem anderen „Genos" an, wie durch den Analogiebegriff impliziert ist.[672] Die Sonnenwärme und die Wärme der Lebewesen, und zwar nicht nur die durch den Samen zugeführte, besäßen dieses lebenserzeugende Prinzip (ζωτικὴν ἀρχήν, 737 a 5). Das Verhältnis von Seele und Stoff wird hier nicht so beschrieben, daß das Herz Ort der Wärmeproduktion und Sitz der nutritiven Seele ist, sondern daß das jeweilige Seelenvermögen eine Gemeinschaft mit einem warmen, nicht feuerartigen Element besonderer Art eingeht, und zwar schon im Samen. Diese Gemeinsamkeit von Seele und Wärme spiegelt sich auch in dem nur für *De generatione animalium* charakteristischen, aber schwer deutbaren Ausdruck „psychische Wärme" (θερμότης ψυχική). Er begegnet schon in II 1.732 a 18 f., dann in 4.739 a 11, III 1.752 a 2 f., 4.755 a 20 (ψυχικὸν θερμόν), 11.762 a 20.

Die Sache wird noch unübersichtlicher dadurch, daß Aristoteles genauer sagt, das neue Element sei das Pneuma und (zwar) eine Substanz (φύσις) im Pneuma. Das letztere ist nach Aristoteles wahrscheinlich dann der Fall, wenn

669 Πάσης μὲν οὖν ψυχῆς δύναμις ἑτέρου σώματος ἔοικε κεκοινωνηκέναι καὶ θειοτέρου τῶν καλουμένων στοιχείων· ὡς δὲ διαφέρουσι τιμιότητι αἱ ψυχαὶ καὶ ἀτιμίᾳ ἀλλήλων οὕτω καὶ ἡ τοιαύτη διαφέρει φύσις. πάντων μὲν γὰρ ἐν τῷ σπέρματι ἐνυπάρχει ὅπερ ποιεῖ γόνιμα εἶναι τὰ σπέρματα, τὸ καλούμενον θερμόν. τοῦτο δ᾽ οὐ πῦρ οὐδὲ τοιαύτη δύναμίς ἐστιν ἀλλὰ τὸ ἐμπεριλαμβανόμενον ἐν τῷ σπέρματι καὶ ἐν τῷ ἀφρώδει πνεῦμα καὶ ἡ ἐν τῷ πνεύματι φύσις, ἀνάλογον οὖσα τῷ τῶν ἄστρων στοιχείῳ.

670 Lonie (wie Anm. 661) 151.

671 Wie dies A.P. Bos, The Soul and its Instrumental Body. A Reinterpretation of Aristotle's Philosophy of Living Nature, Leiden–Boston 2003, 160 f. annimmt.

672 Vgl. P. Moraux, Quinta essentia, in: RE XXIV, Stuttgart 1963, Sp. 1171 ff., bes. 1205 f.

man das Pneuma als etwas versteht, was feucht und warm ist, wie es in 742 a 14 ff. auch bestimmt wird.

In anderer Hinsicht ist Aristoteles noch sehr viel weniger genau. Denn in *De generatione animalium* II 4.740 b 29 ff. taucht plötzlich die traditionelle instrumentalistische Seelenauffassung wieder auf, daß die Seele Wärme und Kälte als Werkzeug gebraucht. Dies ist weder mit der Gemeinschaft (κοινωνία) von Seele und einem besonderen Element wie in 736 b 30 noch mit der Rede von einer psychischen Wärme vereinbar. Denn beides hört sich eher wie eine Materialisierung der Seele oder eine Psychisierung des Stoffes an. Und mit der Auffassung, daß die Wärme die Nährseele überhaupt erst anzündet wie in *De iuventute* und *De respiratione*, ist die Stelle II 3.736 b 29 ff. vollends unvereinbar. Balmes Ansicht, daß diese generative Wärme sich von ‚normaler' Wärme nur graduell unterscheide, etwa durch besondere Reinheit,[673] ist unhaltbar, wie Althoff gezeigt hat.[674]

Wir fassen das bisher zu den behandelten Stellen Gesagte zusammen. Aristoteles steht in der Tradition der naturwissenschaftlichen, reduktionistischen Spekulation der Vorsokratiker, gelangt aber zu der Einsicht, daß deren Argumente zur Erklärung des Lebens nicht ausreichen. So entwirft er in *De anima* eine in sich relativ konsistente Seelenlehre. Durch die Aufgliederung der Seele in drei oder vier Seelenvermögen ist es ihm möglich, Pflanzen, Tiere und Menschen in ihrer Eigenart vom Bereich des Leblosen klar abzugrenzen. Jedoch gerät er im Laufe seiner empirischen Forschung an einigen Stellen in Schwierigkeiten. Er kann sein gegenüber den alten Naturphilosophen geltend gemachtes Postulat, bei der Analyse der Struktur der Lebewesen den Sprung von den leblosen Elementen zu den lebendigen Bestandteilen der Lebewesen gebührend zu berücksichtigen, selbst nicht voll einlösen. Er übernimmt den Ansatz, Körperwärme für ein Indiz des Lebens und Kälte für ein Indiz des Totseins zu betrachten. Jedoch mangelt es seinem Versuch, die Seelenaktivität auf die Körperwärme zurückzuführen, wie er in *De iuventute* vorliegt und in *De partibus animalium* gelegentlich durchschimmert, an Plausibilität. Wenn die instrumentalistische Auffassung der Seele, nach der primär die Seele sich in ihrer Aktivität der Wärme und Kälte als Werkzeug bedient, nicht mehr greift und stattdessen die Seelentätigkeit von der Einwirkung von Wärme abhängig gemacht wird, ist sein Seelenmodell eigentlich entbehrlich.

Mit ganz neuen Modellvorstellungen bemüht sich Aristoteles dann in *De generatione animalium*, seine reduktionistisch-naturwissenschaftliche Vorgehensweise, die seine empirischen Untersuchungen in den naturwissenschaftli-

673 Balme, Aristotle, *De partibus animalium* I (wie Anm. 496) 164.

674 J. Althoff, Das Konzept der generativen Wärme bei Aristoteles, Hermes 120, 1992, 181 ff., bes. 183 ff., 192.

chen Schriften im wesentlichen bestimmt, doch noch mit dem Seelenmodell zu vereinbaren. Er hält an der aus der vorsokratischen und hippokratischen Tradition stammenden Vorstellung von der Bedeutung der Körperwärme für die Funktion des Lebens fest, verwirft aber die damit verbundene Atemtheorie, wonach der von der Mutter zugeführte oder der eigene Atem des Embryos vor der Geburt Brennstoff für die natürliche, von der Mutter erhaltene Wärme ist (Modell des Kohlenmeilers). Er verweist darauf, daß die sich aus Eiern ernährenden Keime der eierlegenden Tiere auch keinen Atem (Pneuma) von außen zu ihrer Entwicklung benötigen, übernimmt aber aus der Atemtheorie den Begriff des Pneumas und siedelt nun im Samen der lebendgebärenden Lebewesen dieses bei ihm durch Wärme ausgezeichnete Pneuma, das im Samen mit (kaltem) Wasser verbunden ist, als gestaltende Kraft an (*De gen. an.* II 6.741 b 37 ff.): Dieses Pneuma soll nun mit der Seele zusammengeschlossen und nur in Analogie zum Stoff der Gestirne deutbar sein. Die so definierte Wärme hat bei Aristoteles mit dem Feuer nichts mehr zu tun, mit dem die Körperwärme bei den Alten meist mehr oder weniger gleichgesetzt wurde. Der Begriff des Pneumas, der also ursprünglich den gewöhnlichen Atem bezeichnete, bleibt dabei völlig mysteriös. Als Empiriker konnte sich Aristoteles bei der Erklärung des Lebens nur an die Wärme halten. Da er offenbar in *De generatione animalium* aber nicht mehr bereit ist, der gewöhnlichen Wärme den Primat bei der Entstehung des Lebens zuzusprechen, entwickelt er die Vorstellung einer besonderen Art von Wärme in einem undeutlich bleibenden Pneuma (Hauch), das er von der hippokratischen Medizin oder irgendwelchen Naturphilosophen übernommen und umgedeutet hat. Diese vage Hypothese erlaubt es ihm, bei seiner Seelenlehre zu bleiben.

Es ist nur hinzuzufügen, daß dieses Pneuma mit der inneren Luft der Lebewesen, die nach Aristoteles' eigener Atemtheorie in *De respiratione* beim Einatmen durch äußere Luft abgekühlt wird und ebenfalls Pneuma heißen kann, nichts zu tun hat. Diese Theorie kommt, auch wenn sie uns naiv erscheint, der Realität natürlich näher als die hippokratische Theorie, derzufolge die eingeatmete kalte Luft Brennstoff für die Körperwärme ist, eine Theorie, die vielleicht 80 Jahre vor Aristoteles entwickelt wurde.

8.5 Spontanentstehung

Die eben analysierte Pneumatheorie von *De generatione animalium* erfährt im Verlaufe der Schrift noch eine überraschende Erweiterung, insofern sie auch zur Erklärung des Lebens der „spontan erzeugten" Lebewesen, von denen Aristoteles spricht, benutzt wird. Diese Lebewesen machen seiner Auffassung nach den Eindruck, direkt aus der leblosen Materie hervorgegangen und nicht imstande zu sein, ihrerseits zeugungsfähige Nachkommen zu zeugen. Auch hier ist zu betonen, daß der Ausgangspunkt für diese Lehre wieder allein die Empirie ist. Wenn etwa die Eier oder Larven eines Lebewesens so klein sind, daß man sie nicht sehen kann, und sonst keine Indizien für geschlechtliche Fortpflanzung vorliegen, liegt für Aristotele die Annahme einer pflanzlichen Entstehung oder einer Entstehung aus lebloser Materie nahe. Es ist das Erstaunliche an Aristoteles' Wissenschaft, daß er solche sich ihm anbietenden Erklärungen auch dann mitteilt, wenn sie im Widerspruch zu seinen Grundannahmen zu stehen scheinen. Dafür ist die Annahme der Spontanerzeugung ein gutes Beispiel. Zunächst ist festzuhalten, daß er diese Lehre nicht in allen seinen Werken mit gleicher Bestimmtheit vertritt. So spricht er in dem Methodenbuch *De partibus animalium* I, in dem er um besondere Vorsicht bemüht ist, nur von der ‚Annahme' einer Spontanentstehung (1.640 a 27: δοκούντων), was in der Regel in der wissenschaftlichen Literatur nicht beachtet wird. An den verschiedensten Stellen seines Werkes wiederholt er nun seine allgemeine metaphysische Maxime, daß alles Lebendige zum unbewegten Beweger strebt und ihm gleichzukommen sucht, nur mit unterschiedlicher Mühe und unterschiedlichem Erfolg, aber in *De anima* macht er eine Ausnahme. Er sagt in II 4.415 a 26 ff., es sei die natürlichste Leistung aller lebenden Wesen, sofern sie vollkommen sind und nicht Mißgeburten oder eben solche Wesen, die eine spontane Entstehung besitzen, ein anderes Wesen zu zeugen, das so wie sie selbst ist. Es stört ihn also gar nicht, daß er seine metaphysische Welterklärung mit der Ausnahme der spontan entstehenden Lebewesen versieht, die auch immer wieder in derselben Form entstehen, wie sie selbst sind, die bis zu einem gewissen Grade ebenso Wahrnehmung und Bewegung besitzen wie andere Lebewesen und auch ein Analogon zum Herzen haben, wo die Seelenkraft ihren Sitz hat, und sonst meist alles, was zumindest die Blutlosen, die Invertebraten, auszeichnet, aber von dieser Weltausrichtung auf den Unbewegten Beweger ausgenommen sind. Diese Ausnahme könnte unter Umständen seine allgemeine kosmische Welterklärung zum Einsturz bringen. Dies kümmert ihn aber nicht: Die Empirie hat den Vorrang.

Für einen Teil der Insekten und für die Schaltiere nimmt Aristoteles also an, daß sie auf ungeschlechtlichem Wege entstehen, und macht dazu sehr differenzierte Angaben. Sehr verständlich ist das, was er zu den Miesmuscheln sagt. Sie entstehen seiner Meinung nach durch Ableger (*De gen. an.* III 11.761 b 29 ff.). Der Eindruck der Entstehung der *Mytilidae* durch Ableger ergibt sich für ihn offenbar dadurch, daß diese in ausgedehnten Bänken von aneinanderhaftenden Muscheln anzutreffen sind.[675] Bei anderen schwankt er, was ihre Entstehung betrifft, zwischen der Annahme einer spon-

675 Vgl. Storch-Welsch (wie Anm. 270) 199.

tanen Entstehung, weil sie oft an Schiffswänden auftauchen, wo keine entsprechenden Tiere in der Nähe waren, und einer Entstehung durch Exkremente in der Form von wachsartigen schleimigen Klumpen und der Form von wächsernen Honigwaben (κηριάζειν), die jedoch kein Samen seien, sondern einer pflanzenartigen ungeschlechtlichen Fortpflanzung gleichkommen, so daß auch wie beim pflanzlichen Samen sofort viele Geschöpfe entstehen. Und da das Exkrement aus denselben Stoffen bestehe wie das Tier, dessen Exkremente es sind, erscheine eine Reproduktion verständlich (dafür werden die Trompetenschnecken und die Purpurschnecken angegeben). Die Absetzung von (allerdings befruchteten) Eiern in Laichballen entspricht im übrigen der Realität.[676]

Viel diskutiert ist nun in moderner Zeit Aristoteles' Erklärung, wie Lebewesen, die weder durch Ableger (παραβλαστάνειν) entstehen noch sich durch Exkremente in der Form von Honigwaben (κηριάζειν) fortpflanzen, ganz „von allein" (αὐτόματος) entstehen (III 11.762 a 8 ff.). Dazu siehe folgende Passage:

> III 11.762 a 18 ff.:
>
> „Es entstehen in der Erde und im Wasser die Lebewesen und die Pflanzen, weil in der Erde Wasser vorhanden ist und im Wasser Pneuma (Luft), in all diesem aber psychische Wärme, so daß in gewisser Weise alles voller Seele ist."[677]

Diese überraschende Theorie ebnet die für Aristoteles' Seelenlehre charakteristische Unterscheidung von Leblosem und Leben bis zu einem gewissen Grade wieder ein. Dies wird im folgenden expliziert. Wenn die psychische Wärme in einer schaumigen Blase eingeschlossen sei, entstünden schnell Körper (a 21 ff.). Die weiteren Differenzierungen seien von den lokalen und materiellen Gegebenheiten abhängig (a 26 ff.).[678] Ebenso wie die durch Zeugung hervorgehenden Lebewesen ihre Wärme aus der Nahrung erhielten, so besorge also die in der Umgebung vorhandene Wärme der warmen Jahreszeit (ἡ τῆς ὥρας ἐν τῷ περιέχοντι θερμότης) aus Meerwasser und Erde die erforderliche Ko-

676 Vgl. Storch-Welsch (wie Anm. 270) 165.

677 Γίγνονται δ' ἐν γῇ καὶ ἐν ὑγρῷ τὰ ζῷα καὶ τὰ φυτὰ διὰ τὸ ἐν γῇ μὲν ὕδωρ ὑπάρχειν ἐν δ' ὕδατι πνεῦμα, ἐν δὲ τούτῳ παντὶ θερμότητα ψυχικήν, ὥστε τρόπον τινὰ πᾶντα ψυχῆς εἶναι πλήρη.

678 Mit Recht hat A. Gotthelf, Teleology and Spontaneous Generation in Aristotle: A Discussion, in: T. Penner and R. Kraut (Hrsg.), Nature, Knowledge and Virtue. Essays in memoriam of Joan Kung, Apeiron, vol. XXII Number 4, 1989, 185 ff. = ders., Teleology, First Principles (wie Anm. 311) 145 ff. betont, daß Aristoteles nicht das Zustandekommen eines spezifischen Telos, d. h. eines bestimmten Bauplans dieser Tiere, auf die psychische Wärme zurückgeführt hat, und Lennox, Aristotle's Philosophy of Biology (wie Anm. 507) 226 hat sich ihm angeschlossen.

chung (762 b 14 f.), und das, was vom Seelenprinzip (b 17: τῆς ψυχικῆς ἀρχῆς) im Pneuma (in der Luft?) miteingeschlossen oder abgesondert sei, bewirke den Keim und setze diesen in Bewegung. Wir finden hier also eine Erklärung, die man wegen des Rekurses auf die überall zu findende Seele auch als panpsychistisch oder vitalistisch bezeichnen könnte. Allerdings sind nicht mehr die Baupläne der ‚spontan' entstehenden Tiere, ihr Logos oder Telos bzw. ihre Form, von der Seele abhängig, sondern werden offenbar klimatischen und anderen externen materiellen Faktoren verdankt, und es stört Aristoteles nicht, daß diese rein materiellen Baupläne auch immer irgendwo wiederkehren. Zwar ist Seele jetzt überall zu finden, erscheint aber bei der Spontanentstehung in ihrer Funktion gegenüber ihrer Rolle bei der geschlechtlichen Entstehung außerordentlich gemindert und steuert nicht die Entwicklung. Insoweit nähert sich Aristoteles dem Reduktionismus der Vorsokratiker. Wenn man die Aussage, daß überall in der Erde und im Wasser Blasen mit seelischer warmer Luft vorhanden sind, die eine Spontanentstehung ermöglichen, voll gewichtet, dann erscheint die Entstehung durch Zeugung fast als Sonderfall.

Und daß Aristoteles' Gedanken um diese Problematik kreisen, scheint das anschließende Gedankenexperiment zu belegen, in dem er erwägt, wie Menschen und Vierfüßer entstanden wären, wenn sie, wie manche behaupten, einmal (scil. spontan) aus der Erde entstanden wären (III 11.762 b 28 ff.).[679] Das Ergebnis (‚vielleicht über den Umweg der spontanen Entstehung der Würmer') zeigt, wie vorsichtig und zögernd Aristoteles nach seiner großartigen, von vielen Entdeckungen geprägten empirischen Untersuchung der Entstehung der Lebewesen bezüglich der Entstehung des Lebens überhaupt geworden ist. Er gibt seine Grundüberzeugung nicht auf,[680] vermeidet aber eine zu dogmatische Festlegung und diskutiert Alternativen.

8.6 Die Theorie von *De anima* als zoologischer Modellentwurf

Diese Beobachtungen können nicht ohne Auswirkungen auf unser Bild von Aristoteles im allgemeinen bleiben. Zwar hat er das Seelenmodell von *De anima* nirgendwo widerrufen, aber es zeigt sich im Kontext der biologischen Schriften, daß es für ihn keine strikt festgelegte Konstante eines philosophischen Systems im Sinne des modernen, gegenüber Aristoteles verengten Philo-

679 Wie schon E. Zeller, Die Philosophie der Griechen II 2, Darmstadt ^{5}1963, 506 Anm. 1 betont, handelt es sich natürlich nicht um Aristoteles' eigene Meinung.

680 Insofern kann Balme, Aristotle, *De partibus animalium* I (wie Anm. 496) 97 nicht zugestimmt werden, wenn er sagt: „There is nothing in Aristotle's theory to prevent an ‚evolution of species'."

sophiebegriffs ist. Die Theorie von *De anima*, d. h. die aristotelische Seelentheorie, ist ein zoologischer Modellentwurf zum Verständnis der Problematik der Erklärung des Lebens und des Lebendigseins, den Aristoteles mit den älteren Vorstellungen von der primären Bedeutung der vom Mutterleib mitgegebenen Wärme zu vereinbaren suchte und der für ihn jederzeit ad hoc nach Maßgabe der Empirie für Abwandlungen offen ist, wie verschiedene Stellen in *De generatione animalium* deutlich zeigen, seiner vielleicht letzten Schrift.

Zweiter Teil: Aristotelische Wissenschaft und aristotelische Philosophie

1. Vorbemerkung

Aristoteles fühlte sich als Platonschüler zeitlebens verpflichtet, seine Hinwendung zur Empirie zu begründen. Diese Hinwendung betrifft nicht nur seine naturwissenschaftlichen Werke, sondern auch solche Werke, die wir auch im modernen Sinne als philosophisch einstufen, insbesondere seine Ethik und seine Metaphysik. Wir finden dazu Äußerungen in den meisten seiner Schriften und zwar sowohl in denjenigen, die noch in der Akademie verfaßt oder begonnen wurden, als auch in den Schriften, die erst nach der Rückkehr nach Athen im Jahre 335 geschrieben oder abgeschlossen wurden. Zwischen diesen beiden Gruppen, die nur näherungsweise voneinander abgegrenzt werden können, liegen die 13 Jahre intensiver Forschung außerhalb Athens. Insgesamt zeigt sich eine zunehmende Distanz zu dem platonischen philosophischen Modell, der wir im einzelnen nachgehen wollen (Kap. 2 und 3).

Ferner wollen wir einige Versuche, zwischen der biologischen Schrift *De partibus animalium* und den philosophischen Schriften im modernen Sinne eine Brücke zu schlagen, kritisch überprüfen (Kap. 4).

Schließlich soll ein Blick auf die Wirkungsgeschichte des Aristoteles geworfen werden. Das Streben nach wissenschaftlichen Erkenntnissen erlahmte, einzelne seiner Ergebnisse wurden zwar in dogmatischer Form tradiert, aber insbesondere unter dem Einfluß des Christentums fand die weltanschauliche und metaphysische Seite seines Denkens die größte Beachtung. Zwar wurden insbesondere seit der Renaissance seine biologischen Entdeckungen weitertradiert, erreichten aber nur Fachleute, bei denen im Laufe der Zeit das Bewußtsein des Ursprungs ihrer Wissenschaft verloren ging, während seine *Metaphysik* als zentraler Punkt seiner Wirksamkeit wahrgenommen wurde (Kap. 5).

2. Aristoteles' allmähliche Abwendung von der Dialektik[681]

Es ist eine Grundfrage der Aristotelesforschung, welche Rolle Aristoteles der von Platon ererbten Dialektik in seinem philosophischen bzw. wissenschaftlichen Werk zuerkennen will und wieweit er sich von dieser abwendet.

Nach einem Fragment des Aristoteles aus seinem Dialog *Sophistes* soll Zenon von Elea, der Schüler des Parmenides, die Dialektik erfunden haben (fr. 65 Rose³ = fr. 39 Gigon = 29 A 1,14 f. + 29 A 10 D.-K.). Es ist nicht anzunehmen, daß dieser selbst diesen Begriff gebraucht hat. Wahrscheinlich glaubte Aristoteles, seine eigene Vorstellung von der Dialektik bzw. die Platons historisch auf Zenon zurückführen zu können. ‚Dialektik' als Terminus (ἡ διαλεκτική [sc. τέχνη]) ist offenbar eine platonische Schöpfung, abgeleitet von dem schon bei Homer anzutreffenden Verbum *dialégesthai* (διαλέγεσθαι), „in Frage und Antwort mit jemandem Konversation pflegen" (vgl. Liddell-Scott s. v.). In seinem umfassenden Methodenentwurf im VI. und VII. Buch der *Politeia* sieht Platon in der Dialektik (διαλεκτική, *Resp*. 532 B 4, 533 C 7) die wahre Wissenschaft (ἐπιστήμη, 533 E 8), mit deren Hilfe die Welt erklärt werden kann, und beschreibt ihre Struktur als einen Aufstieg aus dem Bereich der bloßen Meinung (δόξα, 534 A 2) nach oben (533 D 2 f.) mittels immer allgemeinerer Hypothesen, die als Sprungbretter benutzt werden (511 B 6), d. h. in Frage und Antwort gesetzt und wieder aufgehoben werden (533 CD), um bis zum Voraussetzungslosen (dem ἀνυπόθετον, der ἀρχὴ τοῦ παντός, 511 B 6 f.) bzw. der Idee des Guten (ἡ τοῦ ἀγαθοῦ ἰδέα, 508 E 2 f.) aufzusteigen, von der dann der Abstieg innerhalb des Ideenreiches jenseits des Wahrnehmbaren erfolgt und in Ideen endet (511 C 2). Während der ‚Aufstieg' in Satzform vor sich geht (Hypothesen), vollzieht sich der Abstieg auf begriffliche Weise. Offenbar verdankt die Dialektik ihren Namen Gesprächen der Art, wie wir sie vorzugsweise in den platonischen Frühdialogen finden, deren Thematik gemäß dem Modell der *Politeia* Abschnitte des Aufstiegs sind. Beim Abstieg geht es um ‚Ideen' (εἴδη). Offenbar ist diesem Teil der platonischen Methode die Dihairesis (d. h. die zweigliederige, binäre Aufgliederung

681 Der Text dieses Abschnitts ist zunächst für die englische Fassung „Aristotle's gradual turn from dialectic", in: J.L. Fink, The development from dialectic from Plato to Aristotle, Cambridge 2012, 196–315 konzipiert worden. Die dort vorgesehene Widmung für Klaus Döring zu seinem 70. Geburtstag sei hiermit auch für die vorliegende deutsche Fassung wiederholt.

immer speziellerer Begriffe) zuzuordnen, die wir in den Gesprächen einiger platonischer Spätdialoge antreffen.[682]

Topik

Die Dialektik ist dann das Thema der aristotelischen Schrift *Topik*. Dieses wird am Schluß des 2. Kapitels ausdrücklich genannt (I 2.101 b 2): „die Dialektik" (ἡ διαλεκτική). Ihr Anliegen wird bereits im ersten Satz der Schrift expliziert (I 1.100 a 18 ff.):

> „Das Vorhaben der Abhandlung ist es, eine Methode zu finden, aufgrund der wir über jedes vorgegebene Problem ausgehend von ‚akzeptierten Ansichten' (*endoxa*)[683] Schlüsse ziehen können und, wenn wir selbst Rede und Antwort stehen sollen, nichts Widersprüchliches sagen." [684]

Offensichtlich ist hier auf Übungsdispute angespielt, in denen ein Partner den anderen dadurch zur Zustimmung zu einer seiner eigenen Auffassung widersprechenden These zu zwingen versucht, daß er ihn zur Zustimmung zu entsprechenden Prämissen verleitet, aus denen diese These folgt.[685]

682 Vgl. zu den Einzelheiten des platonischen bzw. altakademischen Modells Kullmann, Wissenschaft und Methode (wie Anm. 4) 154 ff.

683 Andere Vorschläge zur Übersetzung von *endoxa* sind: „wahrscheinliche Sätze" (E. Rolfes, Aristoteles. Topik. Neu übers. und mit einer Einl. und erkl. Anm. versehen, Leipzig ^{2}1922, 11); „opinions reçues" (J.M. Le Blond, Logique et méthode chez Aristote, Paris [^{1}1939] ^{2}1970, 11); „idées admises" (J. Brunschwig, Aristote, Topiques, Tome I, Paris 1967, XXXV Anm. 1); „reputable opinions" (J. Barnes, The Complete Works of Aristotle, 2 vols., Princeton 1984, 167 [revidierte Fassung der Übersetzung von W.A. Pickard-Cambridge]; ausdrücklich bestätigt in: ders., Aristotle. Posterior Analytics. Translated with a Commentary, 2. Aufl., Oxford 1993, 126); (premises) „held in estimation" (E. Berti, Does Aristotle's Conception of Dialectic Develop?, in: W. Wians (Hrsg.), Aristotle's Philosophical Development. Problems and Prospects, Lanham, Maryland, and London 1996, 105 ff., hier: 107 Anm. 4); „einleuchtende (Annahmen)" (H.G. Zekl, Aristoteles. Topik. Topik, neuntes Buch oder Über die sophistischen Widerlegungsschlüsse, griechisch–deutsch, hrsg., übers., mit Einl. und Anm. versehen, Hamburg 1997, 3).

684 Ἡ μὲν πρόθεσις τῆς πραγματείας μέθοδον εὑρεῖν, ἀφ' ἧς δυνησόμεθα συλλογίζεσθαι περὶ παντὸς τοῦ προτεθέντος προβλήματος ἐξ ἐνδόξων, καὶ αὐτοὶ λόγον ὑπέχοντες μηθὲν ἐροῦμεν ὑπεναντίον.

685 Vgl. unter anderen E. Kapp, *Syllogistik*, RE IV A, 1931, Sp. 1053 ff.; P. Moraux, La joute dialectique d'après le huitième livre des Topiques, in: G.E.L. Owen (ed.), Aristotle on Dialectic. The *Topics*. Proceedings of the Third Symposium Aristotelicum, Oxford 1968, 277 ff.; O. Primavesi, Die Aristotelische Topik. Ein Interpretationsmodell und seine Erprobung am Beispiel von Topik B (Zetemata H. 94), München 1996, 31 ff.; W. Wieland, Aristoteles über Schlüsse aus widersprüchlichen Prämissen, in: H.-Ch. Günther, A. Rengakos (Hrsg.), Beiträge zur antiken Philosophie. Festschrift für W. Kullmann, Stuttgart 1997, 167 f.

In 100 b 21 ff. werden diese ‚akzeptierten Ansichten' genauer bestimmt, als etwas, was allen oder den meisten oder den ‚Weisen' (σοφοί), und zwar entweder allen oder den meisten oder den am meisten bekannten und geschätzten, richtig zu sein scheint. Im Gegensatz dazu steht das Verfahren des Beweisens (ἀπόδειξις, 100 a 27 ff.); ein Beweis liege vor, wenn der Syllogismus von etwas Primärem und Wahrem ausgehe oder von derartigem, dessen Erkenntnis von bestimmtem Primärem und Wahrem seinen Anfang genommen hat. Diese primären und wahren Ausgangssätze werden von Aristoteles ‚Prinzipien' (ἀρχαί) genannt und müssen aus sich selbst heraus evident sein (δι' αὑτῶν ἔχοντα τὴν πίστιν, 100 b 18 f.).

In *Topik* I 2.101 a 25 ff. werden der Dialektik drei Aufgaben zugewiesen: sie ist nützlich für die Übung, für gelegentliche Begegnungen mit anderen und für die zur Philosophie gehörenden Wissenschaften. In letzterem Falle kann sie nach Aristoteles 1. aufgrund ihrer Fähigkeit, nach zwei entgegengesetzten Seiten hin Fragen zu stellen, zur Erkenntnis von wahr und falsch beitragen (das ist ihre prüfende Funktion [ἐξεταστική]) und 2. ausgehend von akzeptierten Ansichten (ἔνδοξα) den Weg zu den Prinzipien (ἀρχαί) aller Bereiche gehen.

Schon aus diesen Festlegungen ist klar, daß sich Aristoteles' Begriff von ‚Dialektik' (101 b 2) zwar an Platons Begriff anlehnt, sich von ihm aber in einer Reihe von Punkten grundlegend unterscheidet. Es handelt sich nicht mehr um eine umfassende Seinswissenschaft, sondern um eine Disziplin, die die Argumentationstypen, wie sie in der zu postulierenden akademischen Debattierpraxis offenbar üblich waren und z. T. auch in den platonischen Dialogen benutzt werden, formalisiert. Ihr stehen „die philosophischen Wissenschaften" (I 2.101 a 27 f.: αἱ κατὰ φιλοσοφίαν ἐπιστῆμαι) gegenüber. Die metaphysische Ausrichtung auf ein höchstes Prinzip, die ja nicht nur in den zentralen Büchern der *Politeia* zugrundegelegt ist, sondern auch für viele platonische Frühdialoge gilt (auch wenn sie nicht im einzelnen durchgeführt wird), entfällt. An die Stelle des einen Real-, Erkenntnis- und Wertprinzips, das die platonische *archē* darstellt, treten bei Aristoteles in den philosophischen (theoretischen) Wissenschaften eine Vielzahl von reinen Beweisprinzipien in Form von Sätzen. Der Dialektik bleibt gewissermaßen nur der erste Teil der platonischen Dialektik erhalten, der ‚Anstieg' zu den Prinzipien, der von den philosophischen Wissenschaften selbst zu trennen ist, d. h. die Dialektik verliert den Status einer ‚Wissenschaft', den sie bei Platon hatte. Und auch der ihr verbleibende philosophische Bereich ist nur eine Nebenaufgabe neben der Hauptaufgabe der Übung. Nach der in der *Topik* vorgenommenen Bestimmung haben es also die philosophischen Wissenschaften nur mit dem Abstieg zu tun, der nicht mehr dihäretisch bewältigt wird, wie es sich anscheinend Platon in seiner Dialektik vorgestellt hat, sondern in syllogistischer Form deduktiv ausgerichtet ist.

In welcher Weise die Dialektik für die ‚philosophischen Wissenschaften'[686] nützlich ist, erläutert Aristoteles noch näher. Sie verhelfe dazu, nach beiden Seiten hin Fragen stellen zu können, um das Wahre und das Falsche leichter zu erkennen; sie könne aber auch für die Erkenntnis des in der jeweiligen Wissenschaft Primären nützlich sein. Denn es sei unmöglich, aus den eigentümlichen Prinzipien einer gegebenen Wissenschaft heraus etwas darüber zu sagen, da die Prinzipien das Erste von allem seien; man müsse gestützt auf die wahrscheinlichen, anerkannten Sätze (ἔνδοξα) über die jeweiligen Gegenstände handeln; dies sei die Eigentümlichkeit der Dialektik bzw. das, was am meisten charakteristisch für sie sei; indem sie eine Prüffunktion erfülle, besitze sie den Zugang zu den Prinzipien aller Disziplinen (I 2.101 a 34 ff.).

Die These der *Topik*, daß man mit Hilfe der Dialektik auf der Grundlage bloßer Meinungen, auch wenn sie von einer Mehrheit oder von Experten vertreten werden (ἔνδοξα), zu evidenten und wahren wissenschaftlichen Prinzipien vorstoßen kann, ist noch sehr von dem platonischen Modell der Dialektik geprägt, gemäß dem es möglich ist, aus der Welt der ‚Doxa' heraus (also von dem, was man glaubt) auf argumentativem Wege bis zur Erkenntnis des höchsten Prinzips vorzustoßen und mit dem anschließenden Abstieg ins Ideenreich unsere Welt zu erklären. Sie wird bis zu Buch VIII durchgehalten. Nach VIII 1.155 b 7 ff. besteht der einzige Unterschied zwischen einem Dialektiker und einem Philosophen darin, daß der eine sich auf einen Partner bezieht, der andere allein forscht.[687] Inhaltlich unterscheidet sich offensichtlich ihre Argumentation prinzipiell nicht.[688] Insbesondere wird nicht die Notwendigkeit von Wahrnehmung und Empirie erwähnt. Vielmehr sucht der Philosoph wohl, wie Aristoteles meint, möglichst zur Conclusio passende Prinzipien (ἀξιώματα) zu wählen, während der Dialektiker, um im dialektischen Spiel nicht zu verlieren, weit entfernte Sätze bevorzugt.[689] Vgl. die ähnliche

686 Insofern die Dialektik beansprucht, Philosophie zu sein (wie bei Platon), treten die Einzelwissenschaften ihr Erbe an. Auch in der *Metaphysik* spricht Aristoteles von Mathematik, Physik und Theologik als von den drei Philosophien (E 1.1026 a 18 ff.). Ebenso unterscheidet er in *Metaphysik* Γ 2.1004 b 25 f. zwischen Dialektik und Philosophie.

687 155 b 10 ff.: τῷ δὲ φιλοσόφῳ καὶ ζητοῦντι καθ' ἑαυτὸν οὐδὲν μέλει [scil. τὸ ἐρωτηματίζειν], ἐὰν ἀληθῆ μὲν ᾖ καὶ γνώριμα δι' ὧν ὁ συλλογισμός.

688 Vgl. E. Berti, Does Aristotle's Conception of Dialectic Develop?, in: W. Wians (ed.), Aristotle's Philosophical Development. Problems and Prospects, Lanham, Maryland, and London 1996, 110.

689 So erklärt richtig Rolfes (wie Anm. 683) 223 Anm. 1 die Stelle. Zwar wird im VIII. Buch der *Topik* die *Erste Analytik* zweimal zitiert, nicht dagegen die *Zweite Analytik*, so daß es für den Schluß von É. de Strycker (Concept-clés et terminologie dans les livres II à VII des *Topiques*, in: Owen [wie Anm. 685] 141 ff., hier: 142), daß die Bücher I und VIII bereits die Theorie der *Zweiten Analytik* voraussetzen, keinen sicheren Beleg gibt. Überdies können die Verweise auf die *1. Analytik* nachträglich eingesetzt sein. Es erscheint mir deshalb auch

Äußerung in *Topik* VIII 14.163 b 9 ff. Allerdings hat sich damit gegenüber Platon auch radikal das Bild des Philosophen verändert. Platons Dialektik ist eine mündliche, dialogische Methode des Unterrichts, die sich in den geschriebenen Dialogen spiegelt und deren sich der Philosoph (in Platons Werken in der Regel Sokrates) im Umgang mit Schülern bedient. Für Aristoteles ist nur noch die Einübung dialogisch; der Philosoph trägt einen Text monologisch vor und/oder formuliert ihn schriftlich.

Erste und Zweite Analytik

Aristoteles bleibt nicht bei der Abhängigkeit von der Tradition der eingeführten Meinungen stehen. In der sachlich und wahrscheinlich auch zeitlich anschließenden Schrift, der *Ersten Analytik*, erklärt Aristoteles eingangs, er wolle nunmehr zur beweisenden Wissenschaft kommen I 1.24 a 10 f. Tatsächlich entdeckt er aber zunächst den Schematismus des Syllogismus, seine Figuren und Modi, so daß diese Schrift für die Dialektik und die Wissenschaft gleichermaßen nützlich ist (auch wenn sich der Syllogismusbegriff gegenüber der *Topik* verengt[690]). Damit verschiebt sich seine eigentliche Wissenschaftslehre auf die (vielleicht ursprünglich mit der *Ersten Analytik* eine Einheit bildende) *Zweite Analytik*. Doch findet sich bereits in der *Ersten Analytik* I 30.46 a 17 ff. eine gegenüber der *Topik* gewissermaßen stillschweigend verschobene Sicht der Gewinnung der wissenschaftlichen Prinzipien. Es wird

sehr fraglich, ob Aristoteles vor der *Zweiten Analytik*, als er die *Topik* schrieb, schon eine ausgebildete Theorie der Apodeiktik besaß, wie es z. B. F. Solmsen, Die Entwicklung der aristotelischen Logik und Rhetorik, Berlin 1929, passim, und J. Barnes, Proof and the Syllogism, in: E. Berti, Aristotle on Science. The „*Posterior Analytics*". Proceedings of the Eighth Symposium Aristotelicum held in Padua from September 7 to 15, 1978 (Studia Aristotelica 9), Padova 1981, 17 ff., hier: 33 ff.; ders., Aristotle. *Posterior Analytics* (wie Anm. 683) XV vermuten.
Wenn Aristoteles in *Top*. I 14.105 b 30 f. davon spricht, daß man ethische, physikalische und logische Probleme unterschiedlich behandeln kann, im Hinblick auf die Philosophie gemäß der Wahrheit, dialektisch im Hinblick auf den Anschein (πρὸς δόξαν), so wird nur auf das subjektive Fürwahrhalten einerseits und auf den durch geschickte Argumentation erzielten Anschein im agonalen Übungsgespräch oder im Streit bei sonstigen Disputen andererseits abgehoben. Daß die Physik sich auf Wahrnehmung und auf Wahrnehmungen gestützte Erfahrung gründen muß, ist nicht im Blick, und hinsichtlich ethischer Probleme kann es ohnehin nur um das subjektive Fürwahrhalten gehen. Daß die Menschen einen natürlichen Instinkt für die Wahrheit haben und deshalb auch gut die ἔνδοξα beurteilen können, vermerkt *Rhet*. I 1.1355 a 15 ff.

690 Vgl. dazu J. Barnes, Aristotle's Theory of Demonstration, Phronesis 14, 1969, 126 f.; Primavesi (wie Anm. 685) 61 f.

gesagt, daß es Aufgabe der Erfahrung (ἐμπειρία) sei, die Prinzipien zu jedem Gegenstand bereitzustellen, wie z. B. die astronomische Erfahrung die Prinzipien der astronomischen Wissenschaft bereitstelle. Denn nachdem die Phänomene hinreichend erfaßt worden seien, habe man auf ihrer Grundlage die astronomischen Beweise gefunden. Ebenso verhalte es sich mit jeder beliebigen anderen Kunst oder Wissenschaft. Wenn die Forschung nichts von den wirklichen Eigenschaften an den Dingen ausgelassen habe, würden wir imstande sein, für alles, wofür es einen Beweis gibt, den Beweis zu finden und diesen zu begründen, und das, wofür es naturgemäß keinen Beweis gibt (d. h. für welche Sätze), klarzustellen.[691] Offensichtlich spielt die Dialektik bei der Erfassung der wissenschaftlichen Prinzipien keine Rolle mehr. Allerdings bleibt es dabei, daß formal die eigentliche Wissenschaft, das eigentliche Wissen, erst nach der Ermittlung der Prinzipien beginnt. Auch die Wissenschaftslehre des Aristoteles in der *Zweiten Analytik* verzichtet (ohne ausdrückliches Dementi der Festlegungen der *Topik*), was die Prinzipien der Einzelwissenschaften betrifft, auf eine Rückbeziehung auf die Dialektik. Die Dialektik wird zu deren Gewinnung nicht mehr gebraucht. In der *Zweiten Analytik* (*Anal. post.* I 18.81 a 38 ff.) sagt Aristoteles, nachdem er auf formale Fehler beim wissenschaftlichen Syllogismus eingegangen ist:

> „Es ist aber auch deutlich, daß, wenn eine bestimmte Wahrnehmung fehlt, notwendig auch ein bestimmtes Wissen fehlt, das wir dann unmöglich erwerben können, da wir ja entweder durch Induktion[692] oder durch Beweis etwas erkennen (lernen) können. Denn der Beweis geht vom Allgemeinen aus, die Induktion (Heranführung) aber vom Einzelnen. Und es ist unmöglich, das Allgemeine ohne Induktion zu betrachten ... und es ist auch unmöglich, ohne Wahrnehmung zu besitzen, die Induktion durchzuführen (eigentlich: an das Allgemeine herangeführt zu werden)."[693]

Dies bedeutet, daß zur Gewinnung der Prinzipien einer (theoretischen, beweisenden) Wissenschaft zwei Schritte die Voraussetzung sind: Wahrnehmung und Induktion. Erst dann kann als drittes auf syllogistischem Wege ein wissenschaftlicher Beweis durchgeführt werden.[694] Mit den Mitteln der Dialek-

691 Vgl. Kullmann, Aristoteles. Über die Teile der Lebewesen (wie Anm. 15) 161 ff. (mit weiterer Literatur).

692 ἐπαγωγή, Heranführung an das Allgemeine; vgl. *Top.* I 12.

693 Φανερὸν δὲ καὶ ὅτι, εἴ τις αἴσθησις ἐκλέλοιπεν, ἀνάγκη καὶ ἐπιστήμην τινὰ ἐκλελοιπέναι, ἣν ἀδύνατον λαβεῖν, εἴπερ μανθάνομεν ἢ ἐπαγωγῇ ἢ ἀποδείξει, ἔστι δ' ἡ μὲν ἀπόδειξις ἐκ τῶν καθόλου, ἡ δ' ἐπαγωγὴ ἐκ τῶν κατὰ μέρος, ἀδύνατον δὲ τὰ καθόλου θεωρῆσαι μὴ δι' ἐπαγωγῆς ... ἐπαχθῆναι δὲ μὴ ἔχοντας αἴσθησιν ἀδύνατον.

694 Vgl. Kullmann, Wissenschaft und Methode (wie Anm. 4) 170 f.

tik, die von den Auffassungen der Weisen oder der meisten oder vom *consensus omnium* ausgeht, läßt sich wissenschaftliche Erkenntnis in den (beweisenden) Einzelwissenschaften nicht gewinnen. Wie es in der *Ersten Analytik* I 30 formuliert ist,[695] wird sich Aristoteles auch später bei Abfassung der zoologischen Schriften in der Schrift *De partibus animalium* I 1.639 b 6 ff.; 640 a 13 ff. auf das Beispiel der Astronomie berufen, wenn er die Naturwissenschaft in zwei Bereiche zerlegt, die Phänomene und die Ursachen.[696] Nur durch die Beobachtung, z. B. der Planetenbahnen, konnte Eudoxos von Knidos ein Sphärenmodell aufstellen, das die Bahnen der Planeten auf Kreisbewegungen zurückführte.[697] Damit ist, von Aristoteles aus gesehen, ein radikaler Schritt vollzogen. Aristoteles löst sich in den ‚philosophischen Wissenschaften', insbesondere in der Naturwissenschaft, endgültig von der platonischen dialektischen Methode, von ‚Meinungen' (δόξαι) ausgehend auf rein argumentativem Wege eine sinnvolle Welterklärung, etwa durch Rückführung auf die Idee des Guten bzw. des Prinzips von allem, mit Hilfe seiner Ideenlehre vorzunehmen. Er begründet eine Theorie der Naturwissenschaft, die sowohl die platonische Ideenlehre als auch die kühnen Spekulationen der Vorsokratiker, die vielfach nicht klar von den empirisch gewonnenen Fakten getrennt werden, hinter sich läßt. Aristoteles legt dies eher beiläufig dar: Es ist, so klingt es, ein Fehler unter anderen, wenn man in der Wissenschaft auf die Erfahrung, die Wahrnehmung, verzichtet. Aristoteles ist sich allerdings der Tragweite dieses neuen Standpunkts sehr bewußt, wie seine naturwissenschaftlichen Schriften beweisen. Die Zurückhaltung, mit der er seinen neuen Standpunkt im Rahmen der *Zweiten Analytik* darlegt, erklärt sich vermutlich daraus, daß er seine Ausführungen in der *Topik* nicht ausdrücklich widerrufen möchte. Tatsächlich wird die Dialektik nicht völlig abgeschrieben. Aus der *Zweiten Analytik* I 11.77 a 26 ff. wird klar, daß die Dialektik weiterhin mit allen Wissenschaften in Verbindung steht, ähnlich wie eine Wissenschaft, die versuchte, allgemein die gemeinsamen Prinzipien (κοινά) zu untersuchen [wie später die *Metaphysik*], wobei sie allerdings nicht beweisend, sondern nur fragend vorgehen könnte. Als Beispiele für die allgemeinen Prinzipien werden der Satz des Widerspruchs und der Satz, daß Gleiches vom Gleichen Gleiches ist, genannt. Es deutet sich an, daß Erbe der Dialektik in dieser Beziehung die „Erste Philosophie", die *Metaphysik*, sein wird, die nach Aristoteles selbst eine Wissenschaft *sensu stricto* ist, wenn auch keine beweisen-

695 Siehe oben S. 158 m. Anm. 485.

696 Vgl. Kullmann, Aristoteles. Über die Teile der Lebewesen (wie Anm. 15) 279 f., 295.

697 Vgl. Kullmann, Aristoteles und die moderne Wissenschaft (wie Anm. 27) 59. Siehe auch Lasserre (wie Anm. 487) 181.

de.[698] Tatsächlich hat Aristoteles der Dialektik in der vermutlich spät verfaßten *Metaphysik* auch die letzte in der *Zweiten Analytik* verbliebene Aufgabe, die allgemeinen Prinzipien zu behandeln, noch entzogen, worauf wir zurückkommen werden.

Aristoteles bleibt nicht dabei stehen, nur den Weg von den Prinzipien weg explizit für die eigentliche Wissenschaft zu beanspruchen; vielmehr schließt er zunehmend auch den Weg zu den Prinzipien in die (‚philosophische') Wissenschaft (ἐπιστήμη) mit ein, d. h. die Wahrnehmung und die Induktion. Dies ist besonders offensichtlich in der *Zweiten Analytik* I 13, wo er das Faktenwissen und das Ursachenwissen[699] durch die Opposition von Wissen des „daß" und Wissen des „warum" (ὅτι und διότι) unterscheidet und entweder beides derselben Wissenschaft zuschreibt oder zwei verschiedenen Wissenschaften. Aristoteles geht für das Faktenwissen von einem astronomischen Beispiel aus. Er führt aus, daß das (wissenschaftliche) Faktum, daß die Planeten nahe sind (das als Prinzip für weitere Schlüsse dienen kann), nicht unmittelbar beobachtet werden kann, sondern durch einen Syllogismus des Faktums erst erschlossen werden muß: Was nicht flimmert, ist nahe; die Planeten flimmern nicht; also sind die Planeten nahe. Hierbei sei davon auszugehen, daß die beiden Prämissen durch Induktion oder Wahrnehmung gewonnen werden. Erst mit der Schlußfolgerung haben wir einen Ausgangssatz, mit dem wir den Grund des Nichtflimmerns erkennen können, also ein Prinzip (ἀρχή): ‚Was nahe ist, flimmert nicht; die Planeten sind nahe; also flimmern die Planeten nicht.'[700] In diesem aristotelischen Beispiel wird das Prinzip, anders als bei irdischen Objekten, erst auf einem Umweg erkannt. Der Weg zu den Prinzipien beruht aber auf der Empirie; und auf jeden Fall betrachtet Aristoteles den ganzen Erkenntnisprozeß als einer einzigen Wissenschaft zugehörig. Auch die Induktion erscheint nicht mehr als ein Verfahren der Dialektik. Im weiteren Verlauf des Kapitels (13.78 b 34 ff.) spricht Aristoteles von Wissenschaften, in denen die Faktenerfassung und der ätiologische Beweis zwei verschiedenen Wissenschaften zugeordnet werden. Dies sei dort der Fall, wo bestimmte Wissenschaften bestimmten anderen untergeordnet seien, und er nennt Optik: Geometrie, Mechanik: Stereometrie, Harmonik: Arithmetik, Phänomene:[701] Astronomie. Auch durch diese Kennzeichnung ist klar, daß

698 Vgl. zu der verbleibenden wissenschaftlichen Aufgabe der Dialektik die Ausführungen von Berti, Conception of Dialectic (wie Anm. 683) 105 ff., zu der aus der *Zweiten Analytik* I 11 zitierten Stelle besonders ebd. 114.

699 Siehe dazu auch oben S. 145 f.

700 Vgl. Kullmann, Wissenschaft und Methode (wie Anm. 4) 206 ff.

701 Offenbar ist hierbei wiederum an den Titel des Werkes des Eudoxos gedacht. Siehe oben S. 158. Wahrscheinlich entspricht ihm inhaltlich auch die ‚nautische' Astronomie, die im folgenden erwähnt wird (79 a 1).

die (theoretische) Wissenschaft nicht mehr auf die Dialektik angewiesen ist. Dies entspricht nunmehr der Praxis aller naturwissenschaflichen Schriften. Dort ist von einer dialektischen Bemühung um die Prinzipien, wenn man von den allgemeinen Prinzipien absieht, nicht mehr die Rede. Dies alles wird schließlich durch das vielverhandelte Kapitel II 19 der *Zweiten Analytik* bestätigt, in dem Aristoteles zum Abschluß seiner Schrift von dem ersten Entstehen von Wissen spricht und in dem die Begriffe Wahrnehmung, Erinnerung, Erfahrung, Beweis, Wissen, Vernunft (Erkenntnis)[702] expliziert werden, ohne daß von der Dialektik noch die Rede ist. Tatsächlich gehen alle einzelwissenschaftlichen Darlegungen entlang dieser Begriffe rein empirisch vor, wie noch weiter erläutert werden muß.

Gleichwohl befaßt sich Aristoteles auch in wissenschaftlichen Werken, die empirisch vorgehen, mit einzelnen dialektischen Argumenten, die nur begrifflich formuliert sind, worauf insbesondere Enrico Berti aufmerksam gemacht hat.[703] Eins seiner Beispiele ist etwa *Physik* III 5.204 b 1 ff., wo es um die Frage geht, ob es einen unendlichen Körper gibt. Dazu bringt Aristoteles für die negative Antwort zwei Argumente, ein dialektisches (λογικῶς, b 4) und ein physikalisches (φυσικῶς, b 10). Das dialektische (logische) besagt, daß ein Körper der Definition nach von Flächen begrenzt ist, was die Unendlichkeit ausschließt. D. h. es wird rein begrifflich argumentiert. Das physikalische, auf Empirie gestützte besagt, daß ein unendlicher Körper weder einfach noch zusammengesetzt sein kann (weil sich bestehende gegensätzliche Elemente bzw. unendlich viele Elemente wechselseitig verdrängen würden[704]). Aber die dialektischen Argumente spielen keine konstitutive Rolle mehr.[705]

702 αἴσθησις, μνήμη, ἐμπειρία, ἀπόδειξις, ἐπιστήμη, νοῦς.

703 Berti, Conception of Dialectic (wie Anm. 683) 116 ff.

704 So lautet die Paraphrase bei Wagner, Aristoteles. Physikvorlesung (wie Anm. 103) 71.

705 Berti, Conception of Dialectic (wie Anm. 683) 117 f. macht zwar darauf aufmerksam, daß in der Behandlung des Raumes (τόπος) *Phys.* IV 4.211 a 7–a 11 stark von der dialektischen Methode abhängig ist. Dies trifft in etwa auf das Verfahren des διαπορεῖν zu (*Top.* I 2.101 a 35). Andererseits ist die empirische Ausrichtung deutlich betont (211 a 7 ff.): Man müsse prüfen, daß die Eigenschaften, die dem Raum zuzukommen scheinen, ihm tatsächlich zukommen (ὥστε ... τὰ δοκοῦντα ὑπάρχειν τῷ τόπῳ ὑπάρχοντα ἔσται). Damit muß im Lichte der *Zweiten Analytik* und der sonstigen empirischen Ausrichtung der Naturwissenschaft gemeint sein, daß sie durch Rekurs auf die Empirie erfolgt. Die Ausrichtung dieser Schrift auf die Empirie zeigt sich schon in *Phys.* I 1.184 a 24 f., wo das „uns Kenntliche“ (ἡμῖν γνώριμον) als das „der Wahrnehmung nach Kenntlichere“ (κατὰ τὴν αἴσθησιν γνωριμώτερον) gefaßt ist. Ebenso muß der Hinweis auf die Epagōgē bei der Aufstellung des Prinzips, daß sich die natürlichen Dinge entweder ganz oder teilweise bewegen (*Phys.* I 2.185 a 12 ff.), als Verweis auf die sinnliche Wahrnehmung von Bewegung gewertet werden. Insofern scheint mir *Phys.* IV 4.211 a 7–11 auch nicht durch den Verweis auf das erste Buch der *Topik* voll erklärbar zu sein.

In der *Topik* und den *Analytiken* geht es Aristoteles um methodische Regeln. Wie sieht die Praxis aus? Für die Praxis der dialektischen Übungsgespräche stehen uns keine konkreten schriftlichen Zeugnisse zur Verfügung. Es besteht zwar eine Nähe vieler Regeln der *Topik* zu Argumentationsformen der platonischen Dialoge, insbesondere, was den Ausgangspunkt, die akzeptierten Meinungen (ἔνδοξα), betrifft, aber es fehlt deren philosophische, sachhaltige Ausrichtung. Allerdings ergibt sich aus der *Topik*, daß sich Aristoteles auf solche agonalen Übungsgespräche als etwas Übliches bezieht, obwohl wir darüber nichts Sicheres wissen.[706] Wie sieht es mit der Praxis der apodeiktischen Methode aus? Zunächst ist darauf hinzuweisen, daß für Aristoteles von den drei in *Metaphysik*, Buch VI (E 1.1026 a 18 f.) genannten theoretischen Philosophien[707], Erste Philosophie (Theologik), die naturwissenschaftliche Philosophie und die mathematische Philosophie (d. h. die mathematischen Einzelwissenschaften, insb. Geometrie, Arithmetik), in nachvollziehbarer Weise nur die naturwissenschaftliche apodeiktisch vorgeht. Die Erste Philosophie geht, etwa im IV. Buch der *Metaphysik* (Γ), mehr fragend, jedenfalls nicht apodeiktisch, vor; für die mathematischen Wissenschaften wird der beweisende Charakter zwar postuliert, es bleibt aber unklar, wie Aristoteles' Theorie in der *Zweiten Analytik* auf sie angewandt werden könnte.[708] Auch in bezug auf die Naturwissenschaft, die *Physik*, fällt auf, daß Aristoteles dort seine Beispiele in der Regel nicht aufgrund seiner eigenen naturwissenschaftlichen Einsichten auswählt, sondern sie aus bereits vorhandenen Theorien übernimmt, z. B. aus der Astronomie wie das oben angeführte Planetenbeispiel oder etwa von Empedokles oder Anaxagoras wie das Beispiel vom Donner, der als „Geräusch in den Wolken, entstanden durch Auslöschen von Feuer" erklärt wird (*Zweite Analytik* II 10.94 a 5).[709] Es gab also offenbar noch gar keinen Stoff, über den ein Lehrgespräch oder Lehrvortrag hätte stattfinden können. Die Frage, ob Aristoteles an ein Lehrgespräch nach Art

706 Eine sehr spekulative These über das Wirken des Aristoteles als Lehrer der Dialektik in der Akademie findet sich bei G. Ryle, Dialectic in the Academy, in: Owen, Dialectic (wie Anm. 685) 69 ff.

707 Es ist zu berücksichtigen, daß Aristoteles' Begriff von ‚Philosophie' weder mit Platons Begriff noch mit dem modernen eingeschränkten Begriff von Philosophie identisch ist.

708 Die mathematischen Beispiele sind trivial (vgl. W. Kullmann, Die Funktion der mathematischen Beispiele in Aristoteles' *Analytica Posteriora*, in: Berti, Aristotle on Science [wie Anm. 683] = ders., Aristoteles und die moderne Wissenschaft [wie Anm. 27] 97 Anm. 121), und es ist fast unmöglich, mathematische Sätze in syllogistischer Form zu formulieren. Vgl. Barnes, Aristotle, *Posterior Analytics* (wie Anm. 683) 162; Kullmann, Aristoteles. Über die Teile der Lebewesen (wie Anm. 15) 159 f.

709 Vgl. Kullmann, Die Funktion der mathematischen Beispiele (wie Anm. 708), in: Berti, Aristotle on Science (wie Anm. 689) 269 Anm. 52 = ders., Aristoteles und die moderne Wissenschaft (wie Anm. 27) 97 Anm. 121.

des Schulunterrichts gedacht hat oder aber eine Methode des Wissenserwerbs begründen wollte, wie sie zwischen Barnes und Detel diskutiert wird,[710] scheint also angesichts der Tatsache, daß Aristoteles keinen Hinweis auf eine Anwendungssituation gibt, sehr abstrakt. Erklärtermaßen war für ihn das Vorgehen der Astronomen maßgebend, wie es in der *Ersten Analytik* I 30.46 a 17 ff. beschrieben wird.[711] Und daran hat er sich später, als er seine Zoologie ausarbeitete, auch mehr oder weniger gehalten. D. h. zuerst kommt es auf die Empirie an. Bezogen auf die Zoologie müssen z. B. verschiedene Individuen einer Tierart in bezug auf ihre anatomischen Eigenschaften untersucht werden. Durch Verallgemeinerung der Einzelresultate der Wahrnehmung, Induktion (Epagōgē), kommt man zu allgemeinen Feststellungen über die Eigenschaften der Tierarten oder -klassen (Faktenermittlung, ὅτι). Dabei sind diese Aussagen noch nicht in solche unterschieden, die aus anderen begründbar sind (d. h. als Conclusionen eines apodeiktischen Schlusses gelten können), und solche, bei denen dies naturgemäß nicht möglich ist (weil sie Prinzipien und z. T. auch definitorische Sätze sind), wie z. B. bei den Wiederkäuern (*1. Schluß*) die ‚Mehrhöhligkeit ihrer Mägen', ihr ‚unvollständiges Gebiß' und ihre Hörnerausstattung zunächst ungeschieden voneinander registriert werden.[712] Das Resultat solcher empirischen Forschung in der Zoologie hat Aristoteles in der *Historia animalium* zusammengefaßt. Dann hat er herausgefunden, daß z. B. der Grund für die Mehrhöhligkeit der Mägen das unvollständige Gebiß ist, und ist zu der Auffassung gekommen, daß dieses in den Hörnern seinen Grund hat, in die ein großer Teil der materiellen Ressourcen dieser Tiergruppe geflossen ist. Dieses Resultat hat er, ohne sich strikt an die Sprachkonventionen der *Zweiten Analytik* zu halten, in *De partibus animalium* II–IV in einer begründenden Form dargestellt, deren syllogistische Grundstruktur noch erkennbar ist.[713] Es gibt klare Feststellungen darüber, daß er seine Darstellung auch als Anwendung seiner Wissenschaftslehre in

710 Barnes, Theory of Demonstration (wie Anm. 690) 138 (mit Modifikationen in: ders., Aristotle. *Posterior Analytics* [wie Anm. 683] XVIII f.); W. Detel, Aristoteles. Analytica posteriora, übers. und erl., in: Aristoteles. Werke in deutscher Übersetzung, hrsg. v. H. Flashar, Band 3/II 1–2, Berlin 1993, II 1, 291 f. Vgl. Primavesi (wie Anm. 685) 68; Kullmann, Aristoteles und die moderne Wissenschaft (wie Anm. 27) 98 f.

711 Siehe oben S. 157 ff.

712 Vgl. Kullmann, Aristoteles. Über die Teile der Lebewesen (wie Anm. 15) 166 f.

713 Siehe oben S. 159.
Korrekturbedürftig ist Barnes' Auffassung (Theory of Demonstration, wie Anm. 690, 145), die (naturwissenschaftlichen) Abhandlungen des Aristoteles seien „‚lessons' ... in the form of lecture-notes" und „they bear all the marks of constant revision". Insbesondere *De part. an.* II–IV ist sorgfältig konzipiert und scheint in einem Zug in der Form einer Ringkomposition geschrieben. Vgl. Kullmann, Aristoteles. Über die Teile der Lebewesen (wie Anm. 15) 515.

der *Zweiten Analytik* angesehen hat. Z. B. weist er in *Historia animalium* I 6.491 a 8 ff. (in enger Übereinstimmung mit *Anal. pr.* I 30) auf *De partibus animalium* II–IV mit folgenden Sätzen voraus:

> „Genauer werden wir darüber später sprechen, um zunächst die vorhandenen (unterscheidenden) Merkmale und die allen (Lebewesen) zukommenden Eigenschaften erfassen zu können. Danach muß man versuchen, ihre Ursachen zu finden. Dies ist nämlich die natürliche Vorgehensweise, sobald die Kenntnisse über jede Tierart vorhanden sind. Worüber und woraus der Beweis genommen werden muß, wird dann [d. h. aus den in der *Hist. an.* gesammelten Fakten] deutlich."[714]

‚Worüber' (περὶ ὧν) und ‚woraus' (ἐξ ὧν) sind feste Termini für Conclusionen einerseits und Prämissen andrerseits.[715] Demnach ist die Darlegung in *De partibus animalium* II–IV sowohl syllogistisch als auch apodeiktisch; die Ursachen (αἰτίαι), von denen Aristoteles spricht, sind logisch gesprochen die Mittelbegriffe von apodeiktischen Syllogismen, Barnes' Hinweis darauf, daß man einem isolierten apodeiktischen Syllogismus nicht ansehen kann, ob der Mittelbegriff wirklich die Ursache ist,[716] ist zwar zutreffend, aber Aristoteles spricht nur von einem Versuch, die Ursachen zu finden. Mißerfolg und Irrtum sind nicht ausgeschlossen. Man muß aber davon ausgehen, daß die von Aristoteles in seinen naturwissenschaftlichen Schriften in der Regel deutlich angeführten Ursachen seiner Überzeugung nach wirklich die Ursachen sind. Eine absolut sichere Methode, die Ursachen aller natürlichen Phänomene zu finden, gibt es bis heute nicht.

Eudemische Ethik, Nikomachische Ethik, Politik

Wie steht es nun mit den aristotelischen Werken, die der praktischen Wissenschaft[717] gewidmet sind, also mit den *Ethiken* und der *Politik*?[718] Man könnte

714 δι' ἀκριβείας δ' ὕστερον ἐροῦμεν, ἵνα πρῶτον τὰς ὑπαρχούσας διαφορὰς καὶ τὰ συμβεβηκότα πᾶσι λάβωμεν. μετὰ δὲ τοῦτο τὰς αἰτίας τούτων πειρατέον εὑρεῖν. οὕτω γὰρ κατὰ φύσιν ἐστὶ ποιεῖσθαι τὴν μέθοδον, ὑπαρχούσης τῆς ἱστορίας τῆς περὶ ἕκαστον· περὶ ὧν τε γὰρ καὶ ἐξ ὧν εἶναι δεῖ τὴν ἀπόδειξιν, ἐκ τούτων γίνεται φανερόν.

715 Vgl. Kullmann, Wissenschaft und Methode (wie Anm. 4) 261 ff.; ders., Aristoteles, Über die Teile der Lebewesen (wie Anm. 15) 197.

716 Barnes, Theory of Demonstration (wie Anm. 690) 146.

717 Der Begriff begegnet schon in *Top.* VI 6.145 a 15 f., ferner in *E. N.* I 1.1094 b 4 f.; vgl. *Met.* E 1.1025 b 25.

718 Grundlegend ist auch hierzu Berti, Conception of Dialectic (wie Anm. 683) 119 ff., auch wenn die hier verfolgte Fragestellung eine andere ist. Vgl. ferner ders., *Phrónēsis* et science politique, in: A. Tordesillas (Hrsg.), *Aristote politique. Études sur la* Politique *d'Aristote*, Paris 1993, 435 ff.

daran denken, daß Aristoteles hier ausschließlich an die Methode der Dialektik denkt, da diese Disziplinen nicht beweisend im Sinne der *Zweiten Analytik* sind. Doch dies ist nicht explizit der Fall, so daß diese Frage genauer geprüft werden muß. Tendenziell scheinen sich diese Disziplinen an die Methodik der beweisenden Wissenschaften anzulehnen, auch wenn sie von diesen abgehoben werden, so z. B. die *Eudemische Ethik* (I 1.1214 a 12 ff.). Sowohl die *Eudemische Ethik* als auch die *Nikomachische Ethik* betrachten sich anders als die Dialektik gemäß der *Topik* als zur Philosophie gehörig (vgl. z. B. *E. E.* I 6.1216 b 39; *E. N.* I 4.1096 a 15 f.), und sie gehen nicht von allgemein oder von Experten akzeptierten Meinungen (ἔνδοξα) aus. In dem Methodenkapitel der *Eudemischen Ethik* (I 6.1216 b 26 ff.) wird ausgeführt, daß jeder Mensch ein eigenes Verhältnis zur Wahrheit hat (οἰκεῖόν τι πρὸς τὴν ἀλήθειαν) und bei dem Versuch argumentativ zu überzeugen, die ‚Phänomene' (dies sind hier die akzeptierten Meinungen[719]) nur als Zeugnisse und Beispiele gebrauchen muß. Wenn man von dem wahr, aber nicht genau Gesagten ausginge, könne man zu deutlicherem Wissen vordringen. Der Philosoph startet also eher von seinen eigenen Ansichten, als daß er sich solche anderer zu eigen macht wie der Dialektiker im Übungsgespräch. Die Empfehlung des Ausgangs vom Unbestimmten, d. h. unbestimmt Allgemeinen, ist also offenbar empirisch gemeint wie zum Beispiel in *Physik* I 1.184 a 24 f. (κατὰ τὴν αἴσθησιν γνωριμώτερον).[720] Vgl. *Eudemische Ethik* II 1.1220 a 15 ff.

Die Tendenz, die Ethik in kühner Analogie zu den theoretischen Wissenschaften zu entwerfen, zeigt sich auch in der Behandlung des Begriffs der *archē*, des Ausgangspunkts bzw. Prinzips. Nach *Eudemischer Ethik* II 6.1222 b 18 ff. ist der Mensch von allen Lebewesen das einzige, das ‚handeln' (πράττειν) kann. Sein freier Entschluß sei der ‚Anfang' (Ausgangspunkt) der Handlung, während der Begriff der *archē*, als wissenschaftliches Beweisprinzip betrachtet, nur metaphorisch als *archē* bezeichnet werde. Ganz im Gegensatz zur Dialektik wird also die Ethik als menschliches Handeln mit dem Ziel des ‚gut lebens', des Glücks (εὖ ζῆν, εὐδαιμονία) von Aristoteles hier anthropologisch begründet. In der *Nikomachischen Ethik* wird die Analogie der ‚politischen Wissenschaft', der die Ethik jetzt untergeordnet wird (I 1.1094 b 9 ff.),

719 Vgl. G.E.L. Owen, τιθέναι τὰ φαινόμενα, in: S. Mansion (éd.), Aristote et les problèmes de méthode. Communications presentées au Symposium Aristotelicum tenu à Louvain du 24 août au 1er septembre 1960, Louvain–Paris 1961, 83 ff., hier 85 ff.

720 Davon zu trennen sind solche Stellen, wo nur einfach konstatiert wird, daß das Einzelne näher an der Wahrnehmung ist als das Allgemeine, also *Top.* I 12.105 a 16 ff., VIII 1.156 a 5 f., *Zweite Analytik* I 2.71 b 33 ff., *Phys.* I 5.188 b 31 ff., 189 a 5 ff., II 1.193 a 5 f., oder wo die Wahrnehmung überhaupt keine Rolle spielt. Die in Kullmann, Wissenschaft und Methode (wie Anm. 4) 204 f. vorgenommene Zusammenstellung von Belegen zu dem Motiv des γνώριμον πρὸς ἡμᾶς bzw. καθ' αὑτό muß also stärker differenziert werden.

zur theoretischen Wissenschaft noch strikter verfolgt. Es wird als eine feste wissenschaftliche Regel festgelegt, daß sich die Genauigkeit nach dem jeweiligen Gegenstand richten muß (I 1.1094 b 11 ff., b 23 ff.; 7.1098 a 26 ff.). Dies entspricht bis zu einem gewissen Grade bestimmten Abweichungen in der Naturwissenschaft von dem abstrakten Modell der Wissenschaft in der *Zweiten Analytik* (vgl. *De part. an.* I 1.639 a 1 ff.; *Met.* α. 3, wo es um die „naturwissenschaftliche Art" [φυσικὸς τρόπος] der Darlegung geht). Nach der *Nikomachischen Ethik* I 1.1094 b 23 ff. ist es Sache des Gebildeten, dies entsprechend zu berücksichtigen.

Außerdem wird als Prinzip den Prinzipien der beweisenden Wissenschaften nicht mehr der Anfang der Handlung gegenübergestellt, sondern die Definition der Eudaimonia, des Glücks, die durch Induktion und/oder Gewöhnung erkannt werden kann (*E. N.* I 7.1098 a 33 ff., bes. b 3 f.), und deren Gewinnung in I 6 in einer langen Periode vorgeführt worden war. Es wird einschränkend hinzugefügt, daß man die Ursache nicht auf allen Gebieten in gleicher Weise verlangen darf. Vielmehr sei es in einigen Fällen ausreichend, wenn das „daß" (ὅτι, d. h. das Faktum) richtig erklärt worden sei, wie auch in bezug auf die Prinzipien, und zwar sei das „daß" primär und Prinzip, also offenbar auch in der Ethik. Aristoteles unterscheidet dann verschiedene Vermögen, zu den Prinzipien vorzustoßen (1098 b 3 ff.), entweder durch Induktion (*epagōgē*), durch die Wahrnehmung, durch Gewöhnung, oder noch auf andere Weise, wobei wohl das eine nicht immer das andere ausschließen muß, sondern die verschiedene Ponderierung gemeint ist, die bestimmte Stufen des Erkenntnisprozesses in der wissenschaftlichen Darstellung erfahren.[721] Wahrscheinlich ist bei der *epagōgē* an die Ethik gedacht, wofür auch deren Nennung in *E. N.* VI 3.1139 b 28 spricht,[722] obwohl beim Erkenntnisprozeß auch die Gewöhnung eine Rolle spielt, während Aristoteles bei der Wahrnehmung an weite Teile der Naturwissenschaft denken wird, insbesondere an seine Zoologie, wo es vor allem auf die Beobachtung ankommt, während z. B. die Verallgemeinerung von einem zu mehreren Exemplaren einer Spezies ein relativ banaler Vorgang ist. Die Mathematik wird wohl zu den sonstigen Zugangsarten gehören, vor allem wohl zum Nus, obwohl auch sie mit der Induktion verknüpft wird (*Zweite Analytik* I 18.81 b 3 f.). Wieder etwas anders scheint es in *Metaphysik*, Buch VI (E 1.1025 b 7 ff.) zu sein, wo die Wahrnehmung und die Hypothesis genannt werden, also wohl an Naturwissenschaft und Mathematik gedacht zu sein scheint.

721 Eine ausführliche Diskussion der Stelle findet sich in Kullmann, Wissenschaft und Methode (wie Anm. 4) 239 f.

722 Vgl. R. Bolton, Science and scientific inquiry in Aristotle: A Platonic provenance, in: Shields (wie Anm. 9) 57 f.

Jedenfalls trifft die *Nikomachische Ethik* die Feststellung (VI 2.1139 b 5), daß der Mensch ‚Ausgangspunkt' (*archē*) einer Entscheidung ist (die zu einer Handlung führen könnte).[723] Es wird betont, daß die Entscheidung, ob man handeln soll oder nicht, in unserer Hand (ἐφ' ἡμῖν) liegt (*E. N.* III 7.1113 b 6–14). Aber die *Nikomachische Ethik* ist in I 7 ein wenig theoretischer als die *Eudemische Ethik* und verschmäht deshalb nicht einen theoretischen Ausgangspunkt im Vergleich zu einem praktischen. Nichtsdestoweniger kommt in beiden Ethiken ein anthropologisch-biologischer Blickwinkel zum Tragen. Wie in der *Eudemischen Ethik* (II 6.1222 b 18 ff.) wird in der *Nikomachischen Ethik* I 6.1097 b 34 ff. bei der Frage nach dem eigentümlichen Werk (ἔργον) des Menschen ebenfalls von der Besonderheit des Menschen innerhalb des Lebendigen ausgegangen und der vegetative und der wahrnehmende Seelenteil als für das Handeln des Menschen nicht entscheidend ausgeklammert. Maßgebend ist nach dieser Stelle das auf das Handeln gerichtete Leben des Vernunft besitzenden Seelenteils (πρακτική τις τοῦ λόγον ἔχοντος [scil. ζωή]).[724]

Andererseits kann kein Zweifel bestehen, daß die Ethiken gleichwohl von der Dialektik beeinflußt sind. Es bleibt aber nur die erste der beiden, von Aristoteles in *Topik* I 2 genannten Hilfsfunktionen der Dialektik, die Prüfung von Argumenten, gültig. So geht es in der *Eudemischen Ethik* (I 3.1214 b 28 ff.) um das Prüfen ganz bestimmter Meinungen zur genaueren Bestimmung des Glücks, nämlich derjenigen, die es zur besten Lebensform gibt. Dies sind mannigfache Meinungen, nicht unbedingt akzeptierte Meinungen. Etwas später heißt es, man müsse philosophisch vorgehen und nicht nur nach dem ‚Was', sondern auch nach dem ‚Warum' fragen, jedoch dabei vorsichtig sein, weil manche Leute nur dem Anschein nach philosophisch vorgingen. Aus Mangel an Bildung (δι' ἀπαιδευσίαν, 6.1217 a 7) würden viele unsachgemäß argumentieren. Und Aristoteles fügt hinzu, es sei auch richtig, die Ursachen und die Fakten getrennt zu betrachten. Man solle deshalb nicht in allem nur den logischen (d. h. dialektischen) Argumenten folgen, sondern oft noch mehr den Phänomenen (I 6.1217 a 13), was hier wohl nicht mit den akzeptierten Meinungen (ἔνδοξα) identisch sein kann, sondern eine gewisse Empirie mit einschließen dürfte, also vielleicht ‚die auf persönlichen Erfahrungen beruhenden Anschauungen'.[725]

723 Ich verdanke diesen Hinweis Jakob Fink.

724 Zu Hume's Law und die ‚is-ought-question' vgl. unten S. 261 ff.

725 Vgl. Dirlmeier, Eudemische Ethik (wie Anm. 332) 12 („Erfahrungstatsachen"). Anders offenbar Berti, Science politique (wie Anm. 718) 443 f. Natürlich kann hier nicht der spezifisch naturwissenschaftliche Begriff der φαινόμενα vorliegen, wie er für die Astronomie charakteristisch ist. Siehe oben S. 242.

Es bleibt zu klären, was in der *Eudemischen Ethik* mit dem „warum" (διὰ τί) und den Ursachen gemeint ist. Offenbar ist an die *causa efficiens* gedacht, wie sich aus I 5.1216 b 9 ff. ergibt, wo Sokrates kritisiert wird, daß er wie in einer theoretischen Wissenschaft danach gefragt hat, was die Tugend *ist*, aber nicht wie und woraus sie entsteht (πῶς γίνεται καὶ ἐκ τίνων). Mit anderen aristotelischen Worten: Die Tugend und das Glück gehören nicht in die Kategorie der Substanz (οὐσία), sondern in die Kategorie der Qualität, von der es nach der Lehre der *Zweiten Analytik* II 8 nur eine ‚Kausaldefinition' gibt, wonach Glück also eine Eigenschaft der menschlichen Seele sein muß, die sich aus der Betätigung der Tugend (ἀρετή) ergibt. Die Warum-Frage zielt also auf die *causa efficiens*. Ziel (*causa finalis*) ist dagegen das Handeln, das man sich in Form des (modern so genannten) ‚praktischen Syllogismus' vorstellen muß, bei dem die auf das Handeln bezogene Prämisse partikulär ist und etwas Allgemeines, z. B. eine allgemeine ethische Regel, die andere Prämisse ausmacht, während die Conclusio in der Handlung selbst besteht.[726]

Gleichwohl gibt es auch noch stärkere Berührungspunkte mit der Dialektik. In der Forschung wird insbesondere auf Aristoteles' Methodenbeschreibung in der *Nikomachischen Ethik* VII 1.1145 b 2 ff. hingewiesen.[727] Dort geht es um Beherrschtheit und Unbeherrschtheit und verwandte Verhaltensweisen. Das Ergebnis soll aus traditionellen moralischen Anschauungen herausgefiltert werden. Dies gibt es auch an anderen Stellen der *Ethiken* und der *Politik*, doch sind die Stellen, an denen die dialektische Methode in ihrer orthodoxen Ausprägung angesprochen wird, eher selten. Auch nach moderner Vorstellung ist ja Ethik zum großen Teil ein kulturelles auf Traditionen beruhendes Phänomen.

Nebenbei können wir zunehmend beobachten, wie aus der ursprünglichen Gesprächssituation der Dialektik bei Platon und im dialektischen Übungsgespräch, wie es die *Topik* analysiert, in der äußerlich monologisch gewordenen Philosophie des Aristoteles ein innerer gedanklicher Dialog des Philosophen mit sich selbst wird, der in textlicher Form versucht, den Rezipienten in den Prozeß der Wahrheitsfindung einzubinden, so daß aus der Kommunikation mit einem Gesprächspartner eine ‚Kommunikation mit dem

726 Vgl. dazu aus der reichen Literatur z. B. W.F.R. Hardie, *Aristotle's Ethical Theory*, Oxford ²1980, 212–254; Takatura Ando, Aristotle's Theory of Practical Cognition, The Hague ³1971, 214–265; K. Corcilius, Streben und Bewegen. Aristoteles' Theorie der animalischen Ortsbewegung (Quellen und Studien zur Philosophie Bd. 79), Berlin–New York 2008, 305–325.

727 Vgl. J. Barnes, Aristotle and the method of ethics, Revue internationale de philosophie 34, 1980, 490 ff.; Berti, Conception of Dialectic (wie Anm. 683) 120 f.; ders., Science politique (wie Anm. 718) 442 f.; Bolton, Science and scientific inquiry (wie Anm. 722) 54 f.

Rezipienten‘ wird. Dabei kommt es zur weitgehenden Auflösung fester Argumentationsstrukturen. An die Stelle direkter Fragen treten rhetorische Fragen. Behauptungen werden teilweise durch eine bestimmte modale Ausdrucksweise abgeschwächt (z. B. durch häufigen Gebrauch des Potentialis oder des Futurs, oder durch ein eingefügtes ‚vielleicht‘ oder ‚es scheint‘).[728] Anstelle einer Widerlegung steht häufig eine *reductio ad absurdum*. Zunehmend treten als Gegenargumente gegen bestimmte zur Sprache gebrachte Thesen Hinweise auf eigene subjektive Meinungen oder die Empirie hinzu.

Gelegentlich wird dieser textlich vorliegende Dialog mit sich selbst in abgeschwächter Bedeutung in der Forschung ebenfalls als ‚dialektisch‘ bezeichnet, so daß ‚dialektisch‘ nicht mehr eine Argumentationsform, sondern ein Stilmittel bezeichnet.[729]

Als ein Zeichen für die Abkehr von der strengen Dialektik muß auch angesehen werden, daß statt einer autoritativen Ansicht das Verständnis des mit praktischer Vernunft begabten Mannes (ὁ φρόνιμος: *E. N.* II 6.1107 a 1 f.) bzw. des tugendhaften Mannes (ὁ σπουδαῖος: *E. N.* III 6.1113 a 32, IX 4.1166 a 13, X 5.1176 a 16) zum Maßstab (μέτρον, κανών) genommen wird. Weitgehend sieht Aristoteles davon ab, von Dialektik zu sprechen, und betont den wissenschaftlichen Charakter der „politischen Wissenschaft“ in Anlehnung an die Methode der Naturwissenschaften.

In der *Politik* und in den *Ethiken* zeigt sich der anthropologisch-biologische Ausgangspunkt auch in der Feststellung: „Der Mensch ist von Natur aus ein politisches Lebewesen“.[730] Er kommt in der *Politik* noch deutlicher zum Ausdruck; denn es wird hinzugesetzt: „in höherem Maße als als jede Biene und jedes Herdentier“ (I 2.1253 a 7 ff.; vgl. III 6.1278 b 17 ff.).[731] Aus

728 Vgl. speziell dazu R. Lengen, Form und Funktion der aristotelischen Pragmatie. Die Kommunikation mit dem Rezipienten, Philosophie der Antike Bd. 16, Stutgart 2002, passim.

729 So etwa bei Lengen (wie Anm. 728) 17 ff., wenn er von „dialektischer Präsentation“ oder „formal dialektischen Elementen“ spricht.

730 Die Stellen in den Ethiken sind *E. E.* VII 10.1242 a 22 ff.; *E. N.* I 5.1097 b 11; VIII 14.1162 a 17 ff.

731 Vgl. oben S. 16 m. Literaturhinweisen in Anm. 40.
R. Bodéüs, L'animal politique et l'animal économique, in: Ch. Rutten, A. Motte (éd.), Aristotelica. Mélanges offerts à Marcel de Corte (Cahiers de philosophie ancienne N° 3), Bruxelles–Liège 1985, 66 m. Anm. 10 hält diese Auffassung der Stelle für falsch, ebenso O'Rourke, L'anthropologie (wie Anm. 450) 118. Statt mit ‚in höherem Maße‘ müsse das griechische Wort (μᾶλλον) mit ‚eher‘ (plutôt) übersetzt werden. Um die oben gegebene Interpretation zu stützen, müsse es komparativisch ‚politischer‘ (πολιτικώτερον) heißen. Das Argument ist jedoch logisch nicht einsichtig. Hier geht es um die Junktur ‚politisches Tier‘, von der man keinen Komparativ bilden kann, nicht um das Wort ‚politisch‘ allein. O'Rourke bestreitet den biologischen Charakter der Bestimmung des Menschen als eines von Natur aus politischen Lebewesens. Aber die Kennzeichnung „von Natur aus“ bedeutet unseres Erachtens nichts anderes und schließt zugleich aus, daß „politisch“ wörtlich zu verstehen ist. Denn Aristoteles weiß, daß nicht alle Menschen in einer Polis leben, daß aber alle

ihr ergibt sich unter anderem, daß dem Menschen ein Sozialtrieb angeboren ist, der nicht von Nützlichkeitserwägungen bestimmt ist (I 2.1253 a 29 f.; III 6.1278 b 17 ff.).[732] Interessant ist auch der Überblick über andere Staatsentwürfe und real bestehende Staatsverfassungen in Buch II. Hier versagt die dialektische Methode gänzlich, da es bei der Detailanalyse keine Rolle spielt, ob ein Argument eine anerkannte Meinung wiedergibt oder nicht.

Die zoologischen Schriften und die Dialektik

Wir beginnen mit der Schrift *De anima*, die nicht unbedingt chronologisch, aber (nach dem Methodenbuch *De partibus animalium* I) jedenfalls systematisch an den Anfang der zoologischen Schriften gehört. Der Seelenbegriff ist zwar nicht empirischer Art. Aber von Anfang an wird deutlich, daß es um eine biologische Untersuchung geht; denn es wird gesagt, daß die Seele „gewissermaßen das Prinzip (*archē*) der Lebewesen" sei. In *De anima* I 1.403 a 27 f. stellt Aristoteles, wie wir sahen, ausdrücklich fest, daß es Sache des Naturwissenschaftlers (als der er dort spricht) ist, die Seele zu studieren, und erläutert, daß der Naturwissenschaftler und der Dialektiker ihre Gegenstände unterschiedlich definieren könnten, z. B. den Zorn. Der eine könnte sagen „Streben nach Vergeltung einer Kränkung", der andere „Kochung des Blutes und der Wärme im Bereich des Herzens". Dabei würde der eine die Materie angeben, der andere die Form. Es geht Aristoteles letztlich darum, wie der Naturwissenschaftler Materie und Form verbinden muß. Jedenfalls spielt für Aristoteles dabei die orthodoxe Dialektik keine Rolle. Mit dem Dialektiker ist hier unseres Erachtens kein spezieller Philosoph wie Platon gemeint, denn Platon beschäftigt sich nicht mit der aristotelischen Form und Definition, sondern ein Dialektiker im Sinne der *Topik*.[733] Die Dialektik wird also hier ausgeschaltet. Gleichwohl werden auch in der Schrift *De anima* dialogische Usancen in abgeschwächtem Sinne angewandt, die funktionsmäßig eine

Menschen, auch diejenigen, die anfänglich nur in Dörfern organisiert waren, und die Menschen in den barbarischen monarchischen Flächenstaaten, deren Verfassung von Aristoteles in der *Politik* ebenfalls behandelt wird, „von Natur aus sozial veranlagt" sind. Auch in *Hist. an.* VIII 1.589 a 2 ist das Wort πολιτικώτερον nicht auf seine Grundbedeutung eingeengt. Der Ausdruck „als jede Biene und jedes Herdentier" scheint ein Rückverweis auf die *Hist. an.* zu sein, wo vermutlich der Ursprung des Ausdrucks zu suchen ist. Da verschiedene Lebewesen sozial veranlagt sind, kann der Ausdruck „politisches Lebewesen" auch keine Definition des Menschen sein. Siehe auch oben S. 147 Anm. 450.

732 Siehe auch Kullmann, Aristoteles und die moderne Wissenschaft (wie Anm. 27) 334 ff.

733 Mit Recht formuliert T. Irwin, Aristotle's first principles, Oxford 1988, 297: „Dialecticians define states of the soul simply with reference to behaviour." Berti, Conception of Dialectic (wie Anm. 683) 128 f. möchte allerdings im Dialektiker eine Anspielung auf Platon sehen.

gewisse Ähnlichkeit mit dialektischem Diskutieren besitzen. Schon das erste Kapitel zeigt, wie von Ralf Lengen angemerkt wird,[734] die stilistischen Elemente des freien und spontanen Hin- und Herüberlegens wie die *Nikomachische Ethik*, und in *De anima* I 2–5 gibt Aristoteles einen ‚doxographischen Überblick' über die bisherigen Versuche, die Seele zu bestimmen, den er äußerlich genauso einleitet, wie es für die 1. Hilfsfunktion der Dialektik für die „philosophischen Wissenschaften" in *Topik* I 2 vorgesehen ist, nämlich nach zwei entgegengesetzten Seiten hin Fragen zu stellen, um sie auf Wahrheit und Falschheit hin zu überprüfen. Wörtlich heißt es in *De anima* I 2.403 b 24 f.:

> „Der Anfang der Untersuchung besteht darin, das zu thematisieren, was der Seele am ehesten naturgemäß zuzukommen scheint."[735]

Es sollen also die *endoxa*, die autorisierten Meinungen, zur Sprache kommen. Aristoteles spricht aber nicht von Dialektik und gibt der Untersuchung dadurch ein spezifisches Gepräge, daß er sie als eine Diskussion der „Meinungen der Früheren" (τὰς τῶν προτέρων δόξας) bzw. „der Vorfahren" (τῶν προγενεστέρων) bezeichnet. Die Behandlung der Meinungen bekommt hier eine historische Dimension, über die Aristoteles selbst hinauskommen will.[736] Dies entspricht ganz heutigem wissenschaftlichem Argumentieren. Wenn man etwas Neues sagen will, muß man sich mit den bestehenden Meinungen auseinandersetzen. Und die berühmte Definition der Seele in II 1.412 a 27 f., wonach die Seele die (erste) Realisation eines natürlichen Körpers ist, der potentiell Leben besitzt, kann man vielleicht als einen Versuch ansehen, seiner Seelenlehre eine empirische Basis zu geben.

Die *Historia animalium* ist eine reine Sammlung von Fakten, bei denen es noch nicht erkennbar ist, welche aus welchen bewiesen werden können. Es ist ein Nachschlagewerk, das den ätiologischen Untersuchungen der anderen naturwissenschaftlichen Schriften vorausgeht. Diese beruhen erklärtermaßen und auch faktisch auf empirischer Forschung und haben als solche keinen Zugang zu dialektischen Methoden. Gleichwohl finden sich auch in diesen dialogische Elemente in stilistischem Sinne, wie sie oben beschrieben wurden. Ralf Lengen hat diese für die Schrift *De partibus animalium* II–IV eingehend untersucht.[737] Jedoch kann ein Blick auf seine Ausführungen zeigen, daß bei ihnen das Kriterium für die Richtigkeit einer Ansicht, häufig eines Vorsokratikers, die Empirie ist. Insofern besteht in der Ablehnung bestimmter wissen-

734 Lengen (wie Anm. 728) 224 m. Anm. 6.

735 ἀρχὴ δὲ τῆς ζητήσεως προθέσθαι τὰ μάλιστα δοκοῦνθ' ὑπάρχειν αὐτῇ κατὰ φύσιν.

736 Auch ein moderner Autor wie Sigmund Freud verwendet nur einen traditionell vorgegebenen Seelenbegriff.

737 Lengen (wie Anm. 728) 191 ff.

schaftlicher Meinungen im Verhältnis zur modernen Wissenschaft keinerlei Unterschied. Es gehört für Aristoteles zu seiner wissenschaftlichen Aufgabe, seine Gründe für entgegenstehende Thesen anzugeben oder seine diesbezüglichen Zweifel anzumelden. Die Berufung auf Autoritäten entfällt. Der Stil der Argumentation ist in den anderen zoologischen Abhandlungen ähnlich frei gestaltet.[738]

Robert Bolton spricht allerdings von dialektischen Passagen auch in den zoologischen Schriften. So bezeichnet er den Satz, daß ein Mensch einen Menschen zeugt,[739] als allgemein akzeptiertes Faktum oder *endoxon*.[740] Doch trifft dies unseres Erachtens nicht zu. Aristoteles ist der erste, der diesen Satz so formuliert und dabei die durch die Vererbung bestehende kontinuierliche Gleichartigkeit von Zeuger und Erzeugtem im Auge hat. Der Satz beruht auf strikter Empirie. Alle kosmogonischen oder kreationistischen Theorien über den Ursprung der Menschheit und die Spekulationen der Vorsokratiker, die über eine Entstehung des Menschen nachgedacht haben, aber auch manche religiöse Überzeugungen widersprechen dieser Maxime. In dem Einleitungsbuch *De partibus animalium* I setzt sich Aristoteles z. B. mit Empedokles auseinander. Er tadelt ihn in 1.640 a 19 ff., weil er bestimmte anatomische Eigenschaften des Menschen dem Zufall zuschrieb, wie etwa die Wirbel des Rückgrats, die bei der Geburt durch Bruch beim Drehen entstanden seien, und das Prinzip der Vererbung nicht beachtet habe.

In 1.642 a 18 ff. lobt er einen weiterführenden empirischen Ansatz von ihm, weil er die Substanz nicht einfach in Elemente zerlege, sondern von dem Logos ihrer Mischung, sozusagen ihrer Mischungsformel gesprochen habe, wie immer das gemeint ist. Daß die Vorfahren in dieser Hinsicht nicht weitergekommen seien, liege daran, daß sie noch nicht das Definitionsverfahren gekannt hätten. Dies habe als erster Demokrit berührt, nicht weil er geglaubt habe, daß es notwendig zur physikalischen Untersuchung gehöre, sondern weil er selbst von der Sache dorthin getragen worden sei. Unter Sokrates sei die Kenntnis darüber zwar gewachsen, doch habe die Naturforschung aufgehört, weil die Philosophen sich abgewandt hätten hin zu der für die Praxis nützlichen Tugend und zur Politik. Dies ist ein sehr ausgewogener, lebendiger Forschungsbericht, der sich in kein starres dialektisches Schema mehr zwängen läßt.

738 Vgl. z. B. S. Föllinger, Mündlichkeit in der Schriftlichkeit als Ausdruck wissenschaftlicher Methode bei Aristoteles, in: W. Kullmann, J. Althoff (Hrsg.), Vermittlung und Tradierung von Wissen in der griechischen Kultur (ScriptOralia Bd. 61), Tübingen 1993, 274 ff. zu *De gen. an.* I 18.722 a 16 ff.

739 Siehe die Stellenangaben in Anm. 683.

740 R. Bolton, Biology and metaphysics in Aristotle, in: Lennox-Bolton (ed.), Being, Nature and Life (wie Anm. 108) 36.

Metaphysik

Kommen wir zur *Metaphysik*, die, abgesehen von Teilen des 12. Buches (Λ), vielleicht teilweise sehr spät verfaßt wurde. Die vorbereitende ‚Doxographie' im ersten Buch (A), die von Kap. 3 an die Vorgeschichte der aristotelischen Vierursachenlehre behandelt, hat keine Beziehung zur Dialektik im strengen Sinne. Bei der Bestimmung der universalen *Sophia* stellt Aristoteles fest, daß es so schwer sei für die Menschen, sie zu erkennen, weil sie am weitesten von den Wahrnehmungen entfernt sei (A 2.982 a 23 ff.). Kriterium der Wissenschaft bleibt also auch in der *Metaphysik*, daß ihr Ausgangspunkt die Wahrnehmungen sind. Das ebenfalls vorbereitende Aporienbuch (B), das das Pro und Contra verschiedener Aporien erörtert, ähnelt stärker der schon in der *Topik* als Aufgabe der Dialektik betrachteten Methode des Prüfens (ἐξετάζειν), ohne jedoch aus der *Topik* die Auffassung zu übernehmen, daß die Dialektik, von akzeptierten Meinungen (*endoxa*) ausgehend, den Weg zu den Prinzipien der Wissenschaft aufzeigen kann (*Top.* I 2.101 a 36 ff.).[741] Denn dieser ist schon in der *Ersten Analytik* aufgegeben, also wahrscheinlich vor der Niederschrift der naturwissenschaftlichen Bücher, und jede Seite der zoologischen Schriften kann zeigen, daß Wissenschaft von der Wahrnehmung und nicht von akzeptierten Meinungen ausgeht. Im vierten Buch (Γ) wird eins der beiden Grundthemen der *Metaphysik*, d. h. der Ersten Philosophie, formuliert. Es geht um die Wissenschaft, die das Seiende als solches und das, was diesem an sich (als Eigenschaften) zukommt, untersucht (*Met.* Γ 1.1003 a 21 f.).[742] Hier stellt sich die Frage nach dem Verhältnis der Dialektik zur Ersten Philosophie, und es zeigt sich, wie Berti überzeugend herausgearbeitet hat,[743] daß die Erste Philosophie bis zu einem gewissen Grade das Erbe der platonischen Dialektik antritt. Freilich verändert sie ihre Methode. Der wesentliche Unterschied der theoretischen Ersten Philosophie von der Dialektik besteht, wie Aristoteles ausführt, darin, daß sie zwar Dasselbe und das Entgegengesetzte usw. behandelt und erläutert – sie geht insoweit ähnlich vor wie die Dialektiker (bzw. wie Platons Dialektik) –, aber *nicht* wie diese nur von akzeptierten Meinungen (995 b 24: ἐκ τῶν ἐνδόξων) ausgeht. Außerdem be-

741 Das Gegenteil behaupten M. Crubellier und A. Laks in der Einleitung zu ihrem wichtigen Sammelband Aristotle: *Metaphysics* B (Symposium Aristotelicum), Oxford 2009, 12 mit Anm. 41 in bezug auf *Met.* B 3.998 a 20 f., wo abschließend zu den ersten fünf Aporien Stellung genommen wird. Aber es ist nicht gesagt, daß bei der angesprochenen Schwierigkeit die Dialektik helfen kann. In *Top.* I 2 ist von keinen Schwierigkeiten die Rede. Die Schwierigkeit bei der Wahrheitssuche besteht eher darin, eine Entscheidung auf empirischer Grundlage herbeizuführen.

742 Ἔστιν ἐπιστήμη τις ἣ θεωρεῖ τὸ ὂν ᾗ ὂν καὶ τὰ τούτῳ ὑπάρχοντα καθ' αὑτό.

743 Berti, Conception of Dialectic (wie Anm. 683) 124 ff.

rücksichtige sie zusätzlich den Begriff der Substanz, was die platonische Dialektik fehlerhafterweise nicht tue (1004 b 8 ff.). Aristoteles vergleicht in diesem Zusammenhang die verschiedenen Disziplinen ganz generell. Die Dialektik ist, wie in Γ 2.1004 b 17 ff. ausgeführt wird, nur prüfend (πειραστική, d. h. die These und ihr Gegenteil im Gespräch untersuchend), und nicht auf Erkenntnis ausgerichtet (γνωριστική) wie die Philosophie (ebd. b 25 f.). Offenbar spricht Aristoteles ihr hier sogar die Fähigkeit ab, die er ihr in der *Zweiten Analytik* I 11.77 a 26 ff. noch zugesprochen hatte, nämlich den Weg, wenn schon nicht zu den Prinzipien aller einzelnen Wissenschaften (wie in *Top.* I 2), so doch zu den allgemeinen Prinzipien, wie dem Satz des Widerspruchs oder dem des ausgeschlossenen Dritten, zu zeigen. Damit entfernt sich Aristoteles ausdrücklich ganz grundsätzlich von der Dialektik. Er bringt schroff zum Ausdruck, daß die Dialektik nicht zur Philosophie gehört.[744]

Ohne Bezug zur Dialektik ist die Behandlung des zweiten Themas der Ersten Philosophie, die Lehre vom Ersten Beweger im 12. Buch der *Metaphysik* (Λ). Hier finden wir allerdings die oben angesprochenen stilistisch-dialektischen Elemente wieder, die jedoch besser als dialogische Elemente anzusprechen sind. Sabine Föllinger hat z. B. an dem in *Met.* Λ 9.1074 b 15–29 vorliegenden Gedankengang gezeigt, daß er zwar auch das Für und Wider erörtert, dabei jedoch keiner strengen Planung folgt, sondern eine spontane schriftliche Umsetzung eines diskursiven Gedankengangs darstellt und gerade insofern den Rezipienten in den „inneren" Dialog des Autors hineinreißt.[745] Aber es ist sehr fraglich, ob diese Argumentationsweise der Bestimmung von *Top.* I 2 genügt. Man sollte dafür den Begriff ‚dialogisch' benutzen. Eher könnte man einen Zusammenhang mit der Dialektik bei den strenger angelegten Aporien des Buches B annehmen, obwohl sich Aristoteles auch dort von den Dialektikern absetzt. Vermutlich ist es die Freiheit, in einem Vorlesungsmanuskript einen Gedankengang wiederzugeben, die Aristoteles zu den dialektisch anmutenden Ausführungen verleitete.

Bei der eben zitierten sehr bedenkenswerten Unterscheidung von Dialektik und Philosophie in Buch IV der *Metaphysik* (Γ 2.1004 b 22 ff.[746]) hebt

744 R. Bolton, The Epistemological Basis of Aristotelian Dialectic, in: M. Sim, From Puzzles to Principles? *Essays on Aristotle's Dialectic*, Lanham, Bolder, New York, Oxford 1999, 57, 105 n. 48 = Bolton, Science, dialectique (wie Anm. 92) 11, 77 note 48 zitiert in seinem wichtigen Aufsatz zur Prüffunktion der Dialektik die o. a. Stelle über den Unterschied von Dialektik und Philosophie als Motto, doch bestätigt diese Stelle nicht seine Ansicht, daß Peirastik eine Form der Dialektik ist, die in wissenschaftlichen Untersuchungen eine Rolle spielt.

745 Föllinger, Mündlichkeit und Schriftlichkeit (wie Anm. 738) 267 ff.

746 περὶ μὲν γὰρ τὸ αὐτὸ γένος στρέφεται ἡ σοφιστικὴ καὶ ἡ διαλεκτικὴ τῇ φιλοσοφίᾳ, ἀλλὰ διαφέρει τῆς μὲν τῷ τρόπῳ τῆς δυνάμεως, τῆς δὲ τοῦ βίου τῇ προαιρέσει· ἔστι δὲ ἡ διαλεκτικὴ πειραστικὴ περὶ ὧν ἡ φιλοσοφία γνωριστική, ἡ δὲ σοφιστικὴ φαινομένη, οὖσα δ' οὔ.

Aristoteles auch auf die unterschiedliche Motivation ab. D. h. die einen entscheiden sich für die Sophistik, die anderen für die Dialektik, wieder andere für die Philosophie. Die Sophistik gibt sich nur den Anschein, Philosophie zu sein, aber die Dialektik steht auf einer Stufe mit der Philosophie, ist jedoch von ihr getrennt. Offensichtlich meint Aristoteles mit der erkenntnisgerichteten (‚gnoristischen') Philosophie eine forschungsorientierte Disziplin wie z. B. seine Naturwissenschaft.[747] Mit der peirastischen Dialektik muß er an dieser Stelle eine Richtung bezeichnen, die wie in den platonischen Dialogen die Diskussion durch Prüfung bestimmter Meinungen zu einem Ergebnis, wenngleich nicht zu einer wissenschaftlichen Erkenntnis, führen will.[748] Aristoteles nennt keine Namen und sagt nicht ausdrücklich, daß er Platon das Prädikat eines Philosophen nicht zukommen lassen will. Aber er kann bei der Formulierung nicht vergessen haben, daß Platon seine Disziplin ausdrücklich als Dialektik bezeichnet hat. Jedenfalls gehört die Dialektik nicht mehr zur Philosophie.

Für die Annahme, daß Aristoteles einen wissenschaftlichen Gebrauch der Dialektik akzeptiert, gibt es also in der *Metaphysik* keinen expliziten Hinweis. Nicht die Erforschung unterschiedlicher Meinungen gibt einer Untersuchung wissenschaftlichen Charakter,[749] sondern ihre empirische Ausrichtung, so schwierig diese, wie Aristoteles im ersten Buch (A 2.982 a 23 ff.) formuliert, bei einem so allgemeinen Gegenstand, der so weit von der Wahrnehmung entfernt ist wie die Erste Philosophie, auch zu erreichen ist.

Zwar sagt Aristoteles in *Topik* I 2, daß es Aufgabe der Dialektik sei, das Pro und Contra zu erörtern, um die Wahrheit leichter zu finden. Dies hat Ähnlichkeit mit dem in *Metaphysik* B 1.995 a 28 empfohlenen Erörtern des Pro und Contra. Doch erfolgt dieses unter strengen methodischen Kautelen. Es wird auf die Empirie Rücksicht genommen und der Rekurs auf akzeptierte Meinungen (*endoxa*) ausdrücklich ausgeschlossen. Unverständlich ist, inwiefern man das widerlegende Argument für den Satz des Widerspruchs als dialektisch bezeichnen kann.[750] Es ist sehr fraglich, ob man die Leugnung des

747 Zu dem Wort γνωριστική vgl. *De gen. an.* III 5.756 a 33 (τοῦ γνῶναι χάριν). Siehe auch oben S. 10 und 112 Anm. 323.

748 Offensichtlich ist mit der peirastischen Argumentation die ‚sokratische', für Platons Frühdialoge besonders charakteristische Vorgehensweise gemeint, wie aus *Sophistische Widerlegungen* 8.169 b 23 ff. hervorgeht. Aristoteles denkt hier an Platon.

749 Dies ist die Auffassung von Berti, Conception of Dialectic (wie Anm. 683) 126.

750 So Berti, Conception of Dialectic (wie Anm. 683) 126 in Verteidigung der These von Irwin (siehe unten S. 256). Berti hat diese These mit neuen Argumenten in Schutz genommen in dem Aufsatz: Philosophie, dialectique et sophistique dans *Métaph.* Γ 2, in: E. Berti, Dialectique, Physique et Métaphysique. Études sur Aristote, Louvain-La-Neuve 2008, 41 ff., bes. 49 ff. (ursprünglich in Revue de Philosophie Ancienne 16, 1998, 103–120). Berti unterscheidet hier zwei Operationen der Dialektik, von denen nur die eine ‚peirastisch' sei. Aber wie immer der Terminus peirastisch auch sonst verwandt wird, es wird hier ganz grundsätzlich

Satzes des Widerspruchs als *endoxon* bezeichnen kann, und das widerlegende Argument für den Leugner des Satzes des Widerspruchs wird von Aristoteles *empirisch* unter Rückgriff auf die Kommunikationssituation und *nicht* dialektisch begründet. Der Leugner antwortet nicht, wenn man den Satz verteidigt, weil er mit jeder Antwort den Satz des Widerspruchs anerkennen würde (Γ 4.1006 a 11–18). Die Dialektik versagt hier.

Zusammenfassung

Während die Dialektik von Platon als eine umfassende Wissenschaft konzipiert wird, die ausgehend von der Untersuchung von Meinungen (δόξαι) zur Erkenntnis eines höchsten Prinzips aufsteigt, um von diesem aus mit Hilfe der Ideenlehre eine Welterklärung zu geben, beschränkt Aristoteles schon in der frühen *Topik* grundlegend ihren Geltungsbereich. Hauptaufgabe ist nur mehr ein Übungsgespräch zwischen zwei Kontrahenten. Zusätzlich ist sie für (öffentliche) Dispute sowie für die ‚philosophischen Wissenschaften' nützlich, weil sie durch Erörterung des Für und Wider zur Erkennung von Wahrheit und Falschheit beitragen kann und den Zugang zu den Prinzipien aller Gebiete besitzt, da diese nicht aus sich selbst heraus erklärt werden können, sondern aufgrund von akzeptierten Ansichten besprochen werden müssen. Impliziert ist dabei, daß an die Stelle *eines* höchsten Prinzips wie bei Platon die als Sätze formulierten Prinzipien der Einzelwissenschaften treten, wobei diese Einzelwissenschaften alle den Titel „philosophisch" von der einen platonischen Dialektik erben. Bereits in den vermutlich im Anschluß an die *Topik* verfaßten beiden *Analytiken* wird der Geltungsbereich der Dialektik weiter eingeengt. Für die theoretischen Wissenschaften (gedacht ist vor allem an die Naturwissenschaft, aber auch an die zu den mathematischen Disziplinen gehörende Astronomie) wird zur Gewinnung der Prinzipien auf die Wahrnehmung bzw. auf die auf wiederholter Wahrnehmung beruhende Empirie verwiesen, sowie auf die Induktion (*epagōgē*), die vom Einzelnen zum Allgemeinen führt. Vorbild ist für Aristoteles die Astronomie, die sich zunächst um die hinreichende Erfassung der Phänomene bemühte, ehe sie versuchte, die Gründe zu entdecken (siehe oben S. 157 ff.). Es kommt Aristoteles also auf die empirische *Forschung* an. Die Befreiung von den durch Autorität gesicherten Meinungen ermöglicht die Naturwissenschaft. Auch die traditionell zur Philosophie gehörenden ethischen und politischen Fragen werden in ge-

zwischen Dialektik, Philosophie und Sophistik unterschieden. Daß Dialektik hier nur in einem Teilbereich angesprochen sein soll, wird in Γ 2 nicht angedeutet.

sonderten Pragmatien unter anthropologischen, d.h. an die Naturwissenschaften angenäherten Fragestellungen weiterhin philosophisch, oder besser gesagt, ‚wissenschaftlich' behandelt, wobei die streng dialektischen Verfahren nur noch eine rudimentäre Rolle spielen. In den doxographischen Partien der aristotelischen Pragmatien ist die Anlehnung an die Dialektik, d.h. an traditionelle Vorstellungen, unterschiedlich stark. An die Stelle der traditionellen Wertungen tritt jedoch zunehmend eine relativierende historische Betrachtungsweise, etwa in *Metaphysik*, Buch I (A), wo Aristoteles in der Darstellung der geschichtlichen Entwicklung der Vierursachenlehre danach strebt, über die traditionellen Ansätze hinauszukommen. Für die Grundfragen der Ersten Philosophie wird die Zuständigkeit der Dialektik ganz zurückgewiesen, auch wenn im einzelnen die in der *Topik* beschriebenen dialektischen Methoden nachwirken.

Für eine Gesamtbewertung der Rolle der Dialektik bei Aristoteles kommt es sehr auf den Blickwinkel an. So formuliert z.B. Terence Irwin: „... in the works we naturally regard as philosophical Aristotle regards his method as dialectical."[751] Hier wendet er den verkürzten *modernen* Begriff von Philosophie an, nicht den aristotelischen. Für Aristoteles gilt durchgehend, daß Mathematik, Naturwissenschaft und Theologik drei theoretische Philosophien sind (vgl. *Met.* E 1.1026 a 18 f.). Die Philosophie schließt für ihn immer die mathematischen und empirischen Wissenschaften mit ein. Nicht durch den Text gesichert ist auch Irwins Gleichsetzung von Erster Philosophie mit *strong dialectic.*[752] Aristoteles möchte die Erste Philosophie von ‚Dialektik' freihalten. Irwins Strategie ist es zu erweisen, daß bestimmte Fälle von Inkohärenz in Aristoteles' Theorien, die z.B. einen „ziemlich naiven Empirizismus" (*rather naïve empiricism*) widerspiegeln, vermeidbare Anomalien sind, wenn man seinen fundamentalsten Ansichten, mit denen sie in Konflikt stehen, folgen würde (*strong dialectic*).[753] Doch muß man auf das ganze Werk sehen, wenn man einzelne Äußerungen oder Argumente, die den Anschein erwecken, besonders grundlegend zu sein, als einzige als autorisiert betrachtet. Die naturwissenschaftlichen Schriften, machen wie eingangs von uns vorgerechnet,[754] etwa die Hälfte des erhaltenen echten Werks des Aristoteles aus und sind in ihren grundsätzlichen Anliegen frei von ‚Dialektik', und die übrigen Schriften behandeln zum Teil ganz unterschiedliche Themen, und selbst, wo es um traditionsbedingte, von Autoritäten getragene Kulturphänomene geht, spielen, wie gesagt, die anthropologischen Grundlagen eine entschei-

751 Irwin (wie Anm. 733) 14.
752 Irwin (wie Anm. 733) 19, 476 ff. und passim.
753 Irwin (wie Anm. 733) 315.
754 Siehe oben S. 4–6.

dende Rolle. Dies ist also, wenn man so will, eine Entscheidung, die Aristoteles als Philosoph (auch im modernen Sinne) trifft. Aristoteles' allmähliche Abwendung von der Dialektik, also von der platonischen Methode, von Meinungen (δόξαι) ausgehend die Welt zu erschließen, ist ein zentraler Punkt seines Gesamtwerkes.

Aus dem Gesagten scheint sich zugleich zu ergeben, daß große Teile der *Metaphysik* den Abschluß des aristotelischen Werkes bilden. Aristoteles kommt hier gewissermaßen auf Platons Philosophie, von der er in seinen logischen Schriften ausgegangen war, zurück und bringt zum Ausdruck, daß auch die Erste Philosophie letztlich auf empirischen Grundlagen beruht. Selbst wenn man bezweifelt, daß Aristoteles dies erfolgreich nachgewiesen hat, so kann kein Zweifel sein, daß er sich auch in der Ersten Philosophie zwar nicht als Wissenschaftler im modernen Sinne, aber als Empiriker fühlt.

3. Empirische Tendenzen in den nichtnaturwissenschaftlichen Schriften

Wir haben uns im vorigen Abschnitt nur in bezug auf das platonische Programm der Dialektik mit Aristoteles' Ablehnung der dialektischen Methode und seinem Bestehen auf der Empirie als Ausgangspunkt der Wissenschaft beschäftigt. Die empirische Tendenz ist aber ganz grundsätzlicher Art und bestimmt weitgehend das philosophische Werk im engeren Sinne des Wortes. Vom Ganzen des aristotelischen Werks her gesehen, führen die bisher erzielten Ergebnisse nicht zu der traditionellen Frage: Welchen Einfluß hat Aristoteles' Philosophie auf die Naturwissenschaft?, sondern umgekehrt zu der Frage: Welchen Einfluß hat sein naturwissenschaftliches, empirisches Denken auf seine Philosophie (Philosophie im modernen Sinne des Wortes verstanden)? Ein Komplex der aristotelischen Schriften, der mit seinen empirischen Werken primär nicht viel zu tun hat, also auch im modernen Sinne zu seinen philosophischen Schriften gehört, ist der der logischen Schriften, also der *Topik*, der *Ersten* und *Zweiten Analytik*, der *Kategorien*, der *Hermeneutik*. Es ist ein fast einhelliger Konsens, daß diese logischen Schriften des Aristoteles zumindest überwiegend früh sind und möglicherweise zu Platons Lebzeiten geschrieben wurden. Dazu kommt als frühe Schrift wahrscheinlich die nicht vollständig erhaltene Abhandlung *Über die Ideen* (*De ideis*), die aus dem Kommentar des Alexander von Aphrodisias zur *Metaphysik* (A 9, M 4–5) rekonstruierbar ist und eine umfangreichere Widerlegung der Ideenlehre bringt, als sie in *Met.* A 9 und *Met.* M 4–5 vorliegt, deren Formulierungen sich offenbar auf *De ideis* zurückbeziehen.[755] Mit der Ablehnung der platonischen Dialektik und der deutlichen Ankündigung einer beweisenden, auf die Natur zielenden Wissenschaft haben wir uns bereits beschäftigt, also dem Umbau der Dialektik zu einer Debattiertechnik sowie mit dem Methodenprogramm der Wissenschaft nach dem Muster der empirischen Astronomie in der *Ersten Analytik* (I 30.46 a 17 ff.), und mit der Wissenschaftlehre der *Zweiten Analytik*, die die empirische Methode der Wissenschaft vor allem begründet. Auch die Schrift über „Aussagen" bzw. Aussageformen, die *Kategorien*, die der Vermeidung von Mehrdeutigkeiten im sprachlichen Ausdruck dient, läßt das empirische Interesse erkennen, insofern sie sich zunächst auf

755 Vgl. D. Harlfinger, Edizione critica del testo ‚De ideis' di Aristotele, in: W. Lezl, Il *De ideis* di Aristotele e la teoria platonica delle idee, Firenze 1975, 15–54.

Aussagen im Bereich der sichtbaren Welt beschränkt. Grundlegend ist in ihr die Formulierung des Substanzbegiffs. In den *Kategorien* (5.2 a 11 ff.) wird dieser mit einer impliziten Kritik an Platon wie folgt definiert:[756]

> „Die im striktesten Sinne primär und am meisten Substanz genannte Substanz ist die, die weder von einem Subjekt ausgesagt wird noch in einem Subjekt ist, wie z. B. der einzelne Mensch und das einzelne Pferd."[757]

Die individuelle, wahrnehmbare Substanz hat den absoluten Vorrang vor allen möglichen anderen ‚Substanz' genannten Dingen. Gegenüber dieser individuellen Substanz führt Aristoteles als ‚zweite Substanzen' das *eidos* und das *genos* ein. Damit meint er die Spezies und die Gattung, unter die diese Spezies fällt. Die Beispiele dieser primär logischen Schrift zeigen schon die Richtung des naturwissenschaftlichen, empirischen Interesses an; er nennt beispielhaft den Einzelmenschen, die Spezies Mensch und die Gattung Lebewesen. Aristoteles macht hiermit den Weg frei, um von dem drückenden platonischen Erbe loszukommen, das seiner Naturwissenschaft im Wege stand, von dem Gedanken nämlich, daß real nur die Ideen sind, nicht die Phänomene, die wir beobachten. In den naturwissenschaftlichen Büchern ist der Speziesbegriff wie in den *Kategorien* gebraucht (*eidos* wird nur begrifflich verstanden, ohne im platonischen Sinne eine Realität auszudrücken). Daneben taucht der Begriff der Materie bzw. des ‚Materials' (*hylē*) auf, und der Begriff *eidos* kann außer eine Spezies auch einfach eine Form bezeichnen, etwa die Form, die ein bestimmtes Organ hat oder ein Artefakt, z. B. das Bett (so *De part. an.* I 1.640 b 26). Später, offenbar erst nach Abfassung seiner naturwissenschaftlichen Schriften (mit Ausnahme von *De gen. an.*), entwickelt Aristoteles in den Substanzbüchern der *Metaphysik* eine noch etwas differenziertere Sicht der Substanz. Auch dort konstituiert diese sich aus zwei Faktoren, der Form und dem Material, die zusammen das Konkrete (*sýnolon*) bilden (*Met.* Z 11.1037 a 29 f.); und dieses Konkrete heißt weiterhin bevorzugt Substanz (*Met.* Z 7.1032 a 19). Gelegentlich wird dabei aber nunmehr die Form „erste Substanz" genannt und übernimmt die Bezeichnung, die in den *Kategorien* der Einzelsubstanz im ganzen gegeben wurde (*Met.* Z 7.1032 b 2; 11.1037 a 28). Man könnte daran denken, daß dies ein Rückfall in die Ideenlehre ist. Mit großer Bestimmtheit wird jedoch in *Met.* Z 13 bestritten, daß das Allgemeine Substanz sein kann (1038 b 8 ff.). Diese explizite Auseinanderfaltung der Substanz in zwei Faktoren, von denen das Eidos ‚erste Substanz' genannt

756 Vgl. K. Oehler, Aristoteles. Kategorien. Übersetzt und erläutert, in: Aristoteles. Werke in deutscher Übersetzung, hrsg. v. H. Flashar, Bd. 1/I, Berlin 1984, 90.

757 Οὐσία δέ ἐστιν ἡ κυριώτατά τε καὶ πρώτως καὶ μάλιστα λεγομένη, ἣ μήτε καθ' ὑποκειμένου τινὸς λέγεται μήτε ἐν ὑποκειμένῳ τινί ἐστιν, οἷον ὁ τὶς ἄνθρωπος ἢ ὁ τὶς ἵππος.

wird, ist eine interessante Differenzierung, die sich unterschiedlich interpretieren läßt. Ist damit eine individuelle Form bzw. die Seele gemeint, oder ist diese Form bei allen Individuen derselben Spezies gleich?[758] Anscheinend hat Aristoteles diese Frage offengelassen. Auf jeden Fall hat diese Bestimmung unseres Erachtens eine apologetische Funktion. Erdacht ist sie offensichtlich, um die Naturwissenschaft gegen etwaige platonisierende Einwände zu schützen. Es wird Platon konzediert, daß die Form einer individuellen Substanz das Wichtigste an ihr ist, ohne daß ihr damit eine Realität zugesprochen wird und die alleinige Realität der konkreten Substanz in Frage gestellt wird. Da die Substanzbücher der *Metaphysik,* wie gesagt, wahrscheinlich erst später geschrieben wurden, ist die Terminologie der naturwissenschaftlichen Schriften selbst ganz unproblematisch und bedarf der Erklärung durch die *Metaphysik* nicht. Erst in dieser tritt wieder die Notwendigkeit ein, den naturwissenschaftlichen Realismus des Individuellen zu verteidigen.

Auch in der *Hermeneutik* (*De interpretatione*) deutet manches auf ein naturwissenschaftliches Interesse. Aristoteles' Überzeugung nach ist nicht nur der Mensch in seinen Entscheidungen frei, sondern auch das Naturgeschehen selbst ist zwar durch das ‚meistenteils' bestimmt, aber entwickelt sich nicht mit absoluter Notwendigkeit. In seinem grundlegenden Kommentar zu dieser Schrift formuliert Hermann Weidemann: „Als der Indeterminist, der er aufgrund seiner Überzeugung war, daß ‚nicht alles mit Notwendigkeit der Fall ist oder geschieht' (*De int.* 19 a 18 f.), ließ Aristoteles sich offenbar von der Vorstellung einer Zukunft leiten, die im Gegensatz zur Vergangenheit nicht linear, sondern in dem Sinne verzweigt ist, daß zum gegenwärtigen Zeitpunkt für die zukünftige Entwicklung der Welt mehrere gleich mögliche Wege offenstehen."[759] Der Argumentationsgang des Hauptanliegens des Aristoteles in *De interpretatione* 9, daß Aussagen über kontingent-zukünftige Ereignisse, also solche über Ereignisse, die in der Zukunft sowohl eintreten als auch ausbleiben können, in Gegenwart und Vergangenheit keinen Wahrheitswert haben, ist von Hermann Weidemann im einzelnen analysiert worden.[760] Man sieht auch hier, wie die logische Argumentation nicht ausschließlich von einem formalen, sondern auch von einem empirischen Interesse bestimmt ist. Ja man kann sogar die Frage stellen, ob nicht das empirische, auf das Naturgeschehen gerichtete Interesse vorherrschend ist.

Ähnlich geht Aristoteles auch in der Ethik, für ihn ein Teilgebiet der praktischen Wissenschaft der Politik, für uns ein Teilgebiet der Philosophie,

758 Vgl. unter anderem den Kommentar von M. Frede und G. Patzig, Aristoteles ‚Metaphysik Z'. Text, Übersetzung und Kommentar, Bd. I–II, München 1988.

759 H. Weidemann, Aristoteles. Peri Hermeneias, übersetzt und erläutert, in: Aristoteles. Werke in deutscher Übersetzung, hrsg. v. H. Flashar, Bd. 1/II, Berlin 1994, 251.

760 Weidemann (wie Anm. 759) 223 ff.

vor. Wie wir schon eingangs feststellten,[761] ist er konstant (z.B. auch am Anfang der *Nikomachischen Ethik* in *E. N.* I 4) bemüht, die Ableitung der ethischen Regeln von einem höchsten Gut als abwegig zu erweisen und die Ethik anthropologisch-biologisch damit zu begründen, daß der Mensch auch von seiner Stellung im Tierreich her, also von Natur aus, ein soziales Lebewesen ist und daher eine natürliche Veranlagung zu einem moralischen Verhalten (die *physikē aretē*) besitzt. Diese biologische Ableitung macht die Ethik nicht ausschließlich zu einer empirischen Wissenschaft (sie ist ja auch vorwiegend auf das Handeln gerichtet), zeigt aber, wo der Schwerpunkt des aristotelischen Interesses zu suchen ist.

In moderner Zeit wird Aristoteles gelegentlich vorgeworfen, daß er in seiner Ethik gegen „Hume's Law" verstoße. So formuliert der Philosoph Günther Patzig:[762]

> „Aus Einsichten über die Natur des Menschen ... und aus Einsichten in die Natur der Welt kann nicht erkannt werden, was sein soll, oder formal: es ist ein logischer Fehler, aus Sätzen, die nur sagen, *was ist*, ableiten zu wollen, *was sein soll*. Dieser Gedanke ist von David Hume 1740 zuerst ausgesprochen worden und hat eine Revolution der ethischen Theorien nach sich gezogen."

Wörtlich sagt Hume:[763]

> „Ich kann nicht umhin, diesen Betrachtungen eine Bemerkung hinzuzufügen, der man vielleicht einige Wichtigkeit nicht absprechen wird. In jedem Moralsystem, das mir bisher vorkam, habe ich immer bemerkt, daß der Verfasser eine Zeitlang in der gewöhnlichen Betrachtungsweise vorgeht, das Dasein Gottes feststellt oder Beobachtungen über menschliche Dinge vorbringt. Plötzlich werde ich damit überrascht, daß mir anstatt der üblichen Verbindungen von Worten mit *„ist"* und *„ist nicht"* kein Satz mehr begegnet, in dem nicht ein *„sollte"* oder *„sollte nicht"* sich fände. Dieser Wechsel vollzieht sich unmerklich; aber er ist von größter Wichtigkeit. Dies *sollte* oder *sollte nicht* drückt eine neue Beziehung oder Behauptung aus, muß also notwendigerweise beachtet und erklärt werden. Gleichzeitig muß ein Grund angegeben werden für etwas, das sonst ganz unbegreiflich scheint, nämlich dafür, wie diese neue Beziehung zurückgeführt werden kann auf andere, die von ihr ganz verschieden sind. Da die Schriftsteller diese Vorsicht meistens nicht gebrauchen, so erlaube

761 Siehe oben S. 16f.

762 Patzig, Ethik ohne Metaphysik (wie Anm. 81) 42.

763 D. Hume, Ein Traktat über die menschliche Natur. Übers., mit Anm. u. Reg. vers. von Th. Lipps, hrsg. v. R. Brandt, Hamburg 1978 (unveränd. Nachdr. d. 1. Aufl. v. 1906), 211.

ich mir, sie meinen Lesern zu empfehlen; ich bin überzeugt, daß dieser kleine Akt der Aufmerksamkeit alle gewöhnlichen Moralsysteme umwerfen und zeigen würde, daß die Unterscheidung von Laster und Tugend nicht in der bloßen Beziehung der Gegenstände begründet ist, und nicht durch die Vernunft erkannt wird."[764]

Was Hume gemeint hat, wird sehr kontrovers diskutiert. Humes' eigene Gedanken entsprechen nicht immer dem Sinn, den man seiner Äußerung zuschreibt.[765] Aber auch wenn Patzig recht hat, daß eine Ableitung dessen, was sein soll, aus dem, was ist, ein logischer Fehler ist, der zu vermeiden ist, so scheint doch Aristoteles' Grundgedanke folgerichtig: Der Mensch ist ein soziales Lebewesen (*Pol.* I 2.1253 a 7 ff.), er besitzt vor jeder Vernunftentscheidung einen Sozialtrieb (ὁρμή, *Pol.* I 2.1253 a 29 f.), und die aufgrund seiner Vernunft aufgestellten und am gemeinsamen Nutzen orientierten sozialen Regeln und Gebote sind nur die vernunftgemäße Fortschreibung seiner ursprünglichen sozialen Veranlagung (vgl. *Pol.* III 6.1278 b 17 ff.).[766] Modern gesprochen: Die Moral und das Moralisieren sind dem Menschen genetisch vorgegeben.[767] Auch die Soll-Form, in die der Mensch moralische Regeln zu

764 Originaltext: D. Hume, A Treatise of Human Nature, London 1740, Book III (of Morals), Part I, Section I, hrsg. v. L.A. Selby-Bigge, Oxford 1888, 14. Aufl. 1968, 469 f.: „I cannot forbear adding to these reasonings an observation, which may, perhaps, be found of some importance. In every system of morality which I hitherto met with, I have always remark'd, that the author proceeds for some time in the ordinary way of reasoning, and establishes the being of a God, or makes observations concerning human affairs; when of a sudden I am surpris'd to find, that instead of the usual copulations of propositions, *is* or *is not,* I meet with no proposition that is not concerned with an *ought* or *ought not.* This change is imperceptible; but is, however, of the last consequence. For as this *ought,* or *ought not,* expresses some new relation or affirmation, 't is necessary that it shou'd be observed and explain'd; and at the same time that a reason should be given, for what seems altogether inconceivable, how this relation can be the deduction from others, which are entirely different from it. But as authors do not commonly use this precaution, I shall presume to recommend it to the readers; and am persuaded, that this small attention wou'd subvert all the vulgar systems of morality, and let us see, that the distinction of vice and virtue is not founded merely on the relations of objects, nor is perceiv'd by reason."

765 Vgl. dazu die Beiträge bei W.D. Hudson (ed.), The is/ought-question. A collection of papers on the central problem in Moral Philosophy, London 1969.

766 Vgl. Kullmann, Aristoteles und die moderne Wissenschaft (wie Anm. 27) 347 ff.

767 Der Biologe H. Mohr spricht mit Recht vom moralischen Verhalten als einer angeborenen Disposition, unternimmt dann aber, wie es mir scheint, einen Salto mortale, wenn er ausführt: „Andererseits kann kultiviertes Ethos in unserer Zeit nicht mehr konform mit unseren Genen sein. Vielmehr wird die Zukunft des Menschen entscheidend davon abhängen, inwieweit es uns gelingt, die in der modernen Welt obsolet gewordenen biologischen Determinanten unserer Neigungsstruktur bei unserem tatsächlichen Handeln durch Vernunft und Moral zu überspielen." Sind Vernunft und Moral also doch nicht genetisch bedingt? Woher können wir sie nehmen? Siehe H. Mohr, Ethik in der Biologie, in: W. Nagl und F.M. Wuketits (Hrsg.), Dimensionen der modernen Biologie, Bd. 4, Darmstadt 1995, 18 ff.

kleiden pflegt, ist nur ein Ergebnis seiner sozialen Veranlagung. Auch wenn die Moral dem Menschen nach religiöser Überzeugung extern verordnet ist, etwa durch die 10 Gebote, die Gott Moses übermittelt hat, oder durch eine autonome Moral, muß ja das Vorgeschriebene auf die menschliche Natur bezogen sein.

Es erübrigt sich somit der Vorwurf des Biologismus. Für die moralischen Verwerfungen, die in der Folge der Darwinschen Evolutionstheorie seit dem 19. Jahrhundert auftraten,[768] als sich plötzlich ergab, daß der Mensch nicht persönlich von Gott geschaffen wurde und in der Welt des Lebendigen keine privilegierte Stellung einnimmt, die ihn vom Tierreich scharf trennt, kann Aristoteles nicht verantwortlich gemacht werden. Dieser arbeitet sehr sorgfältig heraus, wie durch das Kommunikationsmittel der Sprache es dem Menschen vorbehalten war, den Begriff der Gerechtigkeit zu artikulieren (*Pol.* I 2.1253 a 14 ff.).[769]

Hinsichtlich seiner metaphysischen Ansichten hat sich Aristoteles auf das beschränkt, was auch heute noch einer rein naturwissenschaftlichen Erklärung besondere Schwierigkeiten macht, das Denken des Menschen, sein Bewußtsein und Selbstbewußtsein.[770] Dieses wird als etwas Göttliches betrachtet, wie ja für ihn auch die Aktivität Gottes, des Unbewegten Bewegers, „das Denken des Denkens" (*Met.* Λ 9.1074 b 34, νόησις νοήσεως) ist und insofern Gott sich selbst denkt, während seine Bewegungsfunktion seiner Anziehungskraft verdankt wird, also physikalischer Natur ist.[771] Wir haben dargelegt, daß nach unserer Interpretation Aristoteles die Dialektik aus der *Metaphysik* ausschließt und daß auch der Satz des Widerspruchs nicht dialektisch, sondern empirisch mit dem Zusammenbruch des Dialogs bei diesem Thema begründet wird. Dafür läßt sich als Parallele auch der Anfang der *Zweiten Analytik* I 1.71 a 1 ff. anführen, wo ja auch der Ausgangssatz, daß alles geistige Lehren und Lernen von vorausgehender Erkenntnis abhängig ist, empirisch begründet wird. Auch der Anfang der *Metaphysik* beginnt schon empirisch. Daß alle Menschen von Natur aus nach Wissen streben, ist kein allgemein oder durch eine Autorität bekannter Satz, sondern eine Feststellung, die mit dem Indiz der Liebe zu den Sinneswahrnehmungen empirisch abgeleitet wird.

768 Vgl. Kullmann, Naturgesetz (wie Anm. 35) 141.

769 Vgl. zu diesem Problemkomplex Kullmann, Naturgesetz (wie Anm. 35) 139 ff.

770 Vgl. K. Oehler, Der unbewegte Beweger, Frankfurt am Main 1984.

771 Zu der Problematik, wieweit Gottes Wirksamkeit als *causa efficiens* oder *causa finalis* anzusehen ist, vgl. E. Berti, La causalité du moteur immobile selon Aristote, in: Berti, Dialectique (wie Anm. 750) 381 ff. Wie immer man sich entscheidet, es handelt sich um eine empirisch erfahrbare physikalische Wirksamkeit.

Ebenso leitet Aristoteles am Anfang der *Zweiten Analytik* die menschliche Erkenntnis aus den empirisch beobachtbaren Lernvorgängen ab und nicht wie Platon von einer pränatalen Ideenschau. Erst im letzten Kapitel der *Zweiten Analytik* kommt Aristoteles auf die Entstehung des Wissens unter Betonung der Empirie zu sprechen (II 19).

Schließlich sei darauf hingewiesen, daß Aristoteles ja auch in *Met.* E auf dem Wissenschaftscharakter der Ersten Philosophie besteht und die Dialektik in diesem Zusammenhang nicht erwähnt.

Daß Aristoteles sich mit der Ersten Philosophie statistisch gesehen weniger intensiv als mit anderen Dingen beschäftigt hat, beruht offensichtlich auf der Überzeugung, daß die Beantwortung der vorletzten Fragen, insbesondere der Fragen der von ihm begründeten Naturwissenschaft, mit mehr Erfolg geleistet werden kann als die der letzten metaphysischen Fragen, ohne daß er sich diesen Fragen prinzipiell verschließen möchte. Jedenfalls beziehen sich darauf seine Bemerkungen im ersten Buch von *De partibus animalium* (I 5.644 b 22 ff.), die wir oben schon im Wortlaut zitiert haben: In dieser werbenden Einführung in die Zoologie bezieht sich Aristoteles auf die großartigen Erkenntnisse der Astronomie. Er denkt vermutlich an die Versuche zur Deutung der Planetenbahnen. Dabei geht er von der traditionellen Deutung der Gestirne als göttlich aus (weil sie dem Entstehen und Vergehen nicht unterworfen sind)[772] und stellt der Astronomie seine programmierte zoologische Forschung gegenüber, deren Objekte weniger spektakulär erscheinen. Sie haben aber nach seiner Meinung den Vorteil, daß sie, weil sie uns näher stehen, einen umfangreicheren Erkenntnisgewinn versprechen.

772 Die Göttlichkeit ist hier volkstümlich eher stärker betont als in der Schrift *De caelo*.

4. Philosophie in der Schrift *De partibus animalium*?

Dem Grundanliegen unseres Buches laufen naturgemäß bestimmte Bestrebungen zuwider, den spezifisch „philosophischen" Charakter der Schrift *De partibus animalium* forciert herauszustellen. So hat David Balme in der zweiten Auflage seines Kommentars[773] offenbar versucht, die Schrift näher an die Substanzbücher der *Metaphysik* heranzurücken, und vor allem James Lennox bemüht sich in seinem vorzüglichen Kommentar zu *De partibus animalium* aus dem Jahre 2001[774] darum, einen spezifisch „philosophischen" Kommentar zu *De partibus animalium* zu schreiben.[775] Grundsätzlich verdienen solche Bestrebungen insoweit Anerkennung, als sie darauf gerichtet sind, Differenzen und Übereinstimmungen zwischen naturwissenschaftlichen Schriften und z. B. der *Metaphysik* genauer zu untersuchen.

Eine wichtige Frage ist also, wie der in den Substanzbüchern der *Metaphysik* zentrale Terminus *ousia* (οὐσία) in den naturwissenschaftlichen Schriften benutzt wird.[776] Er wird zunächst einmal, wie auch sonst häufig bei Aristoteles, im Sinne von ‚Wesen' (*essentia*), kenntlich an einem Genitivattribut, auf unterschiedlichen Stufen der Allgemeinheit verwendet.[777] Daneben begegnet das Wort im Sinne der Einzelsubstanz (z. B. *De part. an.* I 5.644 b 22 ff.) entsprechend der ‚gewöhnlichsten' Verwendung, wie in der *Metaphysik* gesagt wird (Z 7.1032 a 18 ff.). Dieser unprätentiöse Sprachgebrauch stimmt mit dem der *Kategorien* überein[778] und findet sich auch in *De generatione animalium* (II 1.731 b 34 und IV 3.767 b 29 ff.). Andererseits werden in *De partibus animalium* aber auch die untersten Arten (Spezies) Substanzen (οὐσίαι) genannt. Es heißt in I 4.644 a 23 ff.:[779]

> „Da Substanzen die untersten Arten sind, diese aber der Form nach unterschiedslos sind, wie zum Beispiel Sokrates und Koriskos [unterschieds-

773 Balme, De partibus animalium I (wie Anm. 496).

774 J.G. Lennox, Aristotle. On the Parts of Animals. Translated with a Commentary (Clarendon Aristotle Series), Oxford 2001.

775 Lennox, Comm. (wie Anm. 774) XIII.

776 Vgl. Kullmann, Aristoteles und die moderne Wissenschaft (wie Anm. 27) 161 ff.; Dae-Ho Cho, Ousia und Eidos (wie Anm. 421) passim.

777 Aristoteles und die moderne Wissenschaft (wie Anm. 27) 161 f.

778 Siehe oben S. 259 Anm. 757.

779 Zur Interpretation des Satzes vgl. Kullmann, Aristoteles. Über die Teile der Lebewesen (wie Anm. 15) 344 ff.

> los zur Art Mensch gehören], ist es notwendig, entweder zuerst die allgemeinen Eigenschaften zu nennen oder oftmals dasselbe zu sagen."[780]

Daß die untersten Arten Substanzen genannt werden, mag zunächst verblüffen. Aber dies ist nur eine saloppe Ausdrucksweise, die darauf beruht, daß die Namen der untersten Arten (Spezies) verallgemeinerte Begriffe für Substanzen sind. Jeder antike Leser und jeder Biologe, der nicht philosophisch voreingenommen ist, weiß, wie es zu verstehen ist, wenn Aristoteles etwa in 644 a 10 f. von den ‚einzelnen Lebewesen' redet oder 639 a 17 von Mensch, Löwe und Rind spricht, und dabei die Tier*arten* meint.[781] Dies ist im modernen Biologiebuch nicht anders. Auch an unserer Stelle sind mit Substanzen natürlich Tierarten gemeint. Es liegt eine ganz lockere Ausdrucksweise vor.

Balme übersetzte in der ersten Auflage seines Kommentars zunächst:[782]

> „Since it is the ultimate species that are beings, while these things (like Socrates and Coriscus) are undifferenciated in respect of species, we must either first state their general attributes or say the same thing many times".

Leider ist diese Übersetzung des einleitenden Nebensatzes, die einigermaßen verständlich ist, bei Balme in der von Allan Gotthelf besorgten Neuauflage[783] auf ausdrücklichen Wunsch des Autors wie folgt verbessert worden:

> „Since beings are the immediate forms and these are formally undifferentiated, e.g. Socrates, Coriscus, we must either first state their general attributes or say the same thing many times".

Was man sich unter ‚forms', die ‚immediate' sind, vorstellen soll, bleibt unklar. Von *eidos* im Sinne der ‚ersten Substanz' (*Met.* Z 7.1032 b 2; 11.1037 a 28), womit vielleicht die individuelle Form oder die Seele eines Individuums gemeint ist, kann nicht die Rede sein, da es ja auf das *eidos* in der *hyle* ankommt. *Metaphysik* ZH liegt hier völlig außerhalb des Gesichtskreises des Aristoteles und ist vermutlich noch nicht geschrieben worden oder schon wieder vergessen.

Was *eidos* = ‚form' betrifft, so folgt Balme einem neueren Trend, der vielleicht durch die Tendenz der „analytical philosophy" angeregt ist, diesel-

780 Ἐπεὶ δ' οὐσίαι μέν εἰσι τὰ ἔσχατα εἴδη, ταῦτα δὲ κατὰ τὸ εἶδος ἀδιάφορα, οἷον Σωκράτης, Κορίσκος ἀναγκαῖον ἢ τὰ καθόλου ὑπάρχοντα πρότερον εἰπεῖν ἢ πολλάκις ταὐτὸν λέγειν.

781 Vgl. Kullmann, Aristoteles und die moderne Wissenschaft (wie Anm. 27) 164 f.; M. Mignucci, Remarks on Aristotle's Theory of Predication, in: Günther-Rengakos, Festschrift Kullmann (wie Anm. 685) 135 ff., bes. 149 f.

782 Balme, Aristotle, De partibus animalium I (wie Anm. 496) 16, 121.

783 Vgl. Balme, Aristotle, De partibus animalium I (wie Anm. 496) 168.

ben Wörter trotz unterschiedlicher Bedeutung immer gleich zu übersetzen, also *eidos* immer mit ‚form'. Aber die Stelle ist der beste Beweis, daß *eidos* unterschiedliche Bedeutungen haben kann: in *eschaton eidos* (unserer Auffassung nach unterste Art oder Klasse[784]) hat *eidos* (wie immer man es auffaßt) eine klassifikatorische Bedeutung; in *kata to eidos adiaphora* (‚der Form nach unterschiedslos') hat es eine morphologische Bedeutung. Zumindest für den gebildeten (vielleicht akademisch oder peripatetisch geschulten) Leser des Aristoteles war dies klar. In der englischen Sprache ist es unklar. Noch unklarer ist die Übersetzung von Lennox: „Since, however, it is the last forms that are substantial beings, and these, e.g. Socrates and Coriscus, are undifferentiated in respect to form." Er übersetzt *ousiai* als ‚substantial beings' und bringt als Beispiele Sokrates und Koriskos, die sich der Form nach nicht unterscheiden. D. h. also, er faßt *ousiai* als Einzelsubstanzen auf. Dann wären aber auch „the last forms" Einzelsubstanzen, und dies ist offenkundig unmöglich.

Schon die weit verbreitete Art der Spekulation über die Übersetzung von *eidos* führt von der Biologie weg und deutet auf ein Interesse, das nicht primär auf die Zoologie, sondern mehr auf die Philosophie gerichtet ist. Aristoteles' Werk ist aber ein zoologisches Werk, das zusammen mit den übrigen zoologischen Werken über ca. 550 Tierarten, Spezies behandelt, von denen jede einen Eigennamen hat, Löwe, Schaf, Elefant, Krokodil, Eule, Karpfen, Fliege, Oktopus usw. Aristoteles' Werk beschäftigt sich nicht mit 550 Formen. Diese Übersetzung kann weder von einem Philologen, der für den Sprachausdruck sensibilisiert ist, noch von einem Zoologen akzeptiert werden.

Noch etwas anderes zeigt Aristoteles' Sprachgebrauch deutlich. Er hat keine Angst, durch seine Ausdrucksweise als Platoniker mißverstanden zu werden. Jeder antike Leser und jeder Biologe wird daran keinen Anstoß nehmen, daß Aristoteles an dieser Stelle die Arten als Substanzen bezeichnet. Er kommt nicht auf den absurden Gedanken, daß Aristoteles damit an dieser Stelle den Arten Realität zusprechen möchte. Und natürlich ist klar, daß bei Aussagen über das Eidos, das ja für Aristoteles ewig besteht, auch absolute Notwendigkeit angestrebt wird und ohne weiteres möglich ist.

Sehr hoch ist es zu bewerten, daß Lennox sich bemüht, aus der Perspektive einer *philosophy of biology* vor allem dem Einfluß des theoretischen Gerüsts des Aristoteles, seiner Logik und Wissenschaftslehre in den beiden *Ana-*

784 Der Ausdruck ist natürlich von Platon oder der Akademie übernommen. Aristoteles würde, wenn er unabhängig von der Akademie, mit der er sich gerade auseinandersetzt, argumentieren würde, nur von *eidos* sprechen. Zur klassifikatorischen Bedeutung dieses Begriffs vgl. oben S. 138 f.

lytiken, in *De partibus animalium* I und in den Büchern II–IV dieser Schrift nachzuspüren und den Argumentationsgang dieser naturwissenschaftlichen Schriften aufzudecken.[785] Es gelingt Lennox erfolgreich, den Einfluß der beiden *Analytiken* in *De partibus animalium* nachzuweisen. Und es ist zweifellos legitim, einen Kommentar mit dem Fokus auf derartige Fragestellungen zu verfassen. Gleichwohl läßt sich daran die grundsätzliche Frage anschließen, ob wir Aristoteles gerecht werden, wenn wir diese Sicht auch zur Grundlage unserer Bewertung seiner Biologie überhaupt machen. Ist Aristoteles auch in seinen biologischen Schriften vor allem der Philosoph im modernen Sinn des Wortes, den wir etwa in der *Metaphysik* vor Augen haben? Und geht es ihm auch in den zoologischen Schriften mehr darum, seine philosophischen Grundvorstellungen (im modernen Sinne) darzulegen, als darum, die Natur in ihrer ganzen Vielfalt wissenschaftlich zu analysieren?[786]

Wir haben oben ausgeführt, daß Aristoteles, der ein taxonomisches Grundgerüst konstruiert, in dem er zwischen Blut besitzenden und blutlosen Tieren unterscheidet, die wir als Vertebraten und Invertebraten bezeichnen, diese beiden Gruppen wieder in größte Gattungen (μέγιστα γένη) unterteilt.[787] Lennox geht auch hier wieder so vor wie im Falle von *eidos*. Er weist darauf hin, daß in *De partibus animalium* IV 8.683 b 26 ff. die Langusten, Hummer, Garnelen und Krabben „die vier größten Gattungen unter den Crustaceen sind" (μαλακόστρακα), und folgert, offenbar im Hinblick auf *Historia animalium* I 6.490 b 7 ff., daß das Vokabular bei Aristoteles „level neutral" sei und insofern „used consistently".[788] Er verkennt, daß der Begriff der „größten Gattung" in der *Historia animalium* I 6 terminologisch in einem absoluten Sinn gebraucht ist, daß er aber in *De part. an.* IV 8 eine andere Bedeutung hat und relativ verwendet wird. Dies zeigt sich auch im sprachlichen Kontext: In 490 b 7 ff. fehlt der Artikel (μέγιστα). Es ist zuzugeben, daß selbst in *Historia animalium* II 15.505 b 26 f. der Begriff ‚die größten Gattungen' (τὰ μέγιστα γένη) nicht mehr terminologisch fest gebraucht ist. Man könnte die Stelle

785 Seit langem ist es auch ein Anliegen des Vf., den Zusammenhang von Aristoteles' Wissenschaftslehre in den *Analytica posteriora* mit den zoologischen Spezialschriften aufzuweisen. Vgl. Kullmann, Wissenschaft und Methode (wie Anm. 4) 204 ff. und passim. Vgl. auch die in eine ähnliche Richtung zielenden gesammelten Aufsätze (seit 1980) von Lennox, Aristotle's Philosophy of Biology (wie Anm. 507).

786 Vgl. dazu W. Kullmann, Die Bedeutung des Aristoteles für die Naturwissenschaft, in: Th. Buchheim, H. Flashar (Hrsg.), Kann man heute noch etwas anfangen mit Aristoteles?, Hamburg 2002, 63 ff. (wiederabgedruckt in: Kullmann, Philosophie und Wissenschaft [wie Anm. 40] 135 ff.).

787 Vgl. Pellegrin, La classification des animaux (wie Anm. 423) 120 f.; Lennox, Comm. (wie Anm. 774) 157: „As one can see, they differ widely in extension, which raises serious doubts that they have a primarily taxonomic purpose."

788 Lennox, Comm. (wie Anm. 774) 309.

wie folgt paraphrasieren: „Die umfangreichsten Gattungen (scil. der größten Gattungen von I 6) unterscheiden sich von den übrigen (scil. größten Gattungen) der anderen Tiere dadurch, daß die einen Blut haben, die anderen Blutlose sind.“ Es ist in II 15 völlig klar, daß Aristoteles sich auf I 6 zurückbezieht. Er kann mit „den übrigen“ nicht die Fülle aller sonstigen größeren oder kleineren Gattungen meinen. Er meint ausschließlich die Schaltiere, Crustaceen, Cephalopoden und Insekten. Aristoteles darf wie gesagt nicht als Logiker interpretiert werden, bei dem jedes Wort immer dieselbe Bedeutung haben muß, und der, wenn es diese nicht besitzt, einen Fehler macht. Ähnliches gilt für einen anderen Fall: In *De partibus animalium* IV 5.678 a 29 f. sagt Aristoteles, er habe noch zwei „Gattungen“ (γένη) der Blutlosen zu behandeln, die Schaltiere (ὀστρακόδερμα) und die Insekten. In 679 b 15 f. sagt er, daß die Schaltiere viele Gattungen (γένη) und Arten (εἴδη) haben. Lennox nennt beide Fälle „a good example of the level-neutral semantics of Aristotle's terms ‚kind‘ (*genos*) and ‚form‘ (*eidos*) ... These claims are consistent if all that it takes for a group of animals to be a kind is for it to be differentiable into a number of similar subkinds, or ‚forms‘.“[789] Dies kann jedoch nicht richtig sein. Der ganze Aufbau der Schrift *De partibus animalium* zeigt, daß die Einteilung in die „größten Gattungen“ (τὰ μέγιστα γένη) im Sinne von *Historia animalium* I 6 konstitutiv ist und daß diese Stelle den Begriff „größte Gattung“ terminologisch in einem absoluten Sinn gebraucht.[790] Dies bedeutet, daß das Wort „Gattung“ (γένος) an der ersten Stelle (678 a 30) die Bedeutung „größte Gattung“ besitzt, an der zweiten Stelle (679 b 15) aber die Bedeutung „Gattung“ in einem weniger extensiven Sinne und daß die *eidē* (εἴδη) tatsächlich die Spezies bezeichnen. Dies ist keine logische Inkonsequenz, sondern zeigt lediglich, daß bei Aristoteles das Bemühen um eine Terminologie noch in den Anfängen steckt und er es nicht für nötig hält, eine feste Terminologie wie in einem modernen logischen Lehrbuch sprachlich in seinem Werk strikt durchzuhalten. Aus dem Kontext ergibt sich jedoch, was gemeint ist, und darauf verläßt er sich. Aristoteles weist in *Historia animalium* I 6.491 a 10 f. ja auf die Schrift *De partibus animalium* voraus (μετὰ δὲ τοῦτο τὰς αἰτίας τούτων πειρατέον εὑρεῖν), so daß deutlich wird, daß man dieses Werk im Lichte der terminologischen Festlegungen in *Historia animalium* I 6 lesen soll.[791]

789 Lennox, Comm. (wie Anm. 774) 298.

790 Auch Louis, Histoire des animaux (wie Anm. 310) I 162 zu p. 23 betont den präzisen Sinn des Ausdrucks in *Hist. an.* I 6.

791 Auf den davon abweichenden Standpunkt von Lennox (vgl. Lennox, Comm. [wie Anm. 774] XIV), der die *Hist. an.* für ein spätes Werk hält und sich in dieser Frage an David Balme anschließt, kann hier nicht eingegangen werden. Vgl. jedoch Kullmann, Aristoteles und die moderne Wissenschaft (wie Anm. 27) 67 ff., 110 f.
Mit Recht betont Lennox, Comm. (wie Anm. 774) 175 die Parallelität von *De part. an.* I

Gegen diese Feststellungen spricht auch nicht, daß Aristoteles mehrfach von Arten spricht, die Merkmale verschiedener „größter Gattungen“ in sich vereinen (ἐπαμφοτερίζοντα). Diese Beschreibung bedeutet nicht, daß er sie nicht deutlich als Tier oder Pflanze bzw. als Angehörige einer „größten Gattung“ einordnen möchte.[792] Die Seeanemonen (*De part. an.* IV 5.681 a 35 ff.) haben zwar „eine Zwischenstellung“ zwischen Tier und Pflanze und stehen außerhalb der größten Gattungen (681 b 1, ἔξω πίπτει τῶν διῃρημένων γενῶν), sind aber durch den Hinweis auf das Vermögen zur Bewegung und Sinneswahrnehmung deutlich als Tiere gekennzeichnet.[793] In *De part. an.* IV 13

5.645 b 1 und *Hist. an.* I 6.491 a 7 ff.; in beiden Werken stellt Aristoteles die methodische Regel auf, zuerst die Eigenschaften der Lebewesen, dann die Ursachen zu untersuchen. Er verkennt aber, daß es an der erstgenannten Stelle nicht um die Dihairesis (division) der Eigenschaften und Ursachen geht, sondern daß die Übereinstimmung mit der Stelle in der *Hist. an.* total ist: τὰ συμβεβηκότα διελεῖν heißt nicht „to divide off ... the attributes“ (Balme, Aristotle, De partibus animalium I [wie Anm. 496] 18) oder „to divide the attributes“ (A. Gotthelf, Division and Explanation in Aristotle's *Parts of Animals*, in: Ders., Teleology, First Principles [wie Anm. 311] 200 f. [ursprünglich in: Günther-Rengakos, Festschrift Kullmann (wie Anm. 685) 218 f.], Lennox l. c. 14, 175). διελεῖν ist vielmehr abgeschwächt gebraucht. Vgl. Bonitz, Index Aristotelicus (wie Anm. 438) 180 a 22 ff.: „ex distinguendi significatione διαιρεῖν abit in notionem disputandi, explorandi, explicandi.“ In beiden Fällen betont Aristoteles nur die systematische Reihenfolge: *Hist. an.*, *De part. an.* II–IV, und es ist vergebliche Mühe, eine „Entwicklung“ des Aristoteles ermitteln zu wollen. Der Übersetzungsfehler, der unserer Auffassung nach vorliegt, wird auch in J. Lennox, Unity and purpose of *On the Parts of the Animals* I, in: Lennox and Bolton (ed.), Being, Nature, and Life (wie Anm. 108) 62 nicht korrigiert.

792 Anderer Meinung ist offenbar G.E.R. Lloyd, Science, Folklore and Ideology. Studies in the Life Sciences in Ancient Greece, Cambridge 1983, 44 ff., der jedoch nicht das ganze Spektrum der aristotelischen Äußerungen berücksichtigt. Seine Ansicht, daß Aristoteles volkstümliche Ansichten zu seiner Behandlung der Lebewesen, die eine Zwischenstellung einnehmen (ἐπαμφοτερίζοντα), geführt haben, wird von J.G. Lennox, Demarcating Ancient Science. A discussion of G.E.R. Lloyd, Science, Folklore, and Ideology: the Life Sciences in Ancient Greece, Oxford Studies in Ancient Philosophy, vol. III, 1985, 316 zu Recht bezweifelt. Entscheidend scheint für Aristoteles das Bestreben einer Erklärung der empirischen Befunde zu sein.

793 In 681 b 2 ff. heißt es: „Dadurch, daß einige von ihnen sich loslösen und sich auf die Nahrung stürzen können, sind sie tierartig und auch dadurch, daß sie das, worauf sie stoßen, wahrnehmen.“ Das Wahrnehmungsvermögen ist das Merkmal, das nach aristotelischer Lehre etwas als Tier definiert. Die aristotelischen Beobachtungen sind korrekt. Vgl. W. Westheide–R. Rieger, Spezielle Zoologie. Erster Teil. Einzeller und Wirbellose Tiere, Stuttgart–Jena–New York ^{2}2007, 151 f. In der ausführlicheren Fassung in *Hist. an.* IV 6.531 b 1 ff. wird berichtet, daß die Tiere mit ihren Tentakeln nach einer Hand greifen und „für den Menschen spürbar nesselnd“ sind (so Westheide–Rieger, ebd. 162 über die im Mittelmeer häufige *Anemonia sulcata* [= *viridis*]). Dies bleibt bei Lennox, Comm. (wie Anm. 774) 302 undeutlich.
Auch in bezug auf die Schwämme sagt Aristoteles in 681 a 15 ff. nicht, daß sie pflanzengleich „in every respect“ sind (so Lennox, Comm. [wie Anm. 774] 301), sondern daß sie darin gänzlich Pflanzen gleichen, daß sie nur leben können, wenn sie festgewachsen sind.

werden verschiedene Tierarten behandelt, die Zwischenstellungen einnehmen. Bei der Behandlung der Meeressäuger (Cetaceen, κήτη) in IV 13.697 a 15 ff. wird zwar gesagt, daß sie in gewisser Weise Land- und Meerestiere sind (697 a 29 f.). Es fehlt aber die ausdrückliche Bemerkung, daß sie „eine Zwischenstellung einnehmen“, was darauf hinweist, daß sie genauso wie in der *Historia animalium* als „größte Gattung“ aufgefaßt werden.[794] Ihr Säugetiercharakter wird an anderen Stellen von Aristoteles hervorgehoben.[795] Wenn von den Robben gesagt wird, daß sie wegen ihrer Füße und Flossen zwischen Wassertieren und Landtieren eine Zwischenstellung einnehmen (IV 13.697 b 1 ff.), ist gleichwohl klar, daß sie zu den lebendgebärenden Vierfüßern gehören, nur daß sie als Vierfüßer verstümmelt sind, wie an anderer Stelle gesagt ist *(De part. an.* II 12.657 a 22 ff.).[796] Die definitorischen Merkmale („lebendgebärende Vierfüßer“) sind vorhanden.[797] Der Fledermaus wird eine Zwischenstellung zwischen Flugtieren und Fußtieren zugesprochen (ebd.). Aber auch hier ist die letztliche Einordnung deutlich.[798] Denn Aristoteles stuft sie in der *Historia animalium* III 1.511 a 31 ff. als Säugetiere ein, wie seine Behandlung ihrer Plazenta beweist.[799] Auch beim Vogel Strauß ist klar, daß er, obwohl ihm eine Zwischenstellung zwischen Vogel und vierfüßigem Lebewesen zuerkannt wird (*De part. an.* IV 14.697 b 13 ff.), von Aristoteles als Vogel betrachtet wird (*De gen. an.* III 1.749 b 17). Aristoteles läßt keinen Zweifel daran, daß die definitorischen Merkmale eindeutig sind.[800]

Zu Fehlurteilen kann auch die Nichtberücksichtigung der modernen Forschung führen. Lennox sagt von dem Organ der Cephalopoden, das sie nach der Auffassung des Aristoteles analog zum Kontrollorgan für die Wahrnehmungen (d.i. das Herz) besitzen (*De part. an.* IV 5.681 b 14 ff.), von der Mytis (μύτις), daß dies ziemlich sicher das Organ sei, das wir heute als Leber identifizieren.[801] Doch dies ist die Auffassung von Ogle im 19. Jahrhun-

794 Anders Lennox, Comm. (wie Anm. 744) 157.

795 Vgl. Thompson, Greek Fisches (wie Anm. 240) 54 (mit Belegen zum Delphin) und *Hist. an.* III 20.521 b 23 ff. (zum Wal, der ausdrücklich zu den ζῳοτόκα ὄντα gezählt wird).

796 Ἔχει δὲ καὶ ἡ φώκη τῶν ζῳοτόκων οὐκ ὦτα ἀλλὰ πόρους ἀκοῆς, διὰ τὸ πεπηρωμένον εἶναι τετράπουν.

797 Zu den Robben vgl. auch oben S. 187.

798 Mit Recht betont Lennox, Demarcating Ancient Science (wie Anm. 792) 307 ff., bes. 316, daß diese Tiere geflügelt, aber nicht Vögel genannt werden. Die Charakteristika, in bezug auf die Robben und Fledermäuse eine Zwischenstellung einnehmen, sind alle nichtdefinitorischer Art: ἔνυδρον, πεζόν, πτηνόν.

799 Zu den Fledermäusen siehe auch oben S. 152.

800 Dem Vogel Strauß werden nur *bestimmte Merkmale* des Vogels und bestimmte *Merkmale* eines Vierfüßers zugesprochen; von definitorischen Merkmalen (Zweifüßigkeit) ist nicht die Rede.

801 Lennox, Comm. (wie Anm. 774) 303. Ähnlich auch Lloyd, Science, Folklore (wie Anm. 792) 39 f. m. Anm. 131 und dem Hinweis auf Ogle, Aristotle on the Parts of Animals with introduction (wie Anm. 460) 227 n. 64.

dert,[802] während wir heute wissen, daß es sich um eine Mitteldarmdrüse handelt, die mit der Leber weder homolog ist noch die gleichen Funktionen ausübt.[803] Aus der Tatsache, daß Aristoteles die Süße des Organs feststellt, schließt Lennox, daß er das Organ als Leber hätte identifizieren können, da er die Süße der Leber IV 2.677 a 21–25 hervorhebe. Zum Glück begeht Aristoteles, wiewohl er sich in der Funktion der Mytis irrt, nicht auch noch diesen Fehler! Hier wird deutlich, daß man den biologischen Charakter der aristotelischen Tierbeschreibungen nicht ernst genug nehmen kann. Der Hinweis auf diesen Fehler ist nicht als Tadel gemeint. Natürlich erliegt man, wenn man sich als Nichtbiologe den aristotelischen naturwissenschaftlichen Schriften nähert, leicht dem einen oder anderen Fehler. Nur zur Veranschaulichung der interpretatorischen Aufgabe, vor der wir stehen, ist hier davon die Rede.

Mit der vorwiegend philosophischen Betrachtungsweise hängt wohl auch zusammen, daß Lennox es nicht beachtet, wenn sich Aristoteles an einer Stelle einmal irrt und in Widerspruch zu sich selbst setzt. Zum Beispiel behauptet Aristoteles in *De partibus animalium* IV 8.683 b 31 f., daß die Krabbenartigen und die Langustenartigen sich ähnlich seien, weil sie beide Scheren (χηλάς) besäßen, aber sich dadurch voneinander unterschieden, daß nur die Langustenartigen einen Schwanz besäßen, während er in *Historia animalium* IV 2.525 a 30 ff. zu Recht sagt, die Langusten besäßen (anders als die Hummer) keine Scheren. Lennox kommentiert die Stelle in *De partibus animalium* wie folgt: „This is a nicely balanced example of Aristotle's divisional method. 683 b 31–684 a 1 points out the fundamental likeness of the crabs and crayfish – claws [scil. χηλὰς] used not for locomotion but in relation to nutrition. Next (684 a 1–5) they are differentiated by reference to presence or absence of tail."[804] Leider irrt sich hier einmal Aristoteles hinsichtlich der Langusten und damit wird auch die philosophische Bewertung von Lennox hinfällig.[805] Dieses Beispiel zeigt, wie sich ein hervorragender Gelehrter irren

802 Ogle, De part. an. (wie Anm. 375) zu 679 a 2.

803 Vgl. L.N. Scharfenberg, Die Cephalopoden des Aristoteles im Lichte der modernen Biologie (AKAN-Einzelschriften Bd. 3), Trier 2001, 61; Penzlin (wie Anm. 621) 239; Westheide–Rieger (wie Anm. 300) Teil 1^2 340, 356.

804 Lennox, Comm. (wie Anm. 774) 309. Vgl. zu dem Widerspruch ausführlich schon Jürgen Bona Meyer, Aristoteles Thierkunde (wie Anm. 335) 240 ff.

805 Eine Möglichkeit, wie es zu dem Fehler des Aristoteles gekommen sein kann, ist folgende: Es besteht offensichtlich eine Beziehung zwischen 683 b 31 ff. über Langusten und Krabben und 684 a 32 ff. über die Hummer. Letztere benutzen angeblich die Scheren zum Laufen, während die Langusten sie angeblich ausdrücklich nicht zum Laufen, sondern als Handersatz benutzen. Aristoteles könnte eine Einzelbeobachtung zu den Hummern (Mißbrauch der Scheren) als Gattungsmerkmal interpretiert haben und, als er auf Hummer stieß, bei denen der Mißbrauch nicht vorlag, diese als besondere Gattung aufgefaßt und irrtümlich mit den Langusten identifiziert haben. Bei der Korrektur, wie sie in *Historia animalium* IV

kann, wenn er rein theoretisch argumentiert und sich nicht mit der Realität vertraut gemacht hat, so daß er nicht imstande ist, die Tiere, um die es geht, Hummer und Languste, selbst zu unterscheiden.[806]

Bedauerlich ist es, wenn der logischen Korrektheit der Vorrang vor der empirischen Genauigkeit eingeräumt wird. Aristoteles sagt in IV 8.684 a 32 ff., daß die Hummer zwar Scheren haben, weil sie in der Gattung sind, die Scheren besitzt, daß sie aber die Scheren unregelmäßig groß haben, weil sie verkümmert sind und sie nicht dafür gebrauchen, wozu sie von Natur aus da sind (nämlich zum Greifen), sondern zum Zwecke der Fortbewegung.[807] Lennox tadelt Aristoteles wegen dieser Argumentation und spricht davon, daß nach dessen eigenen philosophischen Standards seine Erklärung problematisch sei:[808] „... had Aristotle stopped after saying that lobsters are deformed and do not use their claws naturally, these discussions would be consistent. But it is hard to understand the claim that they are used for the sake of locomotion." In der Zoologie kommt es aber allein auf die Beobachtung an. Aristoteles hat vollkommen recht, daß Defekte neue Funktionen ermöglichen. Um es scherzhaft zu formulieren: Lennox sagt zu Aristoteles: *si tacuisses, philosophus mansisses.* Ein Wissenschaftler darf aber niemals schweigen, auch nicht zugunsten der Philosophie!

Anders als Lennox hat Gotthelf in der schon älteren Abhandlung von 1987 versucht, Aristoteles' Aussage mit dessen theoretischer Annahme in Übereinstimmung zu bringen. Da Aristoteles sage, daß sich die Hummer in der Gattung befinden, die Scheren besitzt, könnten die Scheren dann nicht in die Definition der Hummer gehören, da diese sie zweckentfremdet benutzen würden. Es wird aber nur der rein empirische Tatbestand (der wohl gar nicht so allgemein zutrifft, wie Aristoteles annimmt) von Aristoteles registriert, ohne über die Definition nachzudenken. Auch der Essenzgedanke ist Aristoteles in der Biologie gewiß nicht ganz so strikt wie in den im strengeren Sinne philosophischen Schriften.[809] Ich selbst kann in der Stelle nur eine rein empirische Beobachtung erblicken, die in einer gewissen Spannung zu Aristoteles' Grundannahmen steht wie vieles andere, da es wegen der Ewigkeit der Arten streng genommen auch keine verstümmelten Arten oder Körperteile

2.525 a 30 ff. vorliegt, vergaß er dann, seinen früheren Irrtum an der erstgenannten Stelle zu korrigieren.

806 Vgl. die klaren Abbildungen bei Storch-Welsch (wie Anm. 270) 338d (Languste), e (Hummer bzw. Nephrops).

807 Vgl. das Zitat oben S. 195.

808 Lennox, Comm. (wie Anm. 774) 310.

809 A. Gotthelf, Notes towards a Study of Substance and Essence in Aristotle's Parts of Animals, in: Gotthelf, Aristotle on Nature and Living Things (wie Anm. 95) 41 = ders., Teleology, First Principles (wie Anm. 311) 232.

geben kann. Wenn man die Systematik unbedingt aufrechterhalten wollte, müßte man sagen, daß auch die *verstümmelten* Scheren in die Definition gehörten, weil die in Frage kommende ewige Art immer verstümmelt war oder die Anlage dazu hatte.[810] Das wäre logisch korrekt, aber absurd. Es kommt vielmehr darauf an zu erkennen, daß Aristoteles immer wieder Beobachtungen macht, die mit seinen theoretischen Grundannahmen schwer in Einklang zu bringen sind.

Lennox hat mit Recht darauf aufmerksam gemacht, daß Aristoteles die Teleologie oft einschränkt, etwa bei den blutlosen Tieren, und eine teleologische Sprache vermeidet.[811] Doch würdigt er diese Einschränkung nicht nach biologischen Maßstäben. Dies sei an einem anderen Beispiel näher erläutert. Aristoteles beobachtet, wie wir in Kap. I 7.9 gezeigt haben, in *De partibus animalium* III 3.664 b 2 ff. die Kreuzung von Nahrungs- und Atemweg im Rachen der Säugetiere und findet die Konstruktion sehr schlecht, weil die Luftröhre die Speiseröhre behindert, was eine Einschränkung der Teleologie ist. Er stößt hiermit auf ein fundamentales Merkmal der Säugetiere, das evolutionsbiologisch mit dem Übergang von der Kiemenatmung zur Lungenatmung zusammenhängt. Aristoteles sagt, daß die Natur dazu den Kehldeckel (ἐπιγλωττίς) geschaffen habe (664 b 21 f.), und spricht zusammenfassend in 665 a 7 ff. davon, daß er dargelegt habe, warum die Natur die schlechte Lage der Luftröhre (τὴν φαυλότητα τῆς θέσεως) dadurch geheilt habe, daß sie den Kehldeckel geschaffen habe. Lennox kritisiert aber Aristoteles' Versuch zu erklären, warum der Kehlkopf vor der Speiseröhre liegen muß, und nimmt Anstoß an den „parasitischen" Behauptungen über den Wert, den eine vordere und höhere Lage gegenüber einer hinteren und tieferen hat.[812] Es mag sein, daß diese Erklärung über den Vorzug von ‚vorn' und ‚höher' nicht besonders glücklich ist. Lennox verliert aber kein Wort über die ausgezeichnete Diagnostizierung der komplizierten Kreuzung von Atem- und Nahrungsweg, die sich nur evolutionsbiologisch erklären läßt.[813] Wieder stehen sich hier bei der Bewertung philosophische Standards und biologische Standards gegenüber.[814]

Bei einer Abwägung der Frage, wo die besonderen Meriten der Schrift *De partibus animalium* liegen, im Bereich der „philosophischen" Erklärung oder der biologischen Empirie, scheinen mir die gegebenen Beispiele erneut

810 Vgl. auch S. 272 f.

811 Lennox, Comm. (wie Anm. 774) 290 f. (in bezug auf das Omentum, vgl. Kullmann, Wissenschaft und Methode [wie Anm. 4] 333 f. und ders., Aristoteles und die moderne Wissenschaft [wie Anm. 27] 226, 270, 293).

812 Lennox, Comm. (wie Anm. 774) 254.

813 Vgl. auch die vergleichbare Beschreibung des Maulwurfs in Abschnitt I 7.9.

814 Vgl. dazu oben S. 186 f.

zu zeigen, daß in Aristoteles' Schrift das „philosophische" Interesse im Sinne der Untersuchungen von Lennox, so legitim diese auch sein mögen, nicht im Vordergrund steht.

5. Die Asymmetrie des Aristotelesbildes in der geschichtlichen Entwicklung bis zur Gegenwart

Das Ergebnis zwingt zu einer grundlegenden Korrektur des bisherigen Aristotelesbildes. Aristoteles ist zwar aus moderner Sicht zweifellos sowohl als Wissenschaftler als auch als Philosoph zu bezeichnen. Die Universalität kann ihm nicht genommen werden. Doch wie wir durch den Buchtitel anzudeuten versucht haben, hat die naturwissenschaftliche Seite seines Wirkens deutlich das Übergewicht. Er muß primär von dieser Seite her gewürdigt werden. Daß dies weder in der Antike noch im Mittelalter und in der Neuzeit geschehen ist, hat seine tiefen historischen Gründe. Zur Erklärung ist zunächst das Verhältnis zu Platon wichtig, das wir oben in anderem Zusammenhang berührten. Als er 367/66 v. Chr. als 17jähriger nach Athen in die Akademie kam, war Platon in Syrakus und kehrte erst 365/364 nach Athen zurück. Er war damals 62 Jahre alt, Aristoteles 21, als sie sich zum ersten Mal sahen. Platon war für Aristoteles also ein alter Lehrer. Bis Platon 80 Jahre alt war, also bis 347, blieb Aristoteles in der Akademie. Erst mit ca. 37 Jahren verließ er Athen und ging nach Atarneus und Assos in Kleinasien.

Gewiß hat er wie dargelegt schon in der Akademie außer seinen Dialogen und seinen logischen Schriften auch naturwissenschaftliche Werke in Angriff genommen, aber die Entscheidung für die empirische Forschung kommt erst in seiner nachplatonischen Lebenszeit zur vollen Anwendung. Schon diese biographischen Tatsachen haben in Antike und Neuzeit dazu beigetragen, in Aristoteles vor allem den Platonschüler zu sehen, der dasselbe Metier ausübte wie sein Lehrer.

Aber obwohl an der prinzipiellen Loyalität des Aristoteles zu Platon nicht gezweifelt werden kann, läßt sich keine der vermutlich frühen Schriften des Aristoteles mit Platons Philosophie vereinbaren. In der *Topik* wird die Dialektik, für Platon die Grundlage seiner Philosophie, stark abgewertet. In den *Kategorien* wird mit stark antiplatonischer Tendenz der aristotelische Substanzbegriff eingeführt. In der *Ersten Analytik* wird bereits das naturwissenschaftliche Grundsatzprogramm des Aristoteles in der Beschreibung der zum Modell erkorenen Methode der Astronomie formuliert.[815] Der Eidosbegriff scheint von Aristoteles von vornherein naturwissenschaftlich im Hin-

815 Siehe oben S. 158.

blick auf das Lebewesen, den Menschen, das Pferd usw. als Spezies aufgefaßt worden zu sein. Auch andere Platoniker wie Speusipp und Xenokrates müssen ihre philosophischen Positionen schon vor Platons Tod ausgebildet haben. Dies alles läßt sich wohl nur so deuten, daß Aristoteles' direkter Kontakt zu Platon in dessen letzten Lebensjahrzehnt nicht mehr so eng war, daß aber die Loyalität ihm bzw. der Akademie gegenüber es verbot, das zu tun, was er nach Platons Tod unternahm, nämlich empirische Forschung zu betreiben, obwohl die methodischen Voraussetzungen dazu offenbar von ihm schon längst entwickelt worden waren. Wenn Aristoteles die Ideenlehre in der *Zweiten Analytik*, als er sich schon stark auf naturwissenschaftliche Fragen konzentrierte, beiläufig als Zikadengezirpe bezeichnet,[816] zeigt dies schon eine relativ frühe Distanz zu Platon. Sein offensichtlich als älterer Mann formuliertes, berühmtes Wort in *E. N.* I 4.1096 a 11 ff., daß er nur widerstrebend über das Gute im allgemeinen spreche, weil es befreundete Männer waren, die die „Ideen" eingeführt hatten, daß man aber als Philosoph die heilige Pflicht hat, auch das einem Vertraute zugunsten der Wahrheit aufzugeben, zeigt, wie entschieden er trotz aller starken persönlichen Bindung an Platon seinen abweichenden Weg vor Augen hat. Jedenfalls läßt sich so erklären, daß die empirische Forschung bei Aristoteles erst nach Platons Tod entschieden einsetzte.

Wenn man annimmt, daß die 13 Jahre, die Aristoteles außerhalb Athens verbrachte, vor allem mit seiner biologischen Forschung ausgefüllt waren, muß man die endgültige Formulierung seiner diesbezüglichen Ergebnisse und wohl auch die endgültige Fassung bestimmter nichtbiologischer naturwissenschaftlicher Schriften wie der *Meteorologie* in die Zeit nach der Rückkehr nach Athen 335/34 setzen. In die Akademiezeit fallen ohne Zweifel die Dialoge und die logischen Schriften und die Schriften *De caelo,* (zum größten Teil) die *Physik* und die Schrift *De generatione et corruptione.*

Was die Funktion der Lehrschriften anbetrifft, so habe ich versucht zu zeigen, daß sie sowohl als Vorlesungsmanuskripte als auch für externe Zwekke bzw. die Nachwelt geschrieben wurden.[817]

In seiner empirischen Forschung hat Aristoteles in der Antike von Theophrast abgesehen keinen Nachfolger gehabt. Theophrast verfaßte nur einige zoologische Spezialschriften, erweiterte aber Aristoteles' Forschungsprogramm in enger Anlehnung an dessen Methode nach der Botanik und der Meteorologie hin. Genausowenig wie Aristoteles in seiner Forschung Vorgänger hatte, hatte er Schüler, die seine Forschungen fortsetzten. Zwar haben seine zoologischen Schriften durchaus weitergewirkt, wie oben dargelegt. Sie

816 *Zweite Analytik* I 22.83 a 33: τερετίσματα.
817 Kullmann, Aristoteles. Über die Teile der Lebewesen (wie Anm. 15) 137 f.

waren spätestens in der zweiten Hälfte des 3. Jahrhundert v. Chr. in der alexandrinischen Bibliothek vorhanden.[818] Aber ihr Inhalt lebte in hellenistischer und römischer Zeit im wesentlichen nur in Exzerptensammlungen und Nachschlagewerken oder Enzyklopädien wie der des Plinius fort; die im engeren Sinne wissenschaftlichen Einsichten und der wissenschaftliche Charakter überhaupt wurden nicht rezipiert. Robert Bees hat aber gezeigt, daß einzelne biologische Grundannahmen von der stoischen Philosophie aufgegriffen wurden. Offenbar ist Zenon, der Gründer der Stoa, von Aristoteles' Gedankengängen in *De generatione animalium* beeinflußt.[819] Und es kann keinen Zweifel daran geben, daß auch die von Zenon begründete stoische Oikeiosislehre, indem sie, wie Bees nachgewiesen hat, von einer naturgegebenen sozialen Veranlagung des Menschen ausgeht,[820] von Aristoteles angeregt ist.[821] Die Anregungen fallen vermutlich in einen Zeitraum, in dem Theophrast noch lebte und die Bibliothek noch nicht an Neleus vererbt hatte. Freilich führt die stoische Adaptation aristotelischer Gedanken zu einer völligen Verkehrung des von Aristoteles Gemeinten, wie besonders in einer Reihe von Chrysippfragmenten deutlich wird (StVF III 314, III 4 [aus D.L. VII 87 ff.], III 5). Aristoteles begründet die soziale Veranlagung des Menschen, wie oben ausgeführt,[822] biologisch: Der Mensch ist nur eines der politischen, d. h. sozialen, Lebewesen neben Bienen, Wespen, Ameisen und Kranichen, wenngleich infolge seiner Sprachbegabung in besonderem Maße, und dieses Merkmal ist eine besondere Ausprägung des Merkmals des Herdentierhaften, das die größere Gruppe der Herdentiere kennzeichnet. Der im Prinzip soziale Charakter des Menschen als politisches Lebewesen wird von der Stoa anerkannt, aber nicht mehr mit den unterschiedlichen sozialen Organisationsformen im Tierreich zusammengesehen; vielmehr isoliert die Stoa den Menschen vom Tierreich und räumt ihm eine von der göttlichen Macht oder der ‚Natur' verliehene privilegierte Stellung ein und geht davon aus, daß die Pflanzen- und Tierwelt nur um der Menschen willen geschaffen wurde. Sie vertritt also einen rigiden Kreationismus, während Aristoteles der Gedanke einer intentionalen Schöpfung von Mensch und Tier völlig fremd ist, obwohl er den Gedanken einer biologischen Evolution immerhin diskutiert; d. h. es gab für ihn

818 Vgl. oben S. 135 mit Anm. 411.

819 R. Bees, Rezeption des Aristoteles in der Naturphilosophie Zenons: Die kosmische Lebenskraft im Rahmen der Gottesbeweise bei Cicero, *De natura deorum* 2.20–44, in: Föllinger, Was ist Leben? (wie Anm. 40) 339 ff.

820 Vgl. R. Bees, Die Oikeiosislehre der Stoa. I Rekonstruktion ihres Inhalts (Epistemata, Reihe Philosophie Bd. 258), Würzburg 2004, 202 ff. („Die Natur als Subjekt").

821 Vgl. Kullmann, Naturgesetz (wie Anm. 35) 43 f. Man denke auch an Aristoteles' Hinweis auf den Sozialtrieb des Menschen in *Pol.* I 2.1253 a 29 f.

822 Siehe oben S. 248 f.

keine ideologischen Schranken, die ihn an der Annahme einer Evolutionstheorie gehindert hätten. In der Stoa wird aber die von der Natur dem Menschen gegebene Veranlagung religiös überhöht und als ein von Geboten und Verboten bestimmtes, dem Menschen auferlegtes Naturgesetz betrachtet.[823] Ihr biologischer Hintergrund wird nicht mehr beachtet, und das Naturgesetz wird zu einem absoluten Dogma. Man orientiert sich zwar positiv oder negativ an Aristoteles' Biologie, jedoch nur an ihren Ergebnissen und Formulierungen und benutzt Bauelemente seiner Studien nur für die eigene freie Spekulation. Auch in anderen Philosophenschulen schwindet seit dem Hellenismus in zunehmendem Maße jedes Verständnis für empirische biologische oder andere naturwissenschaftliche Forschung. Es erfolgt also eine Rückentwicklung des biologischen Denkens auf die Stufe der Vorsokratiker. Ein Gefühl für notwendige Beobachtung der Welt ist nicht mehr vorhanden. Wieweit diese Entwicklung zum schließlichen Ende der antiken Kultur zu Beginn des Mittelalters beigetragen hat, harrt noch der Erforschung.

Nach Aristoteles' Tod 322 übernahm Theophrast vermutlich die Bibliothek der aristotelischen Schule, zu der natürlich die eigenen Schriften des Aristoteles gehörten, und vererbte sie bei seinem Tode zwischen 288 und 286 v. Chr. weiter an Neleus von Skepsis, den Sohn des Koriskos (D. L. V 52). Dieser soll sie in seine Heimatstadt mitgenommen haben. Nach Athenaeus I 3ab soll Ptolemaios Philadelphos die Bücher dem Neleus abgekauft und nach Alexandrien gebracht haben. Dagegen haben nach dem Bericht Strabons (13,1,54 = p. C 608 f.) die Nachkommen des Neleus die Schriften in einem Keller in Skepsis vergraben, um sie vor der Sammelwut der pergamenischen Könige zu bewahren, und später an den Bibliophilen Apellikon verkauft. Nach der Einnahme Athens (86 v. Chr.) habe Sulla die Bücher gekauft und nach Rom (84 v. Chr.) gebracht, wo sich der Grammatiker Tyrannion mit ihnen beschäftigt habe. Nach Plutarch, *Sulla* 26, erhielt Andronikos von Rhodos Kopien von diesem und publizierte sie. Porphyrius (*Vita Plotini* 24) erwähnt, daß er sich bei der Ausgabe Plotins und der Einteilung in Enneaden unter anderem am Beispiel des Andronikos orientierte. Überwiegend wird angenommen, daß Andronikos von Rhodos die für unsere handschriftliche Überlieferung entscheidende Aristotelesausgabe schuf, zumal das Interesse an Aristoteles und die Bekanntheit mit seinem Werk seit der Zeit des Andronikos sprunghaft anstieg. Allerdings hat Jonathan Barnes mit gewichtigen Gründen dargelegt, daß Andronikos mit seiner Ausgabe nicht viel mehr getan habe, als die von Tyrannion erhaltenen Kopien zu veröffentlichen. Er vertritt die Meinung, daß alle Schriften in ihrer gegenwärtigen Form auch schon vor

823 Ausführlich dazu Kullmann, Naturgesetz (wie Anm. 35) 45 ff.

Andronikos bestanden.[824] Dafür spricht auch, daß das Vorhandensein der zoologischen Schriften in der gegenwärtigen Form in Alexandrien durch die Exzerptenpublikation des Aristophanes von Byzanz gesichert ist. Die biologische Forschung war also noch bekannt, wurde aber nur noch von Philologen verwaltet.

Was das Interesse an aktiver Forschung betrifft, ist in der Folgezeit nur der Arzt Galen (129–200 n. Chr.) eine Ausnahme. Gegen Aristoteles' Behauptung in *De partibus animalium* III 4.666 b 21 f., daß größere Tiere drei Herzkammern haben, die kleinsten dagegen nur eine, stellt er fest, daß alle Lungenatmer die gleiche Zahl von Kammern haben, also zwei, z. B. Pferd, Sperling, Rind und Maus, nicht dagegen der Fisch, jedoch die Meeressäuger (*De usu partium* VI 9 p. III 441,9–443,4 Kühn). Galen wiederholt seine Polemik auch in *De anatomicis administrationibus* VII 10 p. II 618,13–15 Kühn (vgl. auch ebd. 621,2–6) und berichtet über eine von ihm selbst veranstaltete Sektion eines Elefanten, bei der viele Ärzte versammelt waren, um zu sehen, ob das Herz eine oder zwei Spitzen und zwei oder drei Herzkammern habe, und bei der er erfolgreich voraussagt, daß man dieselbe Herzstruktur finden würde wie bei allen anderen Luft einatmenden Tieren (vgl. auch ebd. 619,16–621,2). Aber dies ist ein einmaliger und folgenloser Exkurs eines Mediziners in den Bereich der als lebendige Wissenschaft längst abgestorbenen und nur handschriftlich konservierten Biologie.

Die weitere Rezeption des Aristoteles in der Antike ist durch die Aristoteleskommentatoren bestimmt. Diese haben sich hauptsächlich mit seiner Logik, Ethik und Metaphysik beschäftigt, also die empirische Forschung ausgeklammert. Philoponos hat zwar in Auseinandersetzung mit der *Physik* zur Problematik der Fallgesetze originelle Ideen beigetragen,[825] aber die empirische Biologie ist bei den Kommentatoren nicht im Blick gewesen.[826]

Auf die im Detail stark erforschte Rezeption des Aristoteles in Mittelalter, Renaissance und Neuzeit können wir nur skizzenhaft in einem Streiflicht eingehen, soweit es unsere Fragestellung betrifft.

Am Anfang steht die Übersetzung der logischen Schriften ins Lateinische, die in Boethius einen Vorläufer hat (Vetus Logica).[827] Dann folgen noch im

824 J. Barnes, Roman Aristotle, in: J. Barnes and M. Griffin (ed.), Philosophia Togata II Plato and Aristotle at Rome, Oxford 1997, 1 ff.

825 Vgl. M. Wolf, Fallgesetz und Massebegriff. Zwei wissenschaftshistorische Untersuchungen zur Kosmologie des Johannes Philoponos (Quellen und Studien zur Philosophie 2), Berlin 1971, 23 ff.

826 Auszunehmen ist der byzantinische Kommentar des Michael von Ephesos zu *De part. an.* (CAG XXII.2 ed. Hayduck) und der Kommentar des Georgios Pachymeres in seinem Sammelwerk *Philosophia*, Buch 6 (Corpus philosophorum medii aevi. Commentaria in Aristotelem Byzantina 4/I), hrsg. v. Eleni Pappa, Athen 2008.

827 Vgl. zum Einfluß seiner lateinischen Übersetzungen aristotelischer Begriffe Kullmann, Aristoteles und die moderne Wissenschaft (wie Anm. 27) 24 ff.

12. Jahrhundert *Physik*, *De anima*, *Metaphysik*, *De generatione et corruptione* und die Logica Nova. Freilich war die Rezeption von schweren intellektuellen Auseinandersetzungen gekennzeichnet. Ingemar Düring hat eine Liste der wichtigsten Bücherverbote und -verbrennungen und Lehrverbote zusammengestellt.[828] Im 13. Jahrhundert wurden an der Universität in Paris auf dem Konzil von Sens 1210 und 1215 durch den Papstlegaten Robert de Courçon vor allem die *libri naturales* und die übersetzten Bücher der *Metaphysik* zunächst verboten. Erst später sind sie wieder zugelassen worden.[829] Durch die Übersetzung der zoologischen Schriften aus dem Arabischen ins Lateinische von Michael Scotus in den Jahren bis 1220 in Toledo[830] wurde die Schrift des Dominikaners Albertus Magnus (1193–1280) *De animalibus* angeregt.[831] Michael Scotus' Übersetzung von *Historia animalium*, *De partibus animalium* und *De generatione animalium* bildet die Grundlage der ersten 19 von insgesamt 26 Büchern dieses Werks, in dem dieser Aristoteles frei paraphrasiert, wobei auch eigene Beobachtungen, Hinweise auf Fabeltiere, Berücksichtigungen Galens und anderer antiker Autoren sowie Avicennas und z. T. recht willkürliche Überlegungen zur Gattungseinteilung der Tiere einfließen.[832] Wenngleich Albertus' Werk sich mit der vorsichtigen durchdachten Systematik der aristotelischen Schriften nicht messen kann, werden die von Aristoteles gesammelten Materialien und auch viele seiner methodischen Ansätze umfassend rezipiert. Die Naturwissenschaft und die aristotelische Auffassung von Wissenschaft überhaupt fand also durch die Artistenfakultät Eingang in die allgemeine Bildung. Diese Tradierung des Gedankens der Wissenschaft überhaupt ist zweifellos der bedeutendste Beitrag des Aristoteles zum Denken der Neuzeit. Nach den Statuten der Pariser Artistenfakultät von 1255 gehörte sogar die Erklärung der Schriften des Aristoteles

828 I. Düring, Von Aristoteles bis Leibniz, Antike und Abendland 4, 1954, 146 f. Anm. 60 (Wiederabdruck in: P. Moraux [Hrsg.], Aristoteles in der neueren Forschung, Darmstadt 1968, 300 Anm. 60).

829 Vgl. G. Leff, Das Trivium und die drei Philosophien, in: W. Rüegg (Hrsg.), Geschichte der Universität in Europa, München 1993, 279 ff.

830 Vgl. L. Thorndike, Michael Scot, London/Edinburgh 1965, 24. Ausgaben: A.M.I. van Oppenraaij, Aristotle, De animalibus. Michael Scot's Arabic-Latin Translation, Part one: Books I–X History of animals (in Vorbereitung); Part two: Books XI–XIV: Parts of animals (Aristoteles Semitico-Latinus 5), Leiden–Boston–Köln 1998; Part three: Books XV–XIX: Generation of Animals (Aristoteles Semitico-Latinus 5), Leiden–New York–Köln 1992.

831 Ausgabe: H. Stadler, Albertus Magnus, De animalibus Bd. 1 Buch I–XII, Bd. 2 Buch XIII–XXVI (Beiträge zur Geschichte der Philosophie des Mittelalters Bd. 15 und 16), Münster i.W. 1916, 1920.

832 H. Balss, Albertus Magnus als Biologe. Werk und Ursprung, Stuttgart 1947, 188 ff.; Ä. Bäumer, Geschichte der Biologie, Band 1: Biologie von der Antike bis zur Renaissance, Frankfurt a.M.–New York–Paris 1991, 136 ff.

zum Lehrplan.[833] Kurt Flasch bezeichnet die Tatsache, daß die Universität nunmehr erstmals vorschrieb, was vorher untersagt war, einleuchtend als einen Umschwung von weltgeschichtlicher Bedeutung. Gleichwohl wird das mittelalterliche Bild des Aristoteles weiterhin durch die Auseinandersetzungen darüber geprägt, wieweit dessen *philosophischen* Überzeugungen mit der christlichen *Theologie* vereinbar waren. Gegen Aristoteles und seinen arabischen Kommentator Averroes (1126–1198) wurde der Vorwurf erhoben, die Ewigkeit der Welt, die Einzigkeit des Intellekts und damit die Sterblichkeit der Einzelseele sowie die Erringung der Glückseligkeit nicht durch die Gnade, sondern den Intellekt zu lehren. Diese Entwicklung gipfelte in den Angriffen des Bonaventura 1273.[834] Dabei kann kein Zweifel darüber bestehen, daß die Auslegungen des Aristoteles durch Averroes zutreffend waren.[835] Durch Thomas' von Aquino Kommentierung des Aristoteles während seines zweiten Aufenthalts in Paris 1269–1272 wurde jedoch Aristoteles von Averroes abgesetzt und assimiliert und eine gewisse Aristotelisierung von Philosophie und Theologie vollzogen, die bis heute das Aristotelesbild mitgeprägt hat. Sie bedeutete allerdings eine starke Verengung dieses Bildes und führte im 13. Jahrhundert zu keiner Befriedung der Meinungen.[836] Bezeichnend ist die mit Billigung des Papstes Johannes XXI. von dem Pariser Bischof Étienne Tempier erfolgende öffentliche Verurteilung von 1219 ketzerischen Thesen, die in der Artistenfakultät vertreten wurden. Dazu gehörte auch die These 9:

> „Es gab keinen ersten Menschen, und es wird keinen letzten geben, sondern es gab immer und wird immer geben die Erzeugung eines Menschen aus einem Menschen." (Übersetzung von Kurt Flasch)
>
> *Quod non fuit primus homo, nec erit ultimus; immo semper fuit et semper erit generatio hominis ex homine.*

Als ketzerisch gilt also Aristoteles' unideologisch formulierter, aber hier ideologisch zugespitzter Satz: „Ein Mensch zeugt einen Menschen."[837] Aristoteles

833 Vgl. K. Flasch, Aufklärung im Mittelalter? Die Verurteilung von 1277. Das Dokument des Bischofs von Paris, eingeleitet, übersetzt und erklärt (Excerpta classica Band VI), Mainz 1989, 33.

834 Vgl. K. Flasch, Aristoteleskritik im Mittelalter, in: Arbogast Schmitt und Gyburg Radke-Uhlmann, Philosophie im Umbruch. Der Bruch mit dem Aristotelismus im Hellenismus und im späten Mittelalter – seine Bedeutung für die Entstehung eines epochalen Gegensatzbewußtseins von Antike und Moderne. Akten der 6. Tagung der Karl und Gertrud Abel-Stiftung am 29. und 30. November 2003 in Marburg, Stuttgart 2009, 65 ff., bes. 67 ff.

835 Vgl. Flashar, Aristoteles (wie Anm. 130) 392; ders., Aristoteles. Lehrer des Abendlandes (wie Anm. 14) 358.

836 Vgl. B. Geyer, Friedrich Ueberwegs Grundriss der Geschichte der Philosophie. Zweiter Band, Basel–Stuttgart 1967 (Sonderausgabe der 11. Auflage von 1927), 419.

837 Vgl. die Belegstellen oben S. 179 Anm. 550.

macht dabei vor allem auf das Phänomen der Erblichkeit aufmerksam. Der Satz widerspricht aber dem christlichen Dogma der Erschaffung Adams und Evas und des Jüngsten Gerichts und wurde als Bedrohung der Theologie empfunden. Flasch hat im einzelnen nachgezeichnet, wie nichtsdestoweniger die Verurteilung des Satzes umgangen wurde, durch die Lehre von der doppelten Wahrheit, durch Albertus Magnus' Abwendung vom Wunderglauben, durch Kompromisse. Da Aristoteles den Satz in mehreren Schriften, auch in der *Metaphysik*, zitiert, ist anzunehmen, daß man bei der Verurteilung des Satzes die biologischen Schriften nicht im Sinn hatte. Jedenfalls ist durch die im 13. Jahrhundert erfolgende Ideologisierung der aristotelischen Lehre der Grundstein gelegt für das moderne einseitige Bild des Aristoteles als Philosophen im modernen Sinne und die Marginalisierung von dessen empirischer naturwissenschaftlicher Seite im öffentlichen Bewußtsein, woran auch Albertus Magnus nichts ändern konnte. Im Islam wurde bekanntlich durch die von Averroes später angegriffene Schrift al-Ghasalis (1058–1111) „Tahafut-ul-Falasifa" (Zerstörung der Philosophen) die Rezeption des Aristoteles schon Anfang des 12. Jahrhunderts ganz abgeblockt. Auch hier ging es gegen die philosophische Position des Aristoteles. Seine empirische Forschung ist nicht im Blick.

In der Renaissance kommt es zu einer starken Gegenbewegung gegen die mittelalterliche Scholastik, die nun fälschlicherweise weitgehend mit dem Namen des Aristoteles verbunden wurde. Freilich konnte diese Entwicklung der Wirkung seiner Biologie und seines allgemeinen empirischen Denkens nichts anhaben. Ein bedeutender Einfluß ging von der Übersetzung durch Theodoros Gazēs (lat. Gaza) aus (*De animalibus*, Venedig 1476), wie dem Buch von Stefano Perfetti zu entnehmen ist.[838] Diese befand sich ebenso wie die Übersetzungen im Mittelalter unterhalb der Ideologieschwelle, wenn auch aus anderen Gründen. Die Zoologie des Aristoteles hat mit der Scholastik nichts zu tun, und deren Rezeption verband sich wie auch sonst mehrfach in der Renaissance mit der von Plinius' populär gehaltenen *Naturalis historia*, die letztlich ihrerseits Aristoteles indirekt stark verpflichtet ist. Wir folgen hier mangels eigener Kompetenz ganz der umfassenden Gesamtdarstellung der Renaissancebiologie durch Änne Bäumer, die fünf Gelehrte und ihre Werke besonders hervorhebt und charakterisiert:[839] Edward Wottens (1492–1555) Werk *De differentiis animalium libri decem* von 1522 verweist schon im Titel auf die *Historia animalium* I 6, und es wird in ihm auf die Methodik

838 S. Perfetti, Aristotle's Zoology and its Renaissance Commentators (1521–1601), Leuven 2000.

839 Änne Bäumer, Geschichte der Biologie, Band 2: Zoologie der Renaissance – Renaissance der Zoologie, Frankfurt am Main 1991, 32 ff., 42 ff., 74 ff.

des Aristoteles in *De partibus animalium* Bezug genommen.[840] Conrad Gesners (1516–1565) *Historia animalium Buch* I–V erschien in Zürich 1551–1587.[841] Ulisse Aldrovandi (1522–1605) bemühte sich um eine umfassende enzyklopädische Darstellung des Tierreichs. Zu seinen Lebzeiten (1522–1603) erschienen drei Bände über *Ornithologia* 1599–1603 und ein Band *De insectis* 1602 und acht weitere Folianten postum von 1606–1642.[842] Dessen Werke ergänzten nach Bäumer bereits das antike Material, insbesondere des Aristoteles, durch neue Tierarten aus Amerika, Indien und Afrika. Durch Illustrationen, die auf eigenen Beobachtungen beruhen, und durch die Buchdruckerkunst wurde, wie Bäumer ausführt, auf der Grundlage der aristotelischen Zoologie ein breites zoologisches Wissen vermittelt. Es fehlt jedoch zum großen Teil die zoologische Anatomie und die Untersuchung der Organfunktionen. Die entsprechenden Untersuchungen von Aristoteles und Galen wurden jedoch gemäß Änne Bäumer von anderen rezipiert, unter anderem von dem Holländer Volcker Coiter (1534–1576) und von Fabricius von Aquapendente (~1533–1619),[843] dem Lehrer Harveys.

Diese breite Wirkung bezieht sich auf Spezialisten, während in der Öffentlichkeit und im allgemeinen Bewußtsein natürlich, was die Wertschätzung des Aristoteles betrifft, die Ablösung seines Weltbildes durch die kopernikanische Wende die überragende Rolle spielte.

Die Wirkungsgeschichte der zoologischen Schriften des Aristoteles setzt sich in der frühen Neuzeit fort, wo sie noch genauer gelesen wurden und sich stärkere eigene Weiterentwicklungen und Forschungen anschlossen.[844] Man denke vor allem an den Aristoteleskenner William Harvey (1578–1657), der, Galen wegen seiner Auffassung, daß die Leber Quelle der Blutbildung sei, kritisierend, in seiner Schrift *Exercitatio anatomica de motu cordis et sanguinis in animalibus* (Frankfurt am Main 1628) den Blutkreislauf entdeckte. Höchst bedeutsam ist dann seine Schrift *Exercitationes de generatione animalium*, London und Amsterdam 1651, in der er die aristotelische These von der von ihm so genannten Epigenesis übernimmt und die Embryonalentwicklung als eine Kette von Neubildungen beschreibt und so gegen die unter antiaristotelischen Vorurteilen vertretene Präformationstheorie die aristotelische Auffassung weitertradierte, die sich erst im 20. Jahrhundert voll durchsetzte.

840 Bäumer, Geschichte der Biologie, Band 2 (wie Anm. 839) 32–41 (mit guten Inhaltsangaben).

841 Bäumer, Geschichte der Biologie, Band 2 (wie Anm. 839) 42–73 (mit guten Inhaltsangaben).

842 Bäumer, Geschichte der Biologie, Band 2 (wie Anm. 839) 74–119 (mit guten Inhaltsangaben).

843 Bäumer, Geschichte der Biologie, Band 2 (wie Anm. 839) 222 ff., 234 ff. (jeweils mit guten Einführungen).

844 Vgl. Kullmann, Aristoteles und die moderne Wissenschaft (wie Anm. 27) 306 ff.

Aber natürlich war man sich der Bedeutung des Aristoteles für die Prägung und Entwicklung des Wissenschaftsverständnisses seit dem Mittelalter bald nicht mehr bewußt und glaubte seit dem 17. Jahrhundert in philosophischer und naturwissenschaftlicher Hinsicht, im Hinblick auf die neuen astronomischen Entdeckungen das Weltbild des Aristoteles endgültig überwunden zu haben.[845] Dies gilt insbesondere auch für Descartes (1596–1650) und Gassendi (1592–1655), deren biologische Ansichten gleichwohl problematisch sind. Und es gilt vor allem auch für Galileis *Dialogo sopra i due massimi sistemi del mondo* von 1632, obwohl auch bei ihm der von Aristoteles überkommene methodische Zweischritt der wissenschaftlichen Methode unterstrichen wird (*metodo risolutivo, metodo compositivo*).[846] Aber wenn z.B. Ingemar Düring in seinem instruktiven Aufsatz „Von Aristoteles bis Leibniz" schreibt: „Der vollständige Bruch mit Aristoteles erfolgt erst um 1700",[847] so ist dies einseitig und betrifft nicht Aristoteles' Hauptforschungsgebiet, die Zoologie, sondern seine Kosmologie in *De caelo* und teilweise in der *Physik*. Auch wenn Leibniz in seinem Briefwechsel mit seinem Lehrer Thomasius Aristoteles in Schutz nimmt gegen diejenigen, die ihn mit der Scholastik identifizieren,[848] ist die Biologie nicht im Blick, die von der Beurteilung der aristotelischen Kosmologie und Metaphysik kaum betroffen war.

Diese behielt bei Fachgelehrten ihre grundlegende Bedeutung. Ein Unterschied muß hervorgehoben werden. Man sah in der Schöpfung des Tierreichs seit dem Mittelalter ein Werk göttlicher intentionaler Schöpfung, was dann zur Unklarheit über Aristoteles' Betonung der Zielgerichtetheit organischer Vorgänge geführt hat. Wie schwer sich die Neuzeit tat, die biologischen Fortpflanzungstheorien, insb. die Embryologie, von irrationalen, religiösen Vorstellungen freizuhalten, die für Aristoteles keine Rolle spielten, zeigt sich an der Geschichte der Epigenesistheorie.[849]

Nach Harvey (1578–1657) waren bedeutende Vertreter der Epigenesistheorie Caspar Friedrich Wolf (1733–1794) und Karl Ernst von Baer (1792–1876). Aber sie konnten sich mit ihrer Auffassung nicht durchsetzen. Die Präformationstheorie wurde von den sogenannten Evolutionisten fortgesetzt,

845 Vgl. W. Pagel, The reaction to Aristotle in seventeenth-century biological thought, in: U.A. Underwood (ed.), Science, Medicine and History. Essays on the Evolution of Scientific Thought and Medical Practice, Festschrift Singer, Oxford 1953, I 489 ff.

846 Vgl. A.C. Crombie, Robert Grosseteste and the Origins of Experimental Science 1100–1700, Oxford (^{1}1953) ^{2}1959, 305 ff.; Kullmann, Aristoteles und die moderne Wissenschaft (wie Anm. 27) 24.

847 Düring, Von Aristoteles bis Leibniz (wie Anm. 828) 153 (= Wiederabdruck [wie Anm. 828] 311).

848 Siehe das Zitat aus diesem Briefwechsel bei Düring, Von Aristoteles bis Leibniz (wie Anm. 828) 154 (= Wiederabdruck [wie Anm. 828] 312).

849 Vgl. oben zu Harvey S. 12.

die die Meinung vertraten, daß sich sozusagen der ‚kleine Mensch' aus dem Spermatozoon oder dem weiblichen Ovum ‚herauswickelte' (wie ähnlich schon Demokrit fr. 68 B 32). Auch Darwin entwickelte eine „Pangenesistheorie", nach der aus allen Körperzellen kleine Keimlinge in jedes Ei und jeden Samen abgegeben werden. Dabei sind eine ganze Reihe von Argumenten, die sich bei Aristoteles gegen die Präformationstheorie finden, auch gegen Darwin noch gültig.[850] Erst Ernst Driesch (1867–1941) konnte die Epigenesis-Theorie anhand von Experimenten mit Seeigeleiern beweisen, sah aber wie schon eingangs angesprochen in der Tradition der neuzeitlichen Vertreter der Epigenesistheorie die Ursache der embryonalen Entwicklung in einem vitalistischen immateriellen Faktor, der die Entwicklung steuere.[851]

Als dann im 19. Jahrhundert der Historismus um eine historisch und philologisch legitimierte Einschätzung der Leistung des Aristoteles bemüht war, blieb doch das Bild des philosophischen Denkers Aristoteles vorherrschend, zumal aufgrund des Fortschritts der Naturwissenschaft, so sehr er durch Aristoteles allererst ermöglicht worden war, das Interesse an der naturwissenschaftlichen Seite des Aristoteles nachließ und seine zoologischen und sonstigen naturwissenschaftlichen Schriften nur noch von Spezialisten gelesen und erklärt wurden und aus dem öffentlichen Bewußtein weitgehend verschwanden.

Auch die Tatsache, daß Aristoteles' Modell der Vererbung mittels einer Codierung der Erbanlagen in Impulsen, die von männlicher und weiblicher Seite auf die Entwicklung der Leibesfrucht einwirken, an die Theorie von der Doppelhelix von J.D. Watson und F.H. Crick (1953) erinnert[852], ist bis heute weitgehend unbekannt geblieben.

Neuere philosophische Strömungen wie der Neuthomismus und die Wiederbesinnung auf die praktische Philosophie und die Staatstheorie des Aristoteles und die erneute Beschäftigung mit seiner Logik, Poetik, Rhetorik und Ethik haben bis heute das Bild des Aristoteles sehr lebendig gehalten, ohne jedoch zu einer gerechten Würdigung des Empirikers und Naturforschers Aristoteles zu gelangen. Auch sie haben natürlich unbeabsichtigt zur Asymmetrie des heutigen Aristotelesbildes beigetragen. Und die vor etwa dreißig Jahren versuchte Benutzung des angeblichen Panteleologismus des Aristoteles zur Denuntiation der Evolutionstheorie von christlich-philosophischer Seite bewegt sich im selben Rahmen.[853]

850 Ch. Darwin, The Variation of Animals and Plants under Domestication, London 1868, II 357 ff.; vgl. Kullmann, Teleologie (wie Anm. 27) 63.

851 Siehe oben S. 12 f.

852 Siehe oben S. 14.

853 R. Spaemann, R. Löw, Die Frage wozu? Geschichte und Wiederentdeckung des teleologischen Denkens, München–Zürich 1981. Zu einer kritischen Würdigung des Buchs vgl. Kullmann, Aristoteles und die moderne Wissenschaft (wie Anm. 27) 263 f.

Die ganz auf die empirische Forschung ausgerichtete Lebensleistung des Aristoteles ist bis heute nicht genügend gewürdigt worden. Er hat, wenn auch auf verschlungenen Wegen, – unter anderem – den Grund gelegt für unser heutiges stark naturwissenschaftlich-technisch geprägtes, rationales aufgeklärtes Weltbild.

Anhang

Die Reihenfolge der Bücher in Aristoteles' *Historia animalium*

Traditionellerweise benutzen wir bei der *Historia animalium* nicht die Bucheinteilung der antiken Handschriften, sondern diejenige von Theodoros Gazēs, meist lateinisch Gaza genannt, der sie in seiner lateinischen Übersetzung der zoologischen Schriften des Aristoteles *De animalibus* von 1476 erstmals anwandte und die kanonisch wurde (vgl. die Ausgabe von Immanuel Bekker). Die handschriftliche Überlieferung kennt nur die Reihenfolge I–VI, VIII–IX, VII, X. Die Umstellung wurde vorgenommen, weil das Buch VII stofflich an die Bücher V–VI anschließt. Das Buch behandelt die Zeugung und Entwicklung des Menschen, und am Anfang des Buches V (1.539 a 7 f.) war angekündigt, daß anders als sonst der Mensch zuletzt behandelt werden solle. Diese Reihenfolge ist wahrscheinlich sehr alt, weil schon die alexandrinische *Historiae animalium epitome* des Aristophanes von Byzanz (= Fragment 269 Gigon) einmal das achte Buch des Werks als siebentes zitiert (II 178 p. 79,5–7 Lambros).[854] Und da die Epitome des Aristophanes auch Material des VII. Buches enthält,[855] ist es durchaus denkbar, daß dieses zu dieser Zeit auch schon als IX. Buch fungierte. Die Reihenfolge des Theodoros Gazēs wurde bereits in der *editio princeps* des Aristoteles bei Aldus in Venedig 1497 benutzt und ist bis vor kurzem immer befolgt worden.[856] Jedoch ist David Balme in seinen zwei Ausgaben davon abgewichen.[857] Zur Begründung führt er folgendes aus:[858]

854 Vgl. auch O. Hellmann in seinem in Vorbereitung befindlichen Kommentar zur Epitome in: Aristoteles. Naturwissenschaftliche Fragmente, übersetzt und erläutert, in: Aristoteles. Werke in deutscher Übersetzung, begr. v. E. Grumach, hrsg. v. H. Flashar, Bd. 20, Teil IV, Berlin.

855 Vgl. Lambros (wie Anm. 412) 269 und Hellmann, Aristoteles. Naturwissenschaftliche Fragmente (wie Anm. 854) zu den angeführten Stellen.

856 Aubert-Wimmer (wie Anm. 242) Bd. I 7 ff. halten außer dem 9. und 10. Buch auch das 7. Buch für unecht. Vernünftigerweise ändern sie aber die seit der Aldina traditionellen Buchzahlen nicht und drucken sie lediglich in folgender Reihenfolge: I–VI, VIII, IX, VII, X.

857 D.M. Balme, Aristotle. History of Animals Books VII–X: Text. Edited and Translated by D.M. Balme. Prepared for publication by Allan Gotthelf (Loeb Cassical Library), Cambridge/Mass.–London 1991; ders., Aristotle. Historia animalium vol. I Books I–X: Text. Prepared for publication by Allan Gotthelf (Cambridge Classical Texts and Commentaries 38), Cambridge 2002.

858 Balme, History of Animals VII–X (wie Anm. 858) 18 f.

„The rest of book I with II–IV deals with bodily parts, extended to include sense organs, voice, sleep, sex differences. V–IX deal with activities, lives, characters, but these are not strictly delimited. V and VI are occupied with generation and brood care, extended naturally to include sexual behaviour and nesting; all of this is stated in VII(VIII) to be a part of 'activity and life,' but inevitably some of the data are also relevant to 'characters' and are reported again in VIII(IX) where 'character' is the focus of attention. IX(VII) concerns human generation; it is placed as book IX in all manuscripts before Gaza, but he removed it to its modern position in his Latin translation on the grounds that the books on generation belong together. The introduction to V says that in regard to generation man will be considered last because it is the largest subject: while this might imply that IX(VII) should follow VI, the introductions to VII(VIII) and VIII(IX) do not suggest that man has already been discussed; moreover IX(VII) is evidently incomplete; so that the manuscript order is probably correct, putting first the other animals' activities (not only generation) and then proceeding to man … ."

Ich habe diese sehr knappe Argumentation in meinem Kommentar zu *De partibus animalium* von 2007 nicht für ausreichend gehalten, um die von Gaza gewählte Reihenfolge aufzugeben.[859] Auch wenn das Buch VII erst später geschrieben bzw. unvollständig hinterlassen wurde, gehört es gleichwohl inhaltlich hinter Buch VI. Die Reihenfolge der Handschriften kann für unsere Anordnung nicht maßgebend sein.

Die von Allan Gotthelf zum Druck vorbereitete Ausgabe ist eine bedeutende Leistung, und es ist selbstverständlich, daß dabei dem Willen des Verfassers entsprechend Buch VII jetzt wieder als Buch IX firmieren mußte. Vermutlich war es jedoch die Knappheit der Argumentation Balmes, die Allan Gotthelf inzwischen bewogen hat, zusammen mit Peter Beullens im Jahre 2007 nochmals zu der Frage Stellung zu nehmen.[860]

Zunächst müssen wir vom Anfang des Buches VIII ausgehen. Aristoteles sagt in VIII 1.588 a 16 f.:

„Hinsichtlich der sonstigen Natur der Lebewesen und hinsichtlich ihrer Entstehung und Entwicklung verhält es sich auf diese Weise."[861]

Dies bezieht sich auf die Behandlung der Teile und auf die Genesis der Lebewesen (d. h. der Menschen und Tiere). Der griechische Begriff der Genesis

859 Kullmann, Aristoteles. Über die Teile der Lebewesen (wie Anm. 15) 192 f. Anm. 159

860 P. Beullens and A. Gotthelf, Theodore Gaza's Translation of Aristotle's *De Animalibus*: Content. Influence and Date, Greek, Roman, and Byzantine Studies 47, 2007, 459–513 (Wiederabdruck in: Gotthelf, Teleology, First Principles [wie Anm. 311] 289–292).

861 τὰ μὲν οὖν περὶ τὴν ἄλλην φύσιν τῶν ζῴων καὶ τὴν γένεσιν τοῦτον ἔχει τὸν τρόπον.

betrifft die Geburt und den Verlauf der organischen Entwicklung. Die Stelle ist eine der häufigen Rekapitulationsformeln des Aristoteles und bezieht sich auf die Bücher I–IV und die Bücher zur Genesis. Zu dieser gehört nach dem Anfang von Buch V auch die Genesis des Menschen. Aristoteles bezieht sich nach dem Wortlaut der Stelle auf sein ganzes Programm zurück. Die Genesis des Menschen wird nicht explizit ausgeklammert oder auf später verschoben. Tatsächlich fehlt dieses Thema aber an dieser Stelle in den Handschriften. Nun behandelt das Buch VII (= Buch IX nach der Reihenfolge der Handschriften) zwar das hier fehlende Thema. Aber es beginnt mit einem Neuansatz, wie es scheint. Es ist vermutlich erst nachträglich geschrieben worden und konnte, wenn es denn, wie wir mit Balme, Beullens und Gotthelf überzeugt sind, von Aristoteles selbst stammt, nach Buch VI noch nicht eingeschoben werden, weil es noch nicht fertig war, als mit Buch VIII begonnen wurde.

Die drei Gelehrten behaupten sogar die Unfertigkeit des Buchs. Balme erläutert dies nicht. Beullens und Gotthelf verweisen auf die Wendung „bis zum Alter", die sie offenbar nicht als erfüllt ansehen. Es heißt dort (VII 1.581 a 9 ff.):

> „Hinsichtlich der ersten Entwicklung des Menschen im Mutterleib und der späteren Entwicklung bis zum Alter verhält sich das, was sich aus seiner ihm eigenen Natur ergibt, auf folgende Weise." [862]

Allerdings ist Gotthelfs und Beullens implizites Argument nicht überzeugend. Denn das Buch VII behandelt exakt das Aufhören der Schwangerschaft, die Menopause, bei den Frauen zwischen 40 und 50 Jahren (VII 5.585 b 2–5) und die abnehmende Zeugungsfähigkeit der Männer über 60 Jahren (VII 6.585 b 5–8). Damit ist der Ankündigung, die Genesis bis zum Alter zu behandeln, vollauf Genüge getan. Von Unvollständigkeit kann keine Rede sein.

Auch wenn das Buch VII erst nachträglich, d. h. nach V und VI verfaßt wurde, muß es aber, obschon mit neuem Einleitungssatz versehen, nach Buch VI eingefügt werden, da dies ja eindeutig der Intention des Aristoteles entspricht.

Es bleibt die Frage offen, weshalb am Anfang von Buch VIII nicht darauf hingewiesen wird, daß die Behandlung der Genesis noch nicht abgeschlossen ist und später um die Behandlung der Genesis des Menschen ergänzt werden muß. Dies ist deshalb möglich, weil Aristoteles umschichtig arbeitet und auch auf etwas verweisen kann, das er noch nicht schriftlich formuliert hat.[863] So

862 περὶ δ' ἀνθρώπου γενέσεως τῆς τε πρώτης τῆς ἐν τῷ θήλει καὶ τῆς ὕστερον μέχρι γήρως, ὅσα συμβαίνει διὰ τὴν φύσιν τὴν οἰκείαν, τόνδ' ἔχει τὸν τρόπον.

863 Vgl. die Beispiele bei Kullmann, Aristoteles. Über die Teile der Lebewesen (wie Anm. 15) 147 f.

scheint er sogar in *De somno* 3.456 b 5 f. auf eine Schrift *Über die Ernährung*[864] zu verweisen, die er niemals geschrieben hat. Balmes Skepsis bezüglich der Originalität der Verweise ist unbegründet, wie die Balme unbekannte Arbeit von P. Thielscher gezeigt hat.[865] Aber auch unabhängig von der sonstigen Verweistechnik bleibt im Falle des Buches VII festzuhalten, daß der Eingang von Buch VIII stillschweigend von einer noch nicht geleisteten Ergänzung der Bücher V und VI ausgeht.

Unhaltbar ist Balmes von Gotthelf und Beullens übernommene These, daß die am Anfang von Buch V avisierte Behandlung des Menschen von Aristoteles bewußt an die Behandlung anderer Aktivitäten angehängt sein kann. Sie ist eindeutig auf die Genesis beschränkt und hat inhaltlich mit der Thematik von Ernährung, Habitat und Krankheit nicht das Geringste zu tun.

Als Fazit ergibt sich, daß die Reihenfolge der Bücher I–IX der *Historia animalium* in den Handschriften nicht einem besonderen Plan folgt, der das als Buch IX figurierende Buch VII (in der Zählung von Gaza) in einen die Bücher VIII und IX (in der Zählung von Gaza) umfassenden Zusammenhang rücken würde, wie von den genannten Gelehrten angenommen. Das Buch VII ist von Aristoteles nachträglich geschrieben worden. Es beginnt mit neuem Ansatz, jedoch zeigt das δ' in 581 a 9, daß auch dieses Buch in den Zusammenhang der Genesisbücher gehört. Die separate Entstehung des Buches läßt sich nicht genauer erklären, ist aber bei Aristoteles' Arbeitsweise nichts Ungewöhnliches. Offenbar war das Buch zwar bei Aristoteles' Tod fertig, aber noch nicht zwischen die Bücher VI und VIII eingeschoben. Wir sollten deshalb die von Gaza begründete traditionelle Zitierweise nicht ändern. Die Argumente von Gotthelf und Beullens für eine Abweichung von der von Gaza begründeten Abfolge der Bücher überzeugen nicht.

864 περὶ τροφῆς.

865 Vgl. P. Thielscher, Die relative Chronologie der erhaltenen Schriften des Aristoteles nach den bestimmten Selbstzitaten, Philologus 97, 1948, 229 ff.; Kullmann, Aristoteles. Über die Teile der Lebewesen (wie Anm. 15) 146 ff.

Hinweise zur Entstehung einzelner Abschnitte des Buchs

I 6.1–6.3	Erweiterter Wiederabdruck des Aufsatzes „Die Beschreibung des Krokodils in Aristoteles' Zoologie", in: Antike Naturwissenschaft und ihre Rezeption, hrsg. v. J. Althoff, B. Herzhoff, G. Wöhrle, Bd. X, Trier 2000, 83–96.
I 7.1–7.6	Ergänzter Wiederabdruck der Seiten 17–31, 37–39 des Aufsatzes: „Die Prägung der neuzeitlichen Biologie durch Aristoteles", in: Antike Naturwissenschaft und ihre Rezeption, hrsg. v. J. Althoff, B. Herzhoff, G. Wöhrle, Bd. XIII, 2003, 17–42.
I 7.9	Erweiterter Wiederabdruck des Aufsatzes „Evolutionsbiologische Vorstellungen bei Aristoteles", in: Pragmata. Festschrift für Klaus Oehler zum 80. Geburtstag, Tübingen 2008, 73–83.
I 8	Modifizierter Wiederabdruck des Aufsatzes „Übergänge zwischen Unbeseeltheit und Leben bei Aristoteles", in: S. Föllinger (Hrsg.), Was ist ‚Leben'? Aristoteles' Anschauungen zur Entstehung und Funktionsweise von Leben. Akten der 10. Tagung der Karl und Gertrud Abel-Stiftung vom 23.–26. August 2006 in Bamberg (Philosophie der Antike Bd. 27), Stuttgart 2010, 115–135.
II 2	Deutsche Fassung des Aufsatzes „Aristotle's Gradual Turn from Dialectic", der in dem Sammelband: The Development of Dialectic from Plato to Aristotle, ed. by Jakob Leth Fink, Cambridge University Press 2012, 296–315, erschienen ist. Der Druck erfolgt im Einverständnis mit Herrn Jakob Leth, Ph.D., und mit Cambridge University Press.
II 4	Erweiterter Wiederabdruck des Aufsatzes „Philosophie und Wissenschaft in Aristoteles' Biologie", in: G. Damschen, R. Enskat, A.J. Vigo (Hrsg.), Platon und Aristoteles sub ratione veritatis. Festschrift für Wolfgang Wieland zum 70. Geburtstag, Göttingen 2003, 231–241.

Bibliographie

(zusammengestellt von Stefan Schnieders)

1. Texte, Kommentare, Übersetzungen

AELIANUS

De natura animalium

Hercher, R., Claudii Aeliani De natura anmalium libri XVII, Leipzig 1864–66 (Nachdruck Graz 1971)

AËTIUS

Diels, H., Aëtii de placitis reliquiae, in: H.D., Doxographi Graeci, editio quarta ([1]1879), Berlin 1965, 273–444

ALBERTUS MAGNUS

Stadler, H., Albertus Magnus, De animalibus Bd. 1 Buch I–XII, Bd. 2 Buch XIII–XXVI (Beiträge zur Geschichte der Philosophie des Mittelalters Bd. 15 und 16), Münster i.W. 1916, 1920

ALEXANDER VON APHRODISIAS

Wendland, P., Alexandri in librum De sensu commentarium (Commentaria in Aristotelem Graeca III, 1), Berlin 1901

ALKINOOS

Didascalicus

Whittaker, J., Alcinoos, Enseignement des doctrines de Platon. Introduction, texte établi et commenté par J. W. et traduit par P. Louis, Paris 1990

ARISTOPHANES VON BYZANZ

Lambros, S.P., Excerptorum Constantini de natura animalium libri duo. Aristophanis historiae animalium epitome subiunctis Aeliani, Timothei aliorumque eclogis, Königl. Preuss. Akad. d. Wiss., Supplementum Aristotelicum I, Berlin 1885

Hellmann, O., Aristophanis Historiae animalium epitome (Aristoteles, Frgm. 269 Gigon), in: Ders., Aristoteles. Naturwissenschaftliche Fragmente, übersetzt und erläutert (Aristoteles. Werke in deutscher Übersetzung, Bd. 20, Teil IV) (in Vorbereitung)

Anonymus Londiniensis

Manetti, D., Anonymus Londiniensis, De medicina, Berlin 2011

Aristoteles

Gesamtausgabe und Gesamtübersetzung des Aristoteles

Aristotelis opera ex recensione Immanuelis Bekkeri edidit Academia regia Borussica (ed. prim. 1831 ff.; editio altera curavit Olof Gigon, vol. I, II, Berlin 1960; vol. III librorum deperditorum fragmenta, Berlin 1987; vol. V Hermann Bonitz, Index Aristotelicus, ed. prim. 1870, Berlin 1961)

Smith, J.A., Ross, W.D., The Works of Aristotle. Translated into English, Oxford 1908 ff.

Barnes, J., The Complete Works of Aristotle. The revised Oxford Translation, 2 vols., Princeton 1984

Analytica Priora et Posteriora

Ross, W.D., Aristotle's Prior and Posterior Analytics. A revised text with introduction and commentary, Oxford 1957

Barnes, J., Aristotle. Posterior Analytics. Translated with a Commentary, 2. Aufl., Oxford 1993

Detel, W., Aristoteles. *Analytica posteriora,* übersetzt und erläutert, in: Aristoteles. Werke in deutscher Übersetzung, hrsg. v. H. Flashar, Band 3/II 1–2, Berlin 1993

Categoriae

Minio-Paluello, L., Aristotelis Categoriae et liber de interpretatione (OCT), Oxford 1949

Oehler, K., Aristoteles. Kategorien, übersetzt und erläutert, in: Aristoteles. Werke in deutscher Übersetzung, hrsg. v. H. Flashar, Bd. 1 Teil I, Berlin 1984

De anima

Ross, W.D., Aristotle. De anima, ed. with introd. and comm., Oxford 1961

Polansky, R., Aristotle's *De anima*, Cambridge 2007

De caelo

Moraux, P., Aristote. Du Ciel. Texte établi et traduit (Collection Budé), Paris 1965

Elders, L., Aristotle's Cosmology. A Commentary on the De caelo, Assen 1966

Jori, A., Aristoteles. De caelo, übersetzt und erläutert, in: Aristoteles. Werke in deutscher Übersetzung, hrsg. v. H. Flashar, Bd. 12 Teil III, Berlin 2009

De generatione animalium

Drossaart Lulofs, H.J., Aristotelis De generatione animalium (OCT), Oxford 1965

Peck, A.L., Aristotle. Generation of Animals, Cambridge/Mass.–London ([1]1942) 1979

Liatsi, M., Aristoteles, De generatione animalium, Buch V. Einleitung und Kommentar (AKAN Einzelschriften Bd. 1), Trier 2000

De generatione et corruptione

Joachim, H.H., Aristotle on Coming-to-be & Passing away (De generatione et corruptione). A revised text with introd. and comm., Oxford 1922 (ND: Hildesheim–New York 1970)

Buchheim, Th., Aristoteles. Über Werden und Vergehen, übersetzt und erläutert, in: Aristoteles. Werke in deutscher Übersetzung, begründet von Ernst Grumach, fortgeführt von Hellmut Flashar, herausgegeben von Christof Rapp, Band 12 Teil IV, Berlin 2010

De ideis

Harlfinger, D., Edizione critica del testo ‚De ideis' di Aristotele, in: W. Leszl, Il ‚De ideis' di Aristotele e la teoria platonica delle idee, Firenze 1975, 15–54

De incessu animalium, De motu animalium

Jaeger, W., Aristotelis De animalium motione et De animalium incessu, Ps.-Aristotelis De spiritu liber (Bibliotheca Teubneriana), Leipzig 1913

Louis, P., Marche des animaux. Mouvement des animaux (Collection Budé), Paris 1973

De interpretatione

Minio-Paluello, L., Aristotelis categoriae et liber de interpretatione (OCT), Oxford [1]1949 (repr. 1956)

Weidemann, H., Aristoteles Peri Hermeneias, übersetzt und erläutert, in: Aristoteles. Werke in deutscher Übersetzung, hrsg. v. H. Flashar, Bd. 1 Teil II, Berlin 1994

De partibus animalium

Louis, P., Aristote. Les parties des animaux, Texte établi et traduit (Collection Budé), Paris 1956

Ogle, W., Aristotle on the Parts of Animals, translated with introduction and notes, London 1882

Ogle, W., De partibus animalium, in: J.A. Smith, W.D. Ross (ed.), The Works of Aristotle. Translated into English, vol. V, Oxford ([1]1912) 1958

Düring, I., Aristotle's De partibus animalium. Critical and literary commentaries (Göteborgs Kungl. Vetetenskaps och Vitterhets Samhälles handlingar, 6. Fjölden, Ser. A Bd. 2 No. 1), Göteborg 1943

Balme, D.M., Aristotle, De partibus animalium I and De generatione animalium I (with passages from II.1–3). Translated with Notes. With a Report on Recent Work and an Additional Bibliography by A. Gotthelf, Reprinted with new material, Oxford 1992 ([1]1972)

Lennox, J.G., Aristotle. On the Parts of Animals. Translated with a Commentary (Clarendon Aristotle Series), Oxford 2001

Kullmann, W., Aristoteles. Über die Teile der Lebewesen, übersetzt und erläutert, in: Aristoteles. Werke in deutscher Übersetzung, hrsg. v. H. Flashar, Bd. 17 Teil I, Berlin 2007

Ethica Eudemia

Walzer, R.R., Mingay, M., Aristotelis Ethica Eudemia (OCT), Oxford 1991

Dirlmeier, F., Aristoteles. Eudemische Ethik, übersetzt und erläutert, in: Aristoteles. Werke in deutscher Übersetzung, Bd. 7, hrsg. v. E. Grumach, Berlin 1962

Ethica Nicomachea

Bywater, L., Aristotelis Ethica Nicomachea (OCT), Oxford 1884

Historia animalium

Balme, D.M., Aristotle. Historia animalium vol. I. Books I–X. Text. Prepared for publication by Allan Gotthelf (Cambridge Classical Texts and Commentaries 38), Cambridge 2002

Louis, P., Histoire des animaux. Texte établi et traduit (Collection Budé), Tome I–III, Paris 1964

Aubert, H., Wimmer, F. (Hrsg.), Aristoteles, Thierkunde. Kritisch berichtigter Text mit deutscher Übersetzung, sachlicher und sprachlicher Erklärung und vollständigem Index, Bd. I. II, Leipzig 1868

Thompson, D'Arcy W., Historia animalium, in: J.A. Smith, W.D. Ross (ed.), The Works of Aristotle. Translated into English, vol. IV, Oxford 1910

Zierlein, S., Historia animalium, Buch I und II, übersetzt, eingeleitet und kommentiert, in: Aristoteles. Werke in deutscher Übersetzung, begr. von E. Grumach, fortgeführt von H. Flashar, hrsg. v. Ch. Rapp, Bd. 16/I 1–2, Berlin 2013

Schnieders, S., Historia animalium, Buch VIII und IX, übersetzt, eingeleitet und kommentiert (in Vorbereitung)

Metaphysik

Jaeger, W., Aristotelis Metaphysica (OCT), Oxford 1957

Ross, W.D., Aristotle's Metaphysics. A revised text with introd. and comm., Vol. I–II, Oxford ([1]1924) 1953

Frede, M., Patzig, G., Aristoteles „Metaphysik Z". Text, Übersetzung und Kommentar, Bd. I–II, München 1988

Bonitz, H., Aristoteles. Metaphysik. Übersetzt von H. B. (ed. Wellmann), Neuausgabe, Reinbek bei Hamburg 1994 (ursprünglich aus dem Nachlaß von E. Wellmann 1890 herausgegeben)

Meteorologie

Fobes, F.H., Aristotelis Meteorologicorum libri quattuor, Cambridge/Mass. 1919

Strohm, H., Aristoteles. Meteorologie. Über die Welt, übersetzt [und erläutert], in: Aristoteles. Werke in deutscher Übersetzung, hrsg. v. E. Grumach und H. Flashar, Bd. 12 Teil I und II, Darmstadt 1970

Parva naturalia

Ross, W.D. Sir, Aristotle, Parva naturalia. A revised text with introduction and commentary, Oxford 1955

Dönt, E., Aristoteles, Kleine naturwissenschaftliche Schriften (Parva naturalia), Stuttgart 1997

Physik

Ross, W.D., Aristotle's Physics. A revised text with introduction and commentary, Oxford [1]1936

Wagner, H., Aristoteles. Physikvorlesung, in: Aristoteles. Werke in deutscher Übersetzung, hrsg. v. E. Grumach, Bd. 11, Berlin 1967

Poetik

Kassel, R., Aristotelis de arte poetica (OCT), Oxford 1965

Politik

Ross, W.D., Aristotelis Politica (OCT), Oxford 1957

Rhetorik

Kassel, R., Aristotelis ars rhetorica. Edidit, Berlin–New York 1976

Topik

Ross, W.D., Aristotelis topica et sophistici elenchi (OCT), Oxford 1958

Brunschwig, J., Aristote, Topiques, Tome I, Paris 1967

Rolfes, E., Aristoteles. Topik. Neu übers. und mit einer Einl. und erkl. Anm. versehen, Leipzig [2]1922

Zekl, H.G., Aristoteles. Topik. Topik, neuntes Buch oder Über die sophistischen Widerlegungsschlüsse, griechisch–deutsch, hrsg., übers., mit Einl. und Anm. versehen, Hamburg 1997

Pseudo-Aristoteles, Mirabilia

Flashar, H., Aristoteles. Mirabilia, Übersetzt [und kommentiert] in: Aristoteles. Werke in deutscher Übersetzung, hrsg. v. H. Flashar, Bd. 18 Teil II, Berlin 1972

Fragmente

Rose, V., Aristotelis fragmenta, Leipzig 1886 (= Rose[3])

Gigon, O.: s. o. Gesamtausgabe

Flashar, H., Dubielzig, U., Breitenberger, B. (Hrsg.), Aristoteles. Fragmente zu Philosophie, Rhetorik, Poetik, Dichtung, übers. u. erl., in: Aristoteles. Werke in deutscher Übersetzung, hrsg. v. H. Flashar, Bd. 20 Teil I, Berlin 2006

Flashar, H., Dialoge, Philosophie, Rhetorik, in: H. Flashar, U. Dubielzig, B. Breitenberger (Hrsg.), Aristoteles. Fragmente zu Philosophie, Rhetorik, Poetik, Dichtung, in: Aristoteles. Werke in deutscher Übersetzung, hrsg. v. H. Flashar, Bd. 20 Teil I, Berlin 2006, 21–245

Testimonia

Düring, I., Aristotle in the Ancient Biographical Tradition (Acta Universitatis Gothoburgensis – Göteborgs Universitets Åersskrift, vol. LXIII 1957), Göteborg 1957

(Flavius) Arrianus

Wirth, G.H. und Roos, A., Flavius Arrianus, Scripta, 2 Bd., 2. Aufl., Leipzig 1967/1968 (ND München 2002)

Athenaios

Kaibel, G., Athenaeus Naucratites, Dipnosophistarum libri XV, 3 Bde., Leipzig 1923–1927 (ND Stuttgart 1985–1992)

Corpus Hippocraticum

Littré, É., Œuvres complètes d'Hippocrate. Traduction nouvelle avec le texte grec en regard. Collationné sur les manuscrits et toutes les éditions. Accompagnée d'une introduction, de commentaires médicaux, de variantes et de notes philologiques. Suivie d'une table générale des matières par É.L., Vol. I–X, Paris 1839–1861

Joly, R., Hippocrate, Tome XI De la génération, de la nature de l'enfant, des maladies IV, du foetus de huit mois (Collection Budé), Paris 1970

Joly, R., Hippocrate, tome XIII: Des lieux dans l'homme. Du système des glandes. Des fistules. Des hémorroides. De la vision. Des chairs. De la dentission (Collection Budé), Paris 1978

Lonie, I.M., The Hippocratic Treatises „On Generation", „On the Nature of the Child", „Diseases IV". A Commentary, Berlin–New York 1981

Duminil, M.-P., Hippocrate, Tome VIII Plaies, nature des os, cœur, anatomie (Collection Budé), Paris 1998

Demosthenes

Orationes

Dilts, M.R., Demosthenis Orationes (OCT), vol. 1–4, Oxford 2002–2009

Didymos

In Demosthenem commenta

Pearson, L. et Stephens, S., In Demosthenem commenta (Bibliotheca Teubneriana), Stuttgart 1983

Diogenes Laertios

Marcovich, M., Diogenis Laertii Vitae Philosophorum, Vol. I. II, Stuttgart–Leipzig 1999

Diokles von Karystos

Eijk, Ph.J. van der, Diocles of Carystus. A Collection of the Fragments with Translation and Commentary. Vol. 1: Text and Translation (Studies in Ancient Medicine 22), Leiden–Boston–Köln 2000

Empedokles

Bollack, J., Empédocle I–III, Paris 1965–1969

Eudoxos von Knidos

Lasserre, F., Die Fragmente des Eudoxos von Knidos, Berlin 1966

Eusebios

Praeparatio evangelica

Mras, K., Eusebius Werke. Die Praeparatio evangelica, 2 Bde. (GCS 43, Eusebius Werke 8,1 und 2), Berlin 1982, 1983

Fragmente der griechischen Historiker

Jacoby, F., Die Fragmente der griechischen Historiker (FGrHist), Erster Teil Genealogie und Mythographie. Vermehrter Neudruck, Leiden 1957, Zweiter Teil Spezialgeschichten, Autobiographien und Memoiren, Zeittafeln, Leiden 1962, Dritter Teil Geschichte von Städten und Völkern (Horographie und Ethnographie), Leiden 1958

Galen

Kühn, C.G. (Hrsg.), Κλαυδίου Γαλήνου ἅπαντα. Claudii Galeni opera omnia. Editionem curavit C.G. K., Leipzig 1821–1833 (Nachdruck: Hildesheim 1964–1965)

De Lacy, Ph., Galeni De placitis Hippocratis et Platonis. Edidit, in linguam Anglicam vertit, commentatus est Ph. de L. (Corpus Medicorum Graecorum V 4,1,2), Berlin 1984

Georgios Pachymeres

Pappa, E., Georgios Pachymeres, Philosophia Buch 6. Kommentar zu De partibus animalium des Aristoteles (Corpus philosophorum medii aevi, Comm. in Aristotelem Byzantina 4/1), Athen 2008

Herodot

Hude, C., Herodoti historiae, editio tertia ([1]1907), vol. 1. 2 (OCT), Oxford 1927

Lange, F., Die Geschichten des Herodotos, übers. v. F. Lange, neu hrsg. v. O. Güthling, Leipzig 1885

Marg, W., Herodot. Historien, übers. Mit einer Einführung von D. Fehling und Erläuterungen von B. Zimmermann, ([1]1983) München 1991

Lloyd, A.B., Herodotus. Book II. Commentary 1–98, Leiden 1976

Homer

Ilias

Monro, D.B., Allen, Th.W., Homeri opera (OCT), 4 Bde., 3. Aufl., Oxford 1920

West, M.L., Homerus. Ilias, 2 Bde. 1 Stuttgart–Leipzig 1998, 2 München–Leipzig 2000

HUME, DAVID

A Treatise of Human Nature, ed. by L.A. Selby-Bigge, London 1740, 14. Aufl. 1968 (Deutsche Übersetzung: D. Hume, Ein Traktat über die menschliche Natur. Übers., mit Anm. u. Reg. vers. von Th. Lipps, hrsg. v. R. Brandt, Hamburg 1978, unveränd. Nachdr. d. 1. Aufl. v. 1906)

KALLIMACHOS

Pfeiffer, R., Callimachus, 2 Vol., Oxford 1949, 1953

Asper, M., Kallimachos Werke. Hrsg. und übers., Darmstadt 2004

KTESIAS

Jacoby, F., FGrHist Nr. 688

Lenfant, D., Ctésias de Cnide, La Perse, L'Inde, Autres fragments. Texte établi et commenté (Collection Budé), Paris 2004

MICHAEL VON EPHESOS

Hayduck, M., Michaelis Ephesii in libros De partibus animalium, De animalium motione, De animalium incessu commentaria (Commentaria in Aristotelem Graeca XXII, 2), Berlin 1904

MICHAEL SCOTUS

Oppenraaij, A.M.I. van, Aristotle, De animalibus. Michael Scot's Arabic-Latin Translation, Part one: Books I–X History of animals (in Vorbereitung); Part two: Books XI–XIV: Parts of animals (Aristoteles Semitico-Latinus 5), Leiden–Boston–Köln 1998; Part three: Books XV–XIX: Generation of Animals (Aristoteles Semitico-Latinus 5), Leiden–New York–Köln 1992

MNESITHEOS

Hohenstein, H., Der Arzt Mnesitheos aus Athen (mit einer Sammlung der Fragmente), (Diss. Berlin) Jena 1935

Bertier, J., Mnésithée et Dieuchès (Philosophia antiqua 20), Leiden 1972

NEWTON, ISAAK

Optics

Horsley, S., Isaaci Newtoni opera quae exstant omnia, Tom. IV, London 1782

Olympiodor
Stüwe, W., Olympiodori in Aristotelis Meteorologica commentarium, CAG XII 2, Berlin 1900

Paradoxographi Graeci
Giannini, A., Paradoxographorum Graecorum reliquiae. Recognovit, brevi adnotatione critica instruxit, latine reddidit Alexander Giannini, Mailand 1965

Philistion
Wellmann, M., Die Fragmente der sikelischen Ärzte Akron, Philistion und des Diokles von Karystos (Fragmentsammlung der griechischen Ärzte 1), Berlin 1901

Philodem
Academica sive Index Academicorum
Gaiser, K., Philodems Academica. Die Berichte über Platon und die Alte Akademie in zwei herkulanischen Papyri, Stuttgart-Bad Cannstatt 1988

Platon
Burnet, I., Platonis opera I–V (OCT), Oxford 1900–1907
Taylor, A.E., A Commentary on Plato's Timaeus, Oxford 1925
Cornford, F.M., Plato's Cosmology. The Timaeus of Plato translated with a running commentary, London 1937

Plinius d. Ä.
Mayhoff, K., C. Plini Secundi Naturalis historiae libri XXXVII, 6 vol., Leipzig 1892–1909 (ND Stuttgart 1967–1970)

Plutarch
Vitae parallelae
Lindskog, Ch., Ziegler, K., Plutarchi Vitae parallelae I–III, Leipzig 1914–1973

Porphyrios
Vita Plotini
Henry, P. et Schwyzer, H.P., Plotini opera, Tomus I, Oxford 1964, 1–38

Proklos
Diehl, E., Procli in Platonis Timaeum, Leipzig 1903–1906

Simplikios
Heiberg, I.L., Simplicii in Aristotelis De caelo commentarium (Commentaria in Aristotelem Graeca VII), Berlin 1884

Strabon

Radt, S., Strabons Geographika. Mit Übersetzung und Kommentar, 10 Bde., Göttingen 2002 ff.

Theophrastos

Gesamtausgabe

Wimmer, W., Theophrasti Eresii opera, quae supersunt, omnia, ([1]1866) Paris 1931

Fortenbaugh, W.W., Theophrastus of Eresos. Sources for his Life, Writings & Influence, Leiden–New York–Köln, Part One, Part Two ([1]1992) [2]1993

Historia plantarum

K. Sprengel, Naturgeschichte der Gewächse, Uebersetzt und erläutert, Erster Theil Uebersetzung, Zweyter Theil Erläuterungen, Altona 1822 (Nachdruck Darmstadt 1822)

Amigues, A., Recherches sur les plantes. Texte établi et traduit (Collection Budé), Livres I–IX, Tome I–V, Paris 1988–2006

De causis plantarum

Einarson, B., Link, G.K., Theophrastus. De causis plantarum, vol. I–III, London–Cambridge/Mass 1976–1990

Amigues, S., Théophraste. Les causes des phénomènes vegetaux. Texte établi et traduit (Collection Budé), Livres I et II, Paris 2012

Metaphysik

Ross, W.D., Fobes, F.H., Theophrastus, Metaphysics, Oxford 1929 (Wiederabdruck Hildesheim 1982)

Laks, A. et Most, G.W., avec la collaboration de Ph. Larmore et E. Rudolph, Thèophraste. Métaphysique, Paris 1993

De igne

Coutant, V., Theophrastus. De igne. A post-Aristotelian view on the nature of fire, ed. with introd., transl. and comm., Assen 1971

De lapidibus

Eichholz, D.E., Theophrastus. De lapidibus, ed. with introd., transl. and comm., Oxford 1965

De odoribus

Eigler, U., Wöhrle, G., Theophrast, De odoribus, Edition, Übersetzung, Kommentar mit einem botanischen Anhang von B. Herzhoff, Stuttgart 1993

De piscibus

Sharples, W.W., Theophrastus, On fish, in: W.W. Fortenbaugh, D. Gutas (ed.), Theophrastus. His Psychological, Doxographical and Scientific Writings (Rutgers University Studies in Classical Humanities vol. V), New Brunswick–London 1992, 347–385

De signis

Sider, D., Brunschön, C.W., Theophrastus of Eresus, On Weather signs, Leiden–Boston 2007

De ventis

Coutant, V., Eichenlaub, V.L., Theophrastus. De ventis, Notre Dame–London 1975

Vorsokratiker

Diels, H., Die Fragmente der Vorsokratiker. Griechisch und Deutsch. Sechste verbesserte Auflage von Walther Kranz I–II, III Wortindex von Walther Kranz, Namen- und Stellenregister von Hermann Diels ergänzt von Walther Kranz, Berlin 1951–1952

Xenophon

Marchant, E.C., Xenophontis opera omnia, recogn. brevique annot. crit. instruxit, 5 vols., Oxford 1900–1920 (ND 1961–1974)

2. Sekundärliteratur

Adlmanseder, A., Insektenfunde an einigen Oberösterreichischen Fliessgewässern unter besonderer Berücksichtigung der Trichopteren und Ephemeropteren sowie einige Bemerkungen über ihre Biozöse, Jahrbuch des Oberösterreichischen Musealvereins, 118A, Linz-Dornach 1973, 227–246

Althoff, J., Das Konzept der generativen Wärme bei Aristoteles, Hermes 120, 1992, 181–193

Althoff, J., Warm, kalt, flüssig und fest bei Aristoteles. Die Elementarqualitäten in den zoologischen Schriften (Hermes Einzelschriften H. 57), Stuttgart 1992

Amigues, S., Les traités botaniques de Théophraste, in: G. Wöhrle (Hrsg.), Geschichte der Mathematik und der Naturwissenschaften in der Antike, Band I Biologie, Stuttgart 1999, 124–154

Amigues, S., Études de botanique antique, Mémoires de l'academie des inscriptions et belles lettres, Tome XXV, Paris 2002, 185–193

Ando, Takatura, Aristotle's Theory of Practical Cognition, The Hague ^{3}1971

Balme, D.M., Aristotle's use of division and differentiae, in: A. Gotthelf, J.G. Lennox (ed.), Philosophical Issues in Aristotle's Biology, Cambridge 1987, 69–89

Balss, H., Albertus Magnus als Biologe. Werk und Ursprung, Stuttgart 1947

Barnes, J., Aristotle's Theory of Demonstration, Phronesis 14, 1969, 123–152

Barnes, J., Aristotle and the method of ethics, Revue internationale de philosophie 34, 1980, 450–511

Barnes, J., Proof and the Syllogism, in: E. Berti (ed.), Aristotle on Science. The „Posterior Analytics". Proceedings of the Eighth Symposium Aristotelicum held in Padua from September 7 to 15, 1978 (Studia Aristotelica 9), Padova 1981, 17–59

Barnes, J., Roman Aristotle, in: J. Barnes and M. Griffin (ed.), Philosophia Togata II Plato and Aristotle at Rome, Oxford 1997, 1–59

Bäumer, Ä., Geschichte der Biologie, Band 1: Biologie von der Antike bis zur Renaissance, Frankfurt a.M.–Bern–New York–Paris 1991

Bäumer, Ä., Geschichte der Biologie, Band 2: Zoologie der Renaissance-Renaissance der Biologie, Frankfurt a.M.–Bern–New York–Paris 1991

Beavis, I.C., Insects and other invertebrates in classical antiquity, Exeter 1988

Bees, R., Die Oikeiosislehre der Stoa. I Rekonstruktion ihres Inhalts (Epistemata, Reihe Philosophie Bd. 258), Würzburg 2004

Bees, R., Rezeption des Aristoteles in der Naturphilosophie Zenons. Die kosmische Lebenskraft im Rahmen der Gottesbeweise bei Cicero, De natura deorum 2,20–44, in: Föllinger (Hrsg.), Was ist Leben?, 2010, 339–366 (siehe unten)

Bengtson, H., Griechische Geschichte von den Anfängen bis in die römische Kaiserzeit, in: Handbuch der Altertumswissenschaften, begr. v. Iwan von Müller, Dritte Abt. 4. Teil, München ³1965

Berti, E., Phrónēsis et science politique, in: A. Tordesillas (éd.), Aristote politique. Études sur la Politique d'Aristote, Paris 1993, 435–459

Berti, E., Does Aristotle's Conception of Dialectic Develop?, in: W. Wians (ed.), Aristotle's Philosophical Development. Problems and Prospects, Lanham, Maryland, and London 1996, 105–130

Berti, E., Philosophie, dialectique et sophistique dans Métaph. Γ 2, in: E. Berti, Dialectique, Physique et Métaphysique. Études sur Aristote, Louvain-La-Neuve 2008, 41–56 [ursprünglich in Revue de Philosophie Ancienne 16, 1998, 103–120]

Berti, E., La causalité du Moteur immobile selon Aristote, in: E. Berti, Dialectique, Physique et Métaphysique. Études sur Aristote, Louvain-La-Neuve 2008, 381–399 (ursprünglich in Gregorianum 83, 2002, 637–654 [La causalità del motore immobile secondo Aristotele])

Beullens, P., De Overstroming van de Nijl. Een vergeten traktaat van Aristoteles?, Tijdschrift voor Filosofie 73, 2011, 513–534

Beullens, P., Gotthelf, A., Theodore Gaza's Translation of Aristotle's *De Animalibus*: Content, Influence and Date, Greek, Roman, and Byzantine Studies 47, 2007, 459–513 (Wiederabdruck in: Gotthelf, Teleology, First Princiles, and Scientific Method in Aristotle's Biology, 2012, 289–292 [siehe unten])

Bezzel, E., Prinzinger, R., Ornithologie, 2. Aufl., Stuttgart 1990

Bieber, M., The History of Greek and Roman Theater, Princeton ²1961

Bodéüs, R., L'animal politique et l'animal économique, in: Ch. Rutten, A. Motte (éd.), Aristotelica. Mélanges offerts à Marcel de Corte (Cahiers de philosophie ancienne No. 3), Bruxelles–Liège 1985

Bolchert, P., Aristoteles Erdkunde von Asien und Libyen, Berlin 1908

Bolk, L., Das Problem der Menschwerdung, Jena 1926

Bolton, R., Aristotle's Method in Natural Science, *Physics* I, in: L. Judson (ed.), Aristotle's Physics: A Collection of Essays, Oxford 1991, 1–29; französische Fassung: La méthode d' Aristote dans les sciences de la nature: Physique I, in: Bolton, Science, dialectique et éthique chez Aristote, 2010 (siehe unten), 223–255

Bolton, R., The Epistemological Basis of Aristotelian Dialectic, in: M. Sim (ed.), From Puzzles to Principles? Essays on Aristotle's Dialectic, Lanham, Bolder, New York, Oxford 1999, 57–105

Bolton, R., Two Standards for Inquiry in Aristotle's De caelo, in: Bowen–Wildberg (ed.), New Perpectives in Aristotle's De caelo, 2009 (siehe unten), 51–82

Bolton, R., Biology and metaphysics in Aristotle, in: Lennox–Bolton (ed.), Being, Nature and Life in Aristotle, 2010 (siehe unten), 30–55

Bolton, R., Science, dialectique et éthique chez Aristote. Essais d'épistemologie Aristotélicienne, Louvain-La-Neuve 2010

Bolton, R., Science and scientific inquiry in Aristotle: A Platonic provenance, in: Shields (ed.), The Oxford Handbook of Aristotle, 2012 (siehe unten), 46–60

Bolton, R., The Aristotelian Elenchus, in: Fink (ed.), The Development of Dialectic from Plato to Aristotle, 2012 (siehe unten), 270–295

Borsche, T., Metaphysik: IV. Neuzeit, in: Historisches Wörterbuch der Philosophie, hrsg. v. J. Ritter und K. Gründer, völlig neubearbeitete Ausgabe des ‚Wörterbuchs der philosophischen Begriffe' von Rudolf Eisler, Bd. 5, Basel–Darmstadt 1980, Sp. 1238–1269

Bos, A.P., The Soul and its Instrumental Body. A Reinterpretation of Aristotle's Philosophy of Living Nature, Leiden–Boston 2003

Bos, A.P., Aristotle on God as Principle of *GENESIS*, British Journal for the History of Philosophy, 18 (3), 2010, 363–377

Bowen, A.C. and Wildberg, Ch. (ed.), New Perspectives on Aristotle's De caelo (Philosophia Antiqua, vol. 117), Leiden–Boston 2009

Bradie, M. and Miller, Fred D., Jr., Teleology and Natural Necessity in Aristotle, History of Philosophy Quarterly, vol. 1, 1984, 133–146

Bredow, I. von, Regnum Bosporanum, in: Der neue Pauly, Bd. 10, 2001, 835–883

Bremer, K., Rez. Kouremenos, Th., Heavenly Stuff, The constitution of the celestial objects and the theory of homocentric spheres in Aristotle's cosmology (Palingenesia Bd. 96), Stuttgart 2010, in: BMCR vom 25.06. 2012

Bretzl, H., Botanische Forschungen des Alexanderzuges, Leipzig 1903

Brommer, F., Delphinreiter: Vasenbilder früher Komödien, Antike und Abendland 57, 1942, 65–75

Burkert, W., Rez. Bollack, Empédocle II. III, Gnomon 44, 1972, 433–442

Capelle, W., Theophrast in Kyrene?, Rheinisches Museum 97, 1954, 169–189

Capelle, W., Theophrast in Ägypten, Wiener Studien 69, 1956, 173–186

Charles, D., Teleological Causation in the Physics, in: L. Judson (ed.), Aristotle's Physics. A Collection of Essays, Oxford 1991, 101–128

Charles, D., Aristotle on Meaning and Essence, Oxford 2000

Charles, D., Teleological Causation, in: Shields (ed.), The Oxford Handbook of Aristotle, 2012 (siehe unten), 227–266

Cherniss, H., Aristotle's Criticism of Presocratic Philosophy, Baltimore 1935
Cho, Dae-Ho, Ousia und Eidos in der Metaphysik und Biologie des Aristoteles (Philosophie der Antike Bd. 19), Stuttgart 2003
Cho, Dae-Ho, Beständigkeit und Veränderlichkeit der Spezies in der Biologie des Aristoteles, in: Föllinger (Hrsg.), Was ist Leben?, 2010 (siehe unten), 299–313
Cho, Dae-Ho, Lautäußerungen der Vögel in der aristotelischen *Historia animalium*, Antike Naturwissenschaft und ihre Rezeption, Bd. XXII, 2012, 11–38
Corcilius, K., Streben und Bewegen. Aristoteles' Theorie der animalischen Ortsbewegung (Quellen und Studien zur Philosophie Bd. 79), Berlin–New York 2008
Cott, H.B., Scientific results of an inquiry into the ecology and economic status of the Nile crocodile (Crocodylus niloticus) in Uganda and northern Rhodesia. Transactions of the Zoological Society, London 29, 1961, 211–365
Crombie, A.C., Robert Grosseteste and the Origins of Experimental Science 1100–1700, Oxford ([1]1953) [2]1959
Crubellier, M., Laks, A. (ed.), Metaphysics B (Symposium Aristotelicum), Oxford 2009
Cuvier, G., Tableau élémentaire d'histoire naturelle des animaux, Paris 1798
Cuvier, G., Leçons d'anatomie comparée, Paris 1805
Darwin, Ch., The Variation of Animals and Plants under Domestication, vol. II, London 1868
Depew, D., Incidentally Final Causation and Spontaneous Generation in Aristotle's Physics II and Other Texts, in: Föllinger (Hrsg.), Was ist Leben?, 2010 (siehe unten), 299–313
Diels, H., Herodot und Hekataios, Hermes 22, 1887, 411–444
Dittenberger, L., Ketriporis von Thrakien, Hermes 15, 1879, 298–303
Dirlmeier, F., Merkwürdige Zitate in der Eudemischen Ethik des Aristoteles, Sitzungsberichte der Heidelberger Akademie der Wissenschaften, Philosophisch-historische Klasse 1962, 2. Abh., Heidelberg 1962
Driesch, H., Analytische Theorie der organischen Entwicklung, Leipzig 1894
Driesch, H., Philosophie des Organischen, zweite teilweise umgearbeitete Auflage, Leipzig 1921
Düring, I., Von Aristoteles bis Leibniz, Antike und Abendland 4, 1954, 118–154 (wiederabgedruckt in: P. Moraux [Hrsg.], Aristoteles in der neueren Forschung, Darmstadt 1968, 350–313)
Düring, I., Aristoteles. Darstellung und Interpretation seines Denkens, Heidelberg 1966
Eibl-Eibesfeldt, I., Die Biologie des menschlichen Verhaltens. Grundriß der Humanethologie, 3. Aufl., München–Zürich 1995 (ND 1997, 2004)

Emlen, D.J., Costs and the diversification of exaggerated animal structures, Science 291, 2001, 1534–1536

Engels, E.-M., Die Teleologie des Lebendigen. Eine historisch-systematische Untersuchung (Erfahren und Denken Bd. 63), Berlin 1982

Everson, S., Aristotle on Perception, Oxford 1997

Falcon, A., Aristotle and the Science of Nature. Unity without Uniformity, Cambridge 2005

Fazzo, S., Nicolas, l'auteur du Sommaire de la Philosophie d' Aristote. Doutes sur son identité, sa datation, son origine, Revue des études grecques 21, 2008, 99–125

Finenko, Z., Biodiversity and Bioproductivity, in: A.G. Kostianoy, A.N. Kosarev (ed.), The Black Sea Environment (The Handbook of Environmental Chemistry Volume 5 Water Pollution, Part Q), Berlin 2008, 351–374

Fink, J.L. (ed.), The Development of Dialectic from Plato to Aristotle, Cambridge 2012

Fioroni, P., Allgemeine und vergleichende Embryologie der Tiere. Ein Lehrbuch, Berlin–Heidelberg–New York 1987

Flasch, K., Aufklärung im Mittelalter? Die Verurteilung von 1277. Das Dokument des Bischofs von Paris, eingeleitet, übersetzt und erklärt (Excerpta classica Bd. VI), Mainz 1989

Flasch, K., Aristoteleskritik im Mittelalter, in: Arbogast Schmitt und G. Radke-Uhlmann (Hrsg.), Philosophie im Umbruch. Der Bruch mit dem Aristotelismus im Hellenismus und im späten Mittelalter – seine Bedeutung für die Entstehung eines epochalen Gegensatzbewußtseins von Antike und Moderne. Akten der 6. Tagung der Karl und Gertrud Abel-Stiftung am 29. und 30. November 2003 in Marburg (Philosophie der Antike Bd. 21), Stuttgart 2009, 65–77

Flashar, H., Grundriß der Geschichte der Philosophie. Begründet von Friedrich Überweg. Völlig neu bearbeitete Ausgabe, Abt. Die Philosophie der Antike Bd. 3 Ältere Akademie, Aristoteles, Peripatos, 2. durchgesehene und erweiterte Auflage, hrsg. v. H. Flashar, Basel 2004

Flashar, H., Aristoteles, in: Grundriß der Geschichte der Philosophie. Begründet von Friedrich Überweg. Völlig neu bearbeitete Ausgabe, hrsg. v. H. Flashar, Abt. Bd. 3, 2. Kapitel, 2. durchgesehene und erweiterte Auflage, Basel 2004, 167–492

Flashar, H., Aristoteles. Lehrer des Abendlandes, München 2013

Flashar, M., Die Skythen bei den Griechen – Herodot und die Anfänge der mythischen Konstruktion, Mitteilungen des SFB 13 Die Geburt der griechischen Weisheit oder: Anacharsis, Skythe und Grieche, Orientwissenschaftliche Hefte 29, 2012, 147–181

Flensted-Jensen, P., Further Studies in the ancient Greek polis (Historia H. 138), Stuttgart 2000

Föllinger, S., Mündlichkeit in der Schriftlichkeit als Ausdruck wissenschaftlicher Methode bei Aristoteles, in: W. Kullmann, J. Althoff (Hrsg.), Vermittlung und Tradierung von Wissen in der griechischen Kultur (ScriptOralia Bd. 61), Tübingen 1993, 263–280

Föllinger. S. (Hrsg.), Was ist „Leben"? Aristoteles' Anschauungen zur Entstehung und Funktionsweise von Leben. Akten der 10. Tagung der Karl- und Gertrud Abel-Stiftung vom 23.–26. August 2006 in Bamberg (Philosophie der Antike Bd. 27), Stuttgart 2010

Fornasier, J., Böttger, B. (Hrsg.), Das Bosporanische Reich. Der Nordosten des Schwarzen Meeres in der Antike, Mainz 2002

Fränkel, H., Wege und Formen frühgriechischen Denkens, München ^{2}1960

Frantzis et al., Current knowledge of the cetacean fauna of the Greek Seas, Journal of Cetacean Research and Management, 5, 2003, 219–232

Friedländer, P., Platon Bd. III Die platonischen Schriften. Zweite und dritte Periode, 2. erw. Aufl., Berlin 1960

Furley, D., The Rainfall Example in Physics II 8, in: Gotthelf (ed.), Aristotle on Nature and Living Things, 1985 (siehe unten), 177–182

Gadamer, H.-G., Wahrheit und Methode, Tübingen 1960

Gaiser, K., Philodems Academica. Die Berichte über Platon und die Alte Akademie in zwei herkulanensischen Papyri (Supplementum Platonicum I), Stuttgart-Bad Cannstadt 1988

Gaiser, K., Theophrast in Assos. Zur Entwicklung der Naturwissenschaft zwischen Akademie und Peripatos, Abhandlungen der Heidelberger Akademie der Wissenschaften, phil.-hist. Kl., Jahrgang 1985, 3. Abh., Heidelberg 1985

Gajdukevič, V.E., Das Bosporanische Reich, Berlin-Amsterdam ^{2}1971 (Originalausgabe: Гайдукевич В. Ф., Боспорское Царство, Moskau–Leningrad 1949)

Geoffroy de St. Hilaire, É., Philosophie anatomique, 2 vols., Paris 1818

Geus, A., Zoologische Disziplinen, in: I. Jahn (Hrsg.), Geschichte der Biologie – Theorien, Methoden, Institutionen, Kurzbiographien, Jena (^{1}1982) ^{3}1998, 324–355

Geyer, B., Friedrich Ueberwegs Grundriss der Geschichte der Philosophie. Zweiter Band: Die patristische und scholastische Philosophie, Basel–Stuttgart 1967

Gossen, H., Steier A., Krokodile und Eidechsen, RE XI, 1922, Sp. 1947–1970

Gotthelf, A., Aristotle's Concept of Final Causality, in: Ders., Teleology, First Principles, and Scientific Method, Oxford 2012 (siehe unten), 3–44 (ursprünglich in: The Review of Metaphysics 30, 1976/77, 226–254; dann in: Gotthelf-Lennox [siehe unten], Philosophical Issues, 1987, 204–242 [with additional notes and a ‚Postscript 1986'])

Gotthelf, A. (ed.), Aristotle on Nature and Living Things, Philosophical and Historical Studies. Presented to David M. Balme on his Seventieth Birthday, Cambridge 1985

Gotthelf, A., Notes towards a Study of Substance and Essence in Aristotle's Parts of Animals, in: Gotthelf (ed.), Aristotle on Nature and Living Things, 1985 (siehe oben), 27–54 = ders., Teleology, First Principles, and Scientific Method, 2012 (siehe unten), 217–240

Gotthelf, A., Understanding Aristotle's Teleology, in: Final Causality in Nature and Human Affairs, ed. by F. Hassing, Washington, D.C.: Catholic University of America Press, 1987, 71–82, significantly expanded in: ders., Teleology, First Principles, and Scientific Method, 2012 (wie unten), 67–89

Gotthelf, A., Teleology and Spontaneous Generation in Aristotle: A Discussion, in: T. Penner and R. Kraut (ed.), Nature, Knowledge and Virtue. Essays in memoriam of Joan Kung, Apeiron, vol. XXII Number 4, 1989, 181–193 (wiederabgedruckt in: ders., Teleology, First Principles, and Scientific Method, 2012 [wie unten], 142–150)

Gotthelf, A., A Biological Provenance, Philosophical Studies 94, 1999, 35–56 (wiederabgedruckt in: Gotthelf, Teleology, First Principles, and Scientific Method, 2012 [wie unten], 90–116)

Gotthelf, A., Teleology, First Principles, and Scientific Method in Aristotle's Biology, Oxford 2012

Gotthelf, A., Teleology and Embryogenesis in Aristotle's *Generation of Animals* II 6, in: Ders., Teleology, First Principles, and Scientific Method, 2012 (wie oben), 90–116

Gotthelf, A., History of Animals I.6 490b7–491a6, in: Ders., Teleology, First Principles, and Scientific Method, 2012, 293–306

Gotthelf, A., Comments on Leunissen, ‚Aristotle's Syllogistic Model of Knowledge and the Biological Sciences: Demonstrating Natural Processes, in: Lesher (ed.), From Inquiry to Demonstrative Knowledge, 2010 (wie unten), 61–73

Gotthelf, A., siehe auch Beullens 2012

Gotthelf, A., Lennox, J.G. (ed.), Philosophical Issues in Aristotle's Biology, Cambridge 1987

Granger, H., Deformed Kinds and the Fixity of the Species, Classical Quarterly 37, 1987, 110–116

Grzimek, B., Grzimeks Tierleben, Band 10 Säugetiere 1, hrsg. v. Fiedler, Gewalt, Grzimek, Heinemann, Herter, Thenius, Zürich 1967

Gundert, H., Dialog und Dialektik. Zur Struktur des platonischen Dialogs (Studien zur antiken Philosophie Bd. 1), Amsterdam 1971

Guthrie, W.K.C., A History of Philosophy, vol. II, Cambridge 1965

Hampe, M., Eine Kleine Geschichte des Naturgesetzbegriffs, Frankfurt am Main 2007

Hardie, W.F.R., Aristotle's Ethical Theory, Oxford ^{2}1980

Harvey, W., Exercitationes de generatione animalium, (^{1}Londini 1651) Lugduni Batavorum 1737

Hassenstein, B., Biologische Teleonomie, Neue Hefte für Philosophie 20, 1981, 60–71

Hellmann, O., Peripatetic Biology and the Epitome of Aristophanes of Byzantium, in: W.W. Fortenbaugh & S.A. White (ed.), Aristo of Ceos (Rutgers University Studies in Classical Humanities, vol. XIII), New Brunswick 2006, 329–359

Henry, D., Optimality Reasoning in Aristotle's Natural Teleology, Oxford Studies in Ancient Philosophy, Vol. 45, ed. by Brad Inwood, 2013, 225–263, Beitrag Nr. 7 (vgl. http://works.bepress.com/devinhenry/19)

Herr, H., Vorkommen von Schweinswalen (*Phocoena phocoena*) in Nord- und Ostsee – im Konflikt mit Schifffahrt und Fischerei? Dissertation zur Erlangung des Doktorgrades des Departments Biologie der Fakultät für Mathematik, Informatik und Naturwissenschaften der Univesität Hamburg, Hamburg, April 2009

Herzhoff, B., Index der Pflanzen und ihrer Erzeugnisse, in: U. Eigler, G. Wöhrle, Theophrast, De odoribus, Edition, Übersetzung, Kommentar mit einem botanischen Anhang von B. Herzhoff, Stuttgart 1993, 78–95

Herzhoff, B., Ist die Schrift „De plantis" von Aristoteles?, Antike Naturwissenschaft und ihre Rezeption Bd. XVI, 2006, 68–106.

Hirschberger, M., Aristoteles' Einteilung der Lebewesen in Bluttiere und Nicht-Bluttiere im Lichte der modernen Biologie, Antike Naturwissenschaft und ihre Rezeption, hrsg. v. J. Althoff, B. Herzhoff, G. Wöhrle, Bd. XI, 2001, 61–71

Horne, R.A., Die Chemie des Aristoteles, in: G.A. Seeck (Hrsg.), Die Naturphilosophie des Aristoteles (Wege der Forschung Bd. 225), Darmstadt 1975, 339–347 (ursprünglich: Aristotelian Chemistry, Chymia. Annual Studies in the History of Chemistry 11, 1966, 21–27)

Hudson, W.D., The is/ought-question. A collection of papers on the central problem in Moral Philosophy, London 1969

Hühn, H., Pulte, H., Wissenschaft: II. Übergänge. W-Konzeptionen im Idealismus und Nachidealismus, in: Historisches Wörterbuch der Philosophie, hrsg. v. J. Ritter, K. Gründer und G. Gabriel, völlig neubearbeitete Ausgabe des Wörterbuchs der philosophischen Begriffe von Rudolf Eisler, Bd. 12, Basel–Darmstadt 2004, Sp. 915–920

Irwin, T., Aristotle's first principles, Oxford 1988

Jacoby, F., Kallisthenes, RE X, Stuttgart 1919, Sp. 1674–1717

Jaeger, W., Aristoteles. Grundlegung einer Geschichte seiner Entwicklung, Berlin ([1]1923) [2]1955

Jahn, I., „Biologie“ als allgemeine Lebenslehre, in: I. Jahn (Hrsg.), Geschichte der Biologie, 3. neubearbeitete Auflage, Jena–Stuttgart–Lübeck–Ulm 1998, 274–301

Jaspers, K., Philosophie, Bd. III Metaphysik, Berlin–Göttingen–Heidelberg 1956

Johansen, Th.K., The place of the demiurge in Plato's Theology, in: C. Natali e S. Maso (ed.), Plato physicus. Cosmologia e antropologia nel Timeo, Amsterdam 2003, 65–96

Johansen, Th.K., From Plato's Timaeus to Aristotle's De caelo. The Case of the Missing World Soul, in: Bowen-Wildberg (ed.), New Perspectives on Aristotle's De caelo, 2009, 9–28 (siehe oben)

Johansen, Th.K., The Powers of Aristotle's Soul, Oxford 2012

Johnson, M., Aristotle on Teleology, Oxford 2005

Judson, L., Aristotelian Teleology, Oxford Studies in Ancient Philosophy 29, 2005, 341–366

Kamp, A., Philosophiehistorie als Rezeptionsgeschichte. Die Reaktion auf Aristoteles' De Anima-Noetik. Der frühe Hellenismus (Bochumer Studien zur Philosophie 33), Amsterdam–Philadelphia 2001

Kapp, E., Syllogistik, RE IV A, 1931, Sp. 1053–1067

Kapp, E., Der Ursprung der Logik bei den Griechen, Göttingen 1965

Keller, O., Die antike Tierwelt, Bd. 1 Säugetiere, Bd. 2 Vögel, Reptilien, Fische, Insekten, Spinnentiere, Tausendfüßler, Krebstiere, Würmer, Weichtiere, Stachelhäuter, Schlauchtiere, Leipzig 1909, 1913

King, R.A.H., Aristotle on Life and Death, London 2001

King, R.A.H., The concept of life in De juventute, in: Föllinger (Hrsg.), Was ist Leben?, 2010 (siehe oben), 171–187

Kouremenos, Th., Heavenly Stuff, The constitution of the celestial objects and the theory of homocentric spheres in Aristotle's cosmology (Palingenesia Bd. 96), Stuttgart 2010

Krämer, H., Eudoxos von Knidos, in: H. Flashar (Hrsg.), Grundriß der Geschichte der Philosophie. Begründet von Friedrich Überweg. Völlig neu bearbeitete Ausgabe, Abt. Die Philosophie der Antike Bd. 3 Ältere Akademie, 2. durchges. u. erw. Auflage, Basel 2004, 56–66

Krämer, H., Kritik der Hermeneutik, München 2007

Krenkel, W., Krokodil, Der Kleine Pauly 3, 1979, 353 f.

Kullmann, W., Der platonische Timaios und die Methode der aristotelischen Biologie, in: Studia Platonica, Festschrift für Hermann Gundert, hrsg. v. K. Döring und W. Kullmann, Amsterdam 1974, 139–163 [Nachdruck in: Kullmann, Aristoteles und die moderne Wissenschaft (Philosophie der Antike Bd. 5), Stuttgart 1998, 137–160 (siehe unten)].

Kullmann, W., Wissenschaft und Methode, Interpretationen zur aristotelischen Theorie der Naturwissenschaft, Berlin–New York 1974

Kullmann, W., Die Teleologie in der aristotelischen Biologie. Aristoteles als Zoologe, Embryologe und Genetiker, Sitzungsberichte der Heidelberger Akademie der Wissenschaften, phil.-hist. Kl., Heidelberg 1979, 7–72

Kullmann, W., Der Mensch als politisches Lebewesen bei Aristoteles, Hermes 108, 1980, 419–443 (engl. Übersetzung: Man as a political animal in Aristotle, in: D. Keyt, F.D. Miller, Jr. [ed.], A Companion to Aristotle's Politics, Oxford 1991, 94–117)

Kullmann, W., Die Funktion der mathematischen Beispiele in Aristoteles' Analytica Posteriora, in: E. Berti (ed.), Aristotle on Science. The „Posterior Analytics". Proceedings of the Eighth Symposium Aristotelicum Held in Padua from September 7 to 15, 1978 (Studia Aristotelica 9), Padua 1981, 245–270

Kullmann, W., Aristoteles' Staatslehre aus heutiger Sicht, Gymnasium 90, 1983, 459 ff. (wiederabgedruckt in: Kullmann, Philosophie und Wissenschaft in der Antike. Kleine Schriften, 2010 [siehe unten], 87–103)

Kullmann, W., Different Concepts of the Final Cause in Aristotle, in: Gotthelf (ed.), Aristotle on Nature and Living Things, 1985 (siehe oben), 169–175

Kullmann, W., Aristoteles und die moderne Wissenschaft (Philosophie der Antike Bd. 5), Stuttgart 1998

Kullmann, W., Zoologische Sammelwerke in der Antike, in: W. Kullmann, J. Althoff, M. Asper (Hrsg.), Gattungen wissenschaftlicher Literatur in der Antike (ScriptOralia Bd. 95), Tübingen 1998, 121–139 (wiederabgedruckt und ergänzt in: G. Wöhrle [Hrsg.], Geschichte der Mathematik und der Naturwissenschaften in der Antike, Band 1 Biologie, Stuttgart 1999, 181–198 sowie in: Kullmann, Philosophie und Wissenschaft in der Antike. Kleine Schriften, 2010 [siehe unten], 183–200)

Kullmann, W., Die Bedeutung des Aristoteles für die Naturwissenschaft, in: Th. Buchheim, H. Flashar (Hrsg.), Kann man heute noch etwas anfangen mit Aristoteles?, Hamburg 2002, 63–81

Kullmann, W., Die Prägung der neuzeitlichen Biologie durch Aristoteles, in: Antike Naturwissenschaft und ihre Rezeption, hrsg. v. J. Althoff, B. Herzhoff, G. Wöhrle, Bd. XIII, 2003, 17–42

Kullmann, W., Kommunikation und Rhetorik bei Aristoteles, in: J. Knape, Th. Schirren (Hrsg.), Aristotelische Rhetoriktradition, Stuttgart 2005, 28 f.

Kullmann, W., Evolutionsbiologische Vorstellungen bei Aristoteles, in: Pragmata. Festschrift für Klaus Oehler zum 80. Geburtstag, Tübingen 2008, 73–83.

Kullmann, W., Naturgesetz in der Vorstellung der Antike, besonders der Stoa (Philosophie der Antike Bd. 30), Stuttgart 2010

Kullmann, W., Philosophie und Wissenschaft in der Antike. Kleine Schriften zu ihrer Geschichte und ihrer Bedeutung für die Gegenwart (Philosophie der Antike Bd. 20), Stuttgart 2010

Kullmann, W., Konstanten und Varianten antiker Zeitauffassung. Eine Skizze, in: Ders., Philosophie und Wissenschaft in der Antike. Kleine Schriften, 2010, 223–246 (siehe oben)

Kullmann, W., Aristotle's Gradual Turn to Dialectic, in: J. Fink (ed.), The Development of Dialectic from Plato to Aristotle, Cambridge University Press, Cambridge 2012, 296–315

Kullmann, W., Föllinger, A., (Hrsg.), Aristotelische Biologie. Intentionen, Methoden, Ergebnisse, Akten des Symposions über Aristoteles' Biologie vom 24.–26. Juli 1995 in der Werner-Reimers-Stiftung in Bad Homburg (Philosophie der Antike Bd. 6), Stuttgart 1997

Lamarck, Jean-Baptiste de, Histoire naturelle des animaux sans vertèbres, Tome premier, Paris 1815–1822

Langner, M., Das Bosporanische Reich und Athen, in: U. Kästner, M. Langner, B. Rabe (Hrsg.), Griechen, Skythen, Amazonen (Katalog der Ausstellung, Pergamonmuseum Berlin, 14. Juni–21. Oktober 2007), Berlin, Institut für klassische Archäologie, Freie Universität Berlin 2007, 35–36

Le Blond, J.M., Logique et méthode chez Aristote, Paris ([1]1939) [2]1970

Lee, H.D.P., Place-names and the Date of Aristotle's Biological Works, The Classical Quarterly 41, 1948, 61–67 (deutsche Übersetzung: Ortsnamen und die Entstehungszeit der biologischen Schriften des Aristoteles. Aus dem Englischen übersetzt von Carsten Thiede, in: G.A. Seeck [Hrsg.], Die Naturphilosophie des Aristoteles [Wege der Forschung 225], Darmstadt 1975, 79–92)

Lee, H.D.P., The Fishes of Lesbos again, in: Gotthelf (ed.), Aristotle on Nature and Living Things, 1985 (siehe oben), 3–8

Leff, G., Das Trivium und die drei Philosophien, in: W. Rüegg (Hrsg.), Geschichte der Universität in Europa, München 1993, 279–302

Lengen, R., Form und Funktion der aristotelischen Pragmatie. Die Kommunikation mit dem Rezipienten (Philosophie der Antike Bd. 16), Stuttgart 2002

Lennox, J.G., Demarcating Ancient Science. A discussion of G.E.R. Lloyd, Science, Folklore, and Ideology: the Life Sciences in Ancient Greece, in: J. Annas (ed.), Oxford Studies in Ancient Philosophy, vol. III, 1985, 307–324

Lennox, J.G., Material and Formal Natures in Aristotle's De partibus animalium, in: Kullmann-Föllinger (Hrsg.), Aristotelische Biologie, 1997 (siehe oben), 163–181 (repr. in: Lennox, Aristotle's Philosophy of Biology, 2001 [siehe unten], 182–204)

Lennox, J.G., Are Aristotelian Species Eternal?, in: Gotthelf (ed.), Aristotle on Nature and Living Things, 1985 (siehe oben), repr. in: Lennox, Aristotle's Philosophy of Biology, 2001 (siehe unten), 131–159

Lennox, J.G., Aristotle's Philosophy of Biology. Studies in the Origins of Life Science, Cambridge 2001

Lennox, J.G., Unity and purpose of *On the Parts of the Animals* I, in: Lennox-Bolton (ed.), Being, Nature, and Life in Aristotle, 2010 (siehe unten), 56–77

Lennox, J.G., The Complexity of Aristotle's Study of Animals, in: Shields (ed.), The Oxford Handbook of Aristotle, 2012 (siehe unten), 287–305

Lennox, J.G. and Bolton, R. (ed.), Being, Nature, and Life in Aristotle. Essays in Honor of Allan Gotthelf, Cambridge 2010

Leroi, A.M., Function and Constraint in Aristotle and Evolutionary Biology, in: Föllinger (Hrsg.), Was ist Leben?, 2010 (siehe oben), 261–284

Lesher, H. (ed.), From Inquiry to Demonstrative Knowledge. New Essays on Aristotle's Posterior Analytics, Apeiron 43, 2010

Leunissen, M., Aristotle's Syllogistic Model of Knowledge and the Biological Sciences: Demonstrating Natural Processes, in: Lesher (ed.), From Inquiry to Demonstrative Knowledge, 2010 (wie oben), 31–60

Leunissen, M., Explanation and Teleology in Aristotle's Science, Cambridge 2010

Leunissen, M., Nature as a Good Housekeeper. Secondary Teleology and Material Necessity in Aristotle's Biology, Apeiron 43.4, 2010, 119–142

Leunissen, M., Teleologie, in: Ch. Rapp und K. Corcilius (Hrsg.), Aristoteles-Handbuch. Leben – Werk – Wirkung, Stuttgart–Weimar 2011, 348–354

Leunissen, M., „Crafting natures". Aristotle on Animal Design, Philosophic Exchange 41, 2013, 28–51

Liatsi, M., Die semiotische Erkenntnistheorie Platons im Siebten Brief. Eine Einführung in den sogenannten philosophischen Exkurs (Zetemata H. 135), München 2008

Liatsi, M., Der Unsterblichkeitsgedanke im Kontext der Aristotelischen Naturwissenschaft, Antike Naturwissenschaft und ihre Rezeption, Bd. XXIV, 2014, 44–57.

Liddell, H.G., Scott, R., A Greek–English Lexicon. Compiled by Henry George Liddell and Robert Scott. Rev. and augm. throughout by Sir Henry Stuart Jones with assistance of Rodderick McKenzie and with the cooperation of many scholars. With a revised supplement, Oxford 1996

Lloyd, G.E.R., Science, Folklore and Ideology. Studies in the Life Sciences in Ancient Greece, Cambridge 1983

Lloyd, G.E.R., Heavenly aberrations: Aristotle the amateur astronomer, in: ders., Aristotelian explorations, Cambridge 1996, 160–183

Lloyd, G.E.R., Observation and Research, in: J. Brunschwig and G.E.R. Lloyd (ed. with the collaboration of P. Pellegrin), The Greek Pursuit of Knowledge, Cambridge/Mass.–London 2003, 67–91 (Ursprüngliche französische Fassung in: Le savoir Grec. Dictionnaire Critique, Paris 1996)

Loeffler, K., Anatomie und Physiologie der Haustiere, Stuttgart ^{9}1994

Lones, Th.E., Aristotle's Researches in Natural Science, London 1912

Lüttge, U., Kluge, M., Bauer, G. (Hrsg.), Botanik, Weinheim ^{5}2005

Manquat, M., Aristote naturaliste (Cahiers de philosophie de la nature V), Paris 1932

Manuwald, B., Studien zum Unbewegten Beweger in der Naturphilosophie des Aristoteles, Abh. d. geistes- und sozialwiss. Kl. der Akad. d. Wiss. u. Lit. Mainz 1989, Stuttgart 1989

Marquard, O., Philosophie: IV. Neuzeit – D. Deutsche Aufklärung, in: Historisches Wörterbuch der Philosophie, hrsg. v. J. Ritter und K. Gründer, völlig neubearbeitete Ausgabe des „Wörterbuchs der philosophischen Begriffe" von Rudolf Eisler, Bd. 7, Basel–Darmstadt 1989, Sp. 709–731

Maxwell-Stuart, P.G., Theophrastus the Travellor, La Parola del Passato 51, 1996, 241–267

Mayr, E., Teleological and Teleonomic, a New Analysis, in: R.S. Cohen and M.W. Wartofsky (ed.), Methodological and Historical Essays in the Natural and Social Sciences, Boston Studies in the Philosophy of Science vol. XIV, 1974, 91–117

Mayr, E., This is Biology, The Science of the Living World, Cambridge/Mass.–London 1997

Menn, S., Aristotle's Definition of Soul and the Programme of De anima, Oxford Studies in Ancient Philosophy 22, 2002, 83–139

Meyer, Jürgen Bona, Aristoteles Thierkunde. Ein Beitrag zur Geschichte der Zoologie, Physiologie und alten Philosophie, Berlin 1855 (ND Frankfurt/Main 1975)

Meyer, Martin F., Aristoteles' Theorie der Atmung in *De respiratione*, Antike Naturwissenschaft und ihre Rezeption XXIII, 2013, 31–59

Mignucci, M., Remarks on Aristotle's Theory of Predication, in: H.C. Günther und A. Rengakos (Hrsg.), Beiträge zur antiken Philosophie. Festschrift für Wolfgang Kullmann. Mit einer Einleitung von E. Vogt, Stuttgart 1997, 135–151

Mohr, H., Ethik in der Biologie, in: W. Nagl und F.M. Wuketits (Hrsg.), Dimensionen der modernen Biologie, Bd. 4, Darmstadt 1995, 18–30

Moczek, A.P., Nijhout, H.F., Trade-offs during the development of primary and secondary sexual traits in a horned beetle, American Naturalist 163, 2004, 184–191

Moraux, P., Quinta essentia, RE XXIV, Stuttgart 1963, Sp. 1171–1263

Moraux, P., La joute dialectique d'après le huitième livre des Topiques, in: G.E.L. Owen (ed.), Aristotle on Dialectic. The Topics. Proceedings of the Third Symposium Aristotelicum, Oxford 1968, 277–311

Morton, J., The Role of the physical environment in ancient Greek seafaring (Mnemosyne, Suppl. 213), Leiden–Boston–Köln 2001

Müller, J., Über den glatten Hai des Aristoteles, und über die Verschiedenheiten unter den Haifischen und Rochen in der Entwicklung des Eies, Abhandlung der königl. Akademie der Wissenschaften zu Berlin. Aus dem Jahre 1840, Berlin 1842, 187–257

Niethammer, J., Säugetiere, Stuttgart 1979

Notarbartolo di Sciara, G. (ed.), Cetaceans of the Mediterranean and Black Seas. *State of knowledge and conservation strategies,* Monaco 2002

Oberhummer, E., Assa, RE II, 1896, Sp. 1140

O'Brien, D., Empedocle's Cosmic Cycle. A Reconstruction from the Fragments and Secondary Sources, Cambridge 1969

Oehler, K., Das aristotelische Argument: Ein Mensch zeugt einen Menschen. Zum Problem der Prinzipienfindung des Aristoteles, in: K. Oehler, R. Schäffler (Hrsg.), Einsichten. Gerhard Krüger zum 60. Geburtstag, Frankfurt/M. 1962, 230–288 (wiederabgedruckt in: K. Oehler, Antike Philosophie und byzantinisches Mittelalter. Aufsätze zur Geschichte des griechischen Denkens, München 1969, 95–145)

Oehler, K., Der unbewegte Beweger, Frankfurt am Main 1984

Oehler, K., Pragmatismus versus Hermeneutik, in: D. Mirbach (Hrsg.), Hermeneutik und Geschichte der Philosophie (Spudasmata Bd. 127), Hildesheim–Zürich–New York 2009, 105–113

O'Rourke, F., Aristotle and the Metaphysics of Evolution, The Review of Metaphysics 229, 2004, 3–59

O'Rourke, F., L'anthropologie politique d'Aristote, Proceedings Academy Conference, The notion of citizenship in Greek Philosophy, Alexandria, 4–6 March 2010, 110–137

Owen, G.E.L., τιθέναι τὰ φαινόμενα, in: S. Mansion (éd.), Aristote et les problèmes de méthode. Communications presentées au Symposium Aristotelicum tenu à Louvain du 24 août au 1er septembre 1960, Louvain–Paris 1961, 83–103

Pagel, W., The reaction to Aristotle in seventeenth-century biological thought, in: E.A. Underwood (ed.), Science, Medicine and History. Essays on the Evolution of Scientific Thought and Medical Practice, written in honour of Charles Singer, Oxford 1953, I 489–509

Patzig, G., Ethik ohne Metaphysik, 2. Aufl., Göttingen 1983

Pellegrin, P., La classification des animaux chez Aristote: Statut de la biologie et unité de l'aristotélisme, Paris 1982

Pellegrin, P., Aristotle's Classification of Animals. Biology and the Conceptual Unity of the Aristotelian Corpus, transl. by A. Preuss, Berkeley–Los Angeles 1986

Penzlin, H., Lehrbuch der Tierphysiologie, Jena–Stuttgart [6]1996, München [7]2005

Pepe, L., Motivi centrali del IV libro dei *Meteorologica* e differenze rispetto ad altre opere aristoteliche, in: C. Viano (ed.), Aristoteles chemicus. Il IV libro dei „Meteorologica" nella tradizione antica e medievale, Sankt Augustin 2002, 17–34

Perfetti, S., Aristotle's Zoology and its Renaissance Commentators (1521–1601), Leuven 2000

Peters, G., Reptilia, in: Urania Tierreich, Bd. 4: Fische, Lurche, Kriechtiere, Leipzig–Jena–Berlin [1]1991

Picht, G., Aristoteles „De anima" (in der Reihe: Georg Picht. Vorlesungen und Schriften, hrsg. v. C. Eisenbart), Stuttgart 1987

Pickard-Cambridge, A.W., Dithyramb, Tragedy and Comedy, 2nd ed. revised by T.B.L. Webster, Oxford 1962

Pietsch, Ch., Menschliche φύσις und menschliches Handeln in den ethischen Schriften des Aristoteles, in: Föllinger (Hrsg.), Was ist Leben?, 2010, 315–327 (siehe oben)

Pittendrigh, C.S., Adaptation, Natural Selection, Behavior, in: A.R. Roe, G.G. Simpson (ed.), Behavior and Evolution, New Haven (Yale University Press) 1958, 390–416

Polansky, R., Aristotle's *De anima*, Cambridge 2007

Pollard, J., Birds in Greek Life and Myth, Plymouth 1977

Primavesi, O., Die Aristotelische Topik. Ein Interpretationsmodell und seine Erprobung am Beispiel von Topik B (Zetemata H. 94), München 1996

Quarantotto, D., Causa finale sostanza essenza in Aristotele. Saggi sulla struttura dei processi teleologici naturali e sulla funzione del telos (Elenchos 46), Napoli 2005

Rádl, E., Geschichte der biologischen Theorien in der Neuzeit, I. Teil, 2. Aufl., Leipzig–Berlin 1913

Rádl, E., Geschichte der biologischen Theorien in der Neuzeit, II. Teil, Geschichte der Entwicklungstheorien in der Biologie des XIX. Jahrhunderts, Leipzig 1909

Rapp, Ch. und Corcilius, K. (Hrsg.), Aristoteles-Handbuch. Leben – Werk – Wirkung, Stuttgart–Weimar 2011

Regenbogen, O., Theophrastos, RE Suppl. VII, 1940, Sp. 1354–1562 (Sonderausgabe 1950)

Romm, J.S., Aristotle's Elephant and the Myth of Alexander's Patronage, American Journal of Philology 110, 1989, 566–575

Roser, A., Meerwasserentsalzung nach Aristoteles (?). Ein Zwischenbericht, Hermes 122, 1994, 300–308

Ryle, G., Dialectic in the Academy, in: G.E.L. Owen (ed.), Aristotle on Dialectic: the Topics, Oxford 1968, 69–79

Scharle, M., Elemental Teleology in Aristotle's Physics 3.8, Oxford Studies in Ancient Philosophy 34, 2008, 147–183

Scharfenberg, L.N., Die Cephalopoden des Aristoteles im Lichte der modernen Biologie (AKAN-Einzelschriften Bd. 3), Trier 2001

Schnieders, S., Fabulöses und Mirabilien bei Aristoteles, besonders in *Historia animalium* IX, Antike Naturwissenschaft und ihre Rezeption XXIII 2013, 11–30

Scullard, H.H., The Elephant in the Greek and Roman World, Cambridge 1974

Sedley, D., Is Aristotle's teleology anthropocentric, Phronesis 36, 1991, 179–196

Sedley, D., Creationism and its critics in antiquity, Berkeley–Los Angeles–London 2007

Sedley, D., Teleology, Aristotelian and Platonic, in: Lennox-Bolton (ed.), Being, Nature, and Life in Aristotle, 2010 (siehe oben), 5–29

Seeck, G.A., Aristoteles zwischen Naturphilosophie und Naturwissenschaft, in: G.A. Seeck (Hrsg.), Die Naturphilosophie des Aristoteles (Wege der Forschung Bd. 225), Darmstadt 1975, IX–XXIII

Shields, Ch. (ed.), The Oxford Handbook of Aristotle, Oxford 2012

Sider, D., On *On Signs*, in: W. Fortenbaugh and G. Wöhrle (ed.), On the Opuscula of Theophrastus (Philosophie der Antike Bd. 14), Stuttgart 2002

Sifakis, G.M., Parabasis and Animal Choruses. A Contribution to the History of Attic Comedy, London 1971

Sitte, P., Weiler, E.W., Kadereit, J.W., Bresinsky, A., Körner, Ch. (Hrsg.), Lehrbuch der Botanik für Hochschulen, begr. v. E. Strasburger et al., Heidelberg–Berlin [35]2002

Solmsen, F., Die Entwicklung der aristotelischen Logik und Rhetorik, Berlin 1929

Solmsen, F., Aristotle's System of the Physical World. A Comparison with his Predecessors, Ithaca–New York 1960

Solmsen, F., The Fishes of Lesbos and the Alleged Significance for the Development of Aristotle, Hermes 106, 1978, 467–484 (wiederabgedruckt in: F. Solmsen, Kleine Schriften III, Hildesheim 1982, 304–321)

Spaemann, R., Löw, R., Die Frage wozu? Geschichte und Wiederentdeckung des teleologischen Denkens, München–Zürich 1981

Staniczek, A., Eintagsfliegen, Manna der Flüsse, Stuttgarter Beiträge zur Naturkunde (Serie C – Wissen für alle), 53, 2003

Starck, D., Vergleichende Anatomie der Wirbeltiere auf evolutionsbiologischer Grundlage, Bd. I: Theoretische Grundlagen. Stammesgeschichte und Systematik unter Berücksichtigung der niederen Chordata, Berlin–Heidelberg–New York 1978

Starck, D., Vergleichende Anatomie der Wirbeltiere auf evolutionsbiologischer Grundlage, Bd. III, Berlin–Heidelberg–New York 1982

Starck, D., Säugetiere, in: Lehrbuch der speziellen Zoologie. Begründet von A. Kästner, Bd. II Wirbeltiere, hrsg. v. D. Starck, 5. Teil Säugetiere, Teil 5/1 Allgemeines: Ordo 1–9, 1–694, Teil 5/2: Ordo 10–30, Haustiere, Literatur, Register, 695–1241, Jena–Stuttgart–New York 1995

Steinmetz, P., Die Physik des Theophrastos von Eresos (Palingenesia Bd. 1), Bad Homburg v.d.H.–Berlin–Zürich 1964

Storch, V., Welsch, U. (Hrsg.), Systematische Zoologie, 6. Aufl., Heidelberg–Berlin 2004

Stückelberger, A., Der Versuch mit dem ‚Wachsgefäß', ein verkanntes Demokritexperiment, Museum Helveticum 39, 1982, 15–28

Stückelberger, A., Meerwasserentsalzung nach Aristoteles (?). Ein Nachtrag, Hermes 124, 1996, 378–380

Stückelberger, A., Vom anatomischen Atlas des Aristoteles zum geographischen Atlas des Ptolemaios: Beobachtungen zu wissenschaftlichen Bilddokumentationen, in: W. Kullmann, J. Althoff, M. Asper (Hrsg.), Gattungen wissenschaftlicher Literatur in der Antike (ScriptOralia Bd. 95), Tübingen 1998, 287–307

Sundevall, C.J., Die Thierarten des Aristoteles von den Klassen der Säugethiere, Vögel, Reptilien und Insekten, Stockholm 1863

Tekin, O., The Pelamydes of Byzantium and The Golden Horn, Anadolu Araştırmaları XIV, 1996, 470–478

Thanos, C.A., The Geography of Theophrastus' Life and of his Botanical Writings (*ΠΕΡΙ ΦΥΤΩΝ*), in: A.J. Karamanos, C.A. Thanos (ed.), Biodiversity and Natural Heritage in the Aegean, Proceedings of the Conference „Theophrastus 2000" (Eressos-Sigri, Lesbos, July 6–8, 2000), Frangoudis, Athens 2005, 113–131

Thiel, R., Aristoteles' Kategorienschrift in ihrer antiken Kommentierung (Philosophische Untersuchungen 11), Tübingen 2004

Thielscher, P., Die relative Chronologie der erhaltenen Schriften des Aristoteles nach den bestimmten Selbstzitaten, Philologus 97, 1948, 229–265

Thompson, D'A.W., On Aristotle as a biologist, Spencer Lecture, Oxford 1913

Thompson, D'A.W., A Glossary of Greek Birds, London–Oxford 1936

Thompson, D'A.W., A Glossary of Greek Fishes, London 1947

Thorndike, L., Michael Scot, London/Edinburgh 1965

Tipton, J.A., Aristotle's Study of the Animal World, *the case of the* kobios *and* phucis, Perspectives in Biology and Medicine, vol. 49, 3, 2006, 367–383

Trampedach, K., Platon, die Akademie und die zeitgenössische Politik (Hermes Einzelschriften H. 66), Stuttgart 1994

Trutnau, L., Krokodile. Alligatoren, Kaimane, Echte Krokodile und Gaviale (Die neue Brehm-Bücherei Bd. 593), Magdeburg 1994

Watson, J.D., Crick, F.H., Molecular Structure of Nucleic Acids. A Structure for Deoxyribose Nucleic Acid, Nature No 4356, Vol. 171, April 25, 1953, 737 f.

Westheide, W., Rieger, R. (Hrsg.), Spezielle Zoologie. Teil 1: Einzeller und Wirbellose Tiere, Stuttgart–Jena–New York ([1]1996) [2]2007

Westheide, W., Rieger, R. (Hrsg.), Spezielle Zoologie, Teil 2: Wirbel- oder Schädeltiere, Heidelberg–Berlin 2004

Wettstein, O. v., in: W. Kükenthal (Hrsg.), Handbuch der Zoologie Bd. VII 1, Tb.1 Sauropsida: Allgemeines. Reptilia. Aves, Berlin–Leipzig 1931

Wieland, W., Die aristotelische Physik. Untersuchungen über die Grundlegung der Naturwissenschaft und die sprachlichen Bedingungen der Prinzipienforschung bei Aristoteles, Göttingen ([1]1962) [2]1970

Wieland, W., Aristoteles über Schlüsse aus widersprüchlichen Prämissen, in: H.-Ch. Günther, A. Rengakos (Hrsg.), Beiträge zur antiken Philosophie. Festschrift für W. Kullmann, Stuttgart 1997, 167–183

Wöhrle, G., Theophrasts Methode in seinen botanischen Schriften (Studien zur antiken Philosophie Bd. 13), Amsterdam 1985

Wolf, M., Fallgesetz und Massebegriff. Zwei wissenschaftshistorische Untersuchungen zur Kosmologie des Johannes Philoponos (Quellen und Studien zur Philosophie 2), Berlin 1971

Zahrnt, M., Olynth und die Chalkidier. Untersuchungen zur Staatenbildung auf der Chalkidischen Halbinsel im 5. und 4. Jahrhundert v. Chr., München 1971

Zahrnt, M., Makedonien als politischer Begriff in vorrömischer Zeit, Hermes 130, 2002, 48–62

Zeller, E., Die Philosophie der Griechen II 2, Darmstadt [5]1963

Zera, A.J., Evolutionary genetics of juvenile hormone and ecdysteroid regulation in Gryllus: a case study in the microevolution of endocrine regulation, Integrative and Comparative Biology 45, 2005, 511–524

Ziswiler, V., Spezielle Zoologie. Wirbeltiere, Bd. I: Anamnia, Bd. II: Amniota, Stuttgart 1976

Zucker, A., Aristote et les classifications zoologiques, Louvain-La-Neuve–Paris–Dudley, M.A. 2005

Register

(zusammengestellt von Stefan Schnieders)

1. Antike Autoren, Texte und Stellen

2. Wörter, Sachen, Namen[866]

866 In diesem Register zeigt die Abtrennung von Seitenzahlen durch Semikolon die Zugehörigkeit der folgenden Seitenzahl(en) zum nachfolgenden Begriff (in Klammern) an.